3.1.3 绘制简易标识

3.1.9 绘制装饰画

3.2.9 绘制卡通丛林画

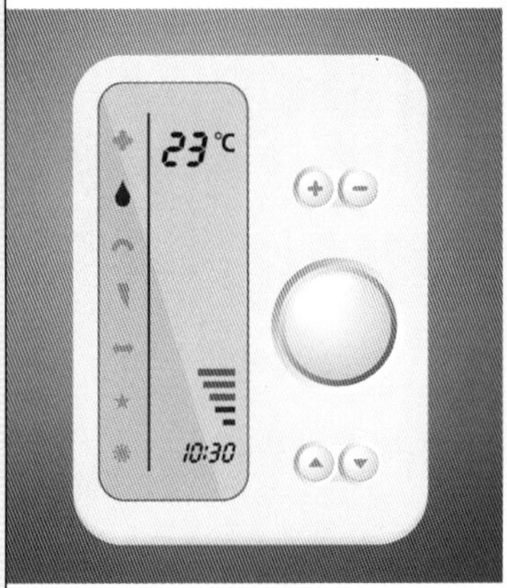

3.3 课堂练习－绘制遥控器

3.4 课后习题－绘制记事本

4.1.8 绘制和平鸽

4.2.4 绘制苹果

4.3.8 绘制校车

4.4 课堂练习 – 绘制矢量元素画

5.1.8 绘制小天使

4.5 课后习题 – 制作圣诞贺卡

5.2.6 绘制卡通电视

5.3.4 绘制卡通插画

5.4 课堂练习 – 绘制时尚插画

5.5 课后习题 - 绘制风景插画

6.1.6 室内居室效果图

6.2.3 绘制图标

6.3 课堂练习 - 制作摄影师的秘密书籍封面

6.4 课后习题 - 制作散文诗书籍封面

7.1.8 制作商场海报

7.2.4 制作台历

7.3.11 制作根雕杂志内页

7.4 课堂练习 - 制作网页广告

7.5 课后习题 - 制作时尚杂志封面

8.1.7 制作书籍宣传展架

8.2.10 制作饮食宣传单

8.3 课堂练习 - 制作足球门票

8.4 课后习题 - 制作夜吧海报

9.1.5 传统文字书籍封面设计

9.2.3 制作包装盒

9.2.6 制作演唱会宣传单

9.3 课堂练习 - 制作葡萄酒广告

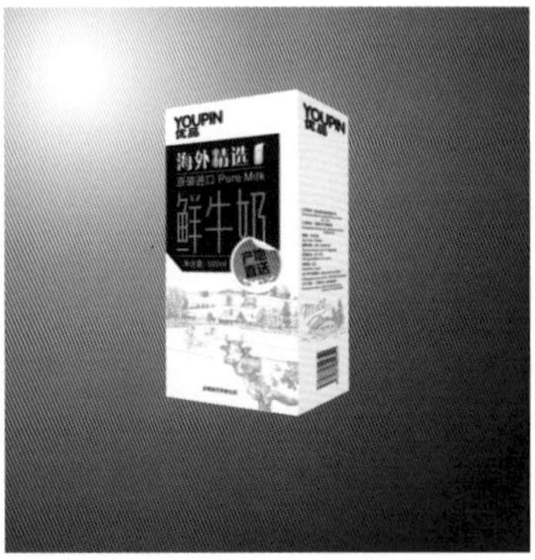

9.4 课后习题 - 制作牛奶包装

10.1 制作新年贺卡

10.2 制作汽车广告

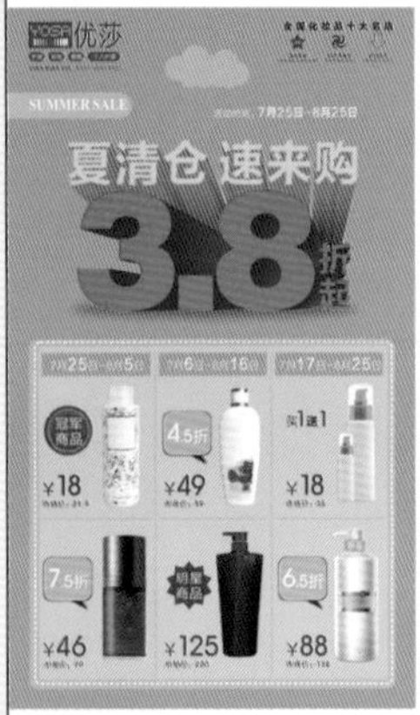

10.3 制作化妆品宣传单

10.4 摄影杂志封面封底

10.5 制作 CD 包装

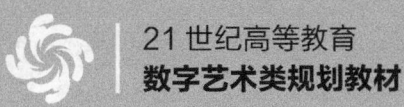

21世纪高等教育
数字艺术类规划教材

CorelDRAW X5 中文版 基础教程

田欢 陈东生 ◎ 主编
王艳 ◎ 副主编

人 民 邮 电 出 版 社
北 京

图书在版编目（C I P）数据

CorelDRAW X5中文版基础教程 / 田欢, 陈东生主编
. -- 北京 : 人民邮电出版社, 2014.4 (2019.8 重印)
21世纪高等教育数字艺术类规划教材
ISBN 978-7-115-34381-9

Ⅰ. ①C… Ⅱ. ①田… ②陈… Ⅲ. ①图形软件－高等
学校－教材 Ⅳ. ①TP391.41

中国版本图书馆CIP数据核字(2014)第017214号

内 容 提 要

本书全面系统地介绍了 CorelDRAW X5 的基本操作方法和矢量图形的制作技巧，包括 CorelDRAW X5 入门知识、CorelDRAW X5 基础操作、绘制和编辑图形、绘制和编辑曲线、编辑轮廓线与填充颜色、排列和组合对象、编辑文本、编辑位图、应用特殊效果、商业案例设计等内容。

本书将案例融入软件功能的介绍过程中，在介绍了基础知识和基本操作后，精心设计了课堂案例，力求通过课堂案例演练，使学生快速掌握软件的应用技巧；然后通过课后习题实践，拓展学生的实际应用能力。在本书的最后一章，精心安排了专业设计公司的 5 个精彩实例，力求通过这些实例的制作，提高学生艺术设计的创意能力。

本书适合作为本科院校数字媒体艺术类专业课程的教材，也可以作为相关人员的参考用书。

◆ 主　编 田 欢 陈东生
副 主 编 王 艳
责任编辑 许金霞
责任印制 彭志环 焦志炜

◆ 人民邮电出版社出版发行　北京市丰台区成寿寺路 11 号
邮编 100164　电子邮件 315@ptpress.com.cn
网址 http://www.ptpress.com.cn
北京捷迅佳彩印刷有限公司印刷

◆ 开本：787×1092 1/16　彩插：2
印张：16　2014 年 4 月第 1 版
字数：387 千字　2019 年 8 月北京第 5 次印刷

定价：39.80 元（附光盘）

读者服务热线：(010)81055256 印装质量热线：(010)81055316
反盗版热线：(010)81055315

前言

CorelDRAW 是由 Corel 公司开发的矢量图形处理和编辑软件，它功能强大、易学易用，深受图形图像处理爱好者和平面设计人员的喜爱，已经成为这一领域最流行的软件之一。目前，我国很多本科院校的数字媒体艺术专业，都将 CorelDRAW 作为一门重要的专业课程。为了帮助本科院校的教师比较全面、系统地讲授这门课程，使学生能够熟练地使用 CorelDRAW 进行设计创意，我们几位长期在本科院校从事 CorelDRAW 教学的教师与专业平面设计公司经验丰富的设计师合作，共同编写了本书。

本书按照“软件功能解析－课堂案例－课堂练习－课后习题”这一思路进行编排，力求通过软件功能解析使学生深入学习软件功能和制作特色；通过课堂案例演练，使学生快速上手熟悉软件功能和艺术设计思路；通过课堂练习和课后习题，拓展学生的实际应用能力。在本书的最后一章，精心安排了专业设计公司的 5 个精彩实例，力求通过这些实例的制作，提高学生艺术设计的创意能力。我们在内容组织方面，力求细致全面、重点突出；在文字叙述方面，注意言简意赅、通俗易懂；在案例选取方面，强调案例的针对性和实用性。

本书配套光盘中包含了书中所有案例的素材及效果文件。另外，为方便教师教学，本书配备了详尽的课堂练习和课后习题的操作步骤以及 PPT 课件、教学大纲等丰富的教学资源，任课教师可到人民邮电出版社教学服务与资源网（www.ptpedu.com.cn）免费下载使用。本书的参考学时为 45 学时，其中实训环节为 20 学时，各章的参考学时参见下面的学时分配表。

章	课程内容	学时分配	
		讲　授	实　训
第 1 章	CorelDRAW X5 入门知识	1	
第 2 章	CorelDRAW X5 基础操作	2	
第 3 章	绘制和编辑图形	3	3
第 4 章	绘制和编辑曲线	3	3
第 5 章	编辑轮廓线与填充颜色	3	3
第 6 章	排列和组合对象	2	2
第 7 章	编辑文本	3	3
第 8 章	编辑位图	2	2
第 9 章	应用特殊效果	3	4
第 10 章	商业案例设计	3	
课时总计		25	20

由于时间仓促，加之编者水平有限，书中难免存在错误和不妥之处，敬请广大读者批评指正。

编　者

2013 年 12 月

目录
CONTENTS

1 Chapter

第 1 章 CorelDRAW X5 入门知识

本章将主要介绍 CorelDRAW X5 的基本概况和基本操作方法。通过对本章的学习，读者可以达到初步认识和使用这一创作工具的目的。

课堂学习目标

- CorelDRAW X5 概述
- 图形和图像的基础知识
- CorelDRAW X5 中文版的工作界面

1.1 CorelDRAW X5 概述

本节将简要介绍 CorelDRAW X5 的基本概况，并对 CorelDRAW X5 的应用领域进行分析和说明。

1.1.1 CorelDRAW 简介

CorelDRAW 是目前最流行的矢量图形设计软件之一，它是由全球知名的专业化图形设计与桌面出版软件开发商——加拿大的 Corel 公司于 1989 年推出的。

CorelDRAW 绘图设计系统集合了图像编辑、图像抓取、位图转换、动画制作等一系列实用的应用程序，构成了一个高级图形设计和编辑出版软件包。CorelDRAW 以其强大的功能、直观的界面、便捷的操作等优点，迅速占领市场，赢得众多专业设计人士和广大业余爱好者的青睐。

CorelDRAW 是最早运行于 PC 上的图形设计软件，并迅速占领了大部分 PC 图形、图像设计软件市场，它的问世为 Corel 公司带来了巨大的财富和声誉。随着时代的发展，计算机软硬件不断更新，用户要求越来越高，Corel 公司为适应激烈的市场竞争，不断推出新版本的 CorelDRAW，并且于 1998 年推出了运行于 Macintosh 平台上的 CorelDRAW 版本，进一步巩固了它在图形设计软件领域的地位。

CorelDRAW 无疑是一款十分优秀的图形设计软件，正因为如此，它才被广泛应用于平面设计、包装装潢、彩色出版与多媒体制作等诸多领域，并起到了非常重要的作用。

1.1.2 CorelDRAW X5 的应用领域

CorelDRAW X5 是集图形设计、文字编辑、排版及高品质输出于一体的设计软件，它被广泛地应用于平面广告设计、文字处理和排版、企业形象设计、包装设计、书籍装帧设计等众多领域。

1. 插画绘制

CorelDRAW X5 具有强大的插画绘制功能，用户可以使用各种工具和命令轻松地绘制出矢量图形、图案和漂亮的插画，效果如图 1-1 所示。

图 1-1

2. 特效字的设计

CorelDRAW X5 提供的文字曲线编辑功能，可以帮助用户创造出变化多端、特色鲜明的艺术字体。在平面广告和 VI 设计中，字体设计是非常重要的设计环节。CorelDRAW X5 制作的特效字如图 1-2 所示。

图 1-2

3. 平面广告设计

CorelDRAW X5 是一款非常优秀的图形制作与设计软件。在平面广告设计中，大量的平面设计师使用 CorelDRAW 来进行设计和制作。CorelDRAW X5 在平面广告的设计制作过程中发挥着非常重要的作用。使用 CorelDRAW X5 制作的平面广告作品如图 1-3 所示。

图 1-3

4. 文字排版

CorelDRAW X5 具有专业的文字处理和排版功能，它不仅能对文本进行一些基础的编排处理，还可以最大限度地满足用户的想象力与创造力，制作出图文并茂、美观新颖的版式效果。使用 CorelDRAW X5 制作的杂志排版效果如图 1-4 所示。

图 1-4

5. 书籍装帧设计

CorelDRAW X5 在书籍装帧设计领域的应用也非常广泛。它集成了 ISBN 生成组件，可以快速地插入条形码，其定位功能使用起来也非常简便。使用 CorelDRAW X5 设计的书籍装帧效果如图 1-5 所示。

图 1-5

6. 包装设计

包装设计已经成为现代商品生产中不可分割的一部分。CorelDRAW X5 的工具和命令为设计制作包装的平面图、立体图提供了强有力的支持。使用 CorelDRAW X5 制作的包装效果如图 1-6 所示。

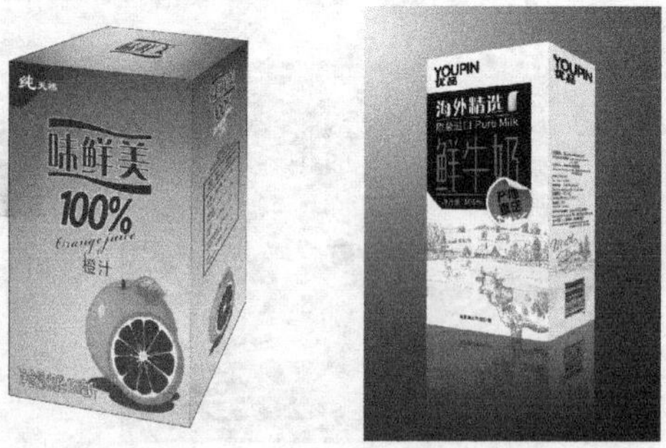

图 1-6

7. VI 设计

CorelDRAW X5 在 VI（Visual Identity，企业视觉识别系统）设计方面应用广泛；好的 VI 设计，不仅设计独特，更能够充分地表达企业的形象和文化内涵。使用 CorelDRAW X5 制作的企业视觉识别系统如图 1-7 所示。

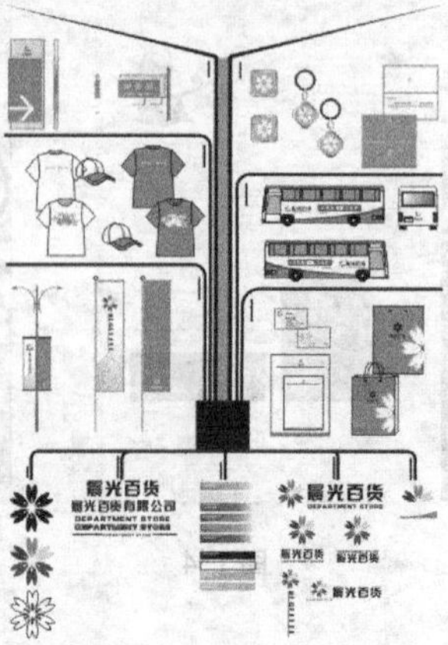

图 1-7

1.2 图形和图像的基础知识

如果想要应用好 CorelDRAW X5，就需要对图像的种类、色彩模式及文件格式有所了解和掌握。下面进行详细的介绍。

1.2.1 位图与矢量图

在计算机中，图像大致可以分为两种：位图图像和矢量图像。位图图像效果如图 1-8 所示。矢量图像效果如图 1-9 所示。

图 1-8

图 1-9

位图图像又称为点阵图，是由许多点组成的，这些点称为像素。许许多多不同色彩的像素组合在一起便构成了一幅图像。由于位图采取了点阵的方式，每个像素都能够记录图像的色彩信息，因而可以精确地表现色彩丰富的图像。但图像的色彩越丰富，图像的像素就越多（即分辨率越高），文件也就越大，因此处理位图图像时，对计算机硬盘和内存的要求也较高。同时由于位图本身的特点，图像在缩放和旋转变形时会产生失真的现象。

矢量图像是相对位图图像而言的，也称为向量图像，它是以数学的矢量方式来记录图像内容的。矢量图像中的图形元素称为对象，每个对象都是独立的，具有各自的属性（如颜色、形状、轮廓、大小和位置等）。矢量图像在缩放时不会产生失真的现象，并且它的文件占用的内存空间较小。这种图像的缺点是不易制作色彩丰富的图像，无法像位图图像那样精确地描绘各种绚丽的色彩。

这两种类型的图像各具特色，也各有优缺点，并且两者之间具有良好的互补性。因此，在图像处理和绘制图形的过程中，将这两种图像交互使用，取长补短，会使创作出来的作品更加完美。

1.2.2 色彩模式

CorelDRAW X5 提供了多种色彩模式，通过这些色彩模式可以把色彩协调一致地用数值表示出来，这些色彩模式是设计制作的作品能够在屏幕和印刷品上成功表现的重要保障。在这些色彩模式中，经常使用到的有 RGB 模式、CMYK 模式、Lab 模式、HSB 模式以及灰度模式等。每种色彩模式都有不同的色域，读者可以根据需要选择合适的色彩模式，并且各个色彩模式之间可以互相转换。

1. RGB 模式

RGB 模式是工作中使用最广泛的一种色彩模式。RGB 模式是一种加色模式，它通过红、绿、蓝 3 种色光相叠加而形成更多的颜色。同时 RGB 也是色光的彩色模式，一幅 24 bit 的 RGB 图像有 3 个色彩信息的通道：红色（R）、绿色（G）和蓝色（B）。

每个通道都有 8bit 的色彩信息——一个 0～255 的亮度值色域。RGB 3 种色彩的数值越大，颜色就越浅，如 3 种色彩的数值都为 255 时，颜色被调整为白色；RGB 3 种色彩的数值越小，颜色就越深，如 3 种色彩的数值都为 0 时，颜色被调整为黑色。

3 种色彩的每一种色彩都有 256 个亮度水平级。3 种色彩相叠加，可以有约 1 670 万（256×256×256）种可能的颜色。这 1 670 万种颜色足以表现出这个绚丽多彩的世界。用户使用的显示器就是 RGB 模式的。

选择 RGB 模式的操作步骤为：选择“填充”工具展开式工具栏中的“均匀填充”，或按 Shift+F11 键，弹出“均匀填充”对话框，选择“RGB”颜色模式，如图 1-10 所示。在对话框中设置 RGB 颜色值。

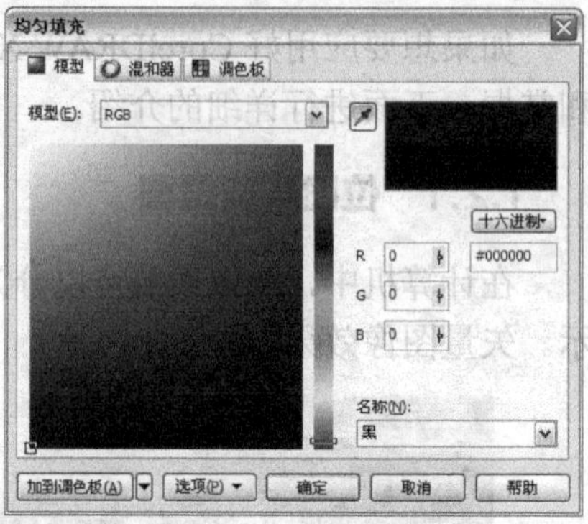

图 1-10

在编辑图像时，RGB 色彩模式应是最佳的选择。因为它可以提供全屏幕的多达 24bit 的色彩范围，一些计算机领域的色彩专家称之为“True Color”真彩显示。

2. CMYK 模式

CMYK 模式在印刷时应用了色彩学中的减法混合原理，它通过反射某些颜色的光并吸收另外一些颜色的光来产生不同的颜色，是一种减色色彩模式。CMYK 代表了印刷上用的 4 种油墨色：C 代表青色，M 代表洋红色，Y 代表黄色，K 代表黑色。CorelDRAW X5 默认状态下使用的就是 CMYK 模式。

CMYK 模式是图片和其他作品中最常用的一种印刷方式。这是因为在印刷中通常都要进行四色分色，出四色胶片，然后再进行印刷。

选择 CMYK 模式的操作步骤为：选择“填充”工具展开式工具栏中的“均匀填充”，弹出“均匀填充”对话框，选择“CMYK”颜色模式，如图 1-11 所示。在对话框中设置 CMYK 颜色值。

图 1-11

3. Lab 模式

Lab 是一种国际色彩标准模式，它由 3 个通道组成：一个通道是透明度，即 L；其他两个是色彩通道，即色相和饱和度，用 a 和 b 表示。a 通道包括的颜色值从深绿到灰，再到亮粉红色；b 通道是从亮蓝色到灰，再到焦黄色。这些色彩混合后将产生明亮的色彩。

选择 Lab 模式的操作步骤为：选择“填充”工具展开式工具栏中的“均匀填充”，弹出“均匀填充”对话框，选择“Lab”颜色模式，如图 1-12 所示。在对话框中设置 Lab 颜色值。

Lab 模式在理论上包括了人眼可见的所有色彩，它弥补了 CMYK 模式和 RGB 模式的不足。在这种模式下，图像的处理速度比在 CMYK 模式下快数倍，与 RGB 模式的速度相仿，而且在把 Lab 模式转成 CMYK 模式的过程中，所有的色彩不会丢失或被替换。事实上，在将 RGB 模式转换成 CMYK 模式时，Lab 模式一直扮演着中介者的角色。也就是说，RGB 模式先转成 Lab 模式，然后再转成 CMYK 模式。

4. HSB 模式

HSB 模式是一种更直观的色彩模式，它的调色方法更接近人的视觉原理，在调色过程中更容易找到需要的颜色。

H 代表色相，S 代表饱和度，B 代表亮度。色相的意思是纯色，即组成可见光谱的单色。红色为 0 度，绿色为 120 度，蓝色为 240 度。饱和度代表色彩的纯度，饱和度为零时即为灰色，黑、白 2 种色彩没有饱和度。亮度是色彩的明亮程度，最大亮度是色彩最鲜明的状态，黑色的亮度为 0。

进入 HSB 模式的操作步骤为：选择“填充”工具展开式工具栏中的“均匀填充”，弹出“均匀填充”对话框，选择“HSB”颜色模式，如图 1-13 所示。在对话框中设置 HSB 颜色值。

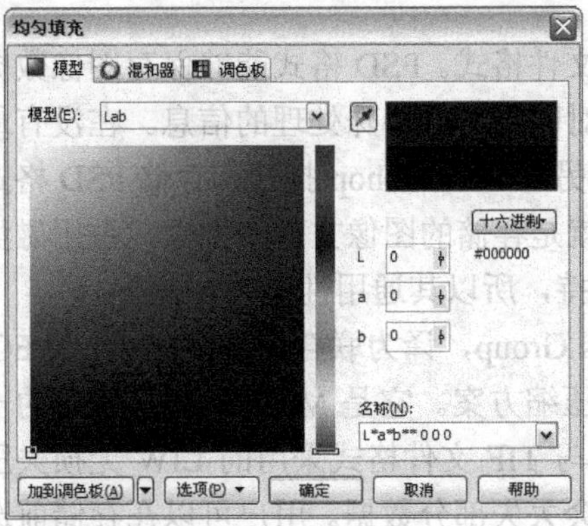

图 1-12

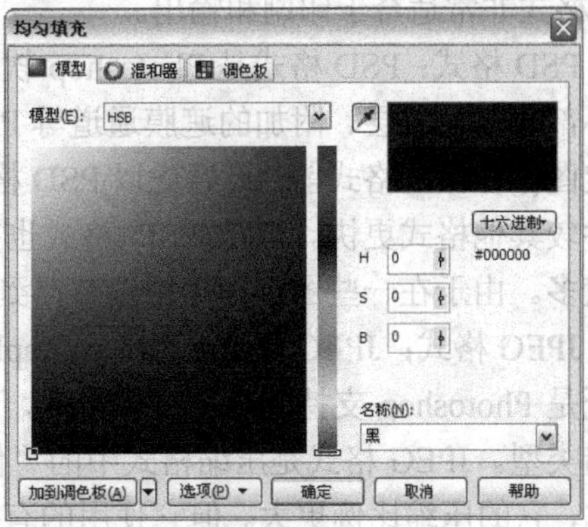

图 1-13

5. 灰度模式

灰度模式形成的灰度图又叫 8 比特深度图。每个像素用 8 个二进制位表示，能产生 2^8 即 256 级灰色调。当彩色文件被转换为灰度模式文件时，所有的颜色信息都将从文件中丢失。尽管 CorelDRAW X5 允许将灰度文件转换为彩色模式文件，但不可能将原来的颜色完全还原。所以，当要转换灰度模式时，请先做好图像的备份。

像黑白照片一样，灰度模式的图像只有明暗值，没有色相和饱和度这两种颜色信息。0%代表黑，100%代表白。

将彩色模式转换为双色调模式时，必须先转换为灰度模式，然后由灰度模式转换为双色调模式。在制作黑白印刷品时会经常使用灰度模式。

进入灰度模式的操作步骤为：选择“填充”工具展开式工具栏中的“均匀填充”，弹出“均匀填充”对话框，选择“灰度”颜色模式，如图 1-14 所示。在对话框中设置灰度值。

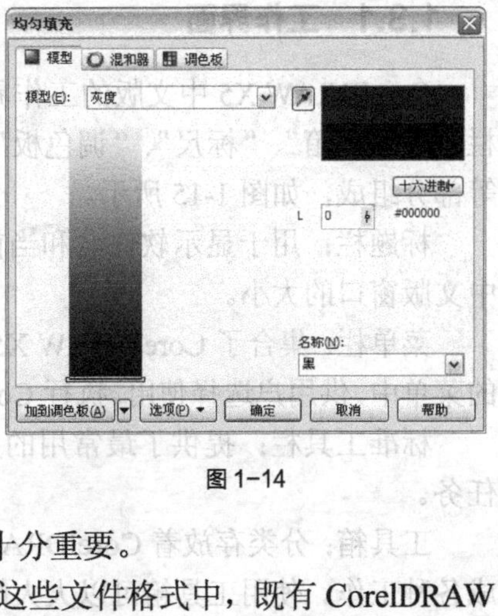

图 1-14

1.2.3 文件格式

当用 CorelDRAW X5 制作或处理好一幅作品后，就要进行保存。这时，选择一种合适的文件格式就显得十分重要。

CorelDRAW X5 中有 20 多种文件格式可供选择。在这些文件格式中，既有 CorelDRAW

X5的专用格式，也有用于应用程序交换的文件格式，还有一些比较特殊的格式。

CDR格式：CDR格式是CorelDRAW X5的专用图形文件格式。由于CorelDRAW X5是矢量图形绘制软件，所以CDR可以记录文件的属性、位置和分页等。但它在兼容度上比较差，所有CorelDRAW X5应用程序中均能够使用，但其他图像编辑软件打不开此类文件。

AI格式：AI是一种矢量图片格式，是Adobe公司的软件Illustrator的专用格式。它的兼容度比较高，可以在CorelDRAW X5中打开，也可以将CDR格式的文件导出为AI格式。

TIF（TIFF）格式：TIF是标签图像格式。TIF格式对于色彩通道图像来说是最有用的格式，具有很强的可移植性，它可以用于PC、Macintosh以及UNIX工作站三大平台，是这三大平台上使用最广泛的绘图格式。用TIF格式存储时应考虑到文件的大小，因为TIF格式的结构要比其他格式更大更复杂。TIF格式支持24个通道，能存储多于4个通道的文件格式。TIF格式非常适合于印刷和输出。

PSD格式：PSD格式是Photoshop软件的专用文件格式。PSD格式能够保存图像数据的细小部分，如图层、附加的遮膜通道等Photoshop对图像进行特殊处理的信息。在没有最终决定图像存储的格式前，最好先以PSD格式存储。另外，Photoshop打开和存储PSD格式的文件较其他格式更快。但是PSD格式也有缺点，就是存储的图像文件特别大，占用磁盘空间较多。由于在一些图形程序中没有得到很好的支持，所以其通用性不强。

JPEG格式：JPEG即Joint Photographic Experts Group，译为联合图片专家组。JPEG格式既是Photoshop支持的一种文件格式，也是一种压缩方案。它是Macintosh上常用的一种存储类型。JPEG格式是压缩格式中的“佼佼者”，与TIF文件格式采用的LIW无损失压缩相比，它的压缩比例更大。但它使用的有损失压缩会丢失部分数据。用户可以在存储前选择图像的最后质量，这能控制数据的损失程度。

1.3 CorelDRAW X5中文版的工作界面

本节将介绍CorelDRAW X5中文版的工作界面，并简单介绍CorelDRAW X5中文版的菜单、工具栏、工具箱及泊坞窗。

1.3.1 工作界面

CorelDRAW X5中文版的工作界面主要由“标题栏”、“菜单栏”、“标准工具栏”、“属性栏”、“工具箱”、“标尺”、“调色板”、“页面控制栏”、“状态栏”、“泊坞窗”和“绘图页面”等部分组成，如图1-15所示。

标题栏：用于显示软件名和当前操作文件的文件名，还可以用于调整CorelDRAW X5中文版窗口的大小。

菜单栏：集合了CorelDRAW X5中文版中的所有命令，并将它们分门别类地放置在不同的菜单中，供用户选择使用。执行CorelDRAW X5中文版菜单中的命令是最基本的操作方式。

标准工具栏：提供了最常用的几种操作按钮，可使用户轻松地完成几个最基本的操作任务。

工具箱：分类存放着CorelDRAW X5中文版中最常用的工具，这些工具可以帮助用户完成各种工作。使用工具箱可以大大简化操作步骤，提高工作效率。

标尺：用于度量图形的尺寸并对图形进行定位，是进行平面设计工作不可缺少的辅助工具。

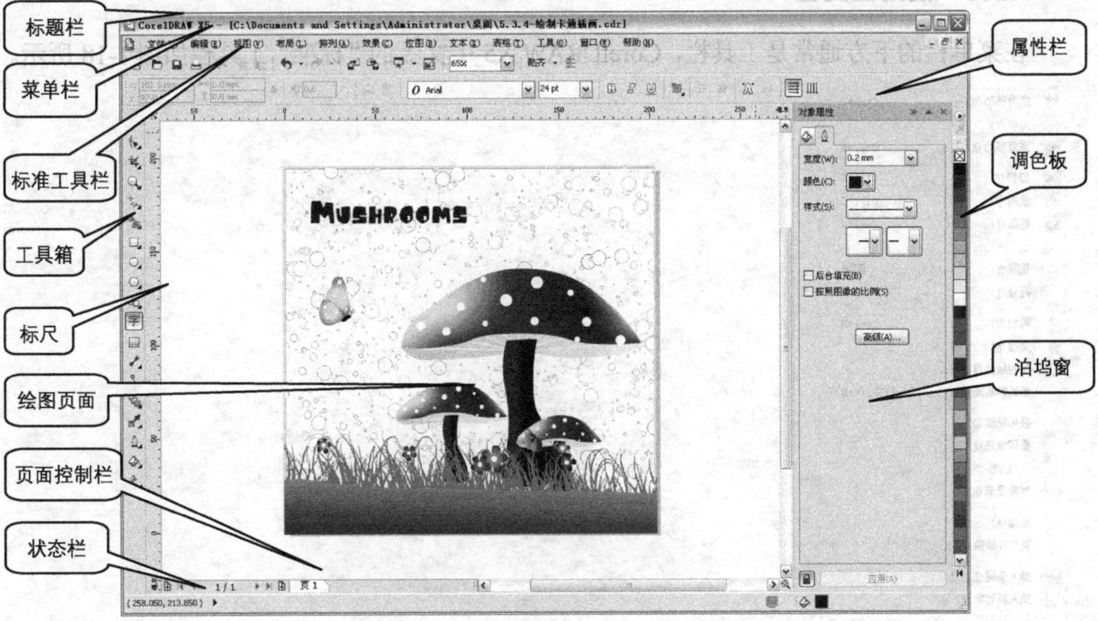

图 1-15

绘图页面：指绘图窗口中带矩形边沿的区域，只有此区域内的图形才可被打印出来。

页面控制栏：可以用于创建新页面并显示 CorelDRAW X5 中文版中文档各页面的内容。

状态栏：可以为用户提供有关当前操作的各种提示信息。

属性栏：显示了所绘制图形的信息，并提供了一系列可对图形进行相关修改操作的工具。

泊坞窗：这是 CorelDRAW X5 中文版中最具特色的窗口，因它可放在绘图窗口边缘而得名。它提供了许多常用的功能，使用户在创作时更加得心应手。

调色板：可以直接对所选定的图形或图形边缘的轮廓线进行颜色填充。

1.3.2　使用菜单

CorelDRAW X5 中文版的菜单栏包含“文件”、“编辑”、“视图”、“布局”、“排列”、“效果”、“位图”、“文本”、“表格”、“工具”、“窗口”和“帮助”几个大类，如图 1-16 所示。

图 1-16

单击每一大类的菜单都将弹出其下拉菜单。如单击“编辑”菜单，将弹出如图 1-17 所示的“编辑”下拉菜单。

最左边为图标，它和工具栏中具有相同功能的图标一致，以便于用户记忆和使用。

最右边显示的组合键则为操作快捷键，便于用户提高工作效率。

某些命令后带有▸按钮，表明该命令还有下一级菜单，将光标停放其上即可弹出下拉菜单。

某些命令后带有…符号，单击该命令即可弹出对话框，允许进一步对其进行设置。

此外，“编辑”下拉菜单中的有些命令呈灰色状，表明该命令当前还不可使用，需进行一些相关的操作后方可使用。

1.3.3 使用工具栏

在菜单栏的下方通常是工具栏，CorelDRAW X5 中文版的“标准”工具栏如图 1-18 所示。

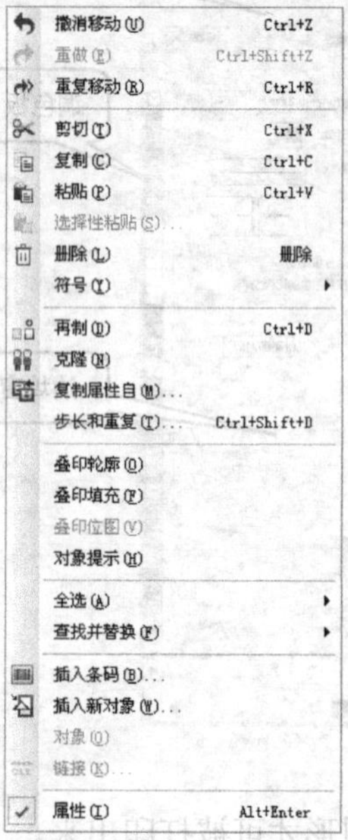

图 1-17

图 1-18

这里存放了几种最常用的命令按钮，如“新建”、“打开”、“保存”、“打印”、“剪切”、“复制”、“粘贴”、“撤销”、“恢复”、“导入”、“导出”、“应用程序启动器”、“欢迎屏幕”、“缩放级别”、“贴齐”和“选项”等。它们可以使用户便捷地完成以上这些最基本的操作动作。

此外，CorelDRAW X5 中文版还提供了其他一些工具栏，用户可以在“选项”对话框中选择它们。选择“窗口 > 工具栏 > 文本”命令，则可显示“文本”工具栏，“文本”工具栏如图 1-19 所示。

图 1-19

选择“窗口 > 工具栏 > 变换”命令，则可显示“变换”工具栏，“变换”工具栏如图 1-20 所示。

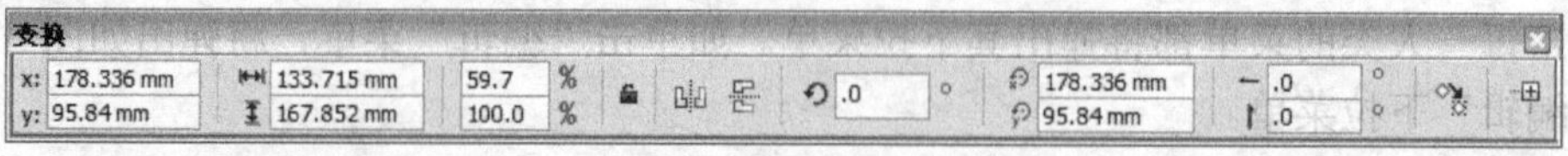

图 1-20

1.3.4 使用工具箱

CorelDRAW X5 中文版的工具箱中放置着在绘制图形时最常用到的一些工具，这些工具是每一个软件使用者都必须掌握的基本操作工具。CorelDRAW X5 中文版的工具箱如图 1-21

所示。

在工具箱中，依次分类排放着“选择”工具、“形状”工具、“裁剪”工具、“缩放”工具、“手绘”工具、“智能填充”工具、“矩形”工具、“椭圆形”工具、“多边形”工具、“基本形状”工具、“文本”工具、“表格”工具、“平行度量”工具、“直线连接器”工具、“调和”工具、“颜色滴管”工具、“轮廓笔”工具、“填充”工具和“交互式填充”工具等几大类。

其中，有些工具按钮带有小三角标记◢，表明其还有展开工具栏，用光标按住它即可展开。例如，按住“交互式填充”工具，将展开工具栏，如图1-22所示。

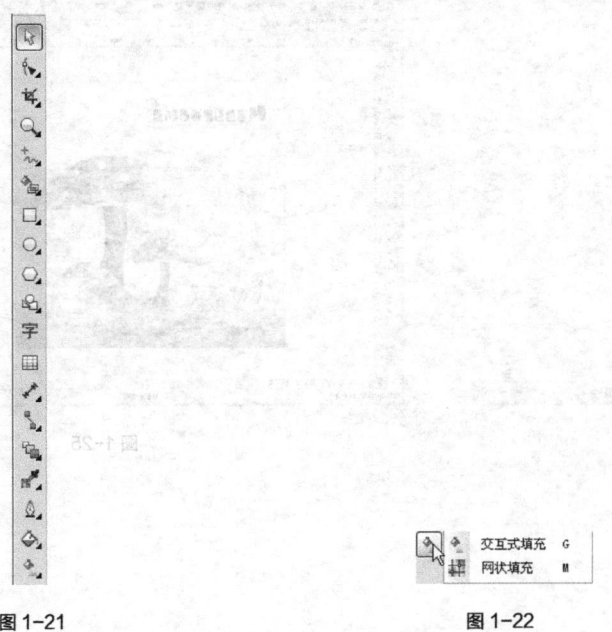

图1-21

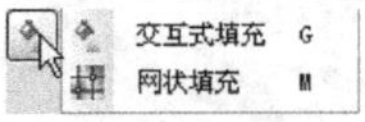

图1-22

1.3.5　使用泊坞窗

CorelDRAW X5中文版的泊坞窗，是一个十分有特色的窗口。当打开这一窗口时，它会停靠在绘图窗口的边缘，因此被称为“泊坞窗”。选择“窗口 > 泊坞窗 > 属性”命令，或按Alt+Enter组合键，即弹出如图1-23右侧所示的“对象属性”泊坞窗。

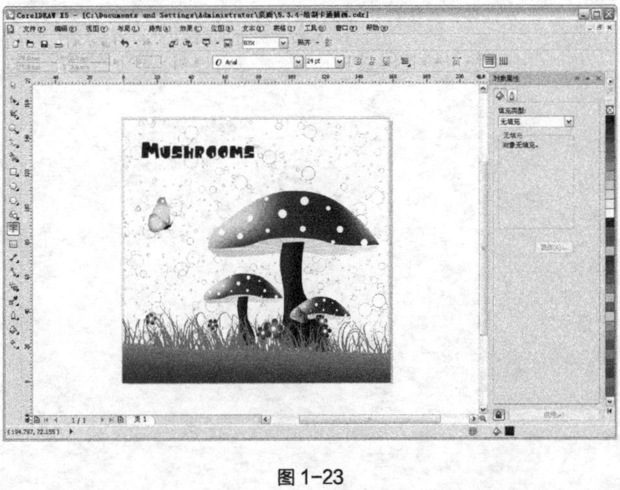

图1-23

还可将泊坞窗拖曳出来，放在任意的位置，并可通过单击窗口右上角的和按钮将窗口卷起或放下，如图 1-24 所示。因此，它又被称为“卷帘工具”。

CorelDRAW X5 中文版泊坞窗的列表，位于“窗口 > 泊坞窗”子菜单中。可以选择“泊坞窗”下的各个命令来打开相应的泊坞窗。用户可以打开一个或多个泊坞窗，当几个泊坞窗都打开时，除了活动的泊坞窗之外，其余的泊坞窗将沿着泊坞窗的边沿以标签形式显示，效果如图 1-25 所示。

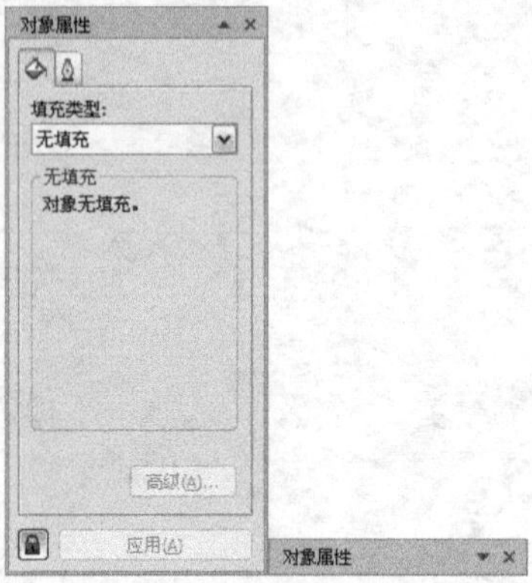

图 1-24

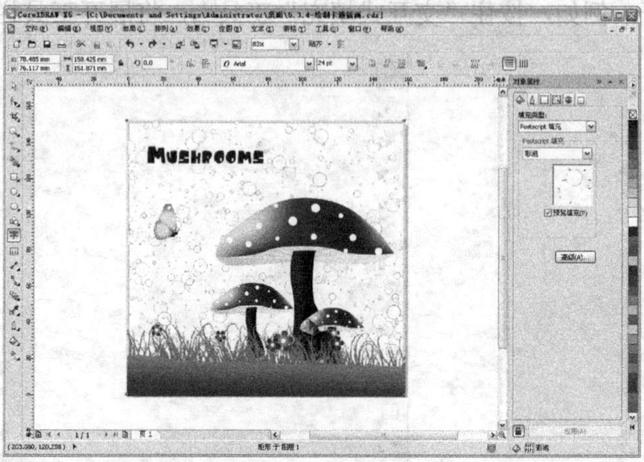

图 1-25

Chapter 2

第 2 章 CorelDRAW X5 基础操作

本章将主要介绍 CorelDRAW X5 文件的基础操作方法、改变绘图页面的显示模式和显示比例的方法，以及设置作品尺寸的方法。通过对本章的学习，读者可以初步掌握一些本软件的基础操作。

课堂学习目标

- 文件的基础操作
- 绘图页面显示模式的设置
- 页面布局的设置

2.1 文件的基础操作

掌握一些基础的文件操作方法，是开始设计和制作作品所必需的。下面介绍 CorelDRAW X5 中文版的一些基础操作。

2.1.1 新建和打开文件

1. 使用 CorelDRAW X5 启动时的欢迎屏幕新建和打开文件

启动时的欢迎屏幕如图 2-1 所示。单击“新建空白文档”命令，可以建立一个新的文档；单击“打开最近用过的文档”下的文件名称，可以打开最近编辑过的图形文件；单击“打开其他文档”按钮，弹出如图 2-2 所示的“打开绘图”对话框，可以从中选择要打开的图形文件。

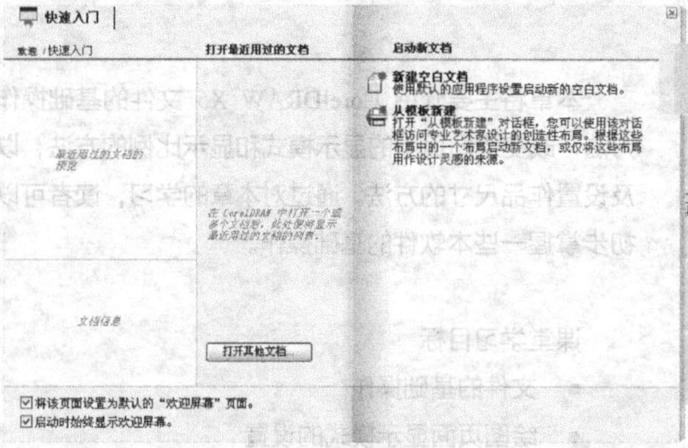

图 2-1

图 2-2

2. 使用命令或快捷键新建和打开文件

选择“文件 > 新建”命令，或按 Ctrl+N 组合键，可新建文件。选择“文件 > 从模板新建”或“打开”命令，或按 Ctrl+O 组合键，可打开文件。

3. 使用标准工具栏新建和打开文件

使用 CorelDRAW X5 标准工具栏中的“新建”按钮和“打开”按钮也可以新建和打开文件。

2.1.2 保存和关闭文件

1. 使用命令或快捷键保存文件

选择“文件 > 保存”命令，或按 Ctrl+S 组合键，可保存文件。选择“文件 > 另存为”命令，或按 Ctrl+Shift+S 组合键，可更名保存文件。

如果是第一次保存文件，在执行上述操作后，会弹出如图 2-3 所示的“保存绘图”对话框。在对话框中，可以设置“文件名”、“保存类型”和“版本”等保存选项。

2. 使用标准工具栏保存文件

使用 CorelDRAW X5 标准工具栏中的“保存”按钮也可以保存文件。

3. 使用命令、快捷键或按钮关闭文件

选择“文件 > 关闭”命令，或按 Alt+F4 组合键，或单击绘图窗口右上角的“关闭”按

钮，可关闭文件。

此时，如果文件未保存，将弹出如图 2-4 所示的提示框，询问用户是否保存文件。单击“是”按钮，则保存文件；单击“否”按钮，则不保存文件；单击“取消”按钮，则取消保存操作。

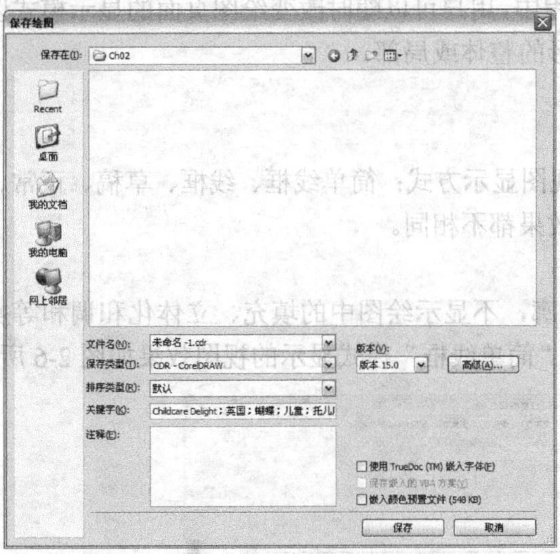

图 2-3

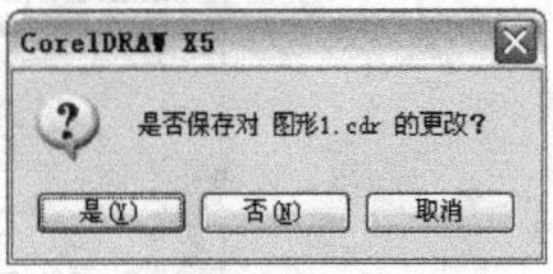

图 2-4

2.1.3　导出文件

1. 使用命令或快捷键导出文件

选择“文件 > 导出”命令，或按 Ctrl+E 组合键，弹出如图 2-5 所示的“导出”对话框。在对话框中，可以设置“文件名”、“保存类型”等选项。

图 2-5

2. 使用标准工具栏导出文件

使用 CorelDRAW X5 标准工具栏中的“导出”按钮也可以将文件导出。

2.2 绘图页面显示模式的设置

在使用 CorelDRAW X5 绘制图形的过程中，用户可以随时改变绘图页面的显示模式以及显示比例，以利于更加细致地观察所绘图形的整体或局部。

2.2.1 设置视图的显示方式

在菜单栏中的“视图”菜单下有 6 种视图显示方式：简单线框、线框、草稿、正常、增强和像素。每种显示方式对应的屏幕显示效果都不相同。

1. “简单线框”模式

“简单线框”模式只显示图形对象的轮廓，不显示绘图中的填充、立体化和调和等操作效果。此外，它还可显示单色的位图图像。“简单线框”模式显示的视图效果如图 2-6 所示。

图 2-6

2. “线框”模式

“线框”模式只显示单色位图图像、立体透视图和调和形状等，而不显示填充效果。“线框”模式显示的视图效果如图 2-7 所示。

3. “草稿”模式

“草稿”模式可以显示标准的填充和低分辨率的视图。同时在此模式中，利用了特定的样式来表明所填充的内容。如平行线表明是位图填充，双向箭头表明是全色填充，棋盘网格表明是双色填充，“PS”字样表明是 PostScript 填充。“草稿”模式显示的视图效果如图 2-8 所示。

4. “正常”模式

“正常”模式可以显示除 PostScript 填充外的所有填充以及高分辨率的位图图像。它是最常用的显示模式，它既能保证图形的显示质量，又不影响计算机显示和刷新图形的速度。“正常”模式显示的视图效果如图 2-9 所示。

图 2-7

图 2-8

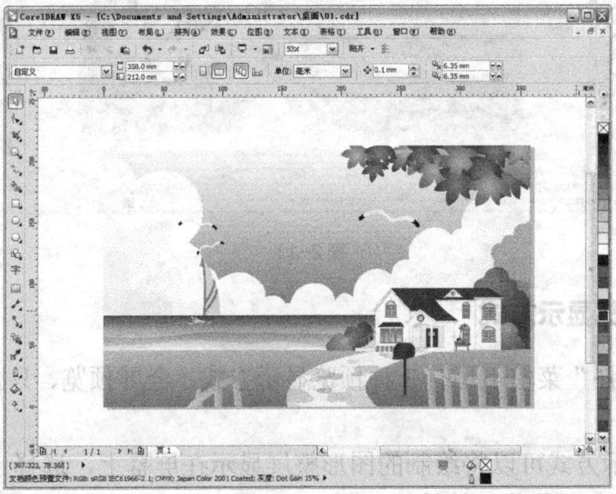

图 2-9

5. “增强”模式

“增强”模式可以显示最好的图形质量，它在屏幕上提供了最接近实际的图形显示效果。“增强”模式显示的视图效果如图 2-10 所示。

图 2-10

6. “像素”模式

“像素”模式使图像的色彩表现更加丰富，但放大到一定程度时会出现失真现象。“像素”模式显示的视图效果如图 2-11 所示。

图 2-11

2.2.2 设置预览显示方式

在菜单栏的“视图”菜单下还有 3 种预览显示方式：全屏预览、只预览选定的对象和页面排序器视图。

“全屏预览”显示方式可以将绘制的图形整屏显示在屏幕上，选择“查看 > 全屏预览”命令，或按 F9 键，“全屏预览”的效果如图 2-12 所示。

图 2-12

“只预览选定的对象”只整屏显示所选定的对象，选择“查看 > 只预览选定的对象”命令，效果如图 2-13 所示。

“页面排序器视图”可将多个页面同时显示出来，选择“查看 > 页面排序器视图”命令，效果如图 2-14 所示。

图 2-13

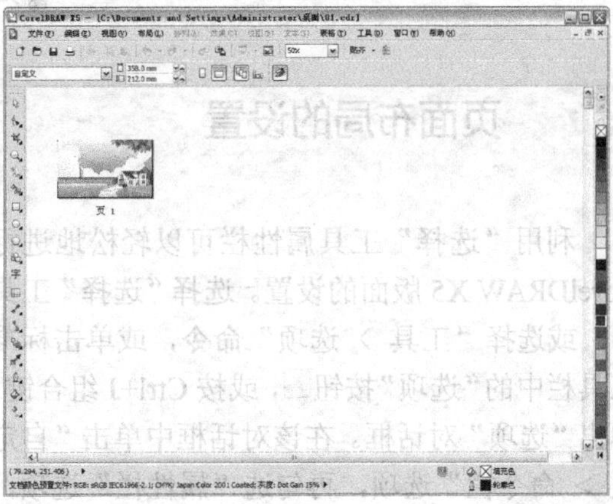

图 2-14

2.2.3　设置显示比例

在绘制图形过程中，可以利用“缩放”工具展开式工具栏中的“平移”工具，或绘图窗口右侧和下侧的滚动条来移动视窗。可以利用“缩放”工具及其属性栏来改变视窗的显示比例，如图 2-15 所示。在“缩放”工具属性栏中，依次为“缩放级别”、“放大”按钮、“缩小”按钮、“缩放选定对象”按钮、“缩放全部对象”按钮、“显示页面”按钮、“按页宽显示”按钮和“按页高显示”按钮。

图 2-15

2.2.4　利用视图管理器显示页面

选择“视图 > 视图管理器”命令，或选择“窗口 > 泊坞窗 > 视图管理器”命令，或按 Ctrl+F2 组合键，均可打开“视图管理器”泊坞窗。

利用此泊坞窗，可以保存任何指定的视图显示效果，当以后需要再次显示此画面时，直接在“视图管理器”泊坞窗中选择，无需重新操作。使用“视图管理器”泊坞窗进行页面显示的效果如图 2-16 所示。在“视图管理器”泊坞窗中，按钮用于添加当前查看视图，按钮用于删除当前查看视图。

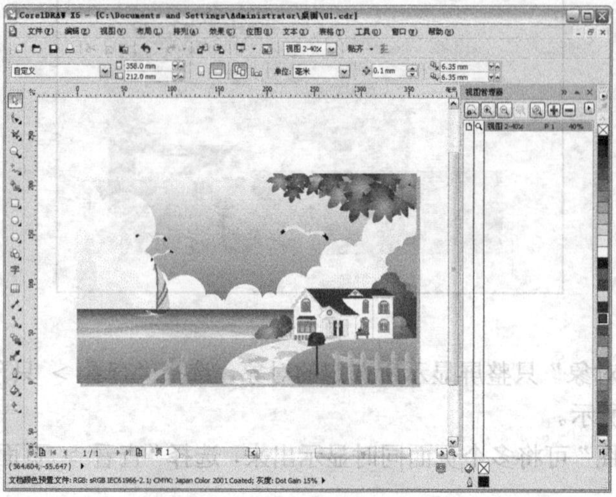

图 2-16

2.3 页面布局的设置

利用“选择”工具属性栏可以轻松地进行CorelDRAW X5版面的设置。选择“选择”工具，或选择“工具 > 选项”命令，或单击标准工具栏中的“选项”按钮，或按Ctrl+J组合键，弹出“选项”对话框。在该对话框中单击“自定义 > 命令栏”选项，再勾选“属性栏”选项，如图2-17所示，然后单击“确定”按钮，则可显示如图2-18所示的“选择”工具属性栏。在属性栏中，可以设置纸张的类型、纸张的高度和宽度及纸张的放置方向等。

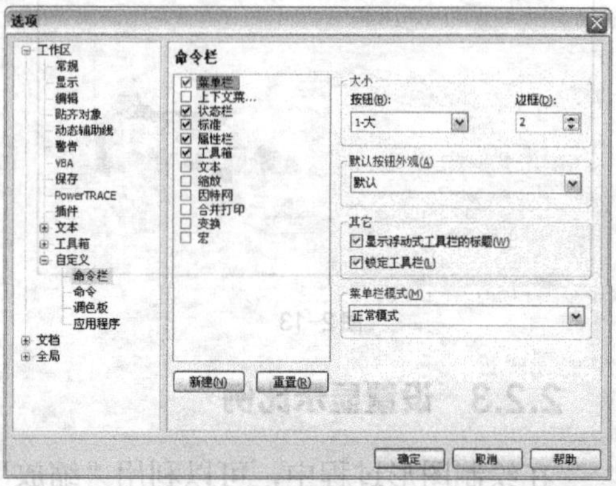

图 2-17

图 2-18

2.3.1 设置页面大小

利用“布局”菜单下的“页面设置”命令，可以进行更详细的页面设置。选择“布局 > 页面设置”命令，弹出“选项”对话框，如图2-19所示。

在“页面尺寸”选项栏中对版面纸张的大小和放置方向等进行设置，还可设置页面出血、分辨率等项。

选择“布局”选项，则“选项”对话框如图2-20所示，可从中选择版面的样式。

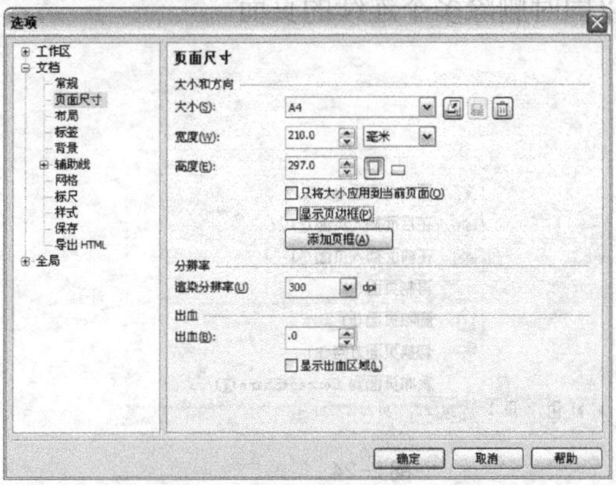

图 2-19

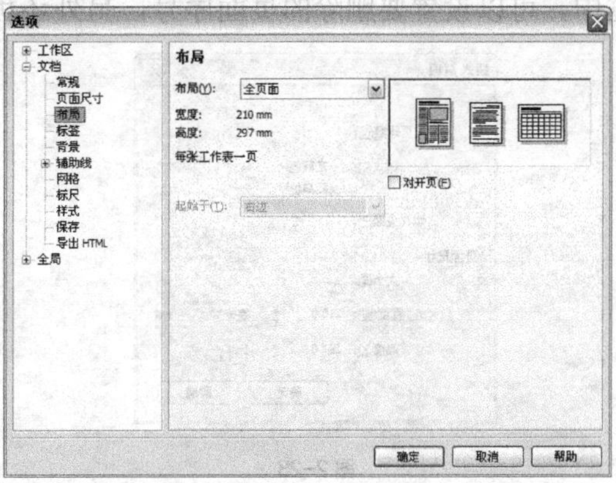

图 2-20

2.3.2 设置页面标签

选择“标签”选项，则“选项”对话框如图 2-21 所示，这里汇集了由 40 多家标签制造商设计的 800 多种标签格式，供用户选择。

2.3.3 设置页面背景

选择“背景”选项，则“选项”对话框如图 2-22 所示，可以从中选择单色或位图图像作为绘图页面的背景。

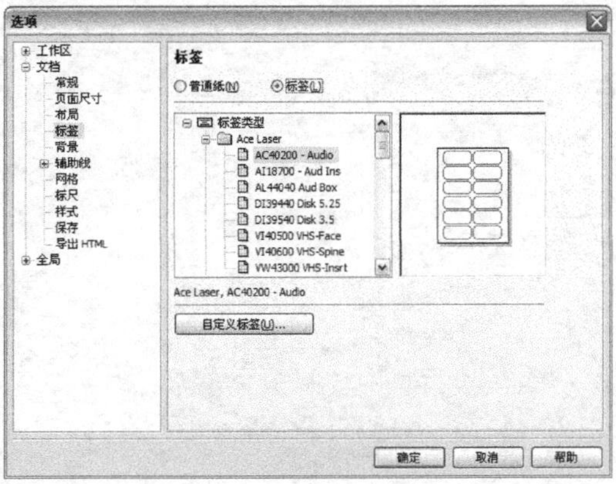

图 2-21

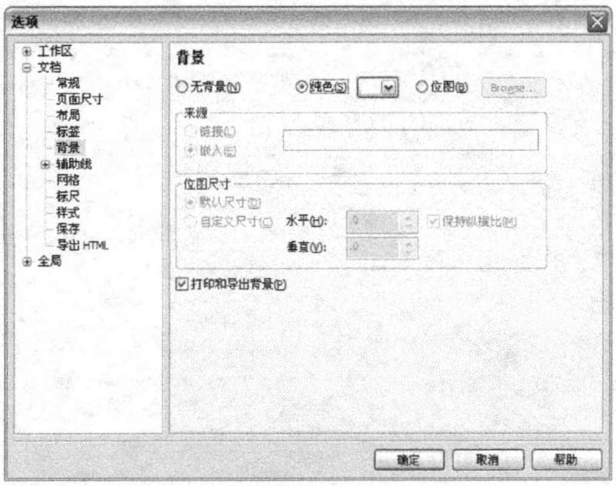

图 2-22

2.3.4 插入、删除与重命名页面

1. 插入页面

选择“布局 > 插入页面”命令，弹出如图 2-23 所示的“插入页面”对话框。在对话框中，可以设置插入的页面数目、位置、页面大小和方向等选项。

在 CorelDRAW X5 状态栏的页面标签上单击鼠标右键，弹出如图 2-24 所示的快捷菜单，在菜单中选择插入页的命令，即可插入新页面。

2. 删除页面

选择“布局 > 删除页面”命令，弹出如图 2-25 所示的“删除页面”对话框。在该对话框中，可以设置要删除的页面序号，另外还可以同时删除多个连续的页面。

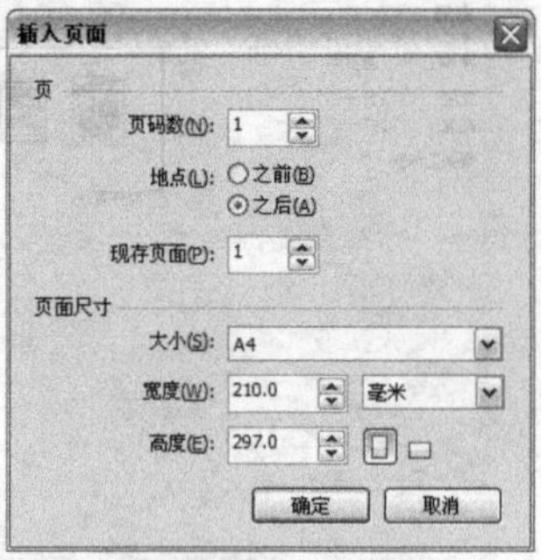

图 2-23

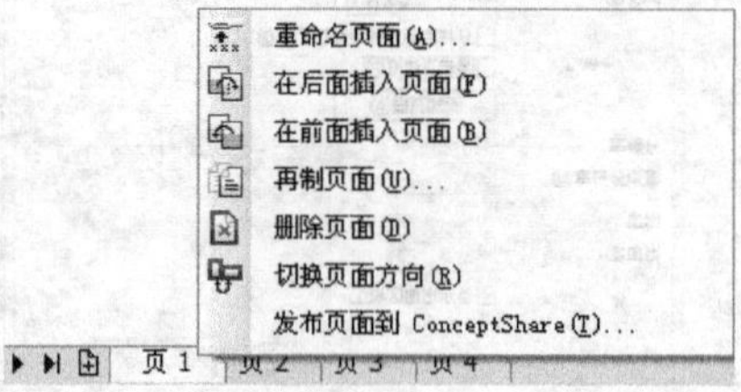

图 2-24

3. 重命名页面

选择“布局 > 重命名页面”命令，弹出如图 2-26 所示的“重命名页面”对话框。在“页名”文本框中输入名称，单击“确定”按钮，即可重命名页面。

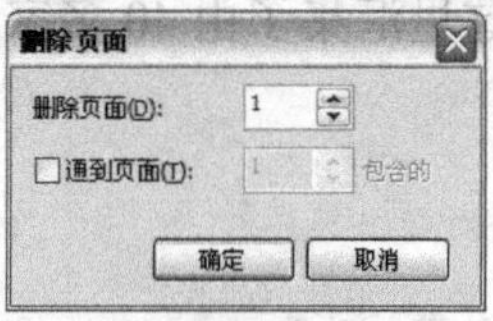

图 2-25

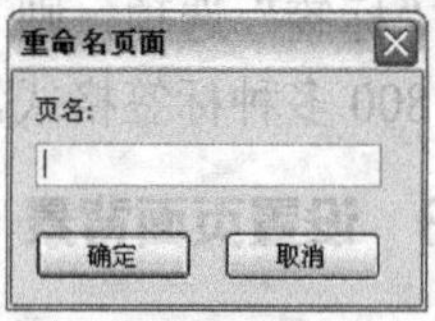

图 2-26

3 Chapter

第3章 绘制和编辑图形

CorelDRAW X5 绘制和编辑图形的功能是非常强大的。本章将详细介绍绘制和编辑图形的多种方法和技巧。通过对本章的学习，读者可以掌握绘制与编辑图形的方法和技巧，为进一步学习 CorelDRAW X5 打下坚实的基础。

课堂学习目标

- 绘制图形
- 编辑对象

3.1 绘制图形

使用 CorelDRAW X5 的基本绘图工具可以绘制简单的几何图形。通过本节的讲解和练习，读者可以初步掌握 CorelDRAW X5 基本绘图工具的特性，为今后绘制更复杂、更优质的图形打下坚实的基础。

3.1.1 绘制矩形

1. 绘制简单矩形

单击工具箱中的“矩形”工具，在绘图页面中按住鼠标左键不放，拖曳光标到需要的位置，松开鼠标左键，矩形绘制完成，如图 3-1 所示。按 Esc 键，取消矩形的选取状态，效果如图 3-2 所示。

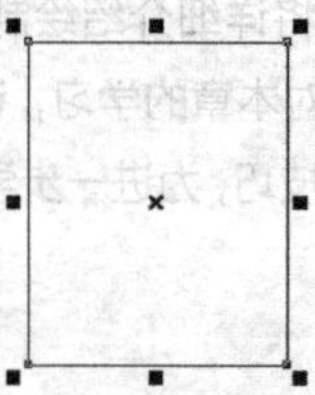

图 3-1

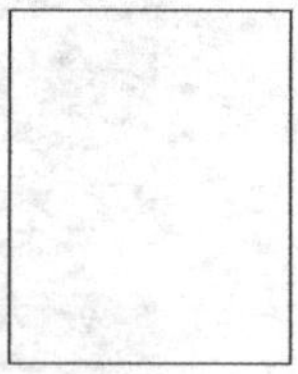

图 3-2

绘制矩形的属性栏如图 3-3 所示。选择“选择”工具，在矩形上单击鼠标左键，选择刚绘制好的矩形。

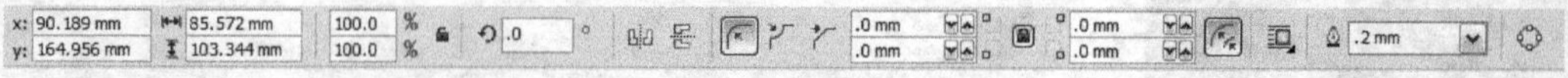

图 3-3

按 F6 键，快速选择“矩形”工具，拖曳光标可在绘图页面中适当的位置绘制矩形。

按住 Ctrl 键，拖曳光标可在绘图页面中绘制正方形。

按住 Shift 键，拖曳光标可在绘图页面中以当前点为中心绘制矩形。

按住 Shift+Ctrl 组合键，拖曳光标可在绘图页面中以当前点为中心绘制正方形。

2. 使用“矩形”工具绘制圆角矩形

在绘图页面中绘制一个矩形，如图 3-4 所示。在绘制矩形的属性栏中，如果先将“圆角半径”后的小锁图标选定，则改变“圆角半径”时 4 个角的半径值将进行相同的改变。设定“圆角半径”为 20，如图 3-5 所示，按 Enter 键，效果如图 3-6 所示。

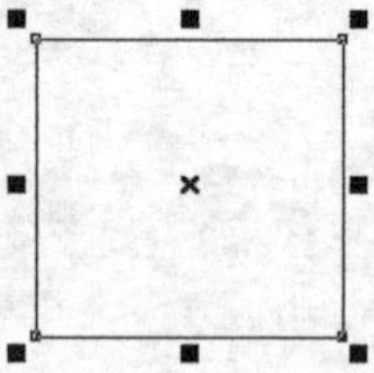

图 3-4

图 3-5

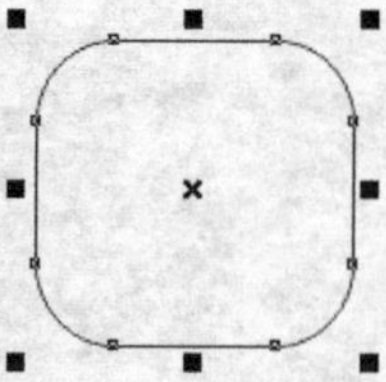

图 3-6

如果不选定小锁图标，则可以单独改变某个圆角的半径数值。在绘制矩形的属性栏中，分别设定“圆角半径”的值，如图 3-7 所示，按 Enter 键，效果如图 3-8 所示。如果要将圆角矩形还原为直角矩形，可以将圆角度数设定为“0”。

图 3-7

图 3-8

3. 使用“矩形”工具绘制扇形角图形

在绘图页面中绘制一个矩形，如图 3-9 所示。在绘制矩形的属性栏中，单击“扇形角”按钮，在“圆角半径”框中设置值为 20，如图 3-10 所示，按 Enter 键，效果如图 3-11 所示。

图 3-9

图 3-10

图 3-11

扇形角图形“圆角半径”的设置与圆角矩形相同，这里就不再赘述。

4. 使用“矩形”工具绘制倒棱角图形

在绘图页面中绘制一个矩形，如图 3-12 所示。在绘制矩形的属性栏中，单击“倒棱角”按钮，在“圆角半径”框中设置值为 20，如图 3-13 所示，按 Enter 键，效果如图 3-14 所示。

倒棱角图形“圆角半径”的设置与圆角矩形相同，这里就不再赘述。

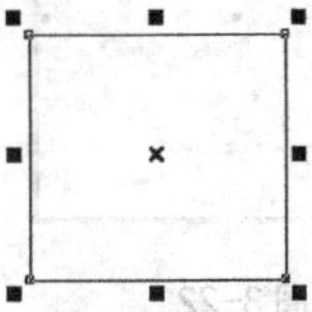

图 3-12

图 3-13

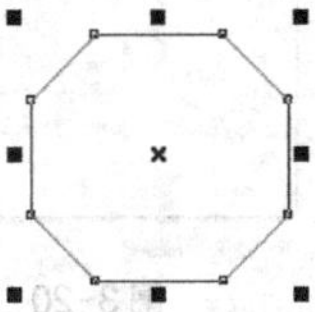

图 3-14

5. 使用角缩放按钮调整图形

在绘图页面中绘制一个圆角图形，属性栏和效果如图 3-15 所示。在绘制矩形的属性栏中，单击“相对的角缩放”按钮，拖曳控制手柄调整图形的大小，圆角的半径根据图形的调整进行改变，属性栏和效果如图 3-16 所示。

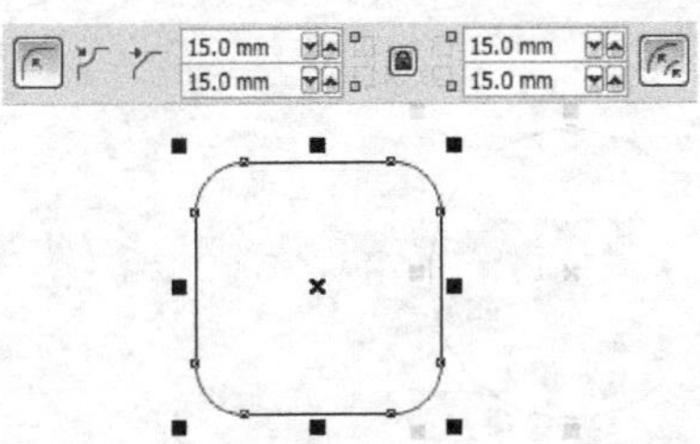

图 3-15

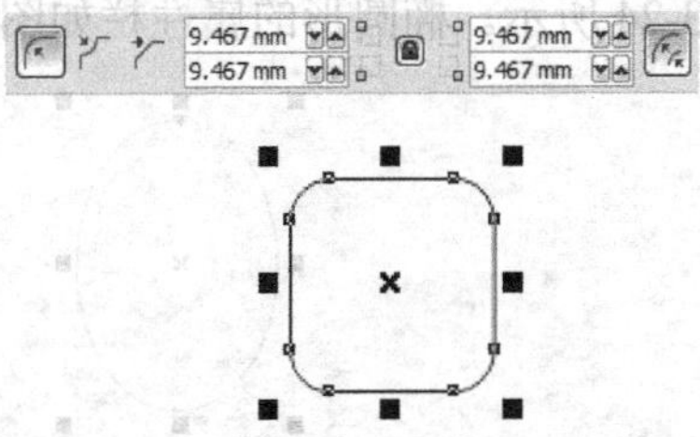

图 3-16

当图形为扇形角图形和倒棱角图形时，调整的效果与圆角矩形相同。

6. 使用鼠标拖曳矩形节点调整图形

绘制一个矩形。按 F10 键，快速选择“形状”工具，选中矩形边角的节点，如图 3-17 所示。

按住鼠标左键拖曳矩形边角的节点，可以改变边角的圆滑程度，如图 3-18 所示。松开鼠标左键，圆角矩形的效果如图 3-19 所示。

图 3-17

图 3-18

图 3-19

当选中“扇形角”按钮和“倒棱角”按钮时，调整的效果与圆角矩形相同。

7. 绘制任意角度放置的矩形

选择“矩形”工具展开式工具栏中的“3 点矩形”工具，在绘图页面中按住鼠标左键不放，拖曳光标到需要的位置，可绘制出一条任意方向的线段作为矩形的一条边，如图 3-20 所示。松开鼠标左键，再拖曳鼠标到需要的位置，即可确定矩形的另一条边，如图 3-21 所示。单击鼠标左键，有角度的矩形绘制完成，效果如图 3-22 所示。

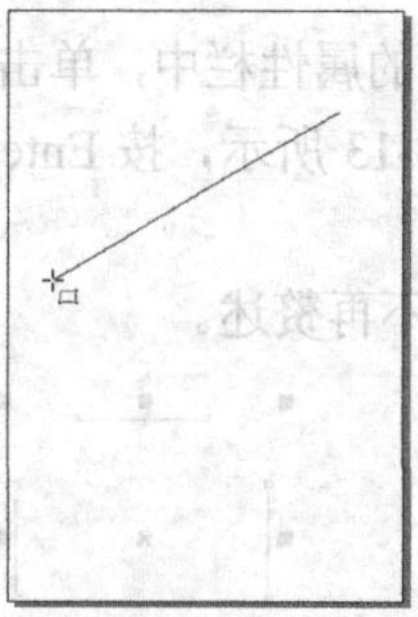

图 3-20

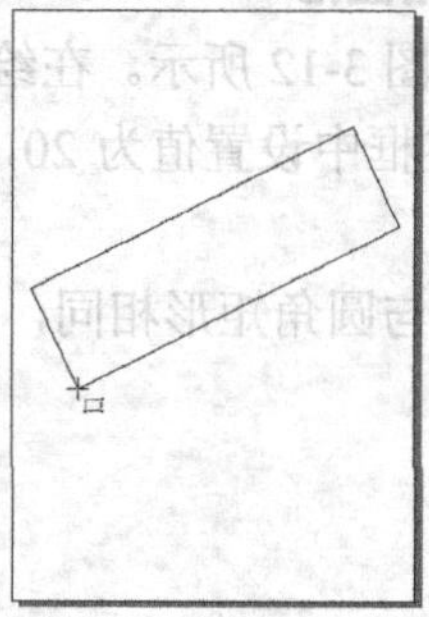

图 3-21

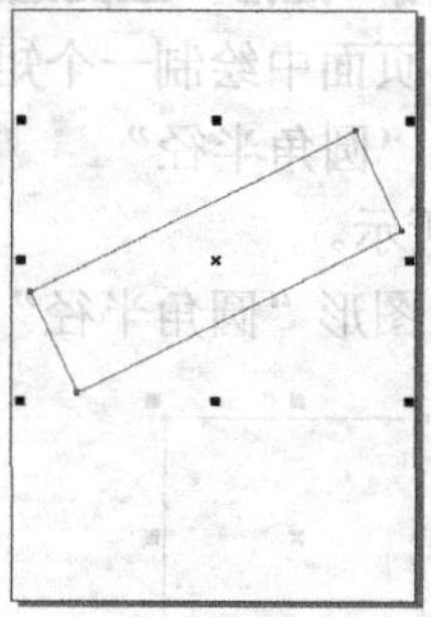

图 3-22

3.1.2 绘制椭圆和圆形

1. 使用“椭圆形”工具绘制椭圆形和圆形

单击“椭圆形”工具，在绘图页面中按住鼠标左键不放，拖曳光标到需要的位置，松开鼠标左键，椭圆形绘制完成，如图 3-23 所示。按住 Ctrl 键，在绘图页面中可以绘制圆形，如图 3-24 所示。椭圆形的属性栏如图 3-25 所示。

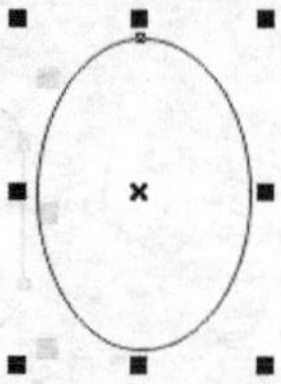

图 3-23

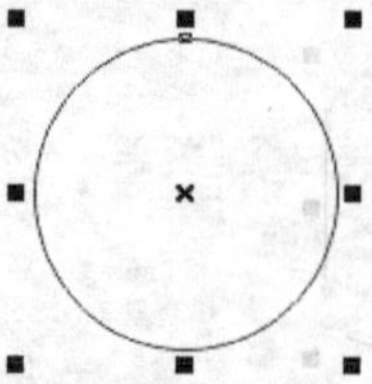

图 3-24

图 3-25

按 F7 键，快速选择“椭圆形”工具，可在绘图页面中适当的位置绘制椭圆形。

按住 Shift 键，可在绘图页面中以当前点为中心拖曳光标，绘制椭圆形。

同时按住 Shift+Ctrl 组合键，可在绘图页面中以当前点为中心拖曳光标，绘制圆形。

2. 使用“椭圆形”工具绘制饼形和弧形

绘制一个圆形，如图 3-26 所示。单击椭圆形属性栏中的“饼图”按钮（见图 3-27），可将圆形转换为饼图，如图 3-28 所示。

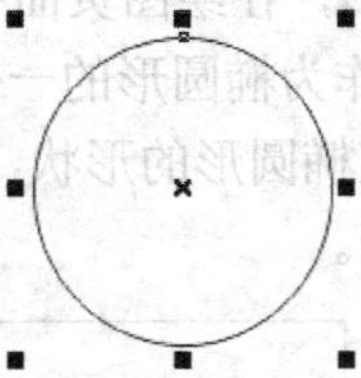

图 3-26

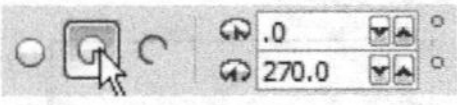

图 3-27

图 3-28

单击椭圆形属性栏中的“弧”按钮（见图 3-29），可将圆形转换为弧形，如图 3-30 所示。

图 3-29

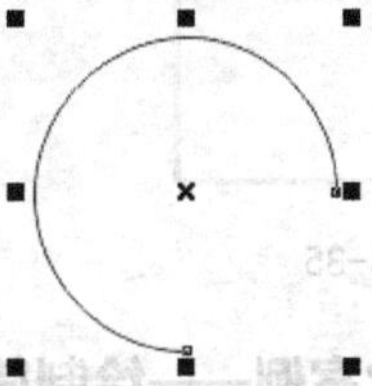

图 3-30

在“起始和结束角度”中设置饼形和弧形起始角度和终止角度，按 Enter 键，可以获得饼形和弧形角度的精确值。效果如图 3-31 所示。

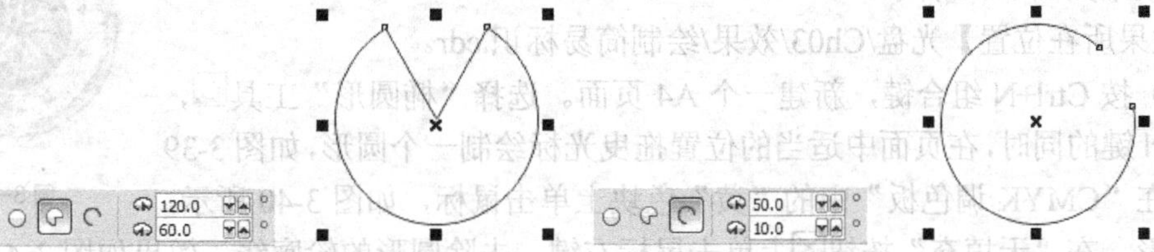

图 3-31

技巧

圆形在选中状态下，在椭圆形属性栏中单击“饼图”或“弧”按钮，可以使图形在饼形和弧形之间转换。单击属性栏中的按钮，可以将饼形或弧形进行 180°的镜像。

3. 拖曳圆形的节点来绘制饼形和弧形

单击“椭圆形”工具，绘制一个圆形。按 F10 键，快速选择“形状”工具，单击轮廓线上的节点并按住鼠标左键不放，如图 3-32 所示。

向圆形内拖曳节点，如图 3-33 所示。松开鼠标左键，圆形变成饼形，效果如图 3-34 所示。向圆形外拖曳轮廓线上的节点，可使圆形变成弧形。

图 3-32

图 3-33

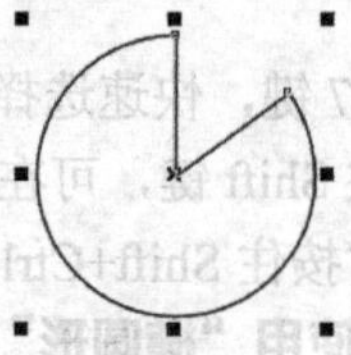

图 3-34

4. 绘制任意角度放置的椭圆形

选择"椭圆形"工具展开式工具栏中的"3 点椭圆"工具，在绘图页面中按住鼠标左键不放，拖曳光标到需要的位置，可绘制一条任意方向的线段作为椭圆形的一个轴，如图 3-35 所示。松开鼠标左键，再拖曳鼠标到需要的位置，即可确定椭圆形的形状，如图 3-36 所示。单击鼠标左键，有角度的椭圆形绘制完成，如图 3-37 所示。

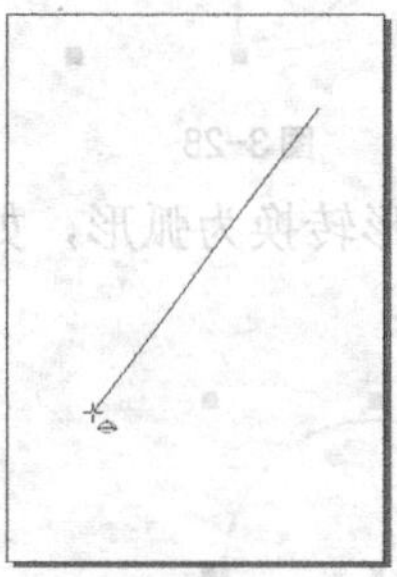

图 3-35

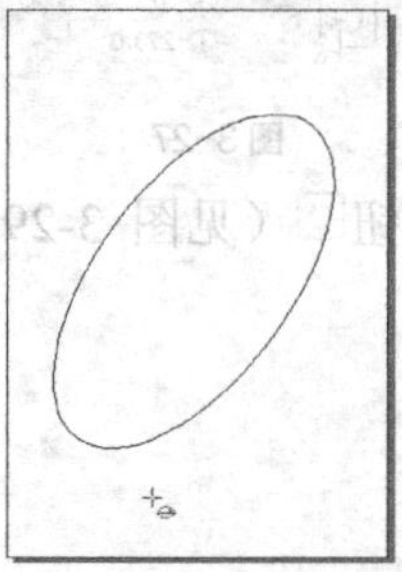

图 3-36

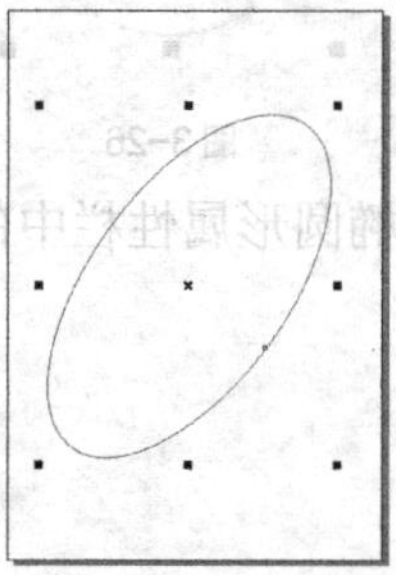

图 3-37

3.1.3 课堂案例——绘制简易标识

【案例学习目标】学习使用几何图形工具绘制简易标识。

【案例知识要点】使用椭圆形工具、矩形工具和多边形工具绘制简易标识，效果如图 3-38 所示。

图 3-38

【效果所在位置】光盘/Ch03/效果/绘制简易标识.cdr。

（1）按 Ctrl+N 组合键，新建一个 A4 页面。选择"椭圆形"工具，按住 Ctrl 键的同时，在页面中适当的位置拖曳光标绘制一个圆形，如图 3-39 所示。在"CMYK 调色板"中的"黄"色块上单击鼠标，如图 3-40 所示，填充圆形，在"无填充"按钮上单击鼠标右键，去除圆形的轮廓线，效果如图 3-41 所示。

图 3-39

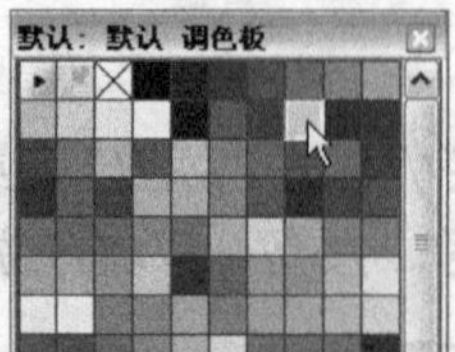

图 3-40

图 3-41

（2）选择“选择”工具，按数字键盘上的+键，复制一个圆形。按住 Shift 键的同时，向内拖曳图形右上角的控制手柄到适当的位置，等比例缩小圆形。在“CMYK 调色板”中的“红”色块上单击鼠标，如图 3-42 所示，填充圆形，效果如图 3-43 所示。

（3）选择“选择”工具，按数字键盘上的+键，复制一个圆形。按住 Shift 键的同时，向内拖曳图形右上角的控制手柄到适当的位置，等比例缩小圆形。按 F12 键，弹出“轮廓笔”对话框，在“颜色”选项中设置轮廓线颜色的 CMYK 值为 0、20、100、0，其他选项的设置如图 3-44 所示，单击“确定”按钮。在“无填充”按钮上单击鼠标，去除圆形的填充，效果如图 3-45 所示。

图 3-42

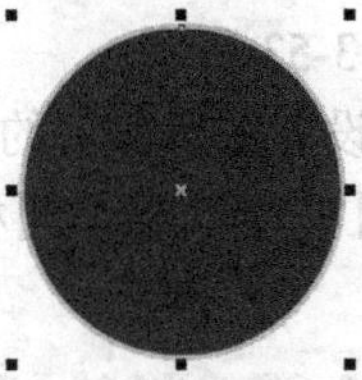

图 3-43

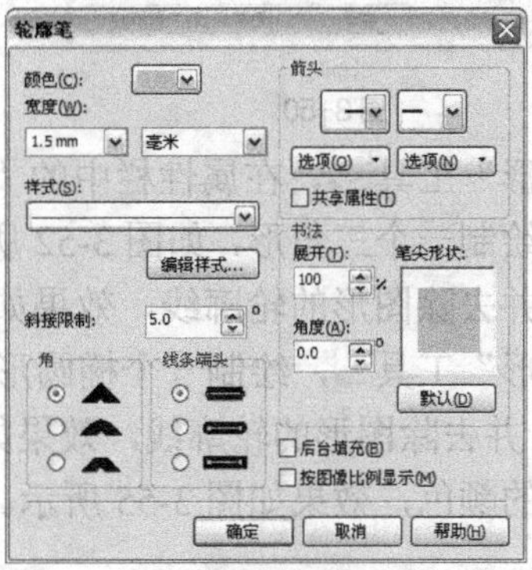

图 3-44

图 3-45

（4）选择“选择”工具，按数字键盘上的+键，复制一个圆形。按住 Shift 键的同时，向内拖曳图形右上角的控制手柄到适当的位置，等比例缩小圆形。按 F12 键，弹出“轮廓笔”对话框，选项的设置如图 3-46 所示，单击“确定”按钮，效果如图 3-47 所示。

（5）选择“选择”工具，按数字键盘上的+键，复制一个圆形。按住 Shift 键的同时，向内拖曳图形右上角的控制手柄到适当的位置，等比例缩小圆形。在“CMYK 调色板”中的“深黄”色块上单击鼠标，填充圆形，并去除图形的轮廓线，效果如图 3-48 所示。单击属性栏中的“饼图”按钮，效果如图 3-49 所示。

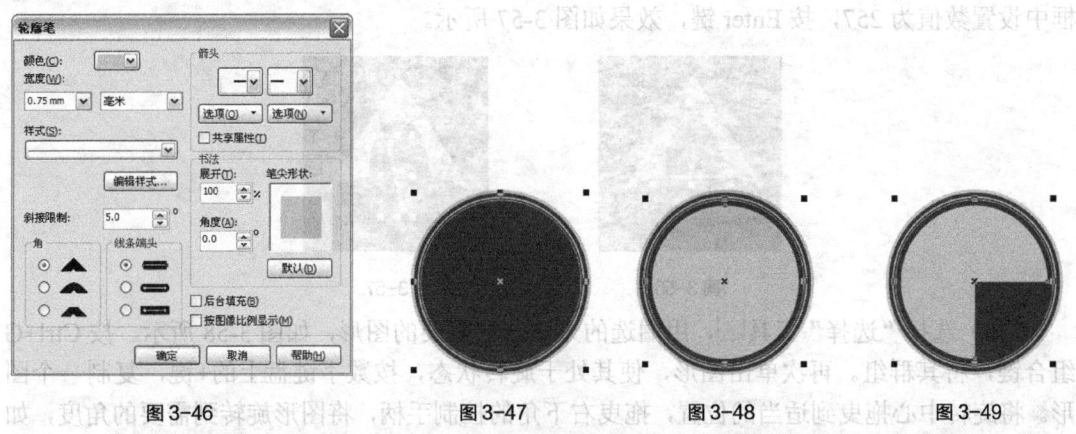

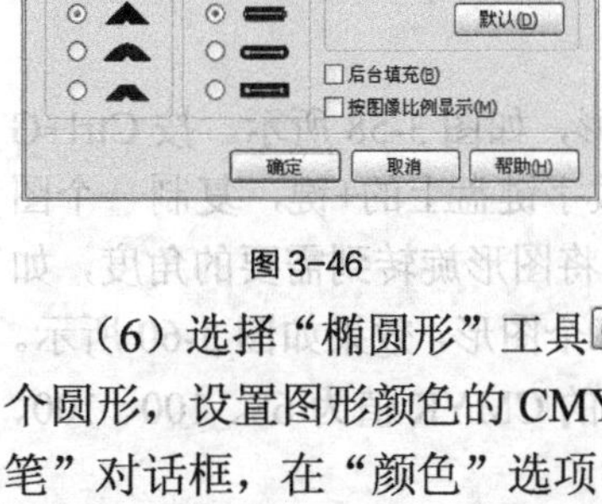

图 3-46

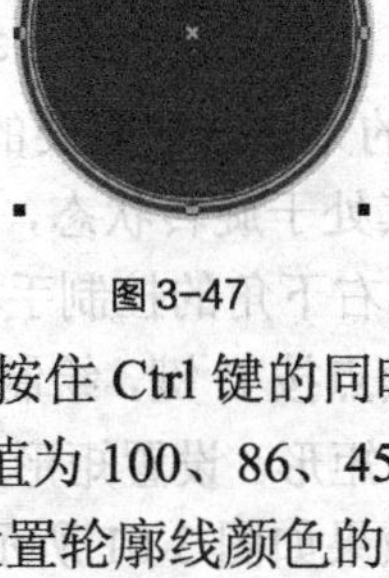

图 3-47

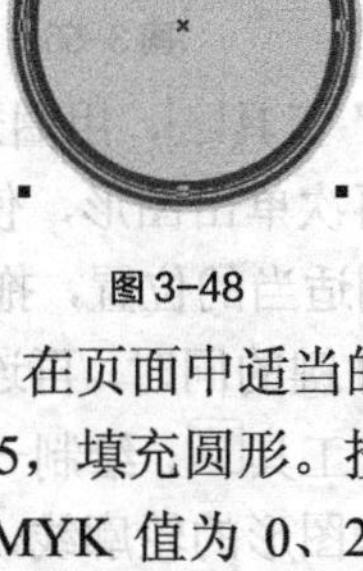

图 3-48

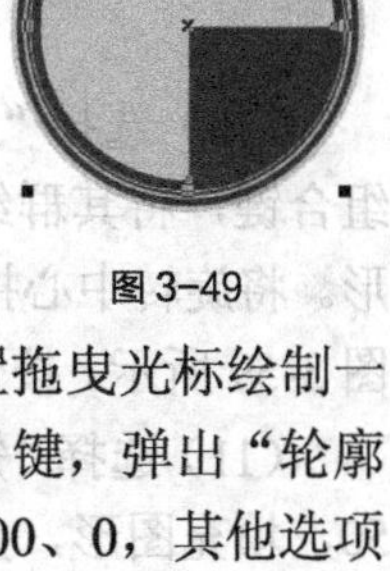

图 3-49

（6）选择“椭圆形”工具，按住 Ctrl 键的同时，在页面中适当的位置拖曳光标绘制一个圆形，设置图形颜色的 CMYK 值为 100、86、45、5，填充圆形。按 F12 键，弹出“轮廓笔”对话框，在“颜色”选项中设置轮廓线颜色的 CMYK 值为 0、20、100、0，其他选项的设置如图 3-50 所示，单击“确定”按钮，效果如图 3-51 所示。

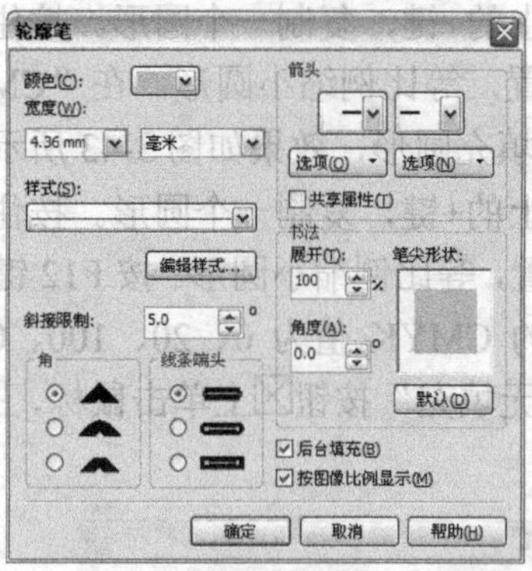

图 3-50

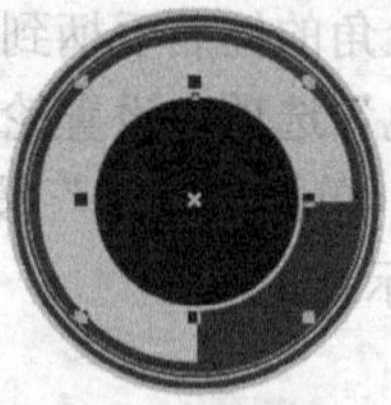

图 3-51

（7）选择“多边形”工具，在属性栏中的“点数或边数”框中设置数值为 3，在页面中的适当位置绘制一个三角形，如图 3-52 所示。设置图形颜色的 CMYK 值为 0、60、100、0，填充图形，并去除图形的轮廓线，效果如图 3-53 所示。

（8）选择“椭圆形”工具，绘制一个椭圆形，设置图形颜色的 CMYK 值为 68、100、100、50，填充图形，并去除图形的轮廓线，效果如图 3-54 所示。用相同的方法再绘制一个椭圆形，并填充相同的颜色，效果如图 3-55 所示。

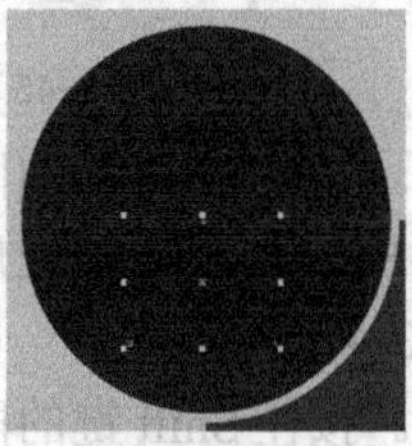

图 3-52

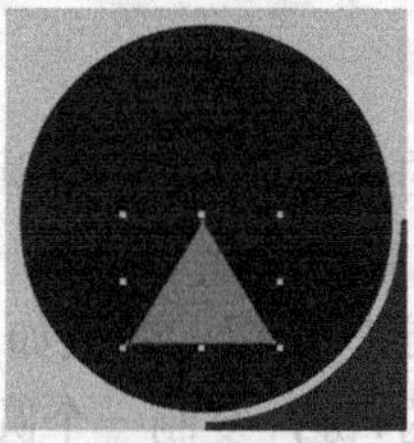

图 3-53

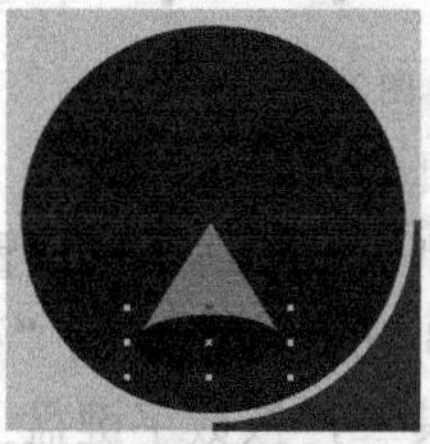

图 3-54

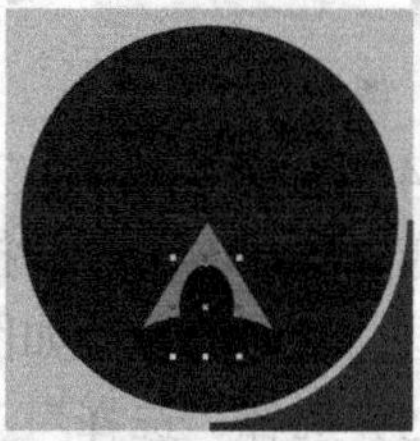

图 3-55

（9）选择“矩形”工具，绘制一个矩形。设置图形颜色的 CMYK 值为 0、60、100、0，填充图形，并去除图形的轮廓线，效果如图 3-56 所示。在属性栏中的“旋转角度”框中设置数值为 257，按 Enter 键，效果如图 3-57 所示。

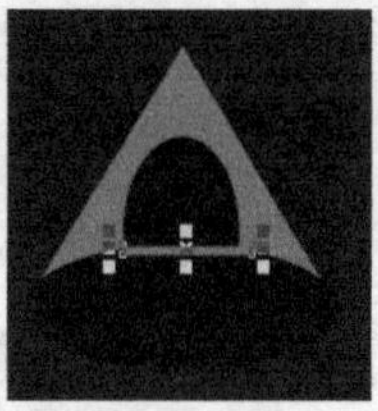

图 3-56

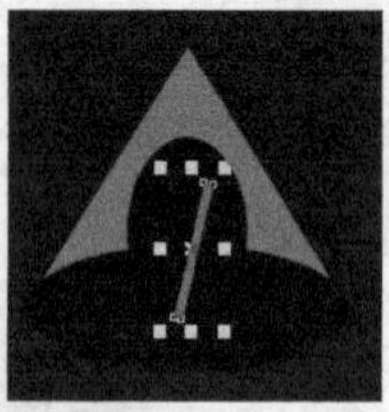

图 3-57

（10）选择“选择”工具，用圈选的方法选取需要的图形，如图 3-58 所示。按 Ctrl+G 组合键，将其群组。再次单击图形，使其处于旋转状态，按数字键盘上的+键，复制一个图形。将旋转中心拖曳到适当的位置，拖曳右下角的控制手柄，将图形旋转到需要的角度，如图 3-59 所示。按住 Ctrl 键的同时，再连续点按 D 键，绘制出多个图形，效果如图 3-60 所示。

（11）选择“矩形”工具，绘制一个矩形。设置矩形颜色的 CMYK 值为 68、100、100、50，填充图形，并去除图形的轮廓线，效果如图 3-61 所示。

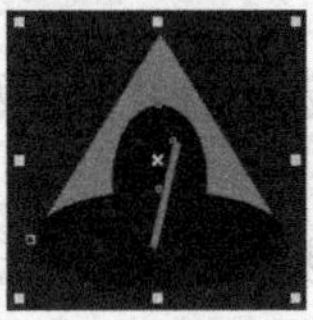
图 3-58

图 3-59

图 3-60

图 3-61

（12）单击属性栏中的“扇形角”按钮，在“圆角半径”框中设置数值为 17.1mm，如图 3-62 所示，按 Enter 键，效果如图 3-63 所示。用相同的方法绘制其他图形，并填充相同的颜色，效果如图 3-64 所示。简易标识绘制完成。

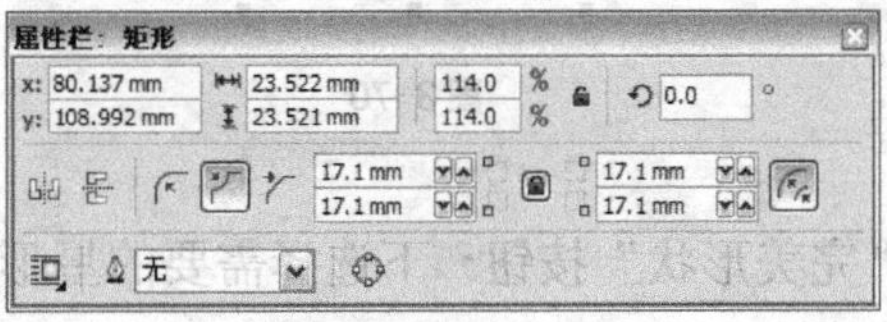

图 3-62

图 3-63

图 3-64

3.1.4　绘制基本形状

1. 绘制基本图形

单击“基本形状”工具，在属性栏中的“完美形状”按钮下选择需要的基本图形，如图 3-65 所示。

在绘图页面中按住鼠标左键不放，从左上角向右下角拖曳光标到需要的位置，松开鼠标左键，基本图形绘制完成，效果如图 3-66 所示。

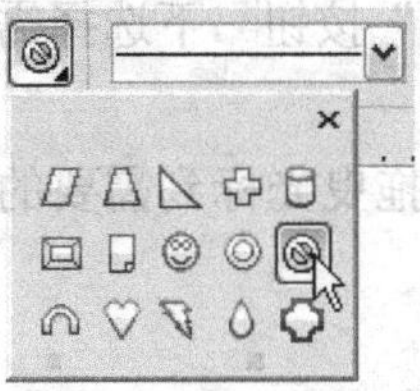
图 3-65

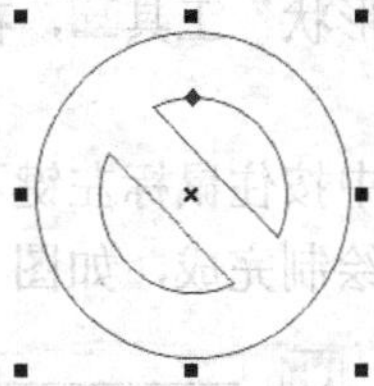
图 3-66

2. 绘制箭头图

单击“箭头形状”工具，在属性栏中的“完美形状”按钮下选择需要的箭头图形，如图 3-67 所示。

在绘图页面中按住鼠标左键不放，从左上角向右下角拖曳光标到需要的位置，松开鼠标左键，箭头图形绘制完成，如图 3-68 所示。

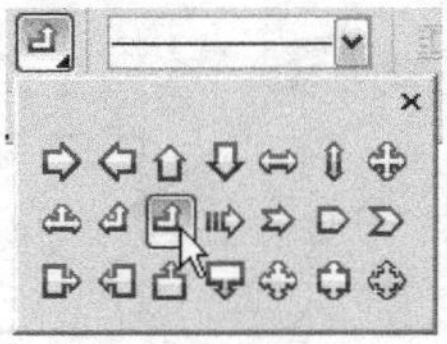
图 3-67

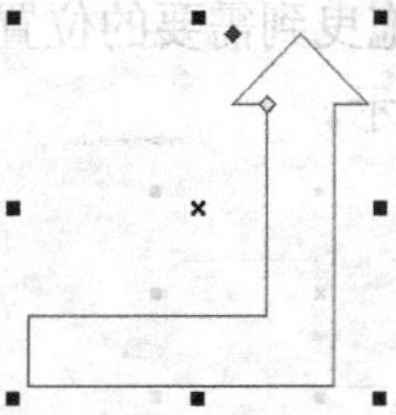
图 3-68

3. 绘制流程图图形

单击“流程图形状”工具，在属性栏中的“完美形状”按钮下选择需要的流程图图形，如图 3-69 所示。

在绘图页面中按住鼠标左键不放，从左上角向右下角拖曳光标到需要的位置，松开鼠标左键，流程图图形绘制完成，如图 3-70 所示。

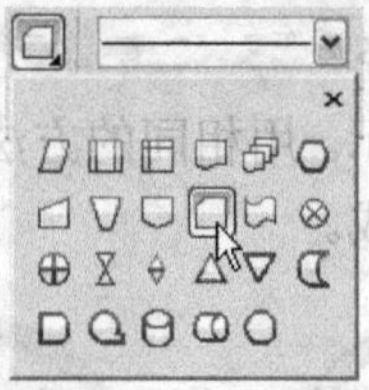
图 3-69

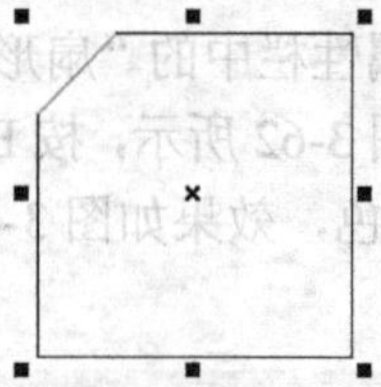
图 3-70

4. 绘制标题图形

单击“标题形状”工具，在属性栏中的“完美形状”按钮下选择需要的星形图形，如图 3-71 所示。

在绘图页面中按住鼠标左键不放，从左上角向右下角拖曳光标到需要的位置，松开鼠标左键，星形图形绘制完成，如图 3-72 所示。

图 3-71

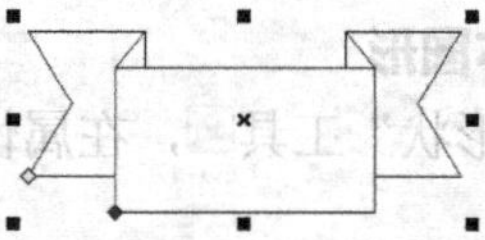
图 3-72

5. 绘制标注图形

单击“标注形状”工具，在属性栏中的“完美形状”按钮下选择需要的标注图形，如图 3-73 所示。

在绘图页面中按住鼠标左键不放，从左上角向右下角拖曳光标到需要的位置，松开鼠标左键，标注图形绘制完成，如图 3-74 所示。

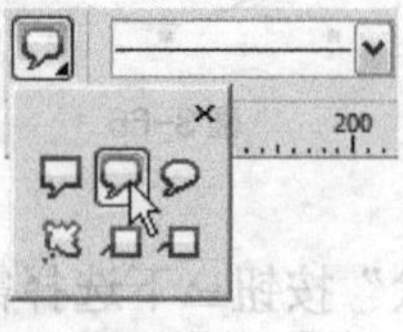
图 3-73

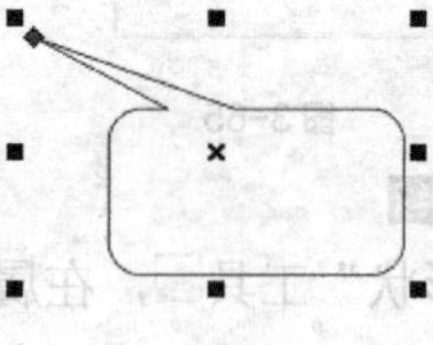
图 3-74

6. 调整基本形状

绘制一个基本形状，如图 3-75 所示。单击要调整基本图形的红色菱形符号，并按住鼠标左键不放将其拖曳到需要的位置，如图 3-76 所示。得到需要的形状后，松开鼠标左键，效果如图 3-77 所示。

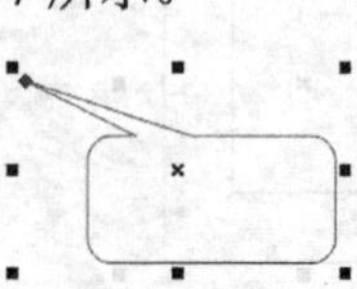
图 3-75

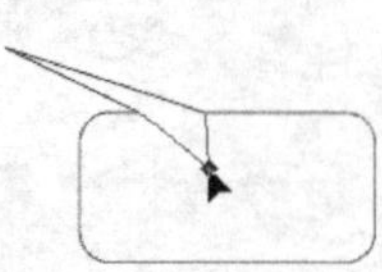
图 3-76

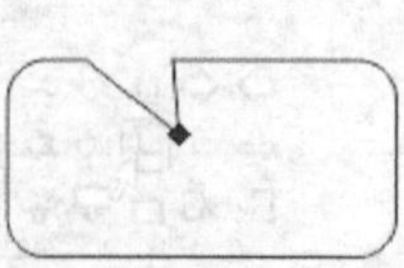
图 3-77

提示

在流程图形状中没有红色菱形符号，所以不能对它进行调整。

3.1.5 绘制图纸

选择“图纸”工具，在绘图页面中按住鼠标左键不放，从左上角向右下角拖曳光标到需要的位置，松开鼠标左键，网格状的图形绘制完成，如图 3-78 所示，属性栏如图 3-79 所示。在框中可以重新设定图纸的列和行，绘制出需要的网格状图形效果。

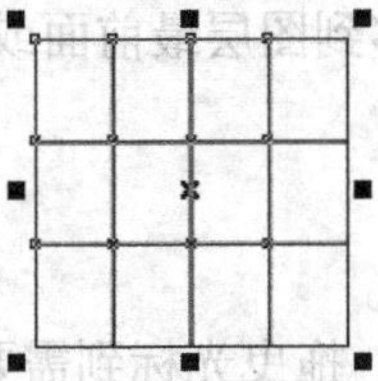

图 3-78

图 3-79

按住 Ctrl 键，在绘图页面中可以绘制正网格状的图形。

按住 Shift 键，在绘图页面中会以当前点为中心绘制网格状的图形。

同时按下 Shift+Ctrl 组合键，在绘图页面中会以当前点为中心绘制正网格状的图形。

使用“选择”工具选中网格状图形，如图 3-80 所示。选择“排列 > 取消群组”命令或按 Ctrl+U 组合键，可将绘制出的网格状图形取消群组。取消网格图形的选取状态，再使用“选择”工具可以单选其中的各个图形，如图 3-81 所示。

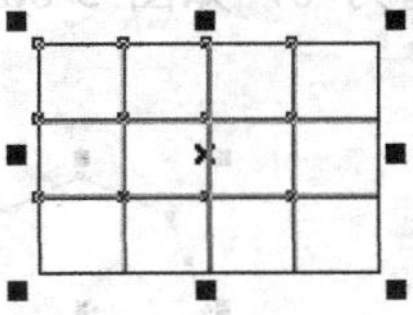

图 3-80

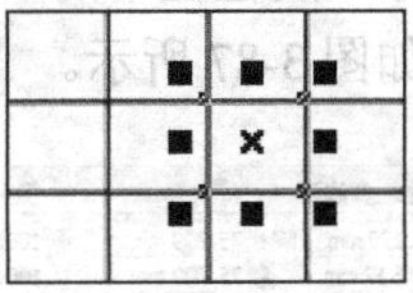

图 3-81

3.1.6 绘制表格

选择“表格”工具，在绘图页面中按住鼠标左键不放，从左上角向右下角拖曳光标到需要的位置，松开鼠标左键，表格状的图形绘制完成，如图 3-82 所示，绘制的表格属性栏如图 3-83 所示。

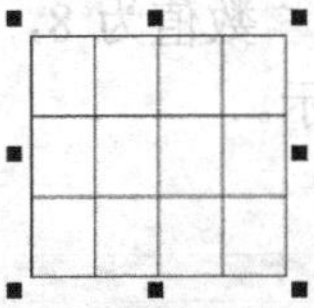

图 3-82

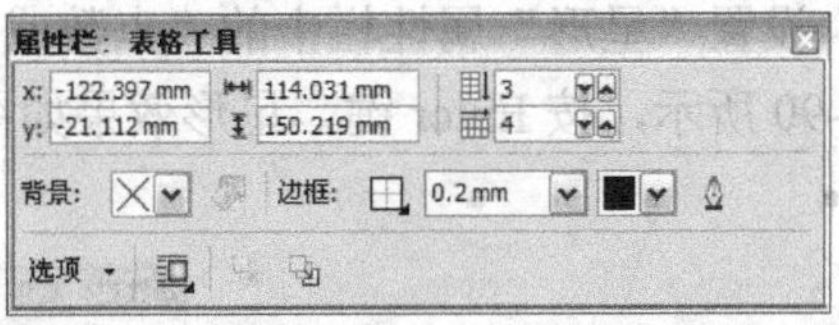

图 3-83

按住 Ctrl 键，在绘图页面中可以绘制正网格状的表格。

按住 Shift 键，在绘图页面中会以当前点为中心绘制网格状的表格。

同时按下 Shift+Ctrl 组合键，在绘图页面中会以当前点为中心绘制正网格状的表格。

表格属性栏中各选项的功能如下。

框：可以重新设定表格的列和行，绘制出需要的表格。

背景：：选择和设置表格的背景色。单击“编辑填充”按钮，可弹出“均匀填充”对话框，更改背景的填充色。

边框：细线：用于选择并设置表格边框线的粗细、颜色。单击“轮廓笔”按钮，弹出“轮廓笔”对话框，用于设置轮廓线的属性，如线条宽度、角形状和箭头类型等。

“表格选项”按钮：选择是否在键入数据时自动调整单元格的大小以及在单元格间添加空格。

“文本换行”按钮：选择段落文本环绕对象的样式并设置偏移的距离。

“到图层前面”按钮和“到图层后面”按钮：将表格移到图层最前面或最后面。

3.1.7 绘制多边形

1. 绘制对称多边形

选择“多边形”工具，在绘图页面中按住鼠标左键不放，拖曳光标到需要的位置，松开鼠标左键，对称多边形绘制完成，如图 3-84 所示。其属性栏如图 3-85 所示。

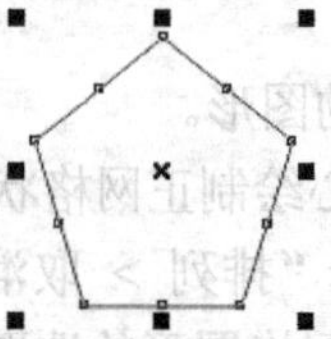

图 3-84

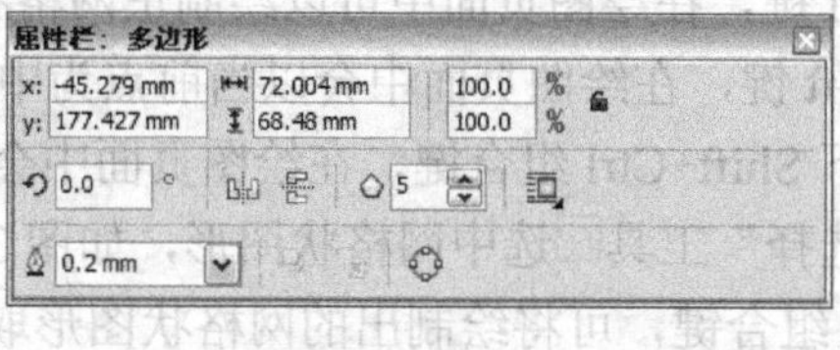

图 3-85

设置“多边形”属性栏中的“点数或边数”数值为 8，如图 3-86 所示，按 Enter 键，多边形效果如图 3-87 所示。

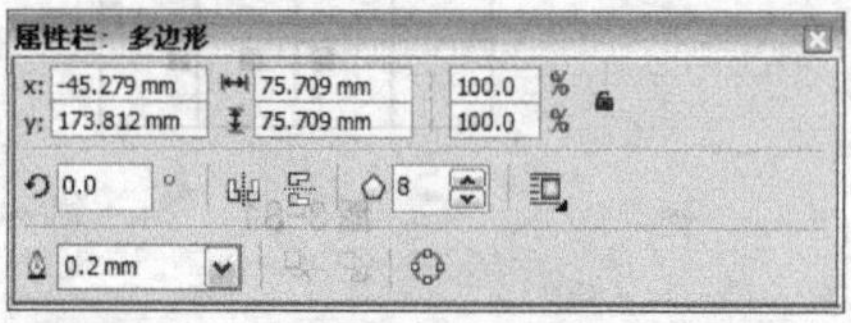

图 3-86

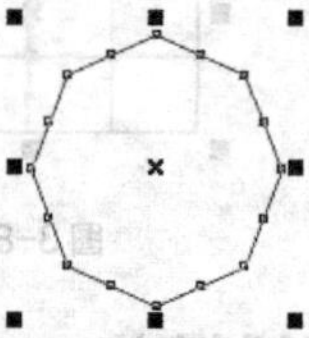

图 3-87

2. 绘制星形

选择“多边形”工具展开式工具栏中的“星形”工具，在绘图页面中按住鼠标左键不放，拖曳光标到需要的位置，松开鼠标左键，星形绘制完成，如图 3-88 所示。其属性栏如图 3-89 所示。设置“星形”属性栏中的“点数或边数”数值为 8，“锐度”数值为 70，如图 3-90 所示，按 Enter 键，星形效果如图 3-91 所示。

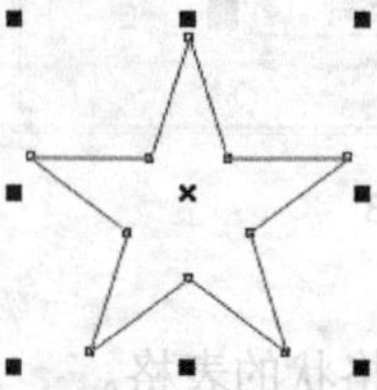

图 3-88

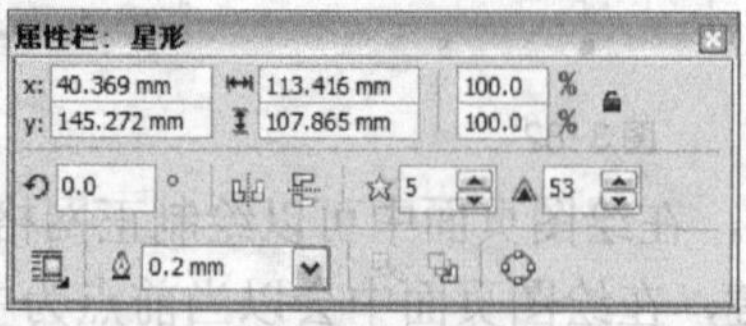

图 3-89

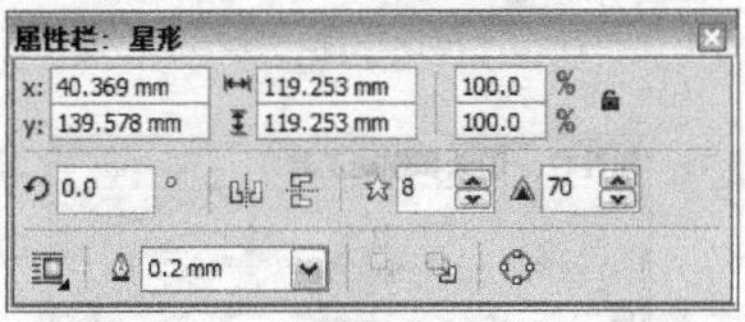

图 3-90

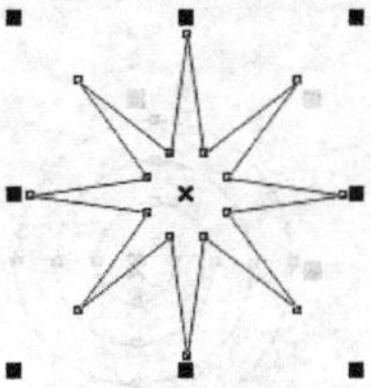

图 3-91

3. 绘制复杂星形

选择“多边形”工具展开式工具栏中的“复杂星形”工具，在绘图页面中按住鼠标左键不放，拖曳光标到需要的位置，松开鼠标左键，星形绘制完成，如图 3-92 所示。其属性栏如图 3-93 所示。设置“复杂星形”属性栏中的“点数或边数”数值为 12，“锐度”数值为 4，如图 3-94 所示，按 Enter 键，复杂星形效果如图 3-95 所示。

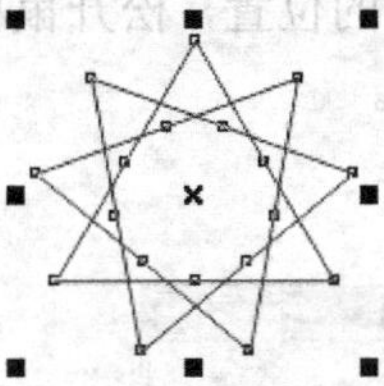

图 3-92

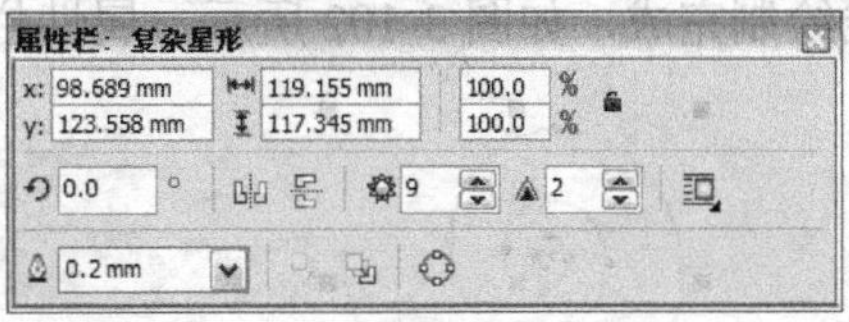

图 3-93

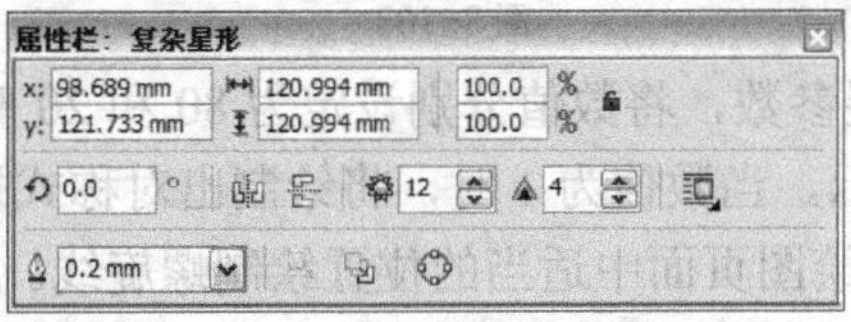

图 3-94

图 3-95

4. 使用鼠标拖曳多边形的节点来绘制星形

绘制一个多边形，如图 3-96 所示。选择“形状”工具，单击轮廓线上的节点并按住鼠标左键不放，如图 3-97 所示。向多边形内或外拖曳轮廓线上的节点，如图 3-98 所示，可以将多边形改变为星形，效果如图 3-99 所示。

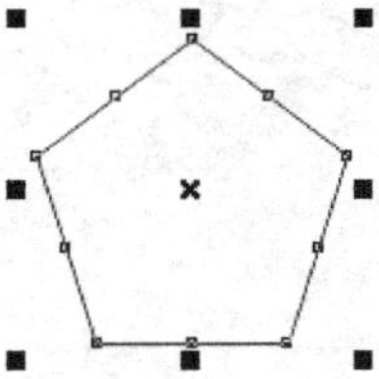

图 3-96

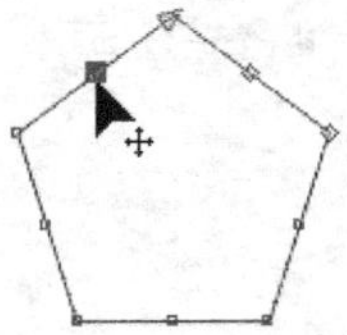

图 3-97

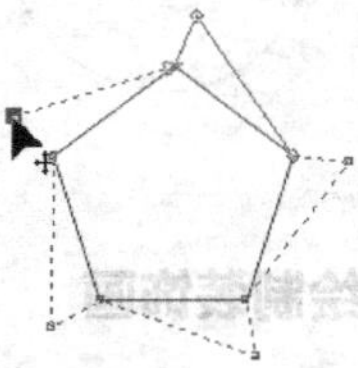

图 3-98

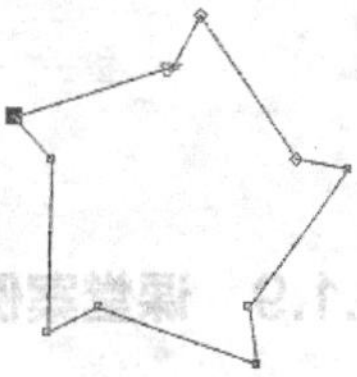

图 3-99

3.1.8 绘制螺旋线

1. 绘制对称式螺旋线

选择“螺纹”工具，在绘图页面中按住鼠标左键不放，从左上角向右下角拖曳光标到需要的位置，松开鼠标左键，对称式螺旋线绘制完成，如图 3-100 所示，属性栏如图 3-101

所示。

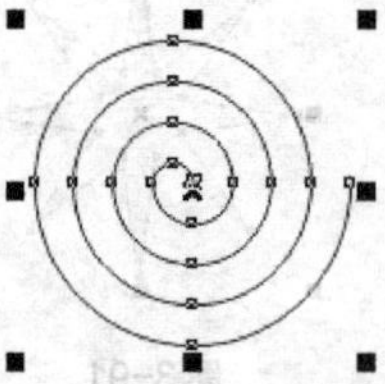

图 3-100

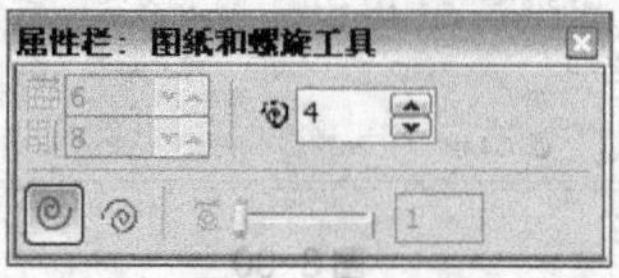

图 3-101

从右下角向左上角拖曳光标到需要的位置，可以绘制出反向的对称式螺旋线。在 4 框中可以重新设定螺旋线的圈数，绘制需要的螺旋线效果。

2. 绘制对数式螺旋线

选择“螺纹”工具，在“图纸和螺旋工具”属性栏中单击“对数螺纹”按钮，在绘图页面中按住鼠标左键不放，从左上角向右下角拖曳光标到需要的位置，松开鼠标左键，对数式螺旋线绘制完成，如图 3-102 所示，属性栏如图 3-103 所示。

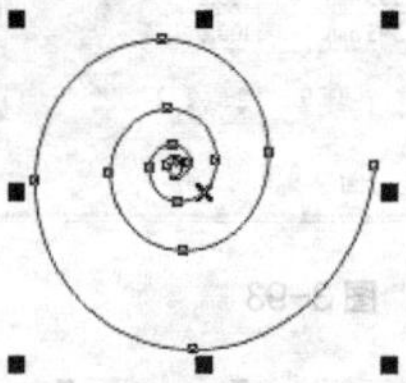

图 3-102

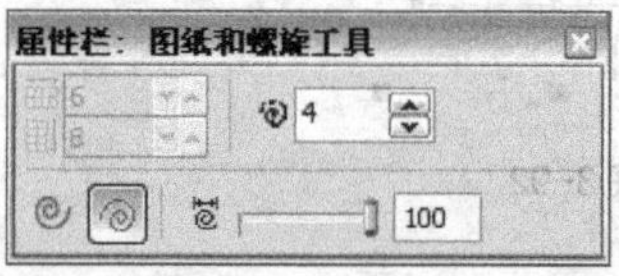

图 3-103

在中可以重新设定螺旋线的扩展参数，将数值分别设定为 80 和 20 时，螺旋线向外扩展的幅度会逐渐变小，如图 3-104 所示。当数值为 1 时，将绘制出对称式螺旋线。

按 A 键，选择“螺纹”工具，可以在绘图页面中适当的位置绘制螺旋线。

按住 Ctrl 键，可以在绘图页面中绘制正圆螺旋线。

按住 Shift 键，在绘图页面中会以当前点为中心绘制螺旋线。

同时按下 Shift+Ctrl 组合键，在绘图页面中会以当前点为中心绘制正圆螺旋线。

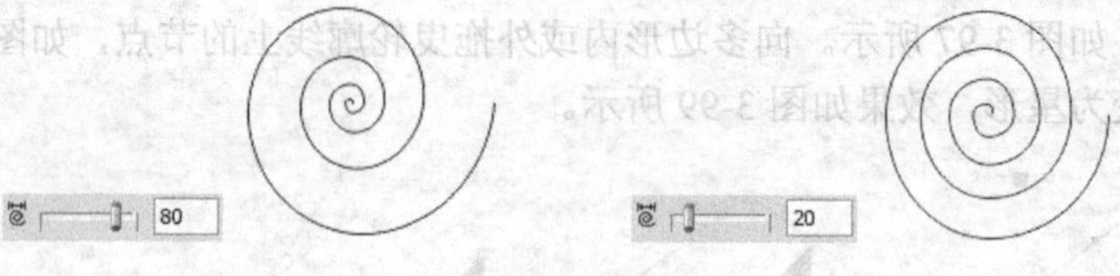

图 3-104

3.1.9 课堂案例——绘制装饰画

【案例学习目标】学习使用椭圆形工具和基本形状工具绘制装饰形状。

【案例知识要点】使用矩形工具和轮廓笔命令绘制背景效果，使用复杂星形工具绘制星形，使用椭圆形工具及合并命令绘制云朵图形，使用星形工具、椭圆形工具和 2 点线工具绘制装饰形状，效果如图 3-105 所示。

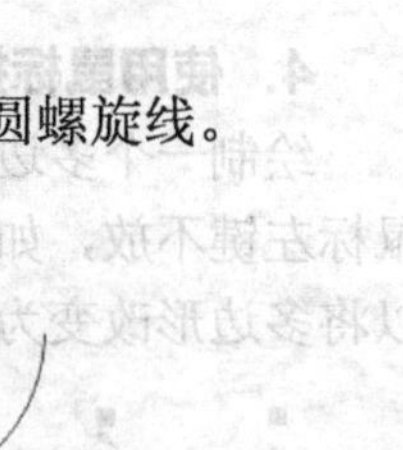

图 3-105

【效果所在位置】光盘/Ch03/效果/绘制装饰画.cdr。

（1）按 Ctrl+N 组合键，新建一个 A4 页面。选择“矩形”工具，按住 Ctrl 键的同时，在页面中适当的位置拖曳光标绘制一个正方形，如图 3-106 所示。设置图形颜色的 CMYK 值为 0、10、30、0，填充图形，效果如图 3-107 所示。

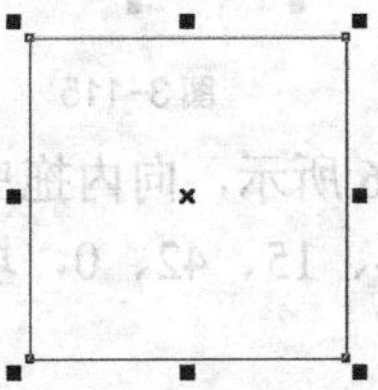

图 3-106

图 3-107

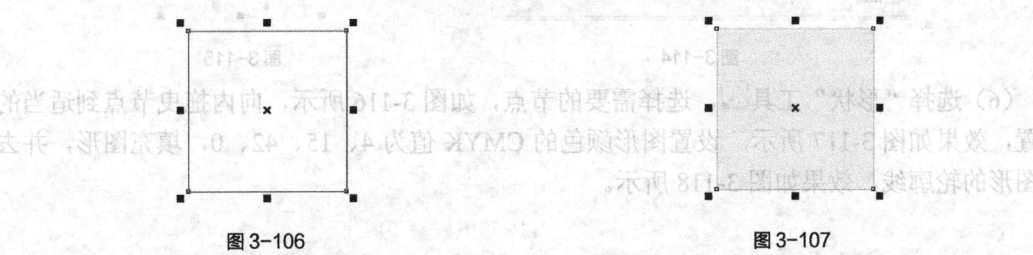

（2）按 F12 键，弹出“轮廓笔”对话框，在“颜色”选项中设置轮廓线颜色的 CMYK 值为 0、20、40、60，其他选项的设置如图 3-108 所示，单击“确定”按钮，效果如图 3-109 所示。

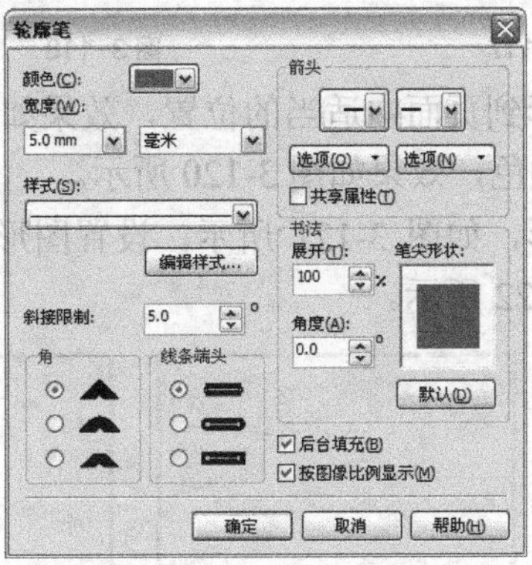

图 3-108

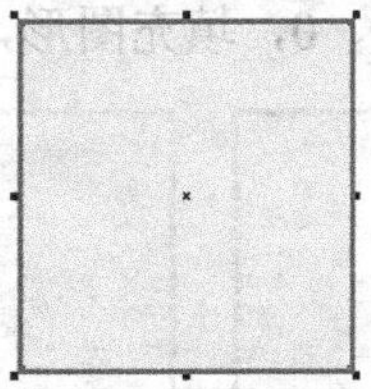

图 3-109

（3）选择“椭圆形”工具，在页面中适当的位置绘制多个椭圆形，如图 3-110 所示。选择“选择”工具，用圈选的方法选取需要的图形，如图 3-111 所示。单击属性栏中的“合并”按钮，合并图形，填充为白色，并去除图形的轮廓线，效果如图 3-112 所示。

（4）选择“选择”工具，按数字键盘上的+键，复制图形，并调整其位置和大小，效果如图 3-113 所示。

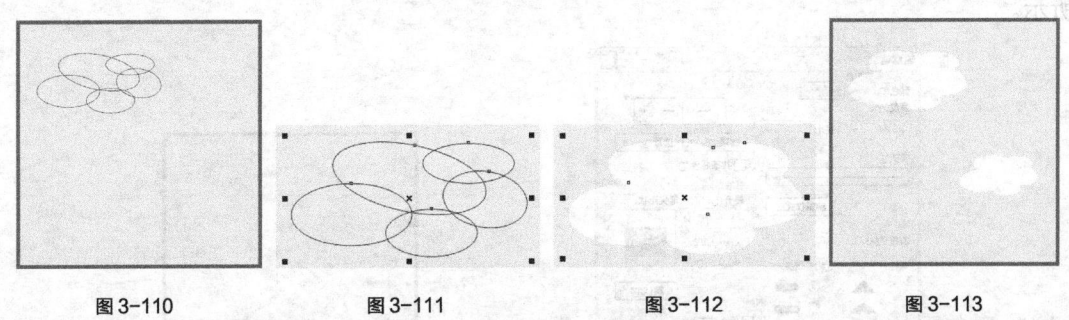

图 3-110

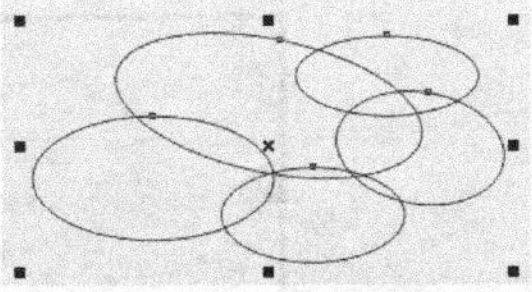

图 3-111

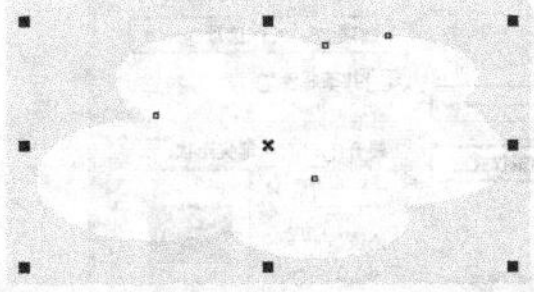

图 3-112

图 3-113

（5）选择“复杂星形”工具，在属性栏中进行设置，如图 3-114 所示。在页面空白处绘制一个星形，效果如图 3-115 所示。

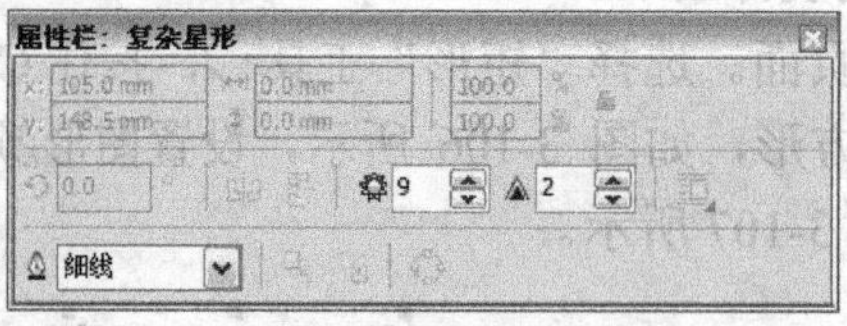

图 3-114

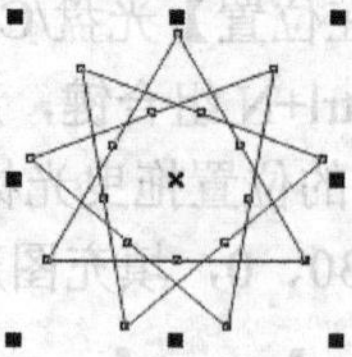

图 3-115

（6）选择“形状”工具，选择需要的节点，如图 3-116 所示，向内拖曳节点到适当的位置，效果如图 3-117 所示。设置图形颜色的 CMYK 值为 4、15、42、0，填充图形，并去除图形的轮廓线，效果如图 3-118 所示。

图 3-116

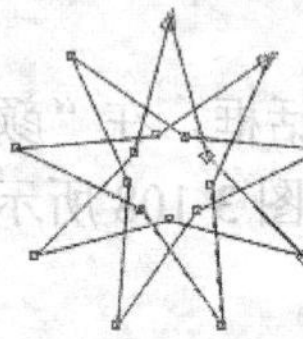

图 3-117

图 3-118

（7）选择“选择”工具，拖曳星形图形到页面中适当的位置，效果如图 3-119 所示。用相同的方法制作其他图形，并填充相同的颜色，效果如图 3-120 所示。

（8）选择“矩形”工具，绘制一个矩形，如图 3-121 所示。设置图形颜色的 CMYK 值为 45、0、70、0，填充图形，效果如图 3-122 所示。

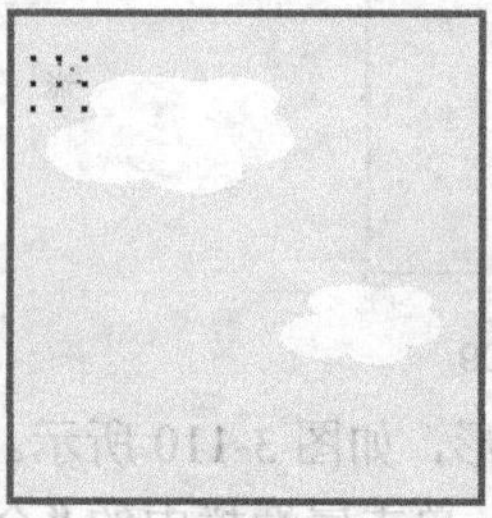

图 3-119

图 3-120

图 3-121

图 3-122

（9）按 F12 键，弹出“轮廓笔”对话框，在“颜色”选项中设置轮廓线颜色的 CMYK 值为 100、0、100、0，其他选项的设置如图 3-123 所示，单击“确定”按钮，效果如图 3-124 所示。

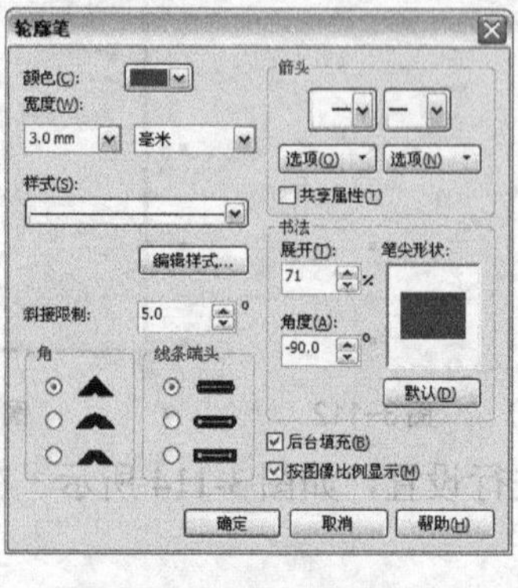

图 3-123

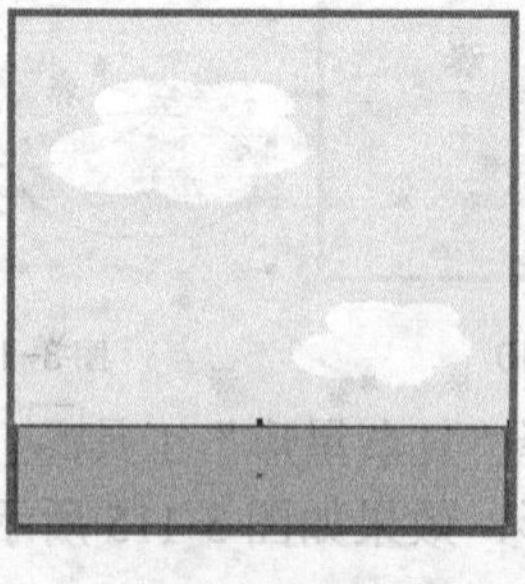

图 3-124

（10）单击属性栏中的“圆角”按钮，在“圆角半径”框中设置数值为 35mm，如图 3-125 所示，按 Enter 键，效果如图 3-126 所示。

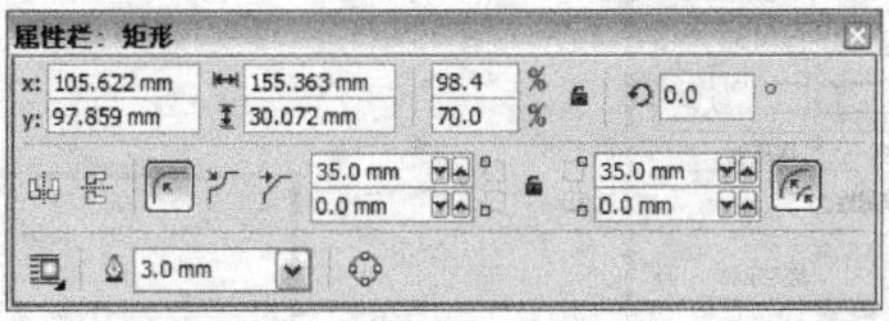

图 3-125

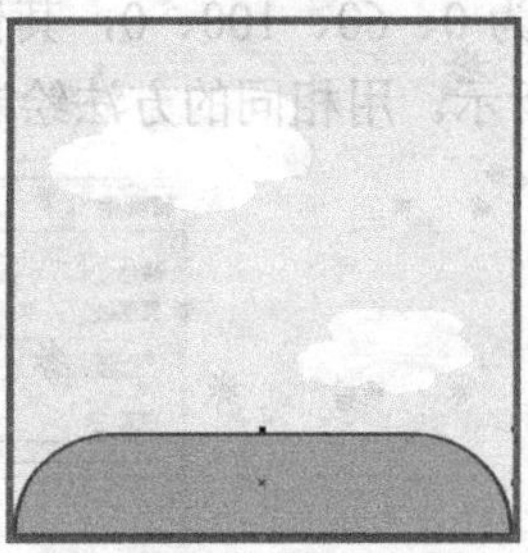

图 3-126

（11）选择“2 点线”工具，绘制一条直线，如图 3-127 所示。按 F12 键，弹出“轮廓笔”对话框，在“颜色”选项中设置轮廓线颜色的 CMYK 值为 100、0、100、0，其他选项的设置如图 3-128 所示，单击“确定”按钮，效果如图 3-129 所示。用相同的方法绘制其他直线，并填充相同的颜色，效果如图 3-130 所示。

图 3-127

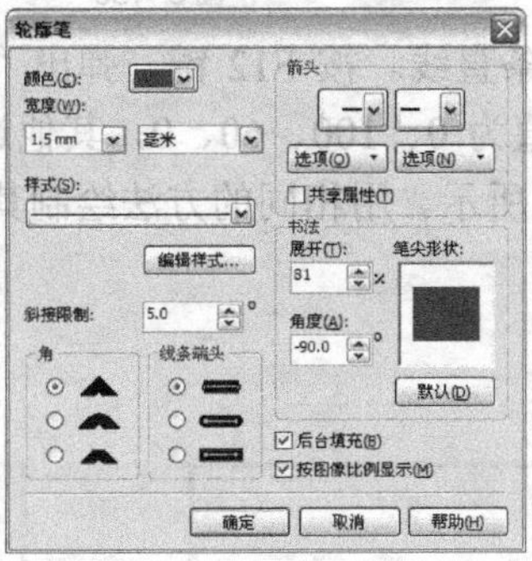

图 3-128

图 3-129

图 3-130

（12）选择“2 点线”工具，绘制一条直线。按 F12 键，弹出“轮廓笔”对话框，在“颜色”选项中设置轮廓线颜色的 CMYK 值为 0、60、100、0，其他选项的设置如图 3-131 所示，单击“确定”按钮，效果如图 3-132 所示。用相同的方法绘制其他直线，效果如图 3-133 所示。

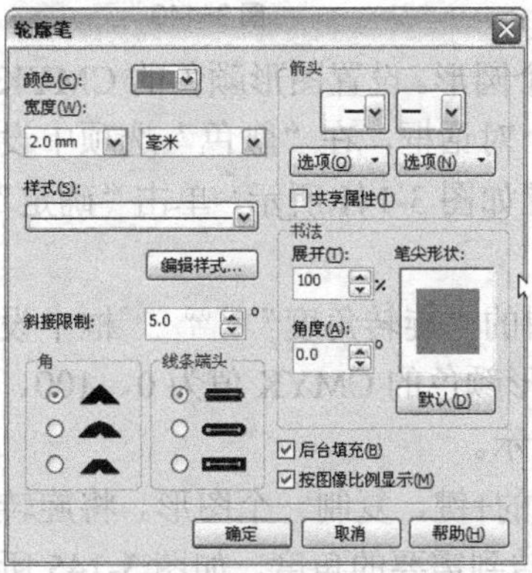

图 3-131

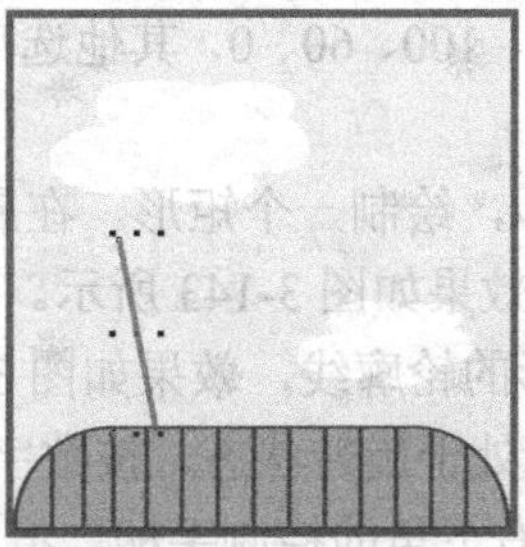

图 3-132

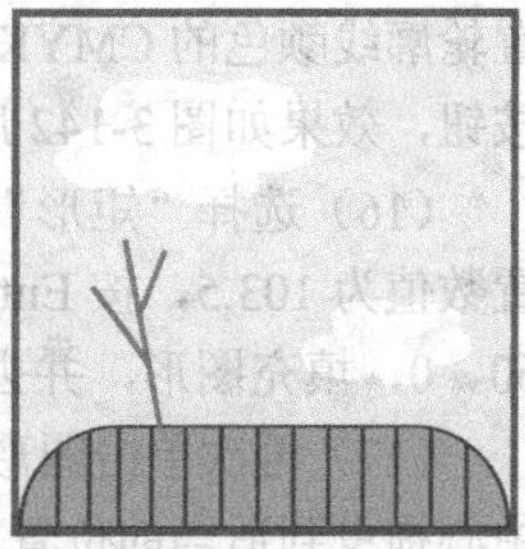

图 3-133

（13）选择“星形”工具，绘制一个星形。设置图形颜色的 CMYK 值为 0、20、100、

0，填充星形。在属性栏中的“旋转角度”框中设置数值为 341，按 Enter 键，效果如图 3-134 所示。按 F12 键，弹出“轮廓笔”对话框，在“颜色”选项中设置轮廓线颜色的 CMYK 值为 0、60、100、0，其他选项的设置如图 3-135 所示，单击“确定”按钮，效果如图 3-136 所示。用相同的方法绘制其他图形，效果如图 3-137 所示。

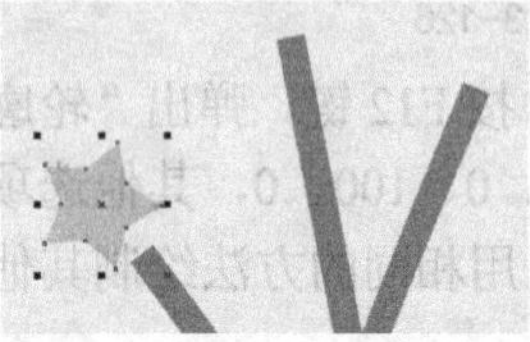

图 3-134

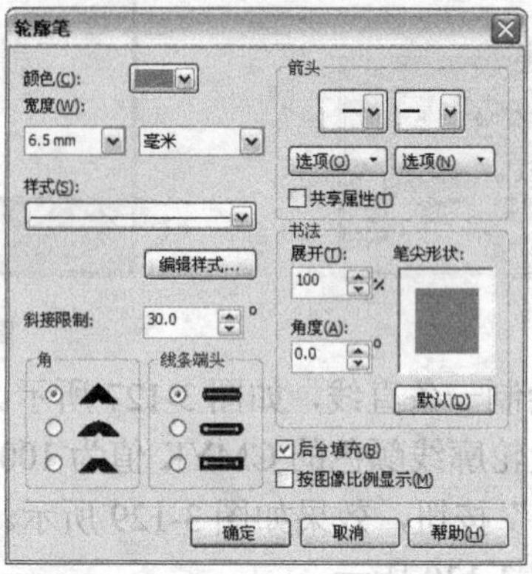

图 3-135

图 3-136

图 3-137

（14）选择“2 点线”工具，绘制一条直线。按 F12 键，弹出“轮廓笔”对话框，在“颜色”选项中设置轮廓线颜色的 CMYK 值为 0、100、60、0，其他选项的设置如图 3-138 所示，单击“确定”按钮，效果如图 3-139 所示。用相同的方法绘制其他直线，并填充相同的颜色，效果如图 3-140 所示。

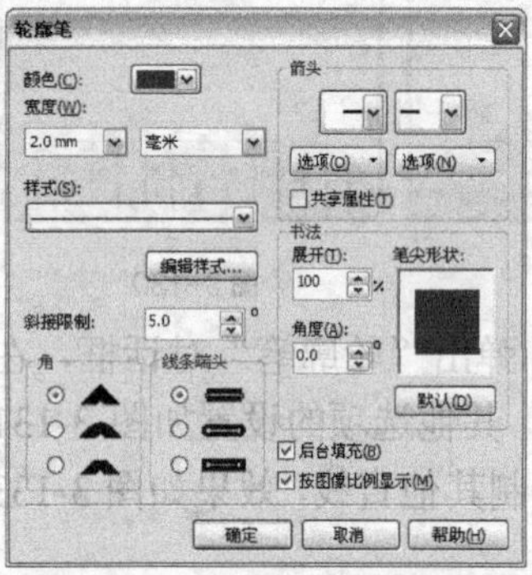

图 3-138

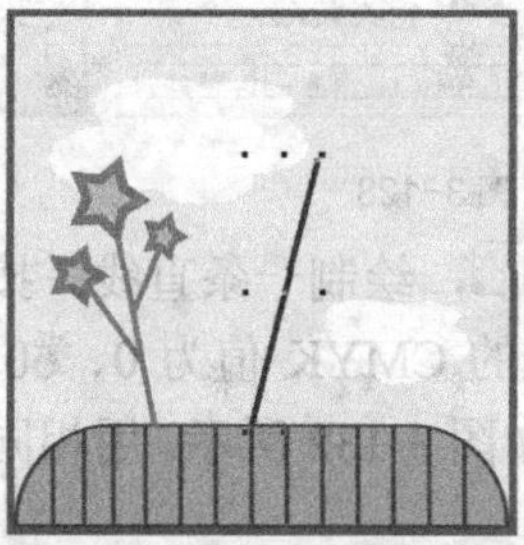

图 3-139

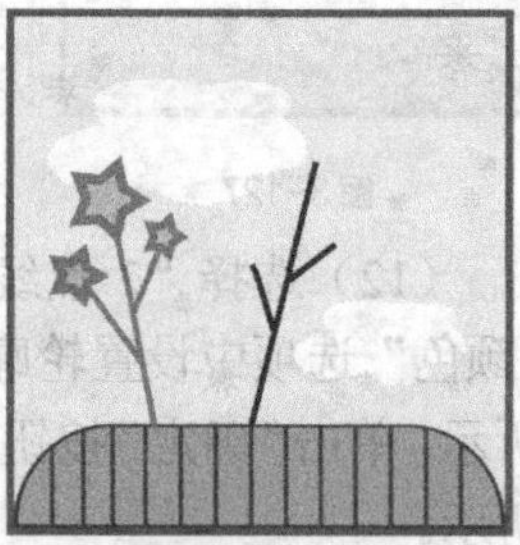

图 3-140

（15）选择“椭圆形”工具，按住 Ctrl 键的同时，绘制一个圆形。设置图形颜色的 CMYK 值为 0、40、20、0，填充图形。按 F12 键，弹出“轮廓笔”对话框，在“颜色”选项中设置轮廓线颜色的 CMYK 值为 0、100、60、0，其他选项的设置如图 3-141 所示，单击“确定”按钮，效果如图 3-142 所示。

（16）选择“矩形”工具，绘制一个矩形。在属性栏中的“旋转角度”框中设置数值为 103.5，按 Enter 键，效果如图 3-143 所示。设置图形颜色的 CMYK 值为 0、100、60、0，填充图形，并去除图形的轮廓线，效果如图 3-144 所示。

（17）再次单击图形，使其处于旋转状态，按数字键盘上的+键，复制一个图形。将旋转中心拖曳到适当的位置，拖曳右下角的控制手柄，将图形旋转到需要的角度，如图 3-145 所示。按住 Ctrl 键的同时，再连续点按 D 键，绘制出多个图形，效果如图 3-146 所示。用相同的方法绘制其他图形，并填充相同的颜色，效果如图 3-147 所示。

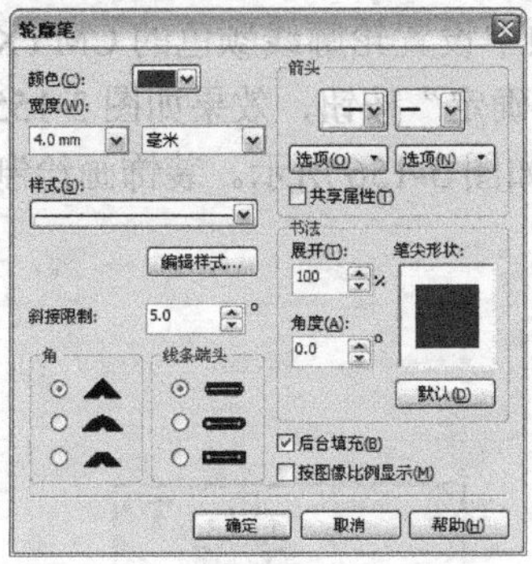

图 3-141

图 3-142

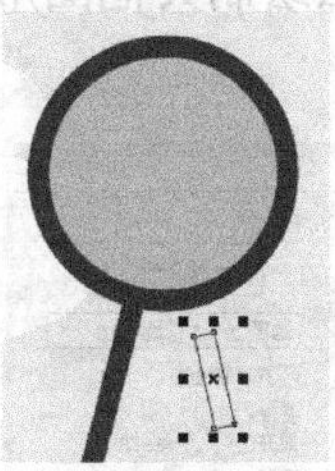

图 3-143

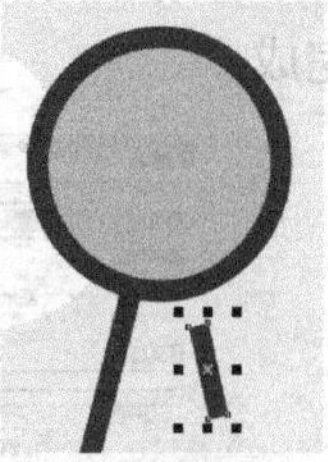

图 3-144

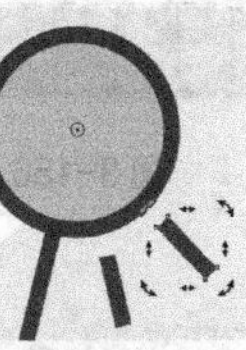

图 3-145

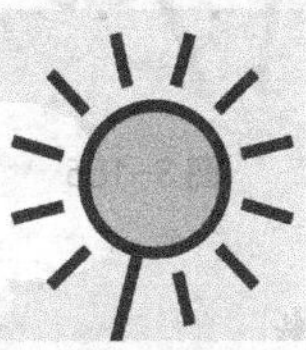

图 3-146

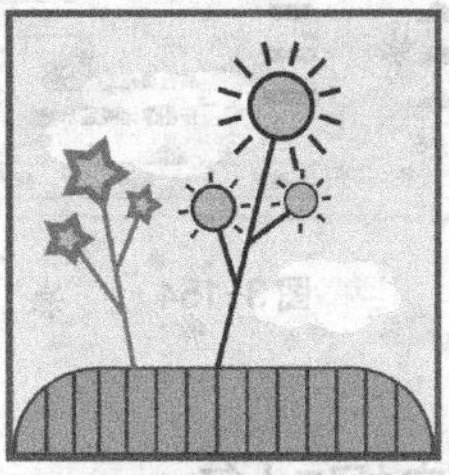

图 3-147

（18）选择“2 点线”工具，绘制一条直线。按 F12 键，弹出“轮廓笔”对话框，在“颜色”选项中设置轮廓线颜色的 CMYK 值为 76、26、27、0，其他选项的设置如图 3-148 所示，单击“确定”按钮，效果如图 3-149 所示。用相同的方法绘制其他直线，并填充相同的颜色，效果如图 3-150 所示。

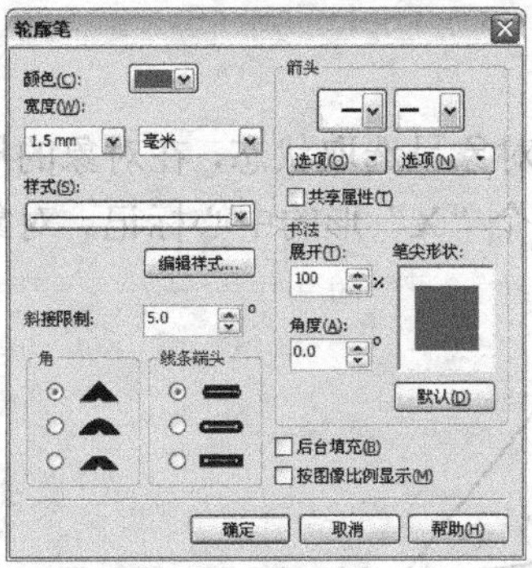

图 3-148

图 3-149

图 3-150

（19）选择“椭圆形”工具，按住 Ctrl 键的同时，绘制两个圆形，如图 3-151 所示。选择“选择”工具，用圈选的方法将圆形同时选取，单击属性栏中的“移除前面对象”按钮，将图形剪切为一个图形，效果如图 3-152 所示。设置图形颜色的 CMYK 值为 56、0、15、0，填充图形，效果如图 3-153 所示。

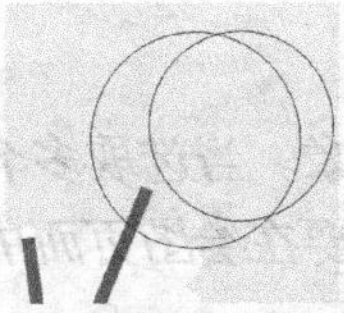

图 3-151

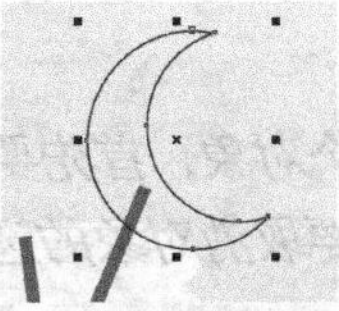

图 3-152

图 3-153

（20）按 F12 键，弹出“轮廓笔”对话框，在“颜色”选项中设置轮廓线颜色的 CMYK 值为 76、26、27、0，其他选项的设置如图 3-154 所示，单击“确定”按钮，效果如图 3-155 所示。用相同的方法绘制其他图形，并填充相同的颜色，效果如图 3-156 所示。装饰画绘制完成。

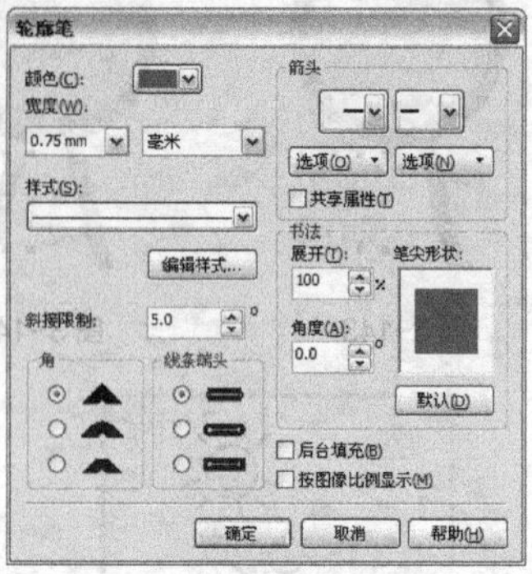

图 3-154

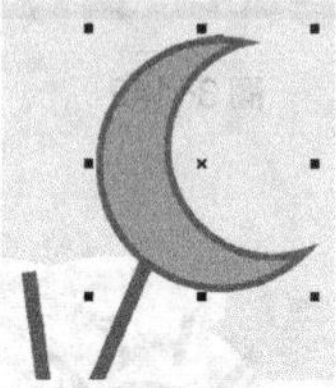

图 3-155

图 3-156

3.2 编辑对象

在 CorelDRAW X5 中，可以使用强大的图形对象编辑功能对图形对象进行编辑，其中包括对象的多种选取方式，对象的缩放、移动、镜像、复制和删除以及对象的调整。本节将讲解多种编辑图形对象的方法和技巧。

3.2.1 对象的选取

在 CorelDRAW X5 中，新建一个图形对象时，一般图形对象呈选取状态，在对象的周围出现圈选框，圈选框由 8 个控制手柄组成。对象的中心有一个“X”形的中心标记。对象的选取状态如图 3-157 所示。

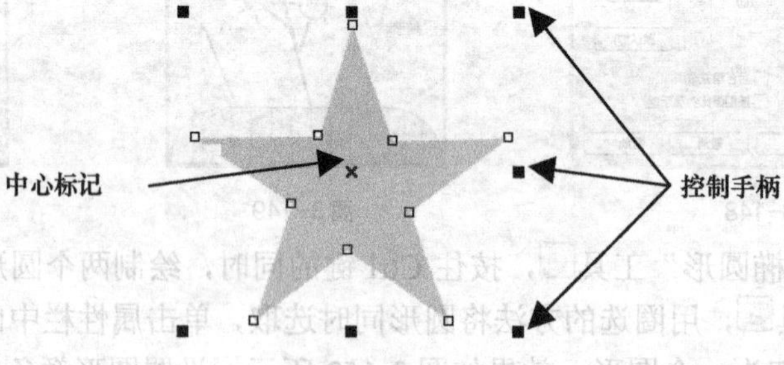

图 3-157

提示

在 CorelDRAW X5 中，如果要编辑一个对象，首先要选取这个对象。当选取多个图形对象时，多个图形对象共有一个圈选框。要取消对象的选取状态，只要在绘图页面中的其他位置单击鼠标左键或按 Esc 键即可。

1．用鼠标点选的方法选取对象

选择“选择”工具，在要选取的图形对象上单击鼠标左键，即可以选取该对象。

选取多个图形对象时，按住 Shift 键，依次单击选取的对象即可。同时选取的效果如图 3-158 所示。

2．用鼠标圈选的方法选取对象

选择“选择”工具，在绘图页面中要选取的图形对象外围单击鼠标左键并拖曳光标，拖曳后会出现一个蓝色的虚线圈选框，如图 3-159 所示。在圈选框完全圈选住对象后松开鼠标左键，被圈选的对象即处于选取状态，如图 3-160 所示。用圈选的方法可以同时选取一个或多个对象。

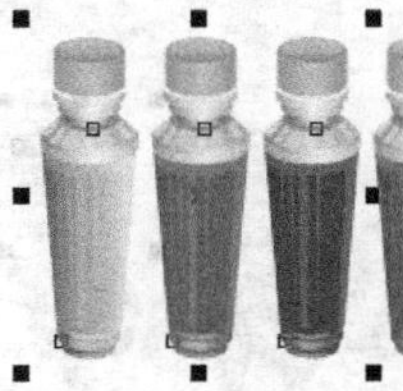
图 3-158

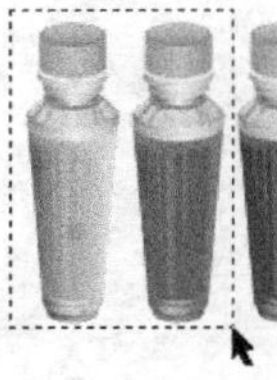
图 3-159

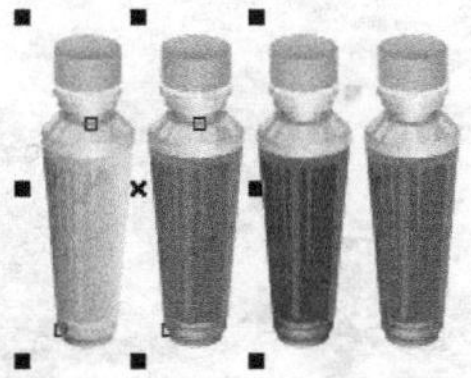
图 3-160

在圈选的同时按住 Alt 键，蓝色的虚线圈选框接触到的对象都将被选取，如图 3-161 所示。

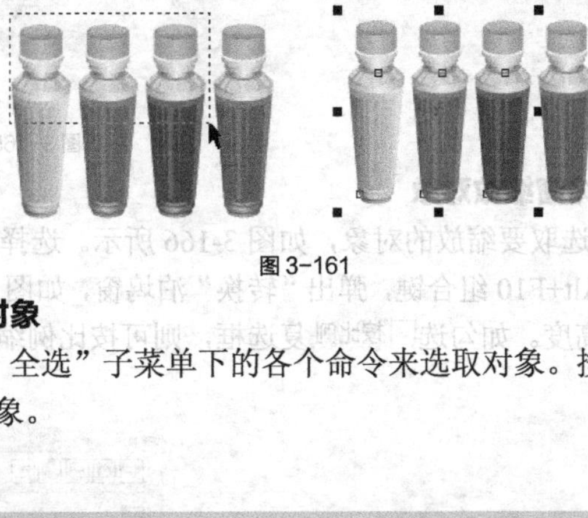
图 3-161

3．使用命令选取对象

可以选择“编辑 > 全选”子菜单下的各个命令来选取对象。按 Ctrl+A 组合键，可以选取绘图页面中的全部对象。

技巧

当绘图页面中有多个对象时，按空格键，快速选择“选择”工具，连续按 Tab 键，可以依次选择下一个对象。按住 Shift 键，再连续按 Tab 键，可以依次选择上一个对象。按住 Ctrl 键，用光标点选可以选取群组中的单个对象。

3.2.2　对象的缩放

1．使用鼠标缩放对象

使用“选择”工具选取要缩放的对象，对象的周围出现控制手柄。

用鼠标拖曳控制手柄可以缩放对象。拖曳对角线上的控制手柄可以按比例缩放对象，如图 3-162 所示。拖曳中间的控制手柄可以不按比例缩放对象，如图 3-163 所示。

拖曳对角线上的控制手柄时，按住 Ctrl 键，对象会以 100%的比例缩放。同时按下

Shift+Ctrl 组合键，对象会以 100%的比例从中心缩放。

2. 使用“自由变换”工具属性栏缩放对象

选择“选择”工具并选取要缩放的对象，对象的周围出现控制手柄。选择“形状”工具展开式工具栏中的“自由变换”工具，选中“自由缩放”按钮，属性栏如图 3-164 所示。

在属性栏的“对象的大小”中，输入对象的宽度和高度。如果选择了“缩放因子”中的锁按钮，则宽度和高度将按比例缩放，只要改变宽度和高度中的一个值，另一个值就会自动按比例调整。

在属性栏中调整好宽度和高度后，按 Enter 键，完成对象的缩放。缩放的效果如图 3-165 所示。

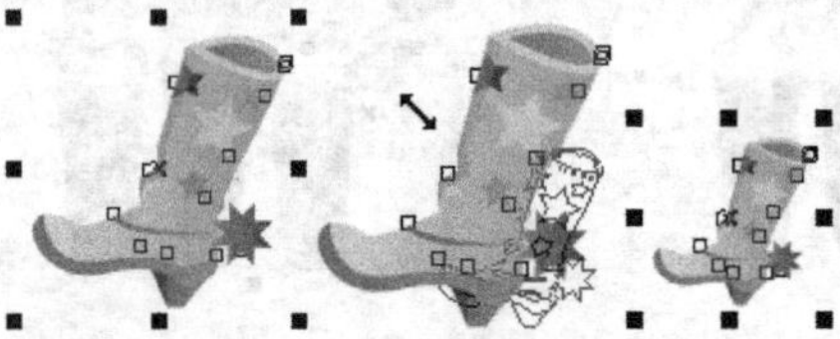

图 3-162

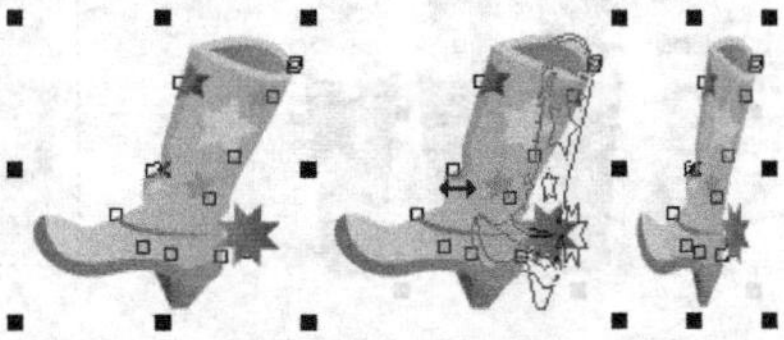

图 3-163

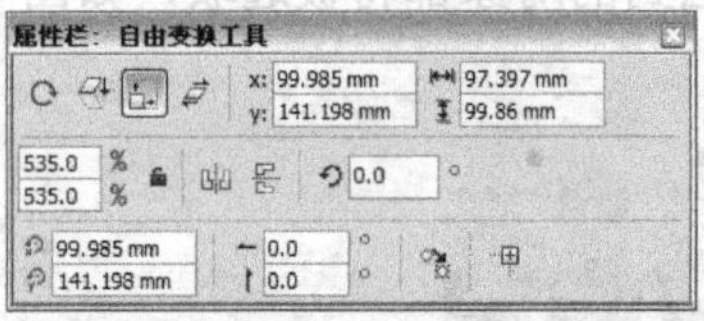

图 3-164

图 3-165

3. 使用“转换”泊坞窗缩放对象

使用“选择”工具选取要缩放的对象，如图 3-166 所示。选择“窗口 > 泊坞窗 > 变换 > 大小”命令，或按 Alt+F10 组合键，弹出“转换”泊坞窗，如图 3-167 所示。其中，“H”表示宽度，“垂直”表示高度。如勾选☑按比例复选框，则可按比例缩放对象，若不勾选，则可以不按比例缩放对象。

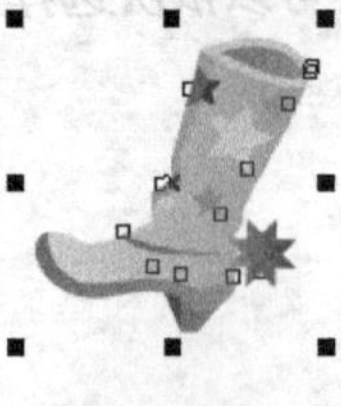

图 3-166

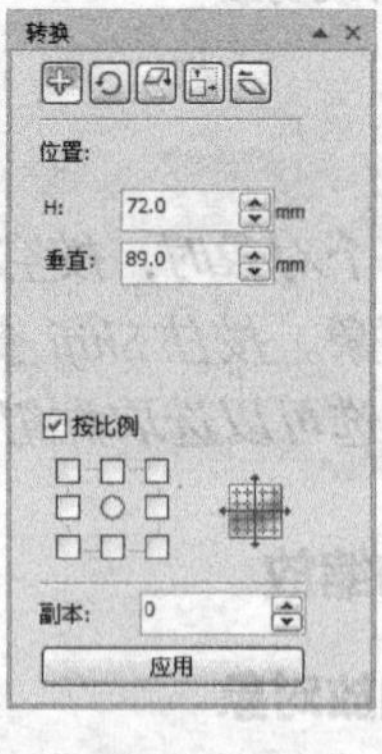

图 3-167

在“转换”泊坞窗中，如图 3-168 所示的是可供选择的圈选框控制手柄 8 个点的位置，单击一个按钮以定义一个在缩放对象时保持固定不动的点，缩放的对象将基于这个点进行缩放，这个点可以决定缩放后的图形与原图形的相对位置。

设置好需要的数值，如图 3-169 所示，单击“应用”按钮，对象的缩放完成，效果如图 3-170 所示。在“副本”选项中输入数值，可以复制生成多个缩放好的对象。

选择“窗口 > 泊坞窗 > 变换 > 比例”命令，或按 Alt+F9 键，在弹出的“转换”泊坞窗中也可以对对象进行缩放。

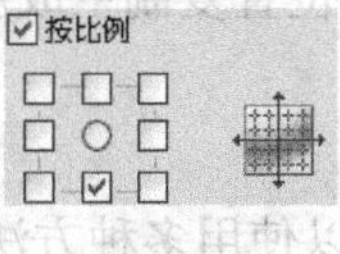

图 3-168

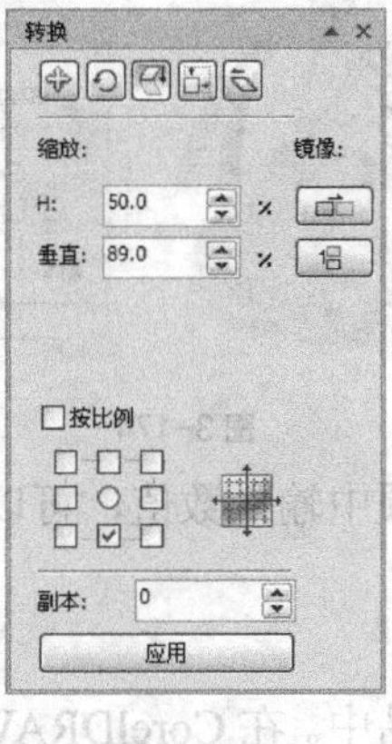

图 3-169

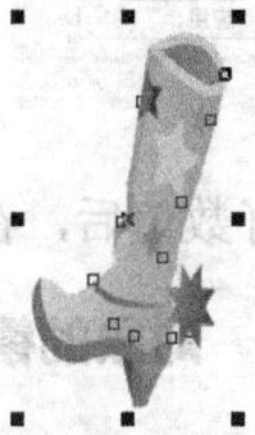

图 3-170

3.2.3　对象的移动

1. 使用工具和键盘移动对象

使用“选择”工具选取要移动的对象，如图 3-171 所示。将鼠标的光标移到对象的中心控制点，光标将变为十字箭头形，如图 3-172 所示。按住鼠标左键不放，拖曳对象到需要的位置，松开鼠标左键，完成对象的移动，效果如图 3-173 所示。

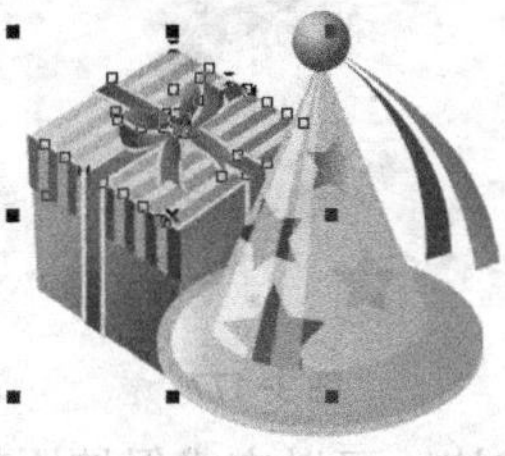

图 3-171

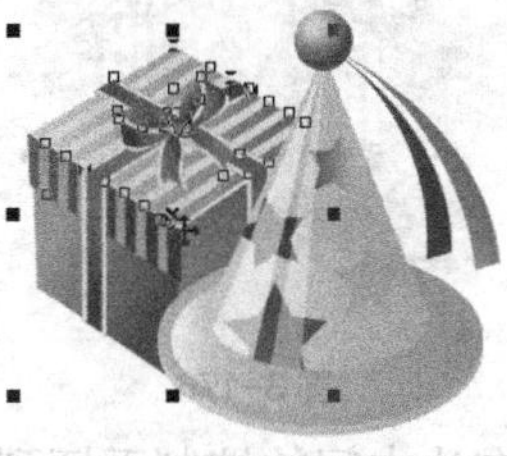

图 3-172

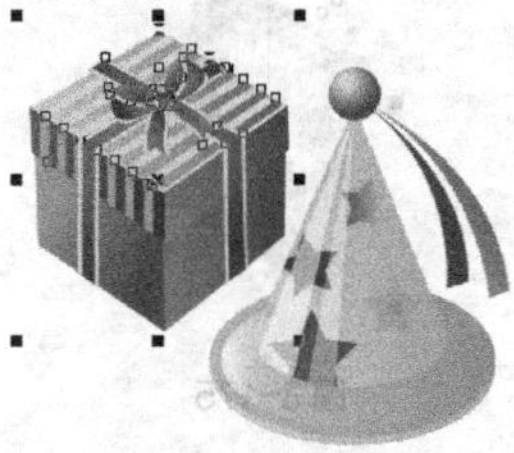

图 3-173

选取要移动的对象，用键盘上的方向键可以微调对象的位置，系统使用默认值时，对象将以 0.1 英寸的增量移动。选择“选择”工具后不选取任何对象，在属性栏中的 .1 mm 框中可以重新设定每次微调移动的距离。

2. 使用属性栏移动对象

选取要移动的对象，在属性栏的“对象的位置” x: 62.058 mm y: 98.825 mm 框中输入对象要移动到的新位置的横坐标和纵坐标，可移动对象。

3. 使用“转换”泊坞窗移动对象

选取要移动的对象，选择“窗口 > 泊坞窗 > 变换 > 位置”命令，或按 Alt+F7 组合键，将弹出“转换”泊坞窗，“H”表示对象所在位置的横坐标，“垂直”表示对象所在位置的纵坐标。如选中 ☑相对位置 复选框，对象将相对于原位置的中心进行移动。设置好后，单击“应用”按钮或按 Enter 键，完成对象的移动。移动前后的位置如图 3-174 所示。

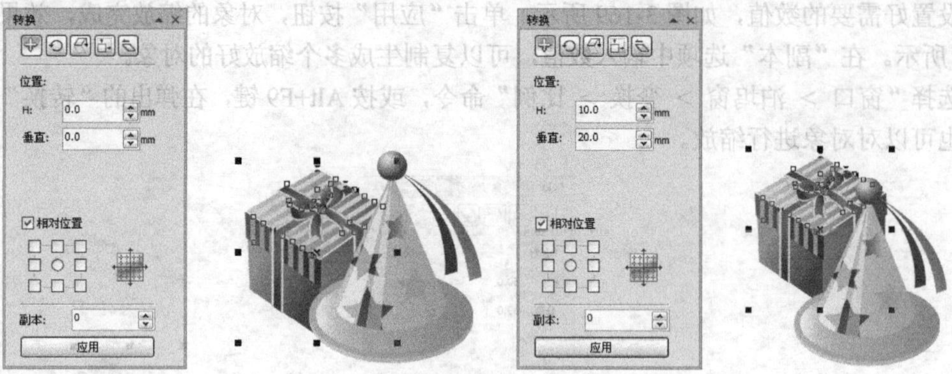

图 3-174

设置好数值后，在“副本”选项中输入数值，可以在移动的新位置复制生成新的对象。

3.2.4 对象的镜像

镜像效果经常被应用到设计作品中。在 CorelDRAW X5 中，可以使用多种方法使对象沿水平、垂直或对角线的方向做镜像翻转。

1. 使用鼠标镜像对象

选取镜像对象，如图 3-175 所示。按住鼠标左键直接拖曳控制手柄到相对的边，直到显示对象的蓝色虚线框，如图 3-176 所示，松开鼠标左键就可以得到不规则的镜像对象，如图 3-177 所示。

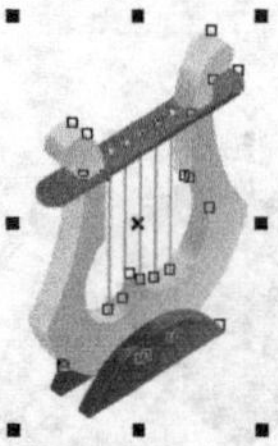

图 3-175

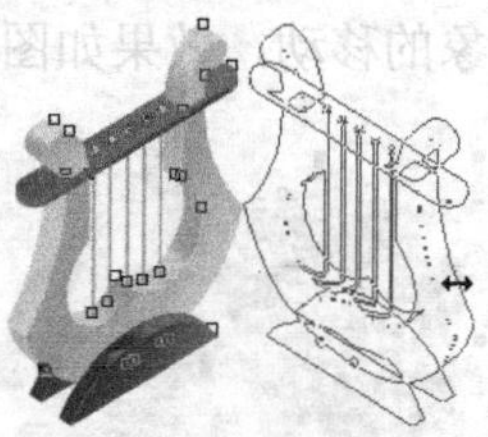

图 3-176

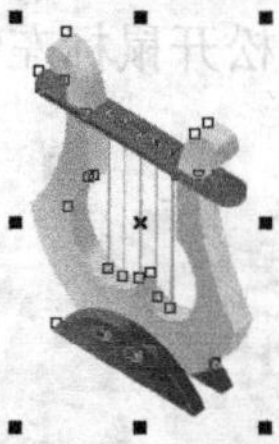

图 3-177

按住 Ctrl 键，直接拖曳左边或右边中间的控制手柄到相对的边，可以完成保持原对象比例的水平镜像，如图 3-178 所示。按住 Ctrl 键，直接拖曳上边或下边中间的控制手柄到相对的边，可以完成保持原对象比例的垂直镜像，如图 3-179 所示。按住 Ctrl 键，直接拖曳边角上的控制手柄到相对的边，可以完成保持原对象比例的沿对角线方向的镜像，如图 3-180 所示。

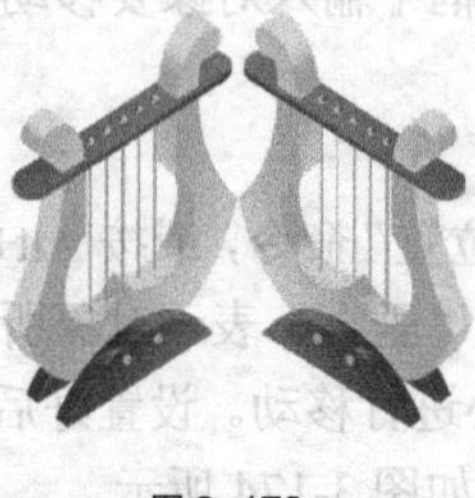

图 3-178

图 3-179

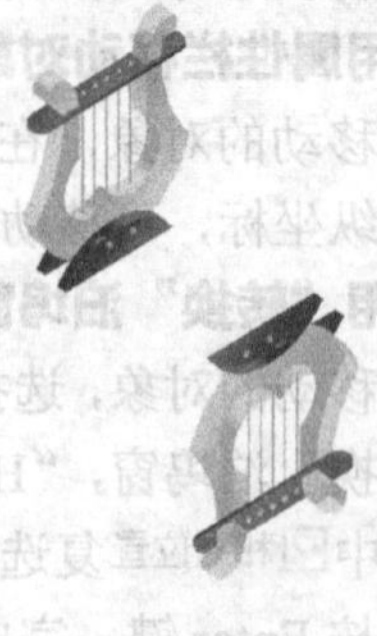

图 3-180

提示

在镜像的过程中，只能使对象本身产生镜像。如果想产生图 3-178、图 3-179、图 3-180 的效果，就要在镜像的位置生成一个复制对象。方法很简单，在松开鼠标左键之前按下鼠标右键，就可以在镜像的位置生成一个复制对象。

2. 使用属性栏镜像对象

使用“选择”工具选取要镜像的对象，如图 3-181 所示。这时的属性栏如图 3-182 所示。

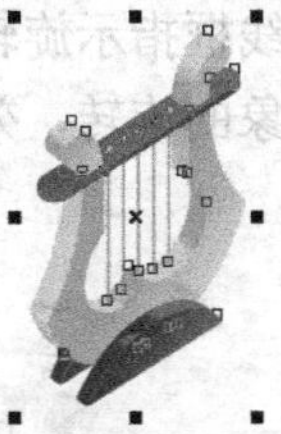

图 3-181

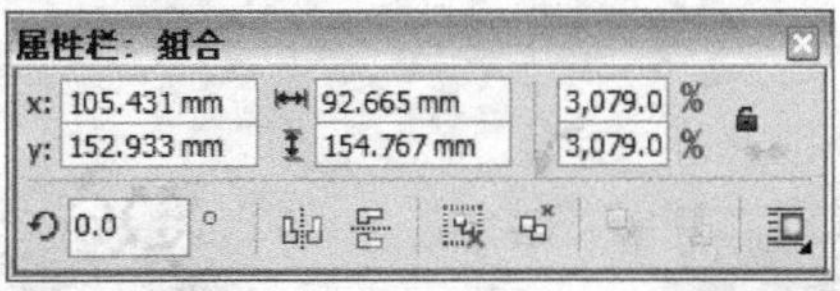

图 3-182

单击属性栏中的“水平镜像”按钮，可以使对象沿水平方向做镜像翻转。单击“垂直镜像”按钮，可以使对象沿垂直方向做镜像翻转。

3. 使用“转换”泊坞窗镜像对象

选取要镜像的对象，选择“窗口 > 泊坞窗 > 变换 > 比例”命令，或按 Alt+F9 键，弹出“转换”泊坞窗，单击“水平镜像”按钮，可以使对象沿水平方向做镜像翻转。单击“垂直镜像”按钮，可以使对象沿垂直方向做镜像翻转。设置需要的数值，单击“应用”按钮即可看到镜像效果。

还可以设置产生一个变形的镜像对象。“转换”泊坞窗按图 3-183 所示进行参数设定，设置好后，单击“应用”按钮，生成一个变形的镜像对象，效果如图 3-184 所示。

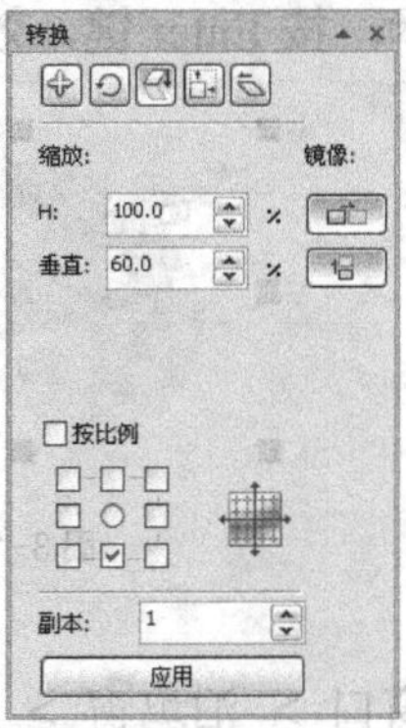

图 3-183

图 3-184

3.2.5 对象的旋转

1. 使用鼠标旋转对象

使用“选择”工具选取要旋转的对象，对象的周围出现控制手柄。再次单击对象，这时对象的周围出现旋转和倾斜控制手柄，如图 3-185 所示。

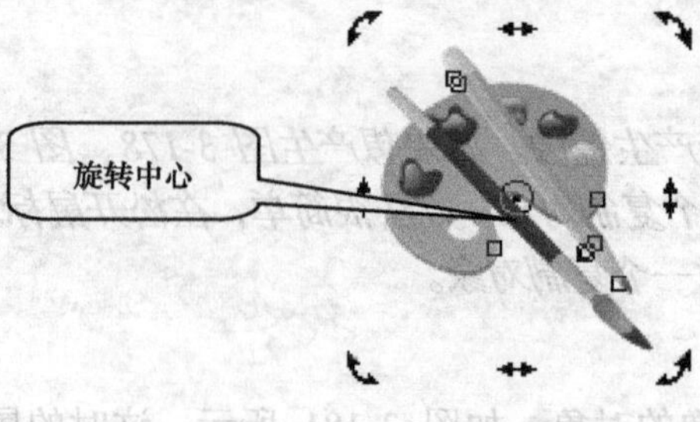

图 3-185

将鼠标的光标移动到旋转控制手柄上，这时的光标变为旋转符号↻，如图 3-186 所示。按住鼠标左键，拖曳鼠标旋转对象，旋转时对象会出现蓝色的虚线框指示旋转方向和角度，如图 3-187 所示。旋转到需要的角度后，松开鼠标左键，完成对象的旋转，效果如图 3-188 所示。

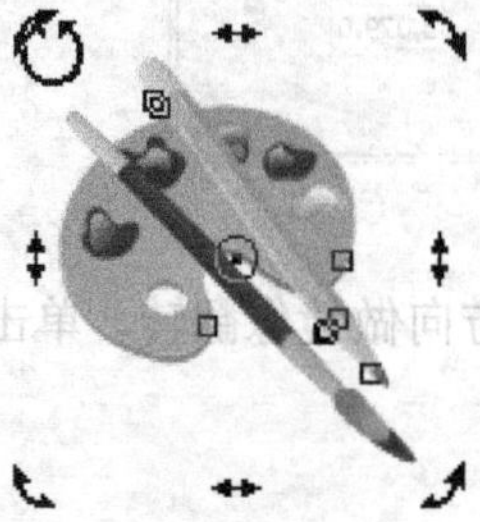

图 3-186

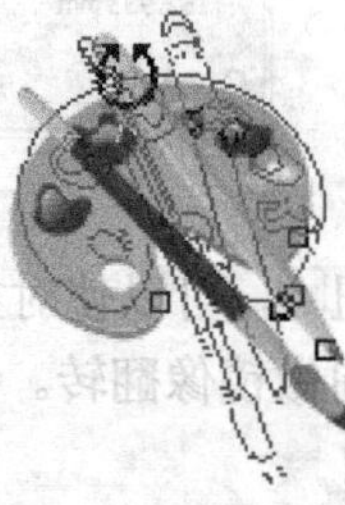

图 3-187

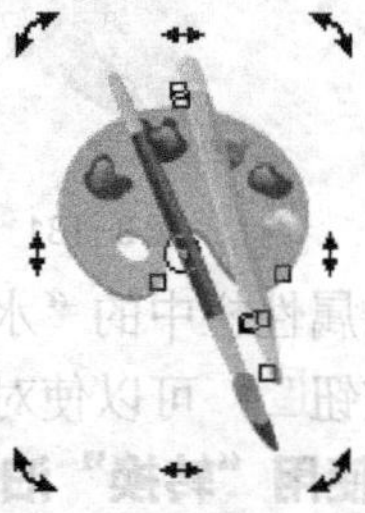

图 3-188

对象是围绕旋转中心⊙旋转的，默认的旋转中心⊙是对象的中心点，将鼠标光标移动到旋转中心上，按住鼠标左键拖曳旋转中心⊙到需要的位置，松开鼠标左键，完成对旋转中心的移动。

2. 使用属性栏旋转对象

选取要旋转的对象，效果如图 3-189 所示。选择“选择”工具，在属性栏中的“旋转角度”文本框中输入数值 30，如图 3-190 所示，按 Enter 键，效果如图 3-191 所示。

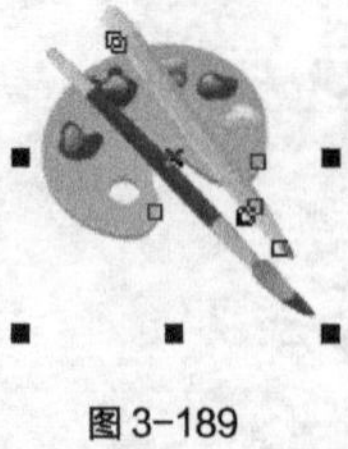

图 3-189

图 3-190

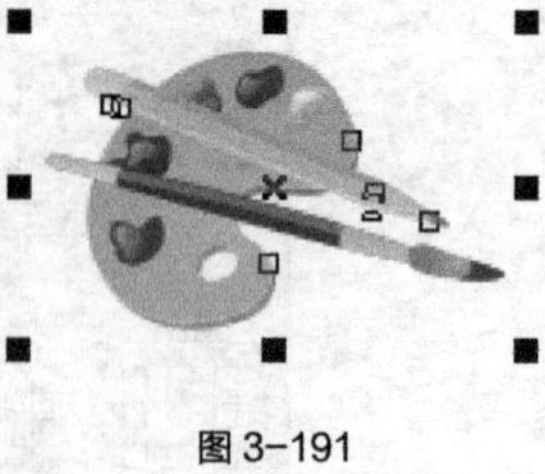

图 3-191

3. 使用“转换”泊坞窗旋转对象

选取要旋转的对象，如图 3-192 所示。选择“窗口 > 泊坞窗 > 变换 > 旋转”命令，或按 Alt+F8 键，弹出“转换”泊坞窗，如图 3-193 所示。也可以在已打开的“转换”泊坞窗中单击“旋转”按钮。

在“转换”泊坞窗“旋转”设置区的“角度”选项框中直接输入旋转的角度数值，旋转角度数值可以是正值也可以是负值。在“中心”选项的设置区中输入旋转中心的坐标位置。选中“相对中心”复选框，对象的旋转将以选中的旋转中心旋转。将“转换”泊坞窗如图 3-194 所示进行设定，设置完成后，单击“应用”按钮，对象旋转的效果如图 3-195 所示。

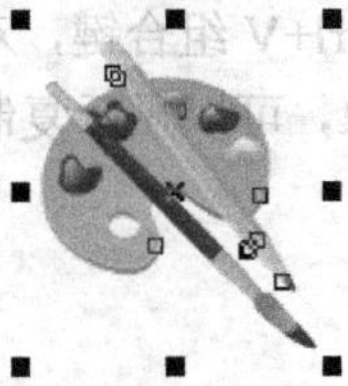

图 3-192

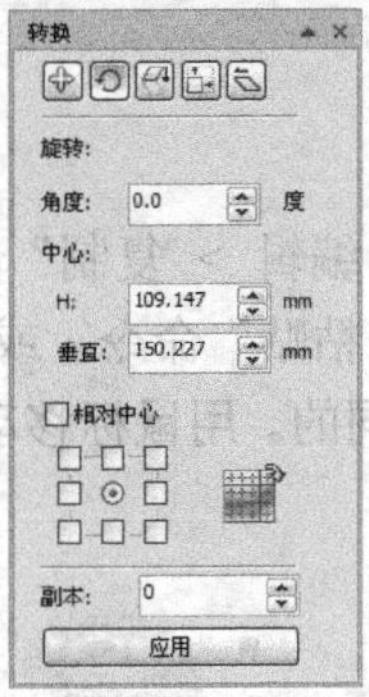

图 3-193

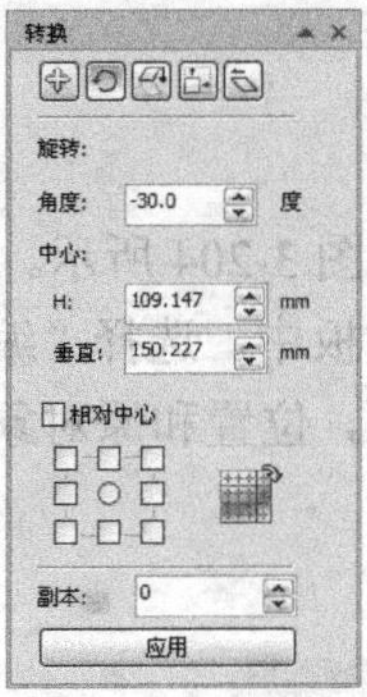

图 3-194

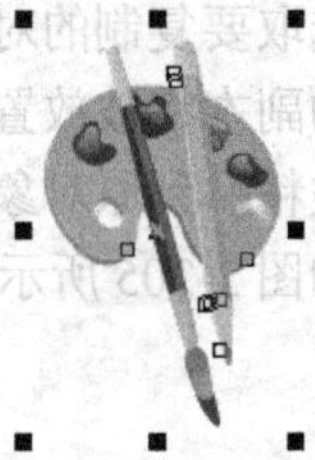

图 3-195

3.2.6　对象的倾斜变形

1. 使用鼠标倾斜变形对象

选取要倾斜变形的对象，对象的周围出现控制手柄。再次单击对象，这时对象的周围出现旋转↗和倾斜 ↔ 控制手柄，如图 3-196 所示。

将鼠标的光标移动到倾斜控制手柄上，光标变为倾斜符号⇄，如图 3-197 所示。按住鼠标左键，拖曳鼠标变形对象，倾斜变形时对象会出现蓝色的虚线框指示倾斜变形的方向和角度，如图 3-198 所示。倾斜到需要的角度后，松开鼠标左键，对象倾斜变形的效果如图 3-199 所示。

图 3-196

图 3-197

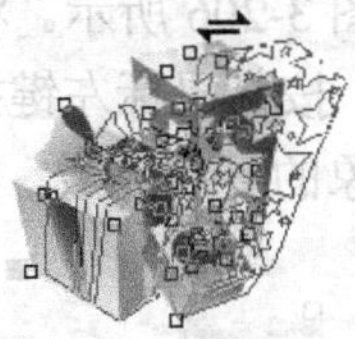

图 3-198

图 3-199

2. 使用“转换”泊坞窗倾斜变形对象

选取倾斜变形对象，如图 3-200 所示。选择“窗口 > 泊坞窗 > 变换 > 倾斜”命令，弹出“转换”泊坞窗，如图 3-201 所示，也可以在已打开的“转换”泊坞窗中单击“倾斜”按钮▧。在“转换”泊坞窗中设定倾斜变形对象的数值，如图 3-202 所示，单击“应用”按钮，对象产生倾斜变形，效果如图 3-203 所示。

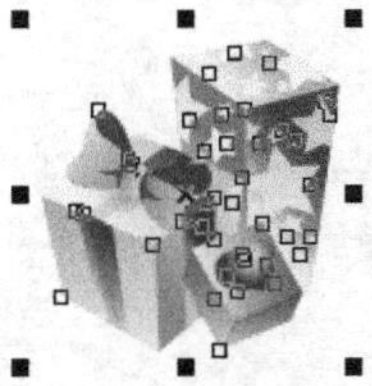

图 3-200

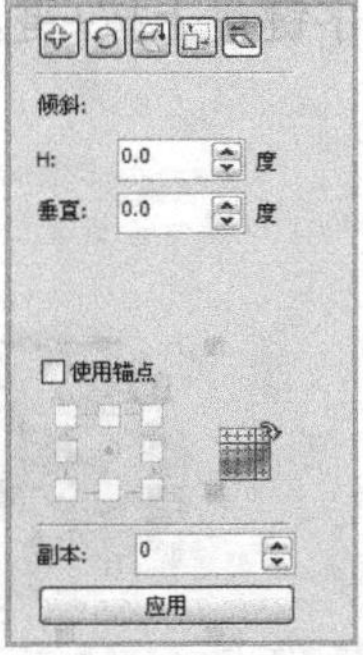

图 3-201

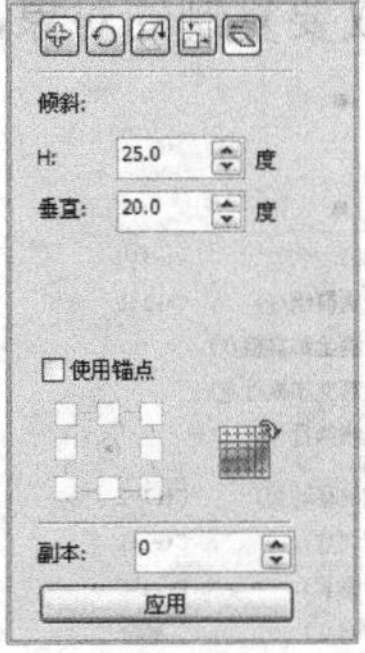

图 3-202

图 3-203

3.2.7 对象的复制

1. 使用命令复制对象

选取要复制的对象，如图 3-204 所示。选择“编辑 > 复制”命令，或按 Ctrl+C 组合键，对象的副本将被放置在剪贴板中。选择“编辑 > 粘贴”命令，或按 Ctrl+V 组合键，对象的副本被粘贴到原对象的下面，位置和原对象是相同的。用鼠标移动对象，可以显示复制的对象，如图 3-205 所示。

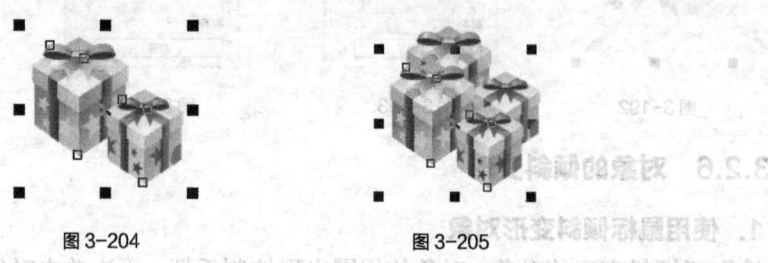

图 3-204

图 3-205

提示

选择“编辑 > 剪切”命令，或按 Ctrl+X 组合键，对象将从绘图页面中删除并被放置在剪贴板上。

2. 使用鼠标拖曳方式复制对象

选取要复制的对象，如图 3-206 所示。将鼠标光标移动到对象的中心点上，光标变为移动光标✥，如图 3-207 所示。按住鼠标左键拖曳对象到需要的位置，如图 3-208 所示。在位置合适后单击鼠标右键，对象的复制完成，效果如图 3-209 所示。

图 3-206

图 3-207

图 3-208

图 3-209

选取要复制的对象，用鼠标右键单击并拖曳对象到需要的位置，松开鼠标右键后弹出如图 3-210 所示的快捷菜单，选择“复制”命令，完成对象的复制，效果如图 3-211 所示。

使用“选择”工具选取要复制的对象，在数字键盘上按+键，可以快速复制对象。

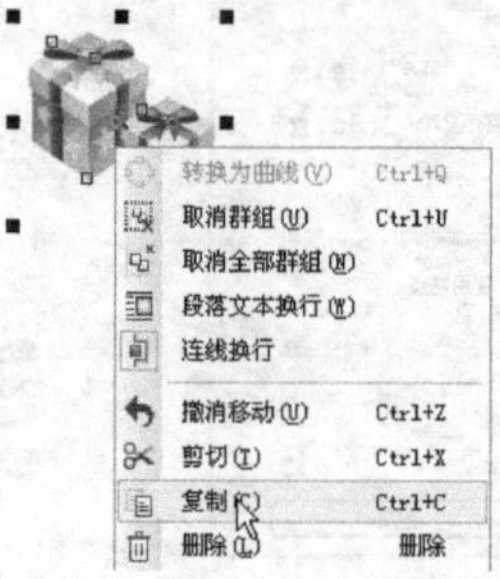

图 3-210

图 3-211

技巧

可以在两个不同的绘图页面中复制对象。使用鼠标左键拖曳其中一个绘图页面中的对象到另一个绘图页面中，在松开鼠标左键前单击鼠标右键即可复制对象。

3. 使用命令复制对象属性

选取要复制属性的对象，如图 3-212 所示。选择“编辑 > 复制属性”命令，弹出“复制属性”对话框，在对话框中勾选“填充”复选框，如图 3-213 所示，单击“确定”按钮，鼠标光标显示为黑色箭头，在要复制其属性的对象上单击，如图 3-214 所示，对象的属性复制完成，效果如图 3-215 所示。

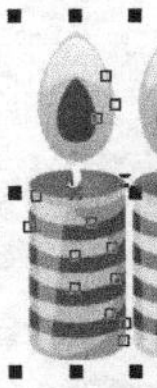
图 3-212

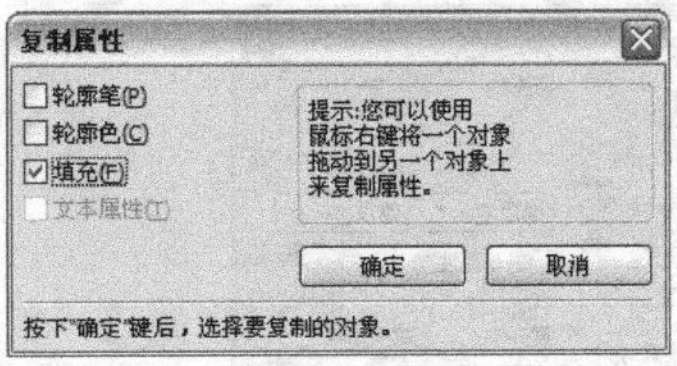

图 3-213

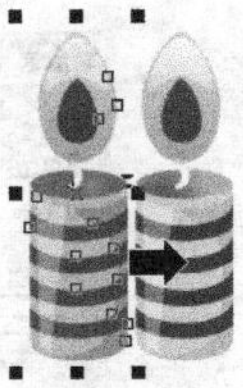
图 3-214

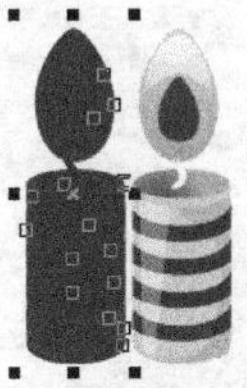
图 3-215

3.2.8 对象的删除

在 CorelDRAW X5 中，可以方便快捷地删除对象。下面介绍如何删除不需要的对象。

选取要删除的对象，选择“编辑 > 删除”命令，如图 3-216 所示，或按 Delete 键，可以将选取的对象删除。

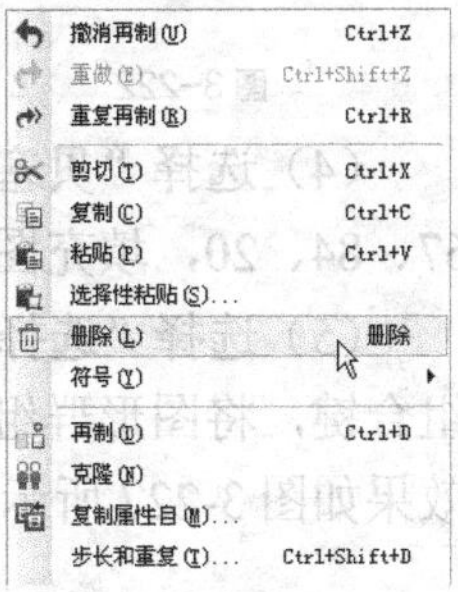

图 3-216

3.2.9 课堂案例——绘制卡通丛林画

【案例学习目标】学习使用对象编辑方法绘制卡通风景画。

【案例知识要点】使用椭圆形工具、合并命令和贝塞尔工具绘制大树和花朵图形，使用艺术笔工具绘制狐狸图形。卡通丛林画效果如图 3-217 所示。

【效果所在位置】光盘/Ch03/效果/绘制卡通丛林画.cdr。

（1）选择“文件 > 打开”命令，弹出“打开绘图”对话框。选择光盘中的“Ch03 > 素材 > 绘制卡通丛林画 > 01”文件，单击“打开”按钮，效果如图 3-218 所示。

（2）选择“椭圆形”工具，在页面中适当的位置绘制多个椭圆形，如图 3-219 所示。选择“选择”工具，用圈选的方法将椭圆形同时选取，单击属性栏中的“合并”按钮，将多个图形合并为一个图形，效果如图 3-220 所示。设置图形颜色的 CMYK 值为 40、6、9、0，填充图形，并去除图形的轮廓线，效果如图 3-221 所示。

图 3-217

（3）选择“选择”工具，按数字键盘上的+键，复制一个图形。按住 Shift 键的同时，向内拖曳图形右上角的控制手柄到适当的位置，等比例缩小图形，效果如图 3-222 所示。按 F12 键，弹出“轮廓笔”对话框，在“颜色”选项中设置轮廓线颜色为白色，其他选项的设置如图 3-223 所示，单击“确定”按钮。在“无填充”按钮☒上单击鼠标，去除图形的填充色，效果如图 3-224 所示。

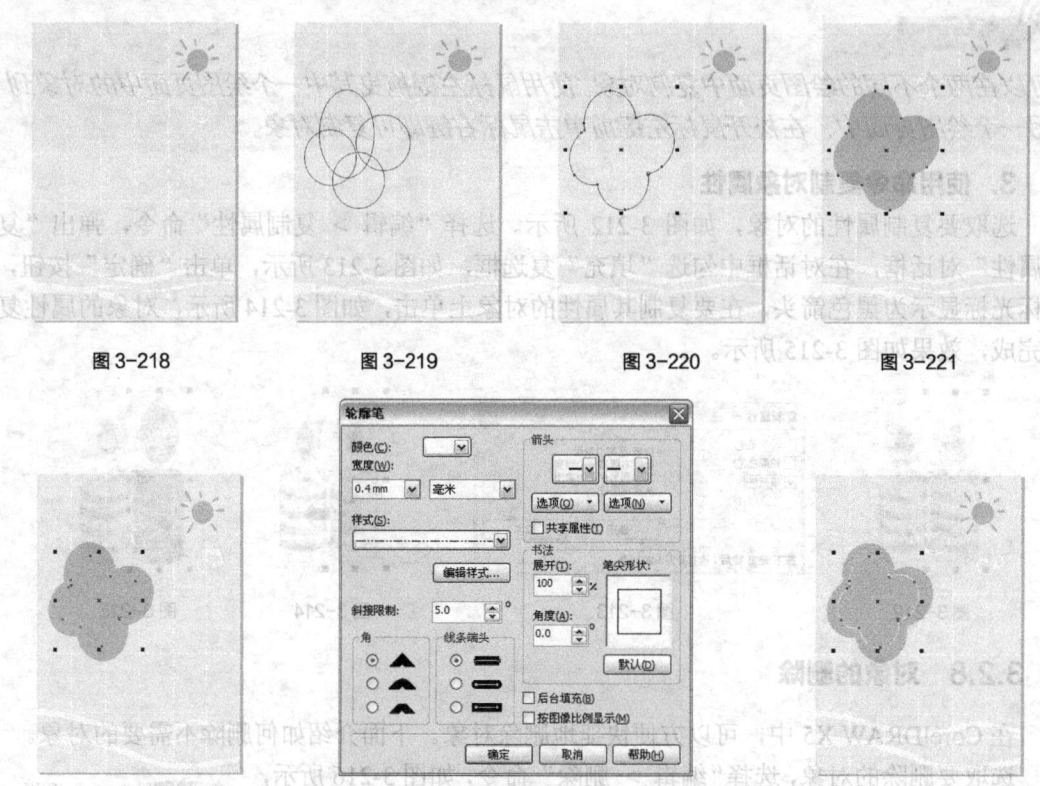

图 3-218

图 3-219

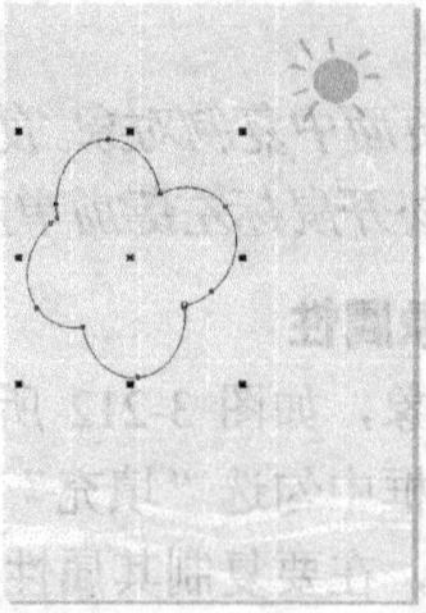

图 3-220

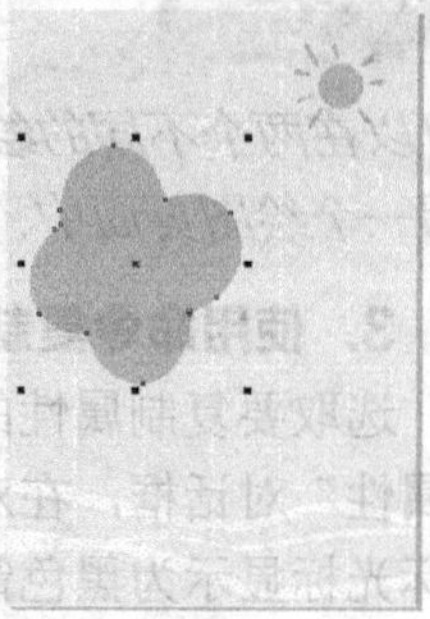

图 3-221

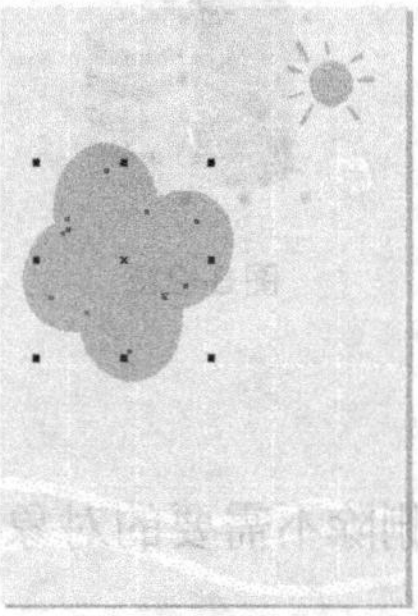

图 3-222

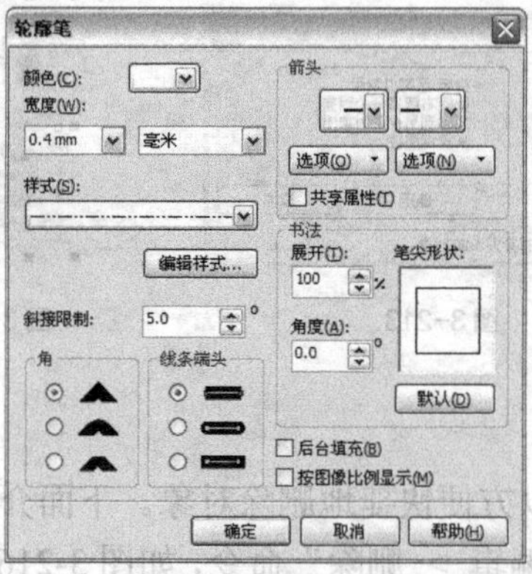

图 3-223

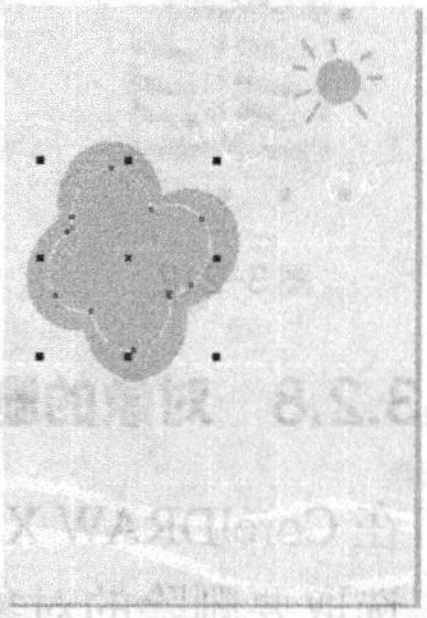

图 3-224

（4）选择“贝塞尔”工具，绘制一个不规则图形。设置图形颜色的 CMYK 值为 58、67、84、20，填充图形，并去除图形的轮廓线，效果如图 3-225 所示。

（5）选择“选择”工具，用圈选的方法选取需要的图形，如图 3-226 所示。按 Ctrl+E 组合键，将图形群组。按数字键盘上的+键，复制图形，拖曳到适当的位置并调整其大小，效果如图 3-227 所示。

图 3-225

图 3-226

图 3-227

（6）选择“椭圆形”工具，在页面中适当的位置绘制多个椭圆形，如图 3-228 所示。选择“选择”工具，用圈选的方法将椭圆形同时选取，单击属性栏中的“合并”按钮，将多个图形合并为一个图形，效果如图 3-229 所示。设置图形颜色的 CMYK 值为 0、20、100、0，填充图形，并去除图形的轮廓线，效果如图 3-230 所示。将属性栏中的“旋转角度”选项设为 167，按 Enter 键，效果如图 3-231 所示。

图3-228

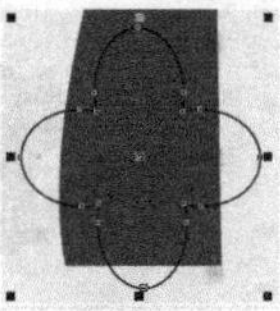

图3-229

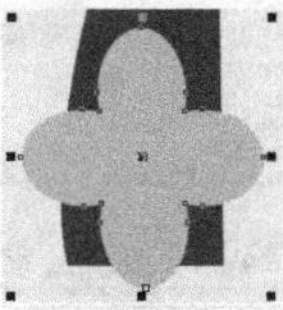

图3-230

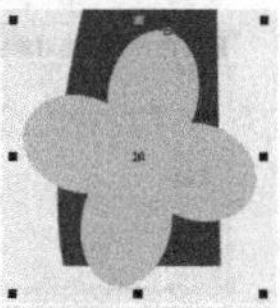

图3-231

（7）选择“选择”工具，按数字键盘上的+键，复制一个图形。按住Shift键的同时，向内拖曳图形右上角的控制手柄到适当的位置，等比例缩小图形，效果如图3-232所示。按F12键，弹出“轮廓笔”对话框，在“颜色”选项中设置轮廓线颜色为白色，其他选项的设置如图3-233所示，单击“确定”按钮。在“无填充”按钮上单击鼠标，去除图形的填充色，效果如图3-234所示。

（8）选择“选择”工具，按数字键盘上的+键，复制一个图形。按住Shift键的同时，向内拖曳图形右上角的控制手柄到适当的位置，等比例缩小图形。设置图形颜色的CMYK值为0、56、80、0，填充图形，并去除图形的轮廓线，效果如图3-235所示。

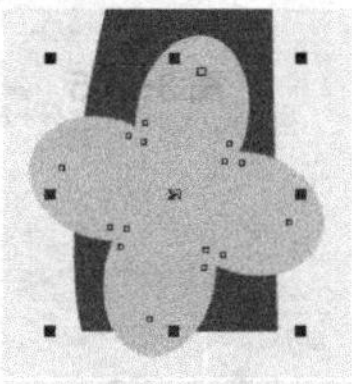

图3-232

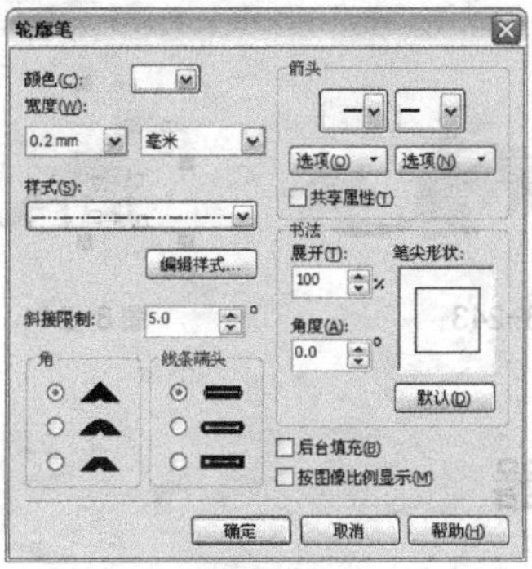

图3-233

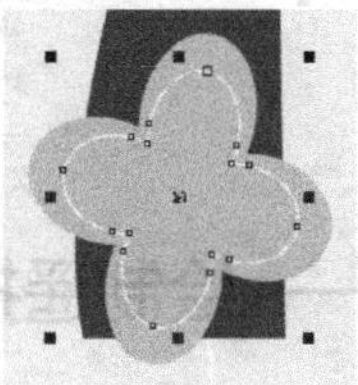

图3-234

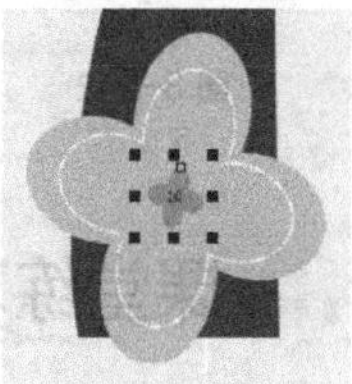

图3-235

（9）选择“贝塞尔”工具，绘制一个不规则图形，如图3-236所示。设置图形颜色的CMYK值为40、6、9、0，填充图形，并去除图形的轮廓线，效果如图3-237所示。用相同的方法绘制其他图形，并填充相同的颜色，效果如图3-238所示。

（10）选择“选择”工具，用圈选的方法将花朵图形同时选取。按Ctrl+E组合键，将图形群组。按两次数字键盘上的+键，复制图形，分别拖曳复制的图形到适当的位置并调整其大小和角度，效果如图3-239所示。

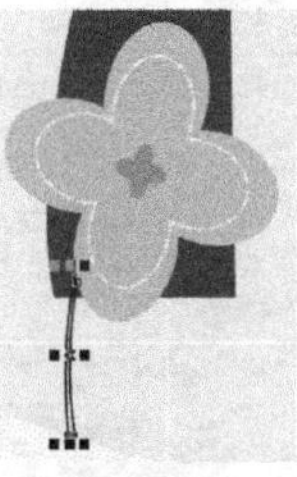

图3-236

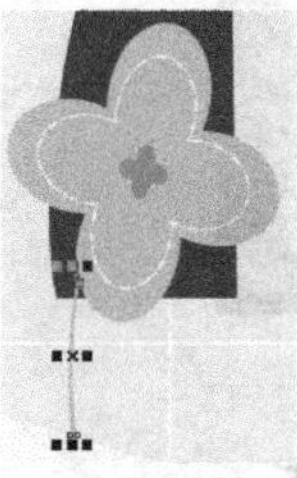

图3-237

图3-238

图3-239

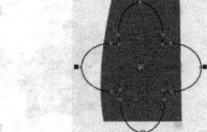

（11）选择“艺术笔”工具，单击属性栏中的“喷涂”按钮，在“类别”选项中选择“其他”选项，在“喷射图样”选项的下拉列表中选择需要的图样，其他选项的设置如图3-240所示。在适当的位置拖曳鼠标绘制图形，效果如图3-241所示。

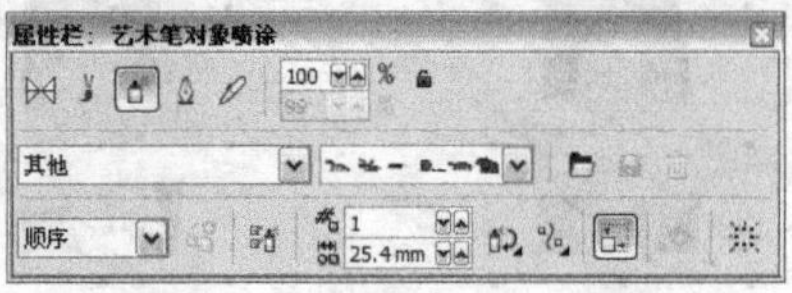

图 3-240

图 3-241

（12）按Ctrl+K组合键，拆分图形，如图3-242所示。选择“选择”工具，选择黑色线段，按Delete键，删除线段，如图3-243所示。选取绘制的图形，按Ctrl+U组合键，取消群组。按住Shift键的同时，选取不需要的图形，按Delete键，将其删除，结果如图3-244所示。选取“狐狸”图形，将其拖曳到页面中适当的位置并调整其大小，效果如图3-245所示。卡通丛林画制作完成。

图 3-242

图 3-243

图 3-244

图 3-245

3.3 课堂练习——绘制遥控器

【练习知识要点】使用矩形工具和渐变填充工具绘制背景效果。使用矩形工具、调和工具、多边形工具和透明工具绘制遥控器图形。使用基本形状工具、直线工具和矩形工具绘制屏幕效果。使用椭圆形工具、渐变填充工具和透明工具绘制遥控器按钮效果。使用文本工具添加文字。遥控器效果如图3-246所示。

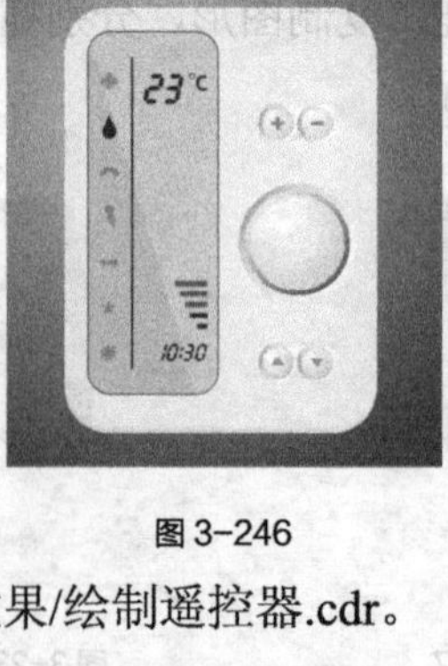

图 3-246

【效果所在位置】光盘/Ch03/效果/绘制遥控器.cdr。

3.4 课后习题——绘制记事本

【习题知识要点】使用矩形工具和调和工具绘制笔记本图形。使用椭圆形工具、多边形工具和渐变填充工具绘制装饰图形效果。使用矩形工具和阴影工具绘制标签效果。使用文本工具添加文字。记事本效果如图 3-247 所示。

【效果所在位置】光盘/Ch03/效果/绘制记事本.cdr。

图 3-247

CorelDRAW X5

4 Chapter

第 4 章 绘制和编辑曲线

在 CorelDRAW X5 中，提供了多种绘制和编辑曲线的方法。绘制曲线是进行图形作品绘制的基础，而应用修整功能可以制作出复杂多变的图形效果。通过对本章的学习，读者可以更好地掌握绘制曲线和修整图形的方法，为绘制出更复杂、更绚丽的作品打好基础。

课堂学习目标

- 绘制曲线
- 编辑曲线
- 修整图形

4.1 绘制曲线

在 CorelDRAW X5 中，绘制出的作品都是由几何对象构成的，而几何对象的构成元素是直线和曲线。通过学习绘制直线和曲线，可以进一步掌握 CorelDRAW X5 强大的绘图功能。

4.1.1 认识曲线

在 CorelDRAW X5 中，曲线是矢量图形的组成部分。可以使用绘图工具绘制曲线，也可以将任何的矩形、多边形、椭圆以及文本对象转换成曲线。下面对曲线的节点、线段、控制线和控制点等概念进行讲解。

节点：构成曲线的基本要素，可以通过定位、调整节点、调整节点上的控制点来绘制和改变曲线的形状。通过在曲线上增加和删除节点使曲线的绘制更加简便。通过转换节点的性质，可以将直线和曲线的节点相互转换，使直线段转换为曲线段或将曲线段转换为直线段。

线段：指两个节点之间的部分。线段包括直线段和曲线段，直线段在转换成曲线段后，可以进行曲线特性的操作，如图 4-1 所示。

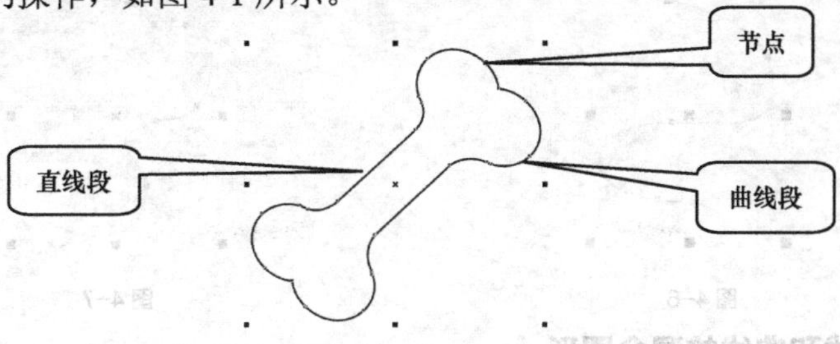

图 4-1

控制线：在绘制曲线的过程中，节点的两端会出现蓝色的虚线。选择“形状”工具，在已经绘制好的曲线的节点上单击鼠标左键，节点的两端就会出现控制线。直线的节点没有控制线。直线段转换为曲线段后，节点上会出现控制线。

控制点：在绘制曲线的过程中，节点的两端会出现控制线，在控制线的两端是控制点。通过拖曳或移动控制点可以调整曲线的弯曲程度，如图 4-2 所示。

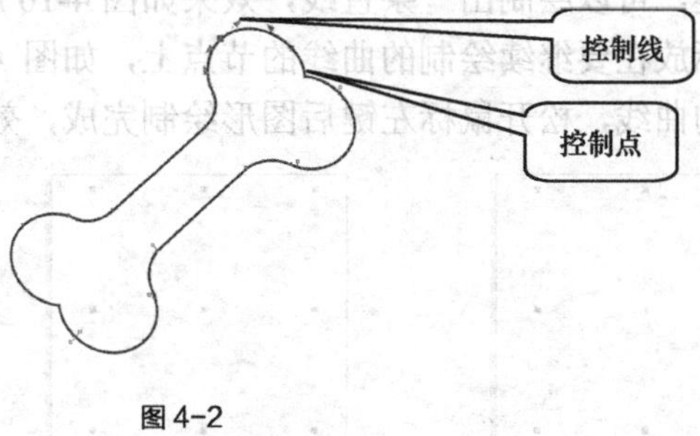

图 4-2

4.1.2 手绘工具的使用

1. 绘制直线

选择“手绘”工具，在绘图页面中单击鼠标左键以确定直线的起点，鼠标的光标变为十字形，如图 4-3 所示。松开鼠标左键，拖曳光标到直线的终点位置后单击鼠标左键，一条直线绘制完成，如图 4-4 所示。

选择“手绘”工具，在绘图页面中单击鼠标左键以确定直线的起点，在绘制过程中，确定其他节点时都要双击鼠标左键，在要闭合的终点上单击鼠标左键，完成直线式闭合图形的绘制，效果如图 4-5 所示。

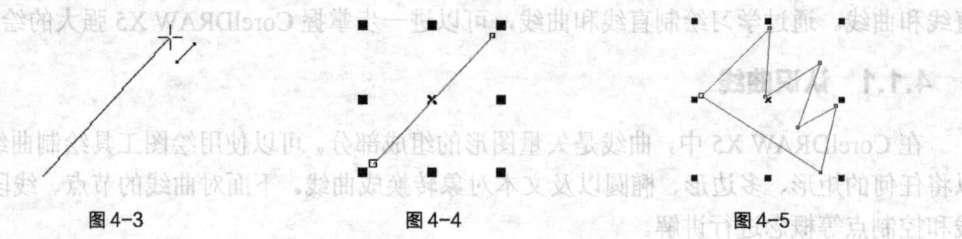

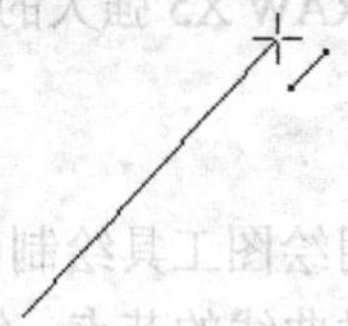
图 4-3

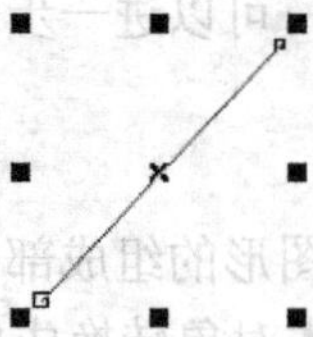
图 4-4

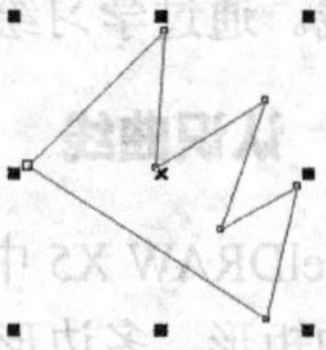
图 4-5

2. 绘制曲线

选择“手绘”工具，在绘图页面中单击鼠标左键以确定曲线的起点，同时按住鼠标左键并拖曳鼠标绘制需要的曲线，松开鼠标左键，一条曲线绘制完成，效果如图 4-6 所示。拖曳鼠标，使曲线的起点和终点位置重合，一个闭合的曲线绘制完成，如图 4-7 所示。

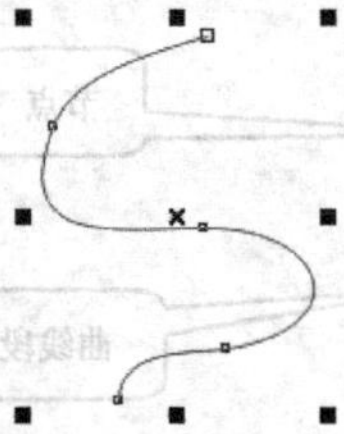
图 4-6

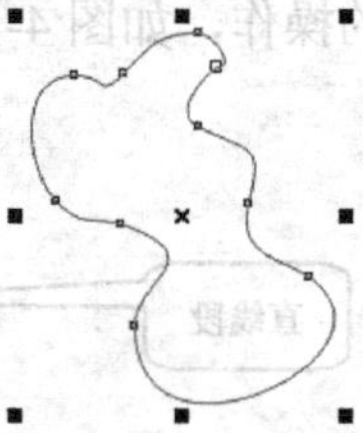
图 4-7

3. 绘制直线和曲线的混合图形

使用“手绘”工具，在绘图页面中可以绘制出直线和曲线的混合图形。其具体操作步骤如下。

选择“手绘”工具，在绘图页面中单击鼠标左键确定曲线的起点，同时按住鼠标左键并拖曳鼠标绘制需要的曲线，松开鼠标左键，一条曲线绘制完成，如图 4-8 所示。

在要继续绘制出直线的节点上单击鼠标左键，如图 4-9 所示。再拖曳鼠标并在需要的位置单击鼠标左键，可以绘制出一条直线，效果如图 4-10 所示。

将鼠标光标放在要继续绘制的曲线的节点上，如图 4-11 所示。按住鼠标左键不放拖曳鼠标绘制需要的曲线，松开鼠标左键后图形绘制完成，效果如图 4-12 所示。

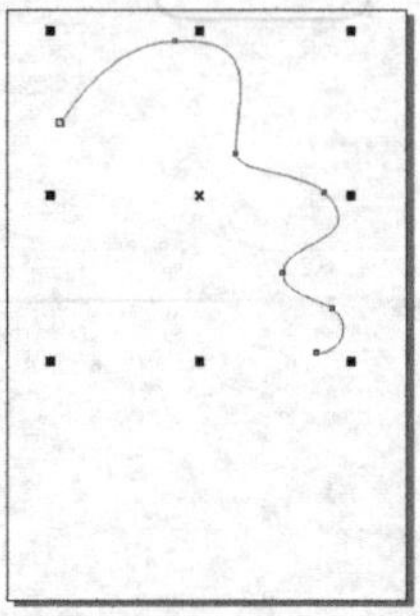
图 4-8

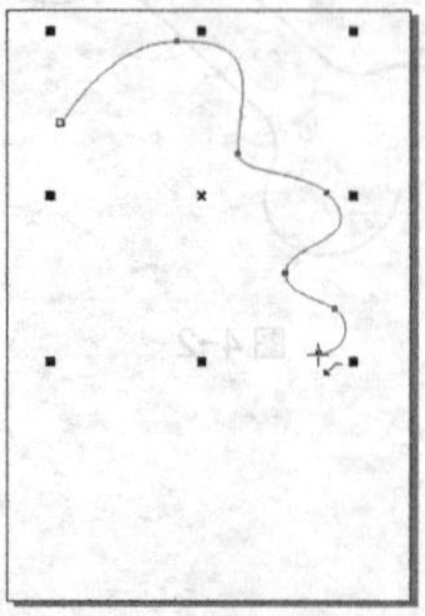
图 4-9

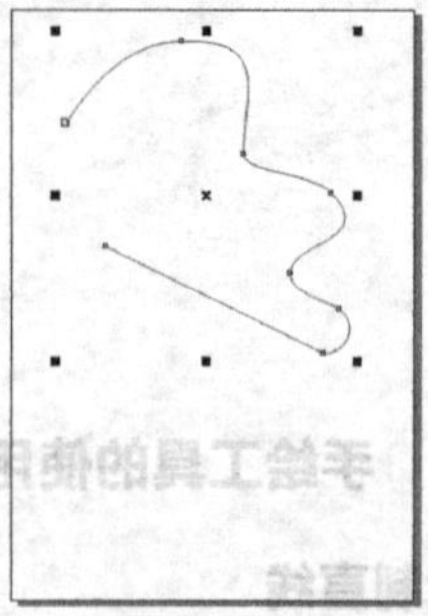
图 4-10

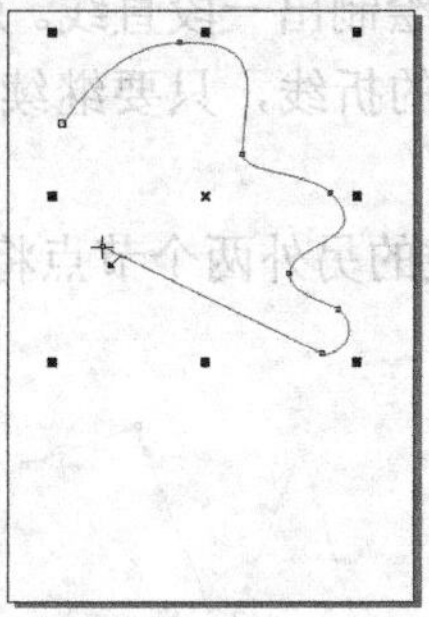

图 4-11

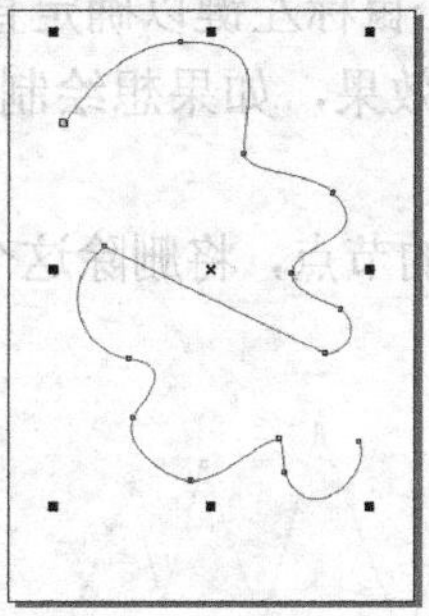

图 4-12

4. 设置手绘工具属性

在 CorelDRAW X5 中，可以根据不同的情况来设定手绘工具的属性以提高工作效率。下面介绍手绘工具属性的设置方法。

双击“手绘”工具的图标，弹出如图 4-13 所示的“选项”对话框。

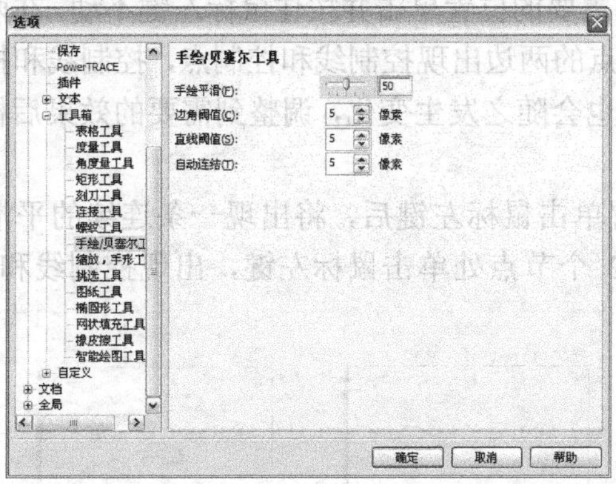

图 4-13

在对话框中的“手绘/贝塞尔工具”设置区中可以设置手绘工具的属性。

“手绘平滑”选项用于设置手绘过程中曲线的平滑程度，它决定了绘制出的曲线和光标移动轨迹的匹配程度。设定的数值可以在 0～100，不同的设置值会有不同的绘制效果。数值设置得越小，曲线平滑的程度越高；数值设置得越大，曲线平滑的程度越低。

“边角阈值”选项用于设置边角节点的平滑度，数值越大，节点越尖；数值越小，节点越平滑。

“直线阈值”选项用于设置手绘曲线相对于直线路径的偏移量。边角阈值和直线阈值的设定值越大，绘制的曲线越接近直线。

“自动连接”选项用于设置在绘图时两个端点自动连接必要的接近程度。当光标接近设置的半径范围内时，曲线将自动连接成封闭的曲线。

4.1.3 贝塞尔工具的使用

“贝塞尔”工具可以绘制平滑、精确的曲线。可以通过确定节点和改变控制点的位置来控制曲线的弯曲度。可以使用节点和控制点对绘制完的直线或曲线进行精确地调整。

1. 绘制直线和折线

选择“贝塞尔”工具，在绘图页面中单击鼠标左键以确定直线的起点，拖曳鼠标光标到需要的位置，再单击鼠标左键以确定直线的终点，绘制出一段直线。只要确定下一个节点，就可以绘制出折线的效果，如果想绘制出多个折角的折线，只要继续确定节点即可，如图 4-14 所示。

如果双击折线上的节点，将删除这个节点，折线的另外两个节点将自动连接，效果如图 4-15 所示。

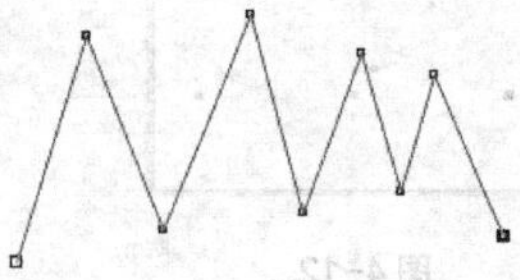

图 4-14

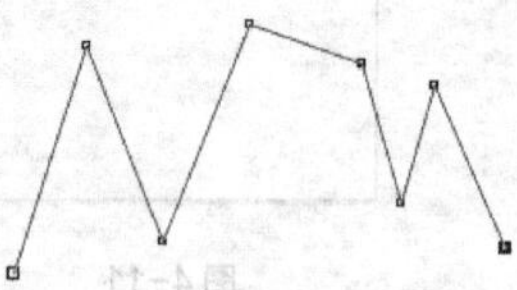

图 4-15

2. 绘制曲线

选择“贝塞尔”工具，在绘图页面中按住鼠标左键并拖曳光标以确定曲线的起点，松开鼠标左键，这时该节点的两边出现控制线和控制点，如图 4-16 所示。

将鼠标的光标移动到需要的位置单击并按住鼠标左键不动，在两个节点间出现一条曲线段，拖曳鼠标，第 2 个节点的两边出现控制线和控制点，控制线和控制点会随着光标的移动而发生变化，曲线的形状也会随之发生变化，调整到需要的效果后松开鼠标左键，如图 4-17 所示。

在下一个需要的位置单击鼠标左键后，将出现一条连续的平滑曲线，如图 4-18 所示。用“形状”工具在第 2 个节点处单击鼠标左键，出现控制线和控制点，效果如图 4-19 所示。

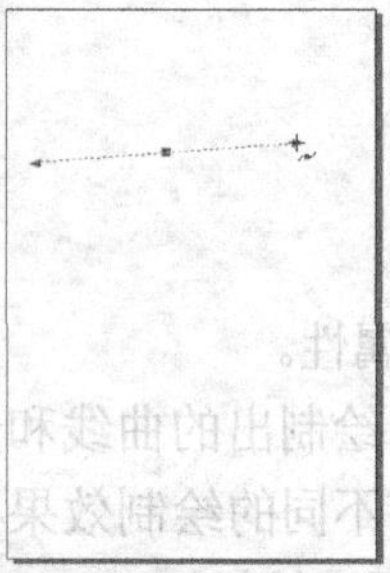

图 4-16

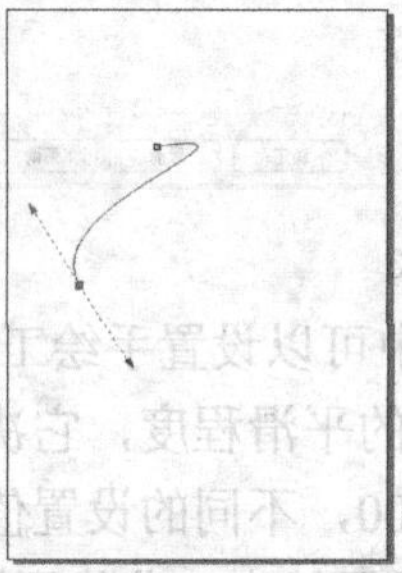

图 4-17

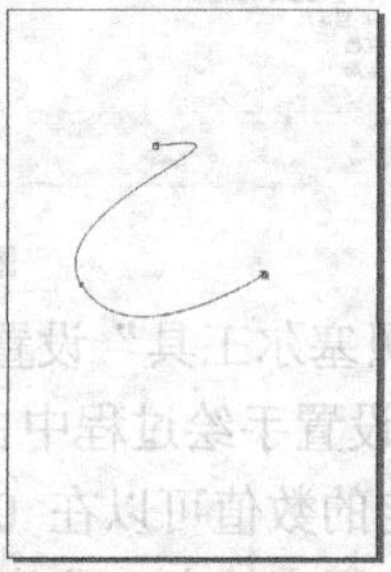

图 4-18

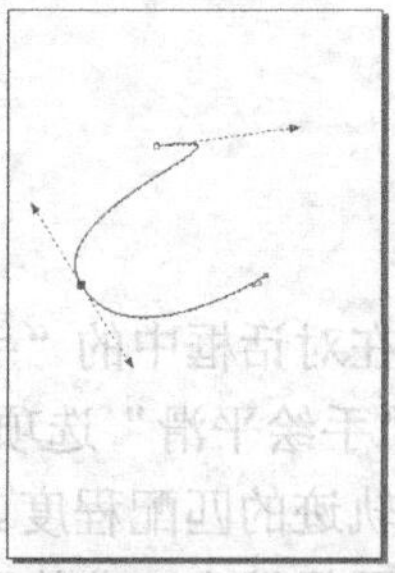

图 4-19

提示

当确定一个节点后，在这个节点上双击，再单击确定下一个节点后出现直线。当确定一个节点后，在这个节点上双击，再单击确定下一个节点并拖曳这个节点后出现曲线。

4.1.4 艺术笔工具的使用

在 CorelDRAW X5 中，使用“艺术笔”工具可以绘制出多种精美的线条和图形，可以模仿画笔的真实效果，在画面中产生丰富的变化，通过使用“艺术笔”工具可以绘制出不同风格的设计作品。

选择“艺术笔”工具，属性栏如图 4-20 所示。艺术笔包含了 5 种模式，分别是“预设”模式、“笔刷”模式、“喷涂”模式、“书法”模式和“压力”模式。下面具体介绍这 5 种模式。

图 4-20

1. 预设模式

预设模式提供了多种线条类型，并且可以改变曲线的宽度。单击属性栏中“预设笔触”右侧的按钮，弹出其下拉列表，如图 4-21 所示。在线条列表框中单击选择需要的线条类型。

单击属性栏中的“手绘平滑”设置区，弹出滑动条，拖曳滑动条或输入数值可以调节绘图时线条的平滑程度。在“笔触宽度”中输入数值可以设置曲线的宽度。选择“预设”模式和线条类型后，鼠标的光标变为图标，在绘图页面中按住鼠标左键并拖曳光标，可以绘制出封闭的线条图形。

2. 笔刷模式

笔刷模式提供了多种颜色样式的笔刷，将笔刷运用在绘制的曲线上，可以绘制出漂亮的效果。

在属性栏中单击“笔刷”模式按钮，在“类别”选项中选择需要的笔刷类别，单击属性栏中“笔刷笔触”右侧的按钮，弹出其下拉列表，如图 4-22 所示。在列表框中单击选择需要的笔刷类型，在页面中按住鼠标左键并拖曳光标，可以绘制出需要的图形。

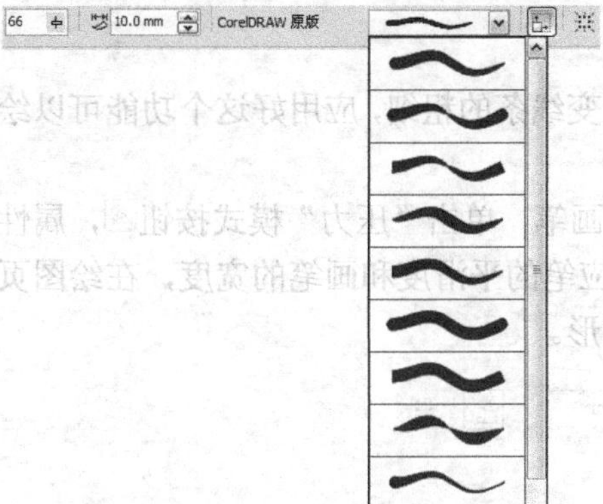

图 4-21

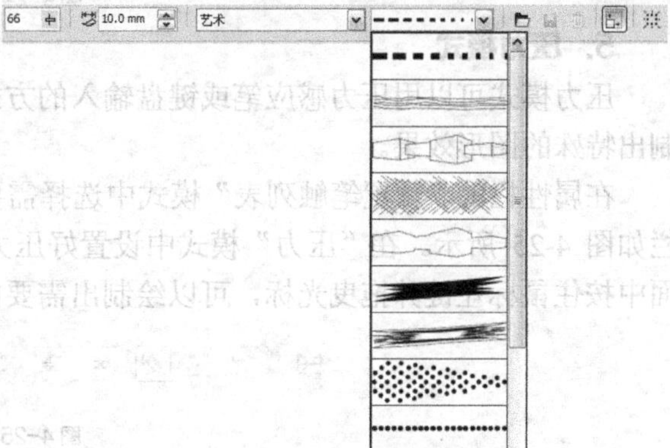

图 4-22

3. 喷涂模式

喷涂模式提供了多种有趣的图形对象，这些图形对象可以应用在绘制的曲线上。可以在属性栏的“喷射图样”下拉列表框中选择喷雾的形状来绘制需要的图形。

在属性栏中单击“喷涂”模式按钮，在“类别”选项中选择需要的笔触类别，单击属性栏中“喷射图样”右侧的按钮，弹出其下拉列表，如图 4-23 所示。在列表框中单击选择需要的喷涂类型。单击属性栏中“喷涂顺序”右侧的按钮，弹出下拉列表，可以选择喷出图形的顺序。选择“随机”选项，喷出的图形将会随机分布。选择“顺序”选项，喷出的图形将会以方形区域分布。选择“按方向”选项，喷出的图形将会随光标拖曳的路径分布。在页面中按住鼠标左键并拖曳光标，可以绘制出需要的图形。

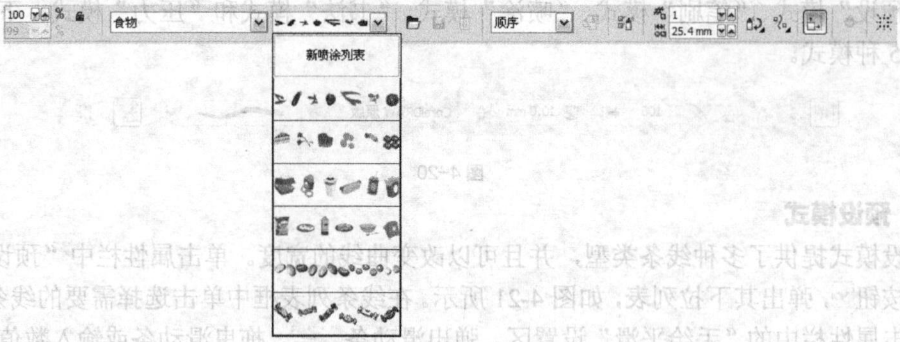

图 4-23

4. 书法模式

书法模式可以绘制出类似书法笔的效果，可以改变曲线的粗细。

在属性栏中单击“书法”模式按钮，属性栏如图 4-24 所示。在属性栏的“书法的角度”45.0 选项中，可以设置“笔触”和“笔尖”的角度。如果角度值设为 0°，书法笔垂直方向画出的线条最粗，笔尖是水平的。如果角度值设置为 90°，书法笔水平方向画出的线条最粗，笔尖是垂直的。在绘图页面中按住鼠标左键并拖曳光标，可以绘制出需要的图形。

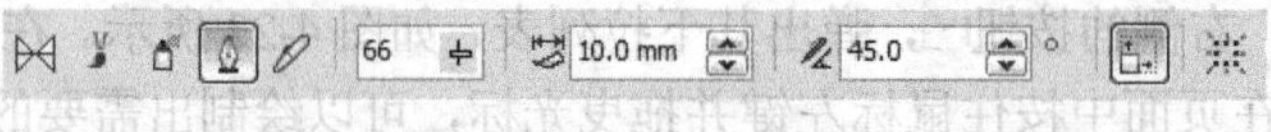

图 4-24

5. 压力模式

压力模式可以用压力感应笔或键盘输入的方式改变线条的粗细，应用好这个功能可以绘制出特殊的图形效果。

在属性栏的“预置笔触列表”模式中选择需要的画笔，单击“压力”模式按钮，属性栏如图 4-25 所示。在“压力”模式中设置好压力感应笔的平滑度和画笔的宽度，在绘图页面中按住鼠标左键并拖曳光标，可以绘制出需要的图形。

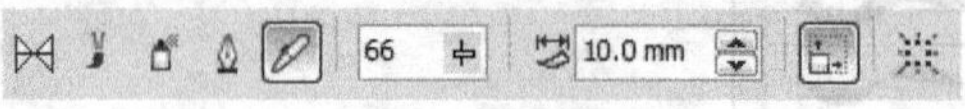

图 4-25

4.1.5 钢笔工具的使用

钢笔工具可以绘制出多种精美的曲线和图形，还可以对已绘制的曲线和图形进行编辑和修改。在 CorelDRAW X5 中绘制的各种复杂图形都可以通过钢笔工具来完成。

1. 绘制直线和折线

选择“钢笔”工具，在绘图页面中单击鼠标左键以确定直线的起点，拖曳光标到需要的位置，再单击鼠标左键以确定直线的终点，绘制出一段直线，效果如图 4-26 所示。再继续单击鼠标左键确定下一个节点，就可以绘制出折线的效果，如果想绘制出多个折角的折线，只要继续单击鼠标左键确定节点就可以了，折线的效果如图 4-27 所示。要结束绘制，按 Esc 键或单击“钢笔”工具即可。

2. 绘制曲线

选择“钢笔”工具，在绘图页面中单击鼠标左键以确定曲线的起点。松开鼠标左键，将鼠标的光标移动到需要的位置再单击左键并按住不动，在两个节点间出现一条直线段，如图 4-28 所示。拖曳鼠标，第 2 个节点的两边出现控制线和控制点，控制线和控制点会随着光标的移动而发生变化，直线段变为曲线的形状，如图 4-29 所示。调整到需要的效果后松开鼠标左键，曲线的效果如图 4-30 所示。

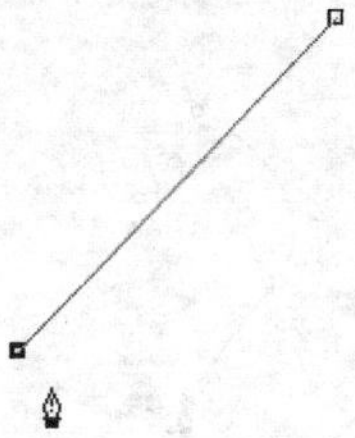

图 4-26

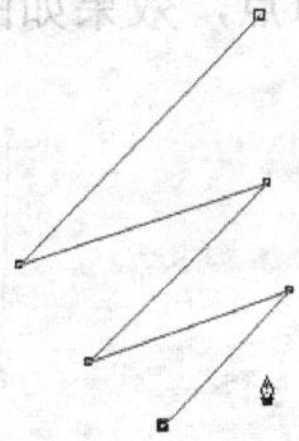

图 4-27

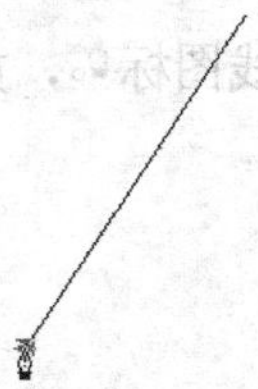

图 4-28

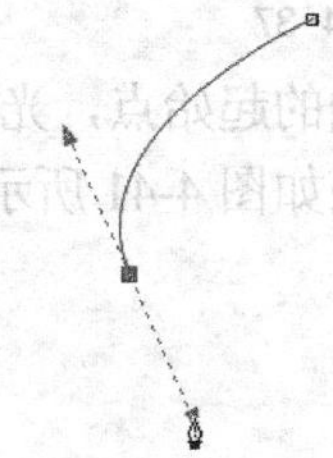

图 4-29

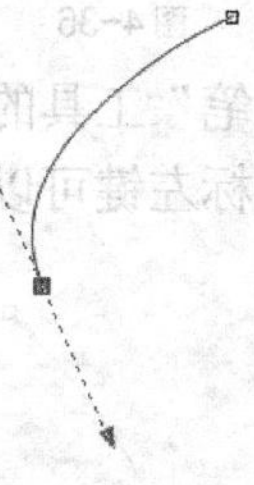

图 4-30

使用相同的方法继续绘制曲线，效果如图 4-31、图 4-32 所示。绘制完成的曲线效果如图 4-33 所示。

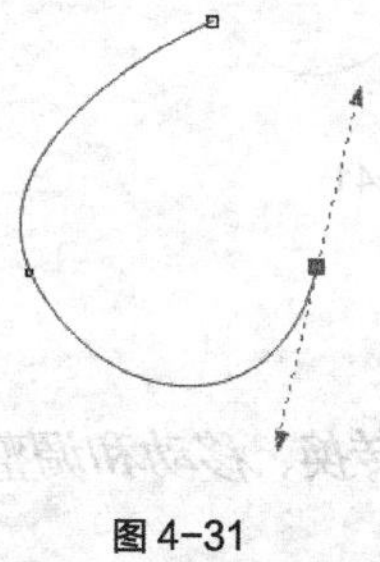

图 4-31

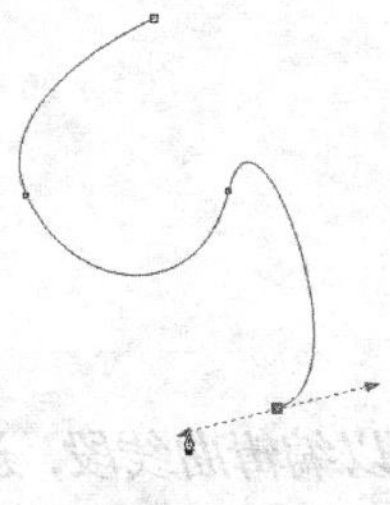

图 4-32

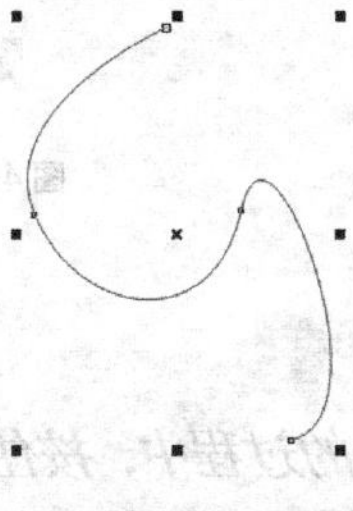

图 4-33

如果想在绘制曲线后绘制出直线，按住 C 键，在要继续绘制出直线的节点上按住鼠标左键并拖曳光标，这时出现节点的控制点。松开 C 键，将控制点拖曳到下一个节点的位置，如图 4-34 所示。松开鼠标左键，再单击鼠标左键，可以绘制出一段直线，效果如图 4-35 所示。

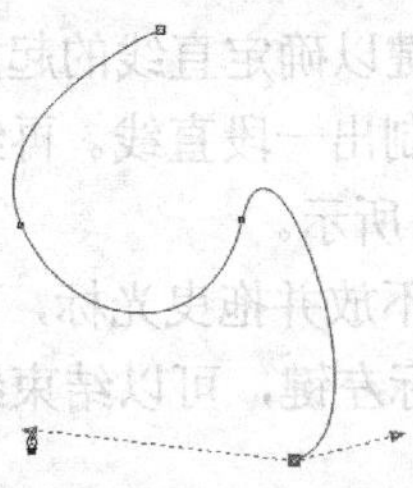

图 4-34

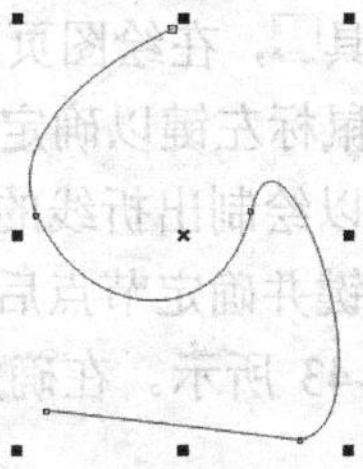

图 4-35

3. 编辑曲线

在“钢笔”工具属性栏中选择“自动添加或删除节点”按钮，曲线绘制的过程变为自动添加/删除节点模式。

将“钢笔”工具的光标移动到节点上，光标变为删除节点图标，如图 4-36 所示。单击鼠标左键可以删除节点，效果如图 4-37 所示。

将“钢笔”工具的光标移动到曲线上，光标变为添加节点图标，如图 4-38 所示。单击鼠标左键可以添加节点，效果如图 4-39 所示。

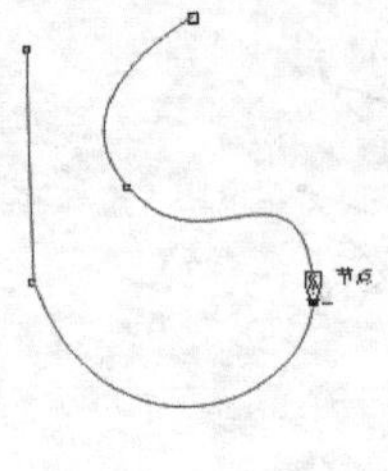

图 4-36

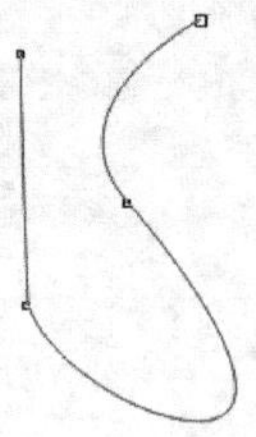

图 4-37

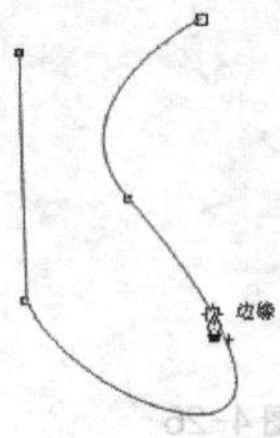

图 4-38

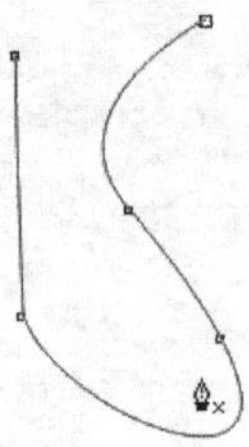

图 4-39

将“钢笔”工具的光标移动到曲线的起始点，光标变为闭合曲线图标，如图 4-40 所示。单击鼠标左键可以闭合曲线，效果如图 4-41 所示。

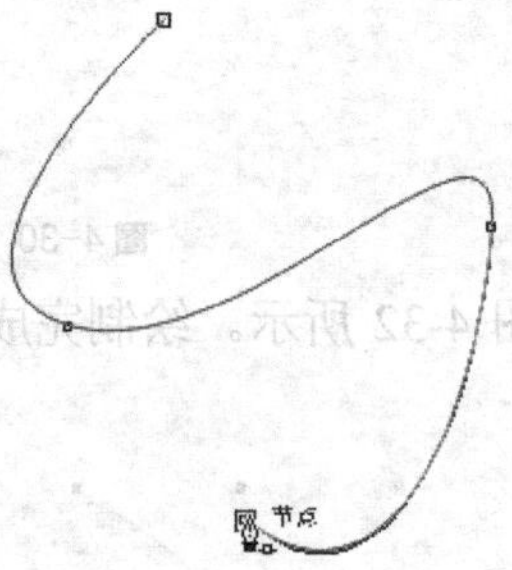

图 4-40

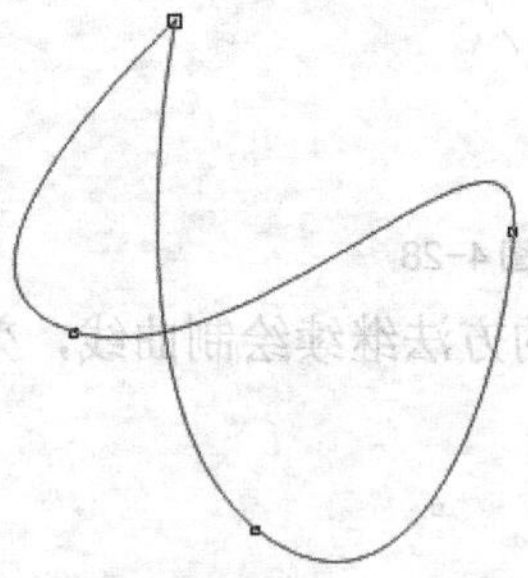

图 4-41

技巧

绘制曲线的过程中，按住 Alt 键，可以编辑曲线段，进行节点的转换、移动和调整等操作；松开 Alt 键可以继续进行绘制。

4.1.6 折线工具

“折线”工具可以绘制出简单的直线和曲线图形。

选择“折线”工具，在绘图页面中单击鼠标左键以确定直线的起点，拖曳鼠标光标到需要的位置，再单击鼠标左键以确定直线的终点，绘制出一段直线。再继续单击鼠标左键确定下一个节点，就可以绘制出折线的效果，如图 4-42 所示。

如果单击鼠标左键并确定节点后，按住鼠标左键不放并拖曳光标，可以继续绘制出手绘效果的曲线，如图 4-43 所示。在确定节点时双击鼠标左键，可以结束绘制。直线和曲线的效果如图 4-44 所示。

使用“折线”工具可以绘制闭合的曲线，将“折线”工具的光标移动到曲线的起始点，光标变为闭合曲线图标，如图 4-45 所示。单击鼠标左键可以闭合曲线，效果如图 4-46 所示。

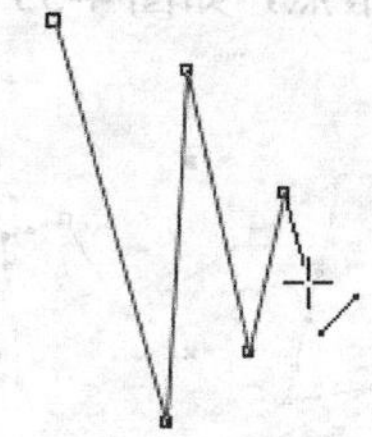

图 4-42

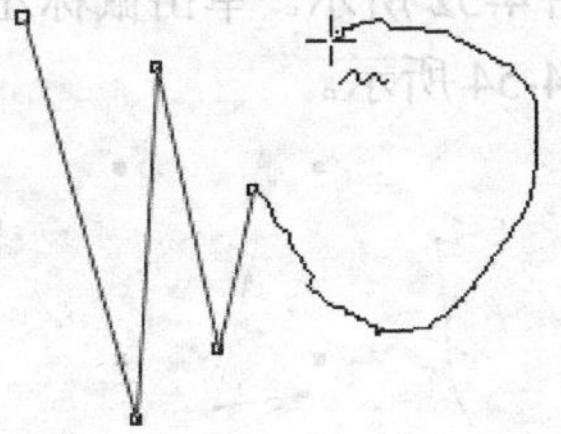

图 4-43

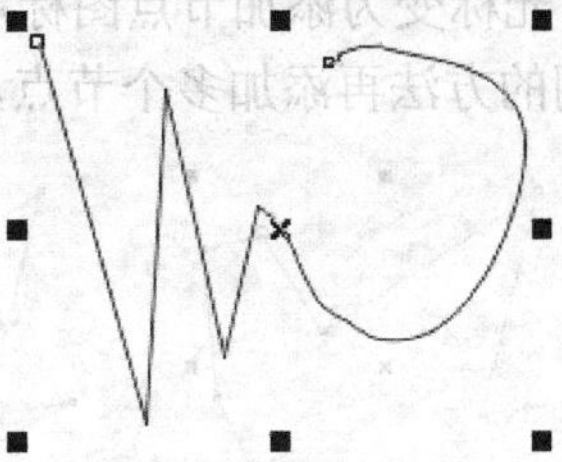

图 4-44

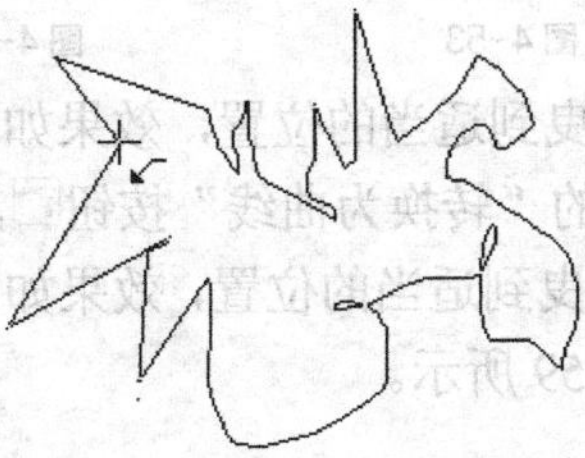

图 4-45

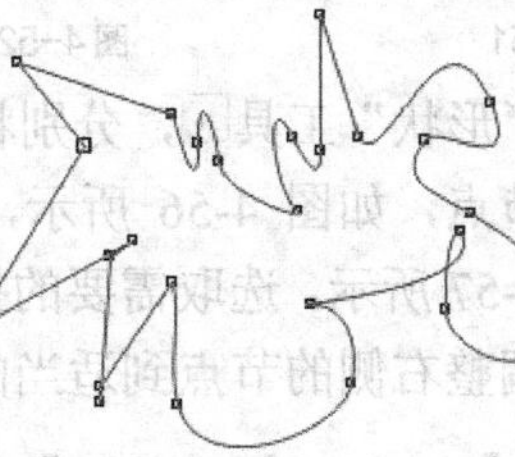

图 4-46

4.1.7　3 点曲线工具

单击“3 点曲线”工具，在绘图页面中按住鼠标左键不放，拖曳光标到需要的位置，绘制出一条任意方向的线段作为曲线的一个轴，如图 4-47 所示。

放开鼠标左键，再拖曳光标到需要的位置，即可确定曲线的形状，如图 4-48 所示。单击鼠标左键，有弧度的曲线绘制完成，效果如图 4-49 所示。

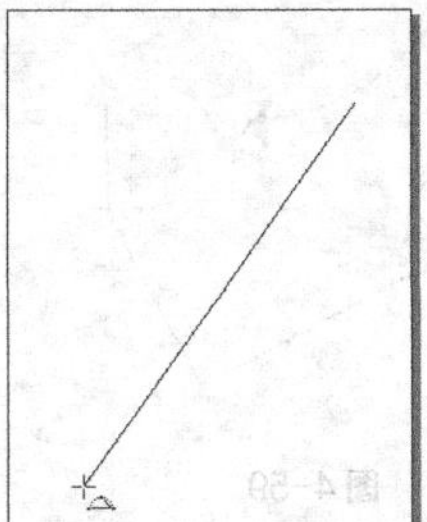

图 4-47

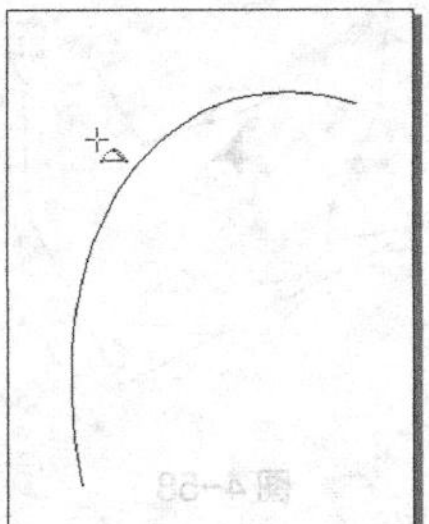

图 4-48

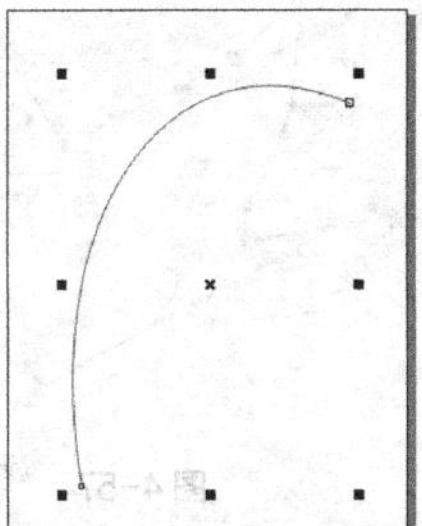

图 4-49

4.1.8　课堂案例——绘制和平鸽

【案例学习目标】学习使用曲线的绘制和编辑工具绘制和平鸽。

【案例知识要点】使用贝塞尔工具、钢笔工具、形状工具和填充工具绘制和平鸽图形。使用艺术笔工具添加树叶图形。和平鸽效果如图 4-50 所示。

图 4-50

【效果所在位置】光盘/Ch04/效果/绘制和平鸽.cdr。

（1）按 Ctrl+N 组合键，新建一个 A4 页面。单击属性栏中的“横向”按钮，页面显示为横向页面。选择“贝塞尔”工具，在页面中绘制一个不规则闭合图形，如图 4-51 所示。选择“钢笔”工具，将光标移动到需要的线段上，光标变为添加节点图标，如图 4-52 所示。单击鼠标左键添加节点，如图 4-53 所示。用相同的方法再添加多个节点，如图 4-54 所示。

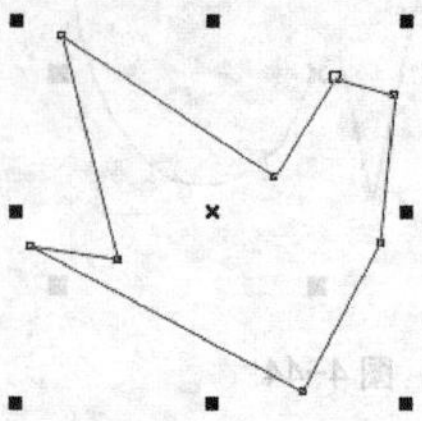
图 4-51

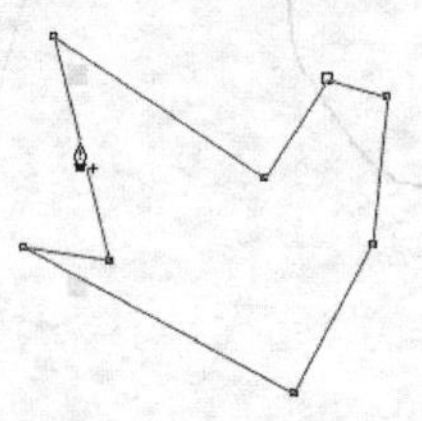
图 4-52

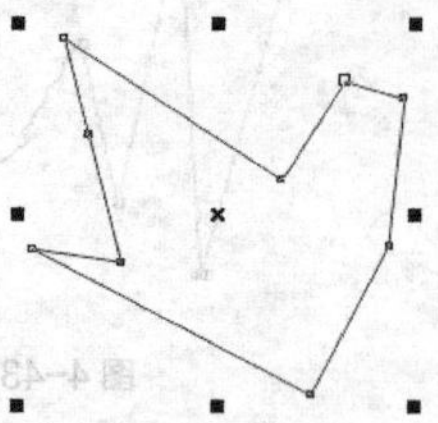
图 4-53

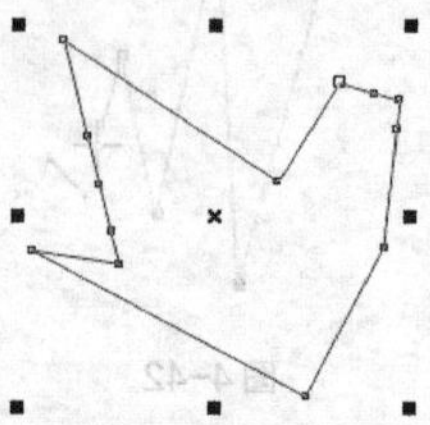
图 4-54

（2）选择“形状”工具，分别将添加的节点拖曳到适当的位置，效果如图 4-55 所示。再选取需要的节点，如图 4-56 所示，单击属性栏中的“转换为曲线”按钮，节点上出现控制线，如图 4-57 所示，选取需要的控制线并将其拖曳到适当的位置，效果如图 4-58 所示。用相同的方法调整右侧的节点到适当的位置，如图 4-59 所示。

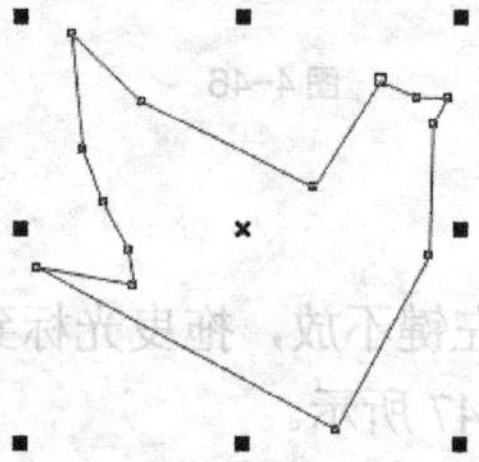
图 4-55

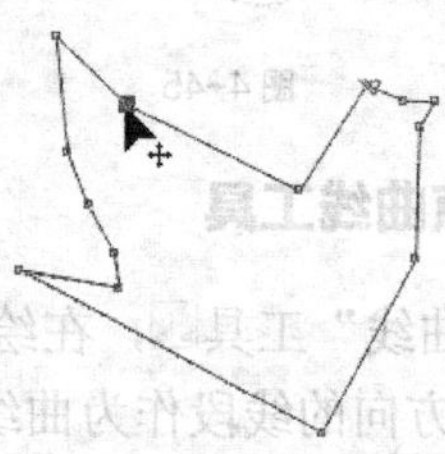
图 4-56

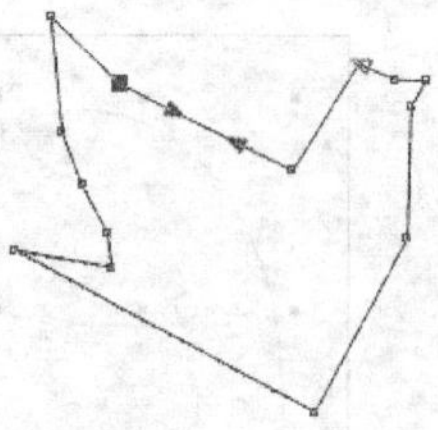
图 4-57

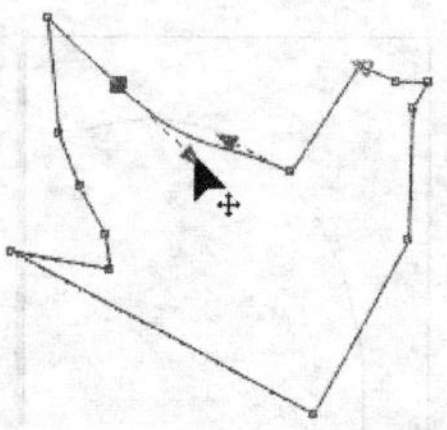
图 4-58

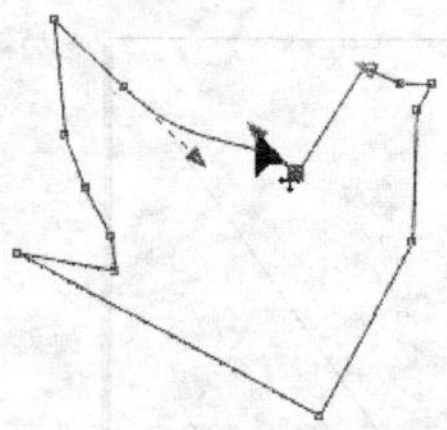
图 4-59

（3）用相同的方法将其他节点转换为曲线，并分别调整其位置和弧度，效果如图 4-60 所示。设置图形颜色的 CMYK 值为 76、0、42、0，填充图形，并去除图形的轮廓线，效果如图 4-61 所示。

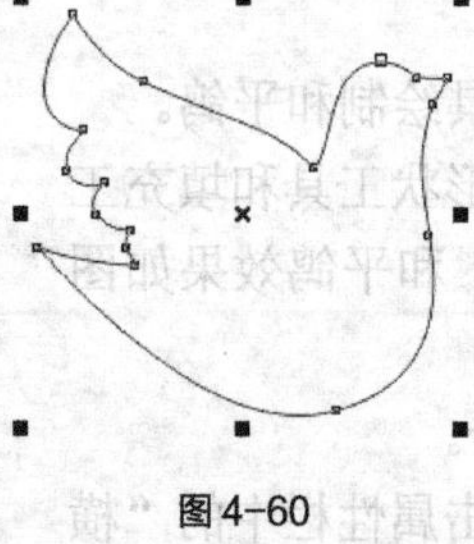
图 4-60

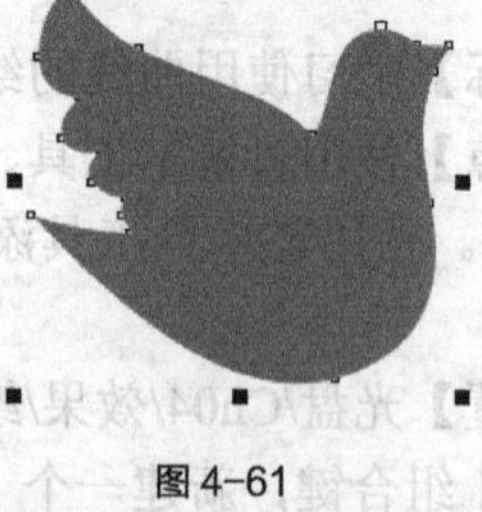
图 4-61

（4）选择“贝塞尔”工具，在适当的位置绘制一个图形，如图 4-62 所示。设置图形颜色的 CMYK 值为 76、0、42、0，填充图形，并去除图形的轮廓线，效果如图 4-63 所示。

（5）选择“选择”工具，用圈选的方法将图形同时选取，如图 4-64 所示。单击属性栏中的“合并”按钮，合并为一个图形，效果如图 4-65 所示。

图 4-62

图 4-63

图 4-64

图 4-65

（6）选择“椭圆形”工具，在适当的位置绘制一个圆形，如图 4-66 所示。设置图形颜色的 CMYK 值为 0、0、40、0，填充图形，并去除图形的轮廓线，效果如图 4-67 所示。

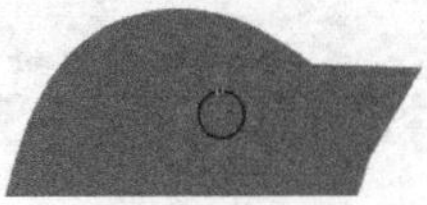
图 4-66

图 4-67

（7）选择“贝塞尔”工具，在适当的位置绘制一个图形，如图 4-68 所示，设置填充色的 CMYK 值为 0、0、40、0，填充图形，并去除图形的轮廓线，效果如图 4-69 所示。用相同的方法绘制其他图形，并填充相同的颜色，效果如图 4-70 所示。

图 4-68

图 4-69

图 4-70

（8）选择“艺术笔”工具，单击属性栏中的“喷涂”按钮，在“类别”选项中选择“对象”选项，在“喷射图样”选项的下拉列表中选择需要的图样，其他选项的设置如图 4-71 所示。在适当的位置拖曳鼠标绘制图形，效果如图 4-72 所示。

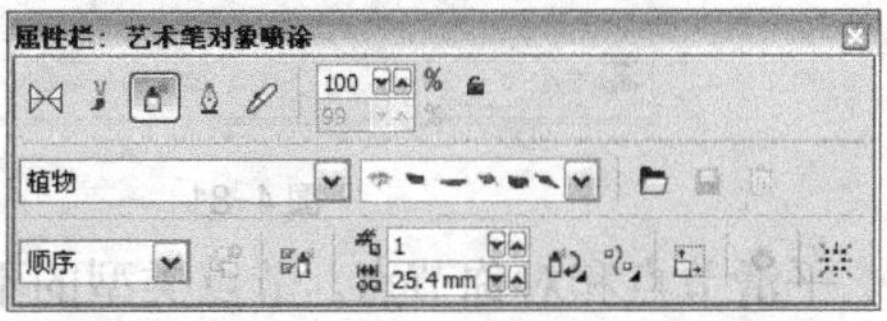

图 4-71

图 4-72

（9）按 Ctrl+K 组合键，拆分图形，如图 4-73 所示。选择“选择”工具，选择黑色线段，按 Delete 键，删除线段，如图 4-74 所示。选取绘制的图形，按 Ctrl+U 组合键，取消群组。按住 Shift 键的同时，选取不需要的图形，按 Delete 键，将其删除，如图 4-75 所示。

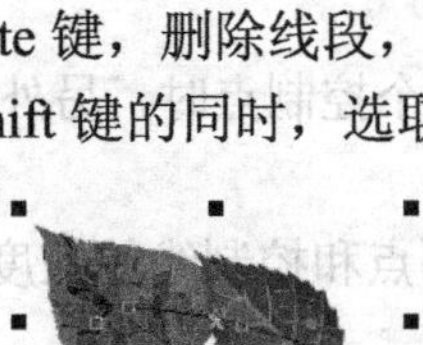
图 4-73

图 4-74

图 4-75

（10）选择“选择”工具，将剩余图形拖曳到适当的位置，效果如图 4-76 所示。在属性栏中的“旋转角度”框中设置数值为 325°，按 Enter 键，效果如图 4-77 所示。按 Shift+PageDown 组合键，将其移动到最后一层，效果如图 4-78 所示。和平鸽绘制完成。

图 4-76

图 4-77

图 4-78

4.2 编辑曲线

在 CorelDRAW X5 中，完成曲线或图形的绘制后，可能还需要进一步地调整曲线或图形来达到设计方面的要求，这时就需要使用 CorelDRAW X5 的编辑曲线功能来进行更完善的编辑。

4.2.1 编辑曲线的节点

节点是构成图形对象的基本要素，用“形状”工具选择曲线或图形对象后，会显示曲线或图形的全部节点。通过移动节点和节点的控制点、控制线可以编辑曲线或图形的形状，还可以通过增加和删除节点来进一步编辑曲线或图形。

绘制一条曲线，如图 4-79 所示。使用“形状”工具，单击选中曲线上的节点，如图 4-80 所示。其属性栏如图 4-81 所示。

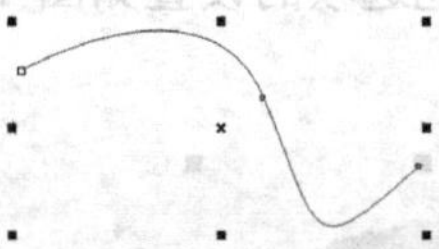

图 4-79

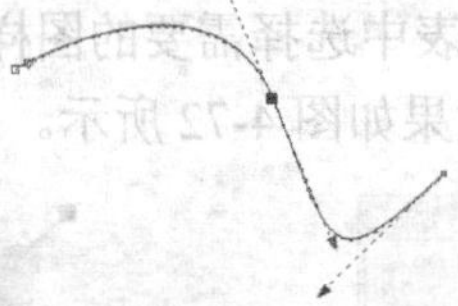

图 4-80

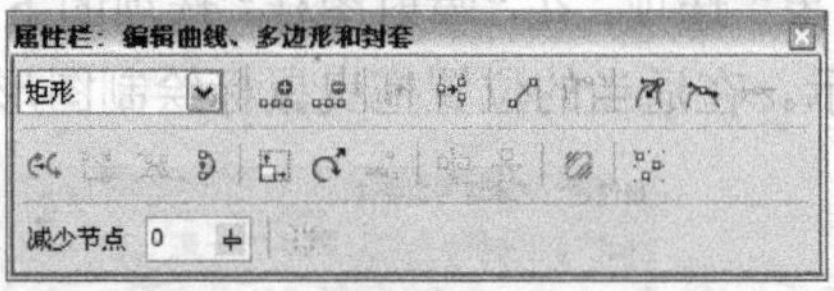

图 4-81

在属性栏中有 3 种节点类型：尖突节点、平滑节点和对称节点。节点类型的不同决定了节点控制点的属性也不同，单击属性栏中的按钮可以转换 3 种节点的类型。

尖突节点：尖突节点的控制点是独立的，当移动一个控制点时，另外一个控制点并不移动，从而使得通过尖突节点的曲线能够尖突弯曲。

平滑节点：平滑节点的控制点之间是相关的，当移动一个控制点时，另外一个控制点也会随之移动，通过平滑节点连接的线段将产生平滑的过渡。

对称节点：对称节点的控制点不仅是相关的，而且控制点和控制线的长度是相等的，从而使得对称节点两边曲线的曲率也是相等的。

1. 选取并移动节点

绘制一个图形，如图 4-82 所示。选择“形状”工具，单击鼠标左键选取节点，如图

4-83 所示，按住鼠标左键拖曳鼠标，节点被移动，如图 4-84 所示。松开鼠标左键，图形调整的效果如图 4-85 所示。

图 4-82

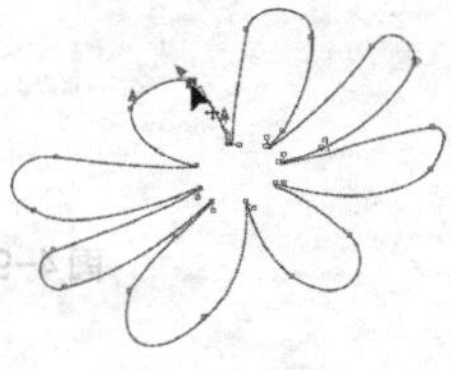

图 4-83

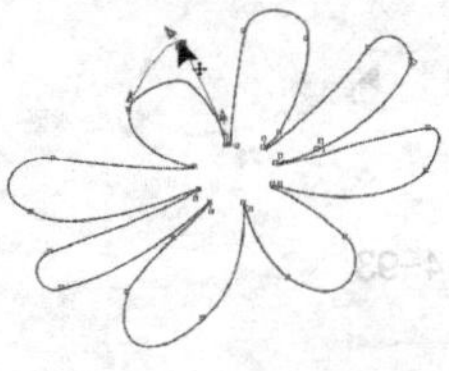

图 4-84

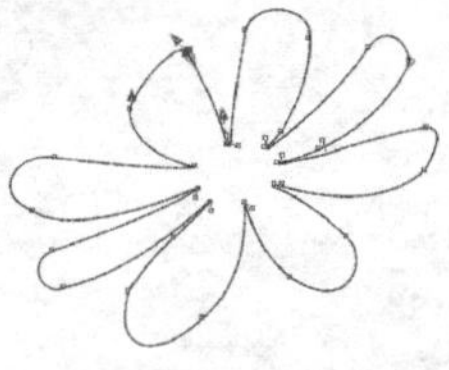

图 4-85

使用“形状”工具选中并拖曳节点上的控制点，如图 4-86 所示。松开鼠标左键，图形调整的效果如图 4-87 所示。

使用“形状”工具圈选图形上的部分节点，如图 4-88 所示。松开鼠标左键，图形被选中的部分节点如图 4-89 所示。拖曳任意一个被选中的节点，其他被选中的节点也会随之移动。

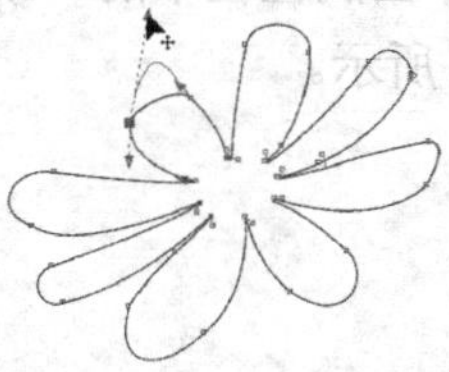

图 4-86

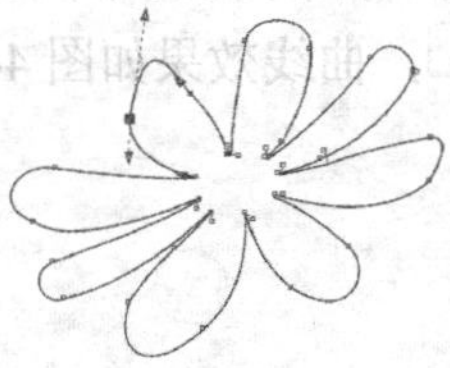

图 4-87

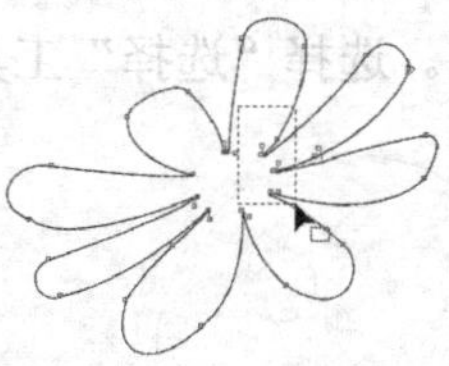

图 4-88

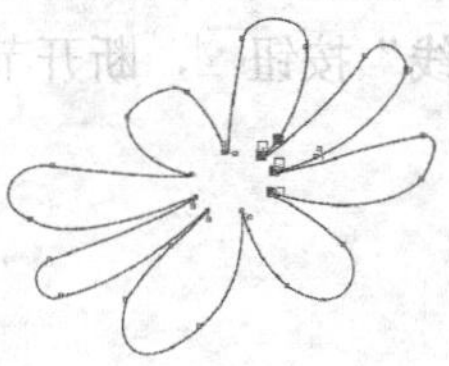

图 4-89

提示

因为在 CorelDRAW X5 中有 3 种节点类型，所以当移动不同类型节点上的控制点时，图形的形状也会有不同形式的变化。

2. 增加或删除节点

绘制一个图形，如图 4-90 所示。使用“形状”工具选择需要增加和删除节点的曲线，在曲线上要增加节点的位置双击鼠标左键，如图 4-91 所示，可以在这个位置增加一个节点，效果如图 4-92 所示。

单击属性栏中的“添加节点”按钮，也可以在曲线上增加节点。

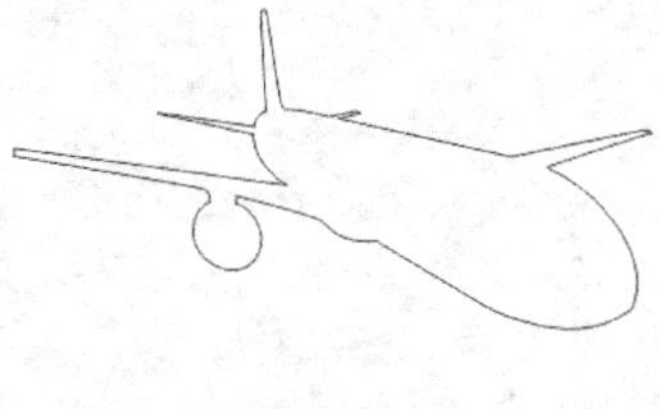

图 4-90

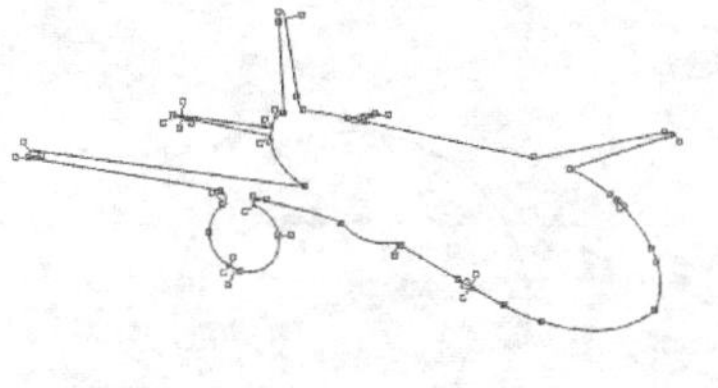

图 4-91

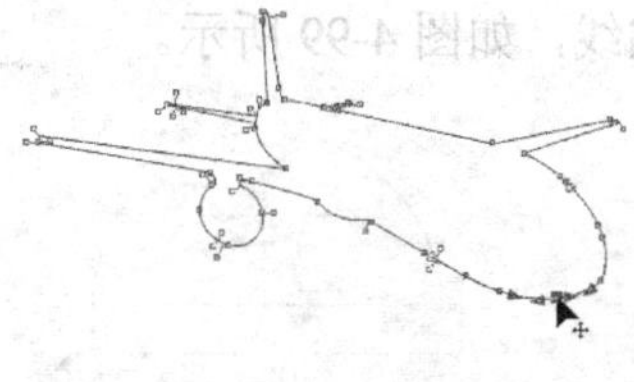

图 4-92

将鼠标的光标放在要删除的节点上并双击鼠标左键，如图 4-93 所示，可以删除这个节点，效果如图 4-94 所示。

选中要删除的节点，单击属性栏中的“删除节点”按钮，也可以在曲线上删除选中的节点。

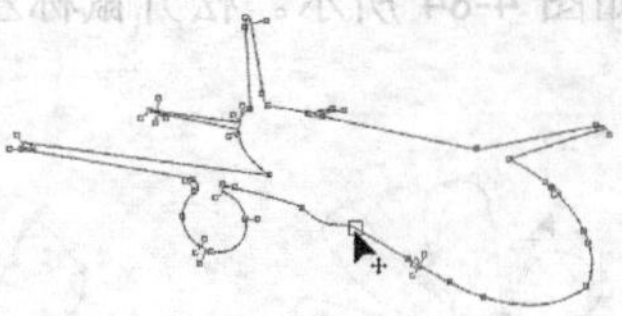

图 4-93

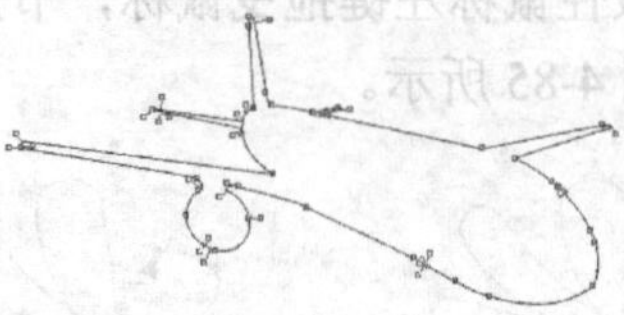

图 4-94

技巧

如果需要在曲线和图形中删除多个节点，可以先按住 Shift 键，再用鼠标选择要删除的多个节点，选择好后按 Delete 键就可以了。也可以使用圈选的方法选择需要删除的多个节点，选择好后按 Delete 键即可。

3. 断开节点

在曲线中要断开的节点上单击，选中该节点，如图 4-95 所示。单击属性栏中的“断开曲线”按钮，断开节点。选择“选择”工具，曲线效果如图 4-96 所示。

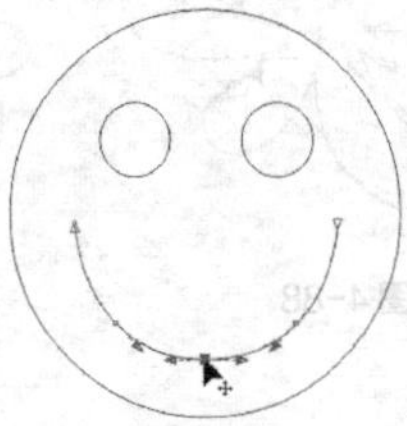

图 4-95

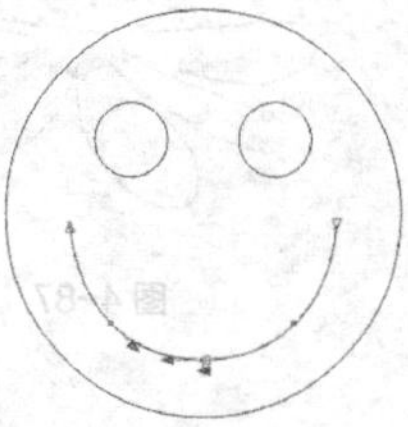

图 4-96

技巧

在绘制图形的过程中有时需要将开放的路径闭合。选择“排列 > 闭合路径”下的各个菜单命令，可以以直线或曲线的方式闭合路径。

4. 合并和连接节点

使用“形状”工具圈选两个需要合并的节点，如图 4-97 所示。两个节点被选中，如图 4-98 所示，单击属性栏中的“连接两个节点”按钮，将节点合并，使曲线成为闭合的曲线，如图 4-99 所示。

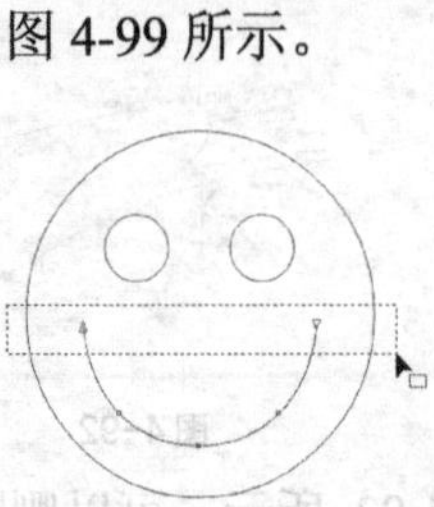

图 4-97

图 4-98

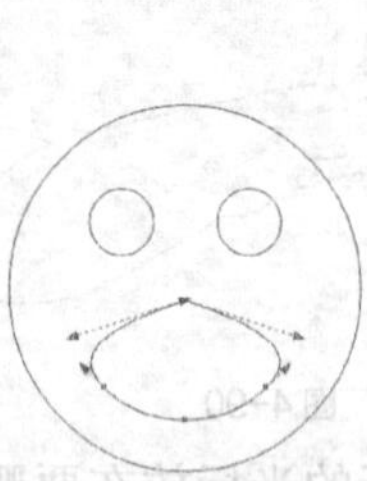

图 4-99

使用“形状”工具圈选两个需要连接的节点，单击属性栏中的“自动闭合曲线”按钮，可以将两个节点以直线连接，使曲线成为闭合的曲线。

4.2.2　编辑曲线的端点和轮廓

通过属性栏可以设置一条曲线的端点和轮廓的样式，这项功能可以帮助用户制作出非常实用的效果。

绘制一条曲线，再用“选择”工具选择这条曲线，如图 4-100 所示。这时的属性栏如图 4-101 所示。在属性栏中单击“轮廓宽度”右侧的按钮，弹出轮廓宽度的下拉列表，如图 4-102 所示。在其中进行选择，将曲线变宽，效果如图 4-103 所示，也可以在“轮廓宽度”框中输入数值后，按 Enter 键，设置曲线宽度。

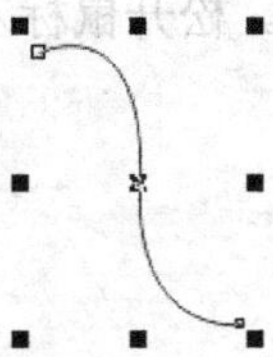

图 4-100

图 4-101

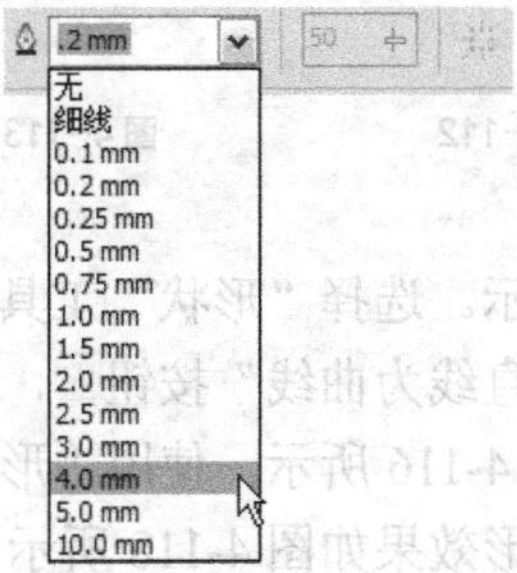

图 4-102

图 4-103

在属性栏中有 3 个可供选择的下拉列表按钮，按从左到右的顺序分别是“起始箭头”、“线条样式”和“终止箭头”。单击“起始箭头”右侧的按钮，弹出“起始箭头”下拉列表框，如图 4-104 所示。单击需要的箭头样式，在曲线的起始点会出现选择的箭头，效果如图 4-105 所示。单击“线条样式”右侧的按钮，弹出“线条样式”下拉列表框，如图 4-106 所示。单击需要的轮廓样式，曲线的样式被改变，效果如图 4-107 所示。单击“终止箭头”右侧的按钮，弹出“终止箭头”下拉列表框，如图 4-108 所示。单击需要的箭头样式，在曲线的终止点会出现选择的箭头，如图 4-109 所示。

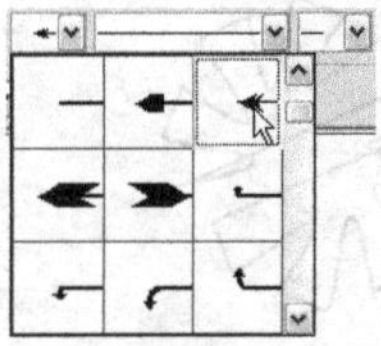

图 4-104

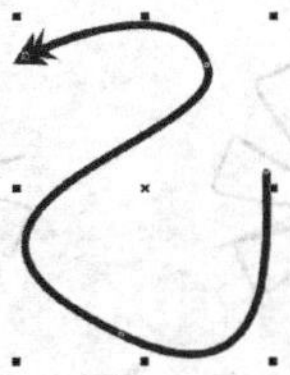

图 4-105

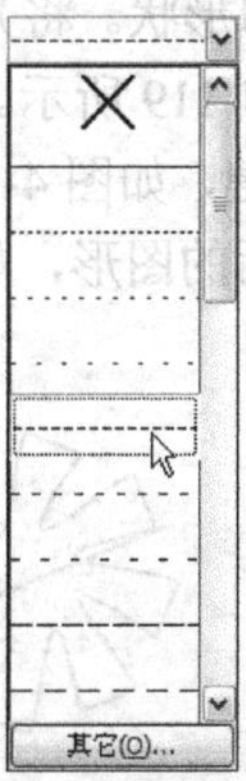

图 4-106

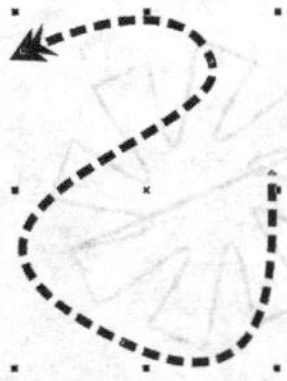

图 4-107

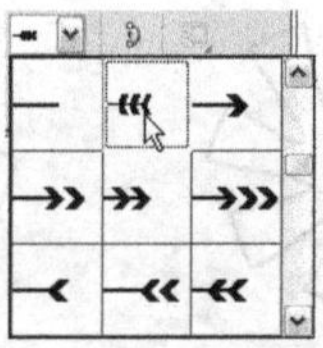

图 4-108

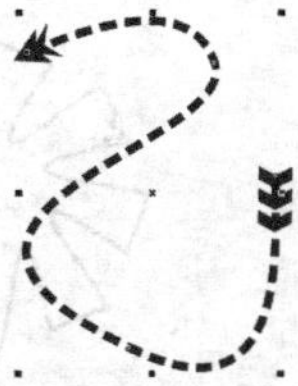

图 4-109

4.2.3 编辑和修改几何图形

使用矩形、椭圆形和多边形工具绘制的图形都是简单的几何图形。这类图形有其特殊的属性，图形上的节点比较少，只能对其进行简单的编辑。如果想对其进行更复杂的编辑，就需要将简单的几何图形转换为曲线。

1. 使用"转换为曲线"按钮

使用"椭圆形"工具绘制一个椭圆形，效果如图 4-110 所示。在属性栏中单击"转换为曲线"按钮，将椭圆图形转换成曲线图形，在曲线图形上增加了多个节点，如图 4-111 所示。使用"形状"工具拖曳椭圆形上的节点，如图 4-112 所示。松开鼠标左键，调整后的图形效果如图 4-113 所示。

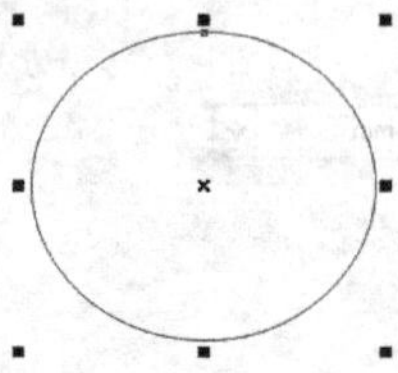
图 4-110

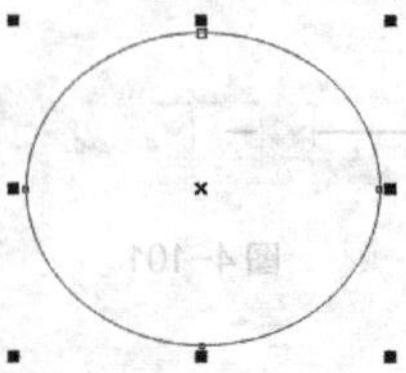
图 4-111

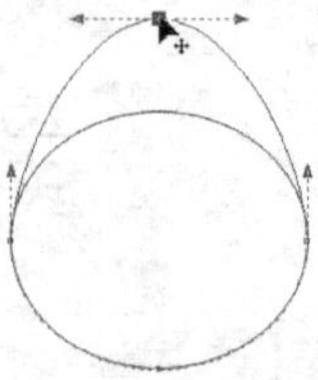
图 4-112

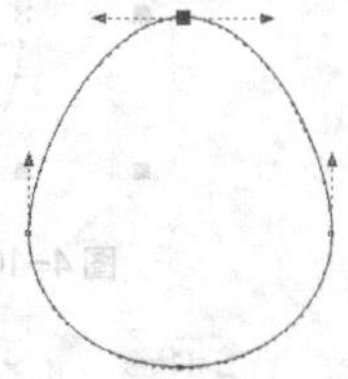
图 4-113

2. 使用"转换直线为曲线"按钮

使用"多边形"工具绘制一个多边形，如图 4-114 所示。选择"形状"工具，单击需要选中的节点，如图 4-115 所示。单击属性栏中的"转换直线为曲线"按钮，将直线转换为曲线，在曲线上出现节点，图形的对称性被保持，如图 4-116 所示。使用"形状"工具拖曳节点调整图形，如图 4-117 所示。松开鼠标左键，图形效果如图 4-118 所示。

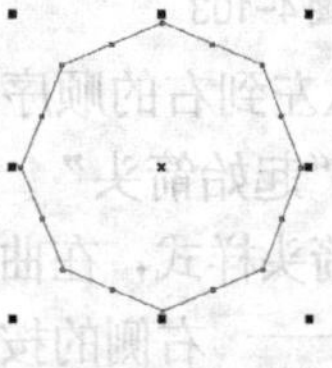
图 4-114

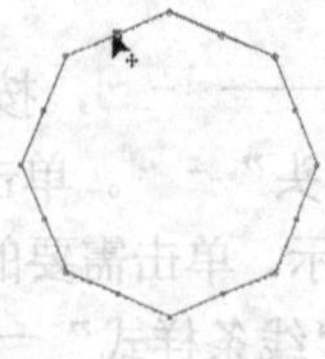
图 4-115

图 4-116

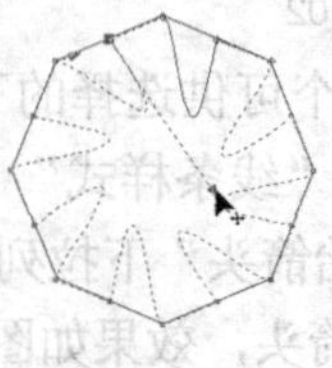
图 4-117

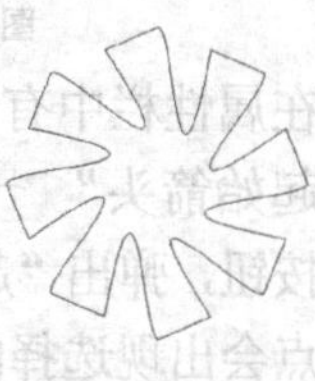
图 4-118

3. 裁切图形

使用"刻刀"工具可以对单一的图形对象进行裁切，使一个图形被裁切成两个部分。

选择"刻刀"工具，鼠标的光标变为刻刀形状。将光标放到图形上准备裁切的起点位置，光标变为竖直形状后单击鼠标左键，如图 4-119 所示。移动光标会出现一条裁切线，将鼠标的光标放在裁切的终点位置后单击鼠标左键，如图 4-120 所示。图形裁切完成的效果如图 4-121 所示。使用"选择"工具拖曳裁切后的图形，如图 4-122 所示。裁切的图形分成了两部分。

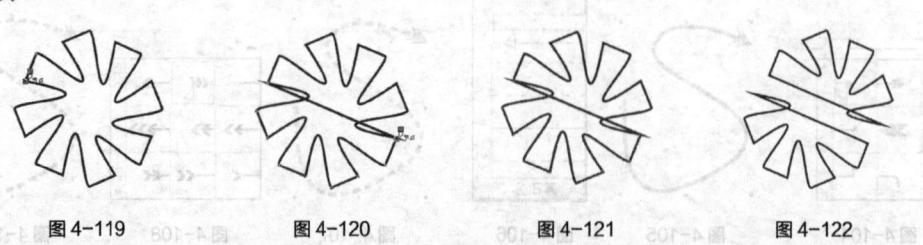

图 4-119

图 4-120

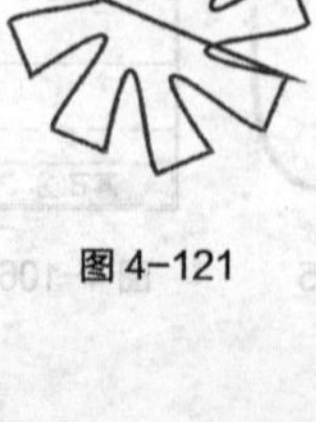
图 4-121

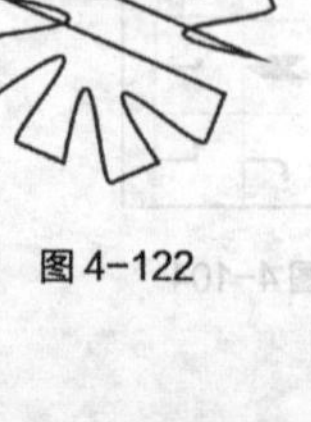
图 4-122

在裁切前单击“保留为一个对象”按钮，在图形被裁切后，裁切的两部分还属于一个图形对象。若不单击此按钮，在裁切后可以得到两个相互独立的图形。按 Ctrl+K 组合键，可以拆分切割后的曲线。

单击“剪切时自动闭合”按钮，在图形被裁切后，裁切的两部分将自动生成闭合的曲线图形，并保留其填充的属性。若不单击此按钮，在图形被裁切后，裁切的两部分将不会自动闭合，同时图形会失去填充属性。

技巧

按住 Shift 键，使用“刻刀”工具将以贝塞尔曲线的方式裁切图形。已经经过渐变、群组及特殊效果处理的图形和位图都不能使用刻刀工具来裁切。

4. 擦除图形

使用“橡皮擦”工具可以擦除图形的部分或全部，并可以将擦除后图形的剩余部分自动闭合。橡皮擦工具只能对单一的图形对象进行擦除。

绘制一个图形，如图 4-123 所示。选择“橡皮擦”工具，鼠标的光标变为擦除工具图标，单击并按住鼠标左键，拖曳鼠标可以擦除图形，如图 4-124 所示。擦除后的图形效果如图 4-125 所示。

“橡皮擦”工具属性栏如图 4-126 所示。“橡皮擦厚度” 10.0 mm 可以设置擦除的宽度。单击“减少节点”按钮，可以在擦除时自动平滑边缘。单击“橡皮擦形状”按钮可以转换橡皮擦的形状，用方形或圆形擦除图形。

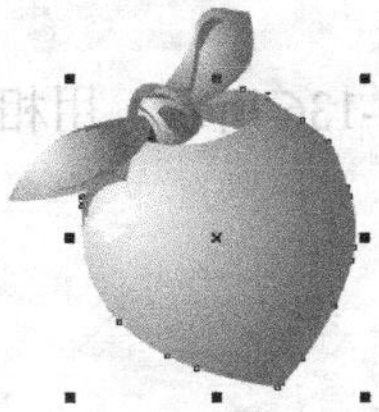

图 4-123

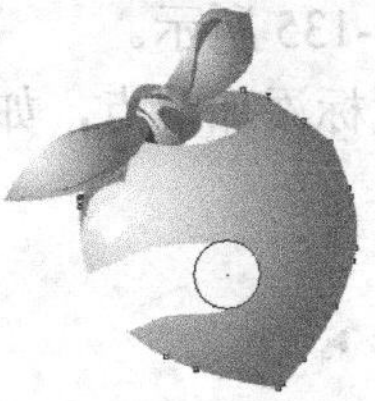

图 4-124

图 4-125

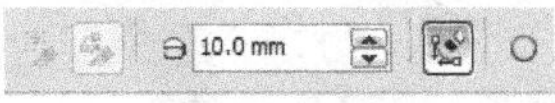

图 4-126

5. 修饰图形

使用“涂抹笔刷”工具和“粗糙笔刷”工具可以修饰已绘制的矢量图形。

绘制一个图形，如图 4-127 所示。选择“涂抹笔刷”工具，其属性栏如图 4-128 所示。在图上拖曳，制作出需要的涂抹效果，如图 4-129 所示。

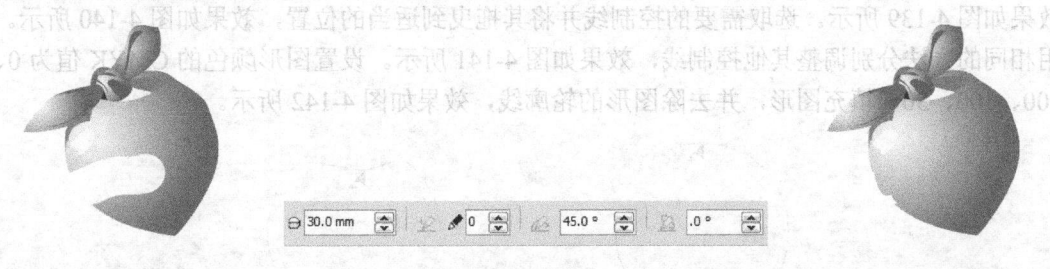

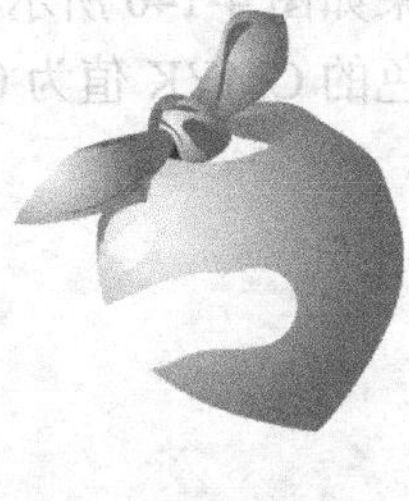

图 4-127

图 4-128

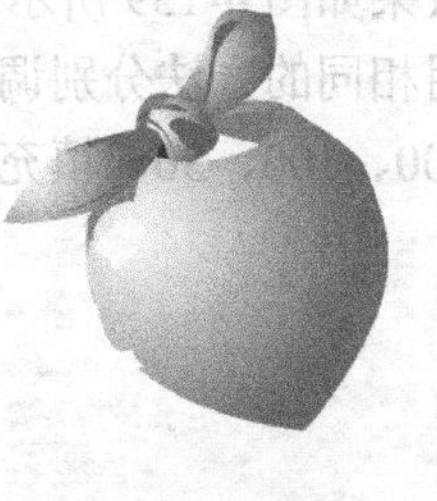

图 4-129

绘制一个图形，如图 4-130 所示。选择“粗糙笔刷”工具，其属性栏如图 4-131 所示。在图形边缘拖曳，制作出需要的粗糙效果，如图 4-132 所示。

图 4-130

图 4-131

图 4-132

提示

“涂抹笔刷”工具和“粗糙笔刷”工具可以应用的矢量对象有开放/闭合的路径、纯色和交互式渐变填充、透明度、阴影效果的对象。不可以应用的矢量对象有调和、立体化的对象、位图。

4.2.4 课堂案例——绘制苹果

【案例学习目标】学习使用编辑曲线工具绘制苹果。

【案例知识要点】使用椭圆形工具、贝塞尔工具和填充工具绘制苹果图形。使用椭圆形工具和调和工具绘制阴影效果。苹果效果如图 4-133 所示。

图 4-133

【效果所在位置】光盘/Ch04/效果/绘制苹果.cdr。

（1）按 Ctrl+N 组合键，新建一个 A4 页面。选择“椭圆形”工具，按住 Ctrl 键的同时，绘制一个圆形，如图 4-134 所示。单击属性栏中的“转换为曲线”按钮，将图形转换为曲线，效果如图 4-135 所示。

（2）选择“形状”工具，在适当的位置双击鼠标添加节点，如图 4-136 所示。用相同的方法再添加 3 个节点，如图 4-137 所示。

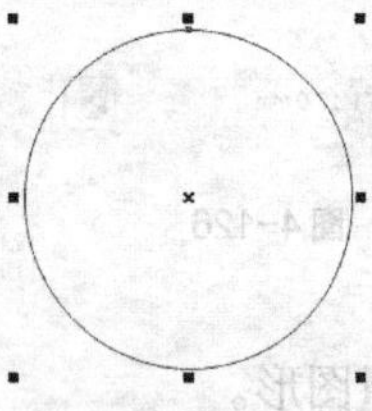

图 4-134

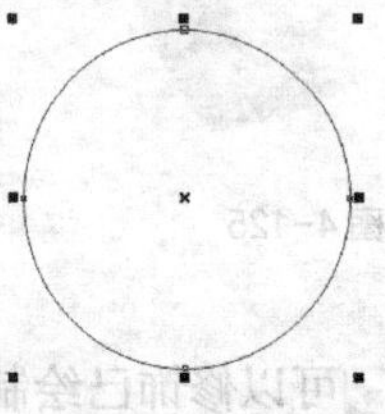

图 4-135

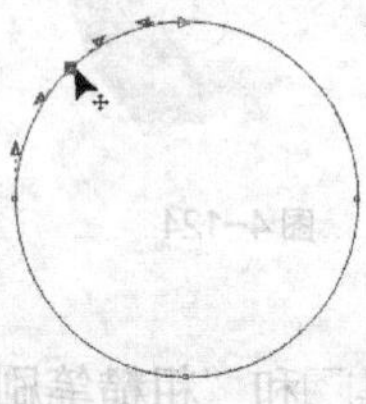

图 4-136

图 4-137

（3）选择“形状”工具，选取需要的节点，如图 4-138 所示。向下拖曳到适当的位置，效果如图 4-139 所示。选取需要的控制线并将其拖曳到适当的位置，效果如图 4-140 所示。用相同的方法分别调整其他控制线，效果如图 4-141 所示。设置图形颜色的 CMYK 值为 0、100、100、30，填充图形，并去除图形的轮廓线，效果如图 4-142 所示。

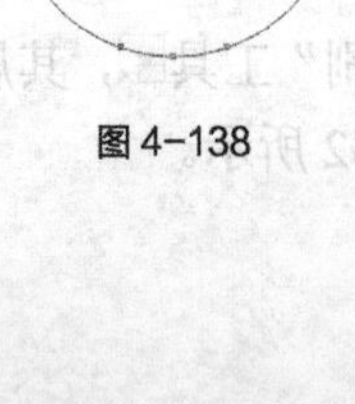

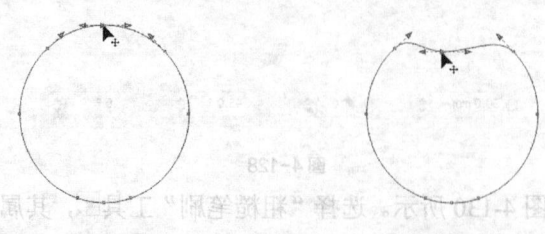

图 4-138

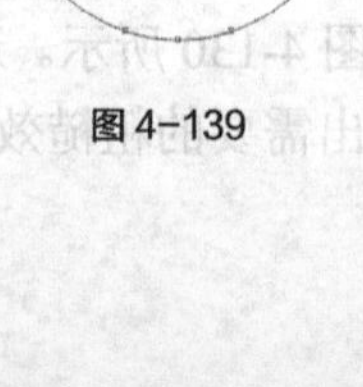

图 4-139

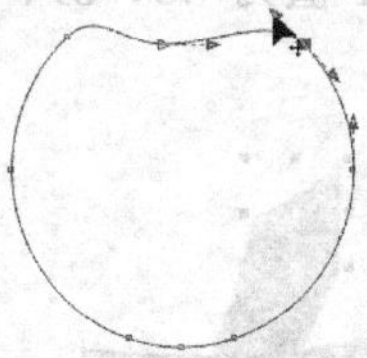
图 4-140

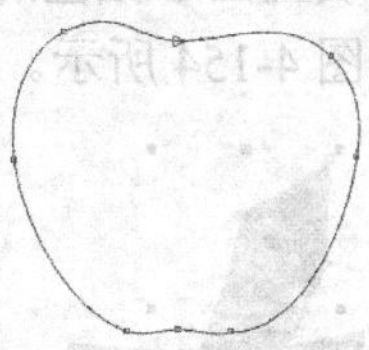
图 4-141

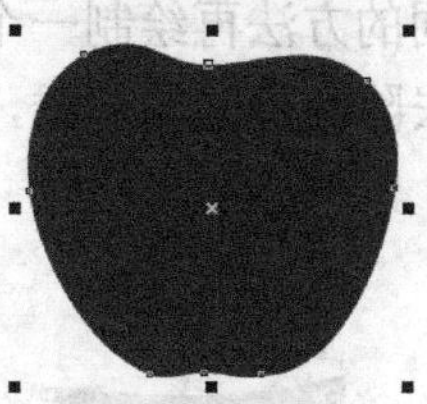
图 4-142

（4）选择“选择”工具，按数字键盘上的+键，复制一个图形。按住 Shift 键的同时，向内拖曳图形右上方的控制手柄，将图形等比缩小，如图 4-143 所示。设置图形颜色的 CMYK 值为 0、100、100、20，填充图形，效果如图 4-144 所示。

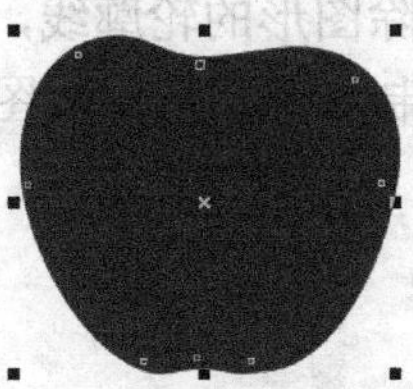
图 4-143

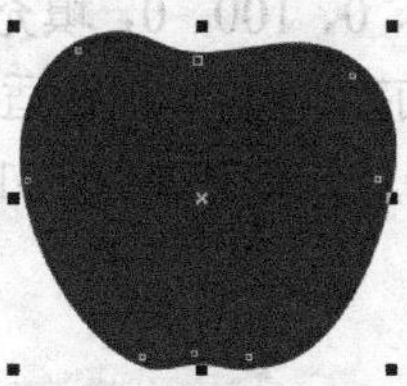
图 4-144

（5）选择“贝塞尔”工具，在适当的位置绘制一个图形，如图 4-145 所示。设置图形颜色的 CMYK 值为 0、96、100、0，填充图形，并去除图形的轮廓线，效果如图 4-146 所示。用相同的方法绘制其他图形，并分别填充适当的颜色，效果如图 4-147 所示。

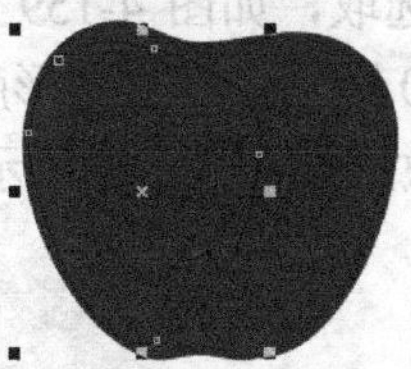
图 4-145

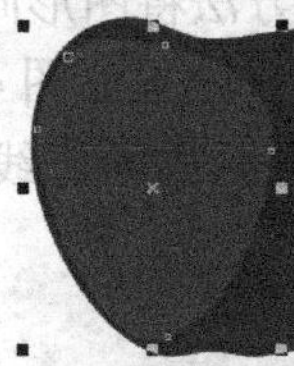
图 4-146

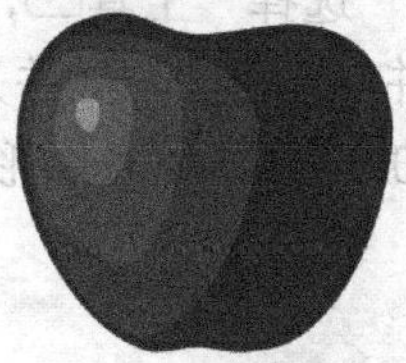
图 4-147

（6）选择“贝塞尔”工具，在适当的位置绘制一个图形，如图 4-148 所示。设置图形颜色的 CMYK 值为 15、100、100、40，填充图形，并去除图形的轮廓线，效果如图 4-149 所示。

（7）选择“选择”工具，按数字键盘上的+键，复制一个图形。按住 Shift 键的同时，向内拖曳图形右上方的控制手柄，将图形等比缩小，如图 4-150 所示。设置图形颜色的 CMYK 值为 0、100、100、60，填充图形，效果如图 4-151 所示。

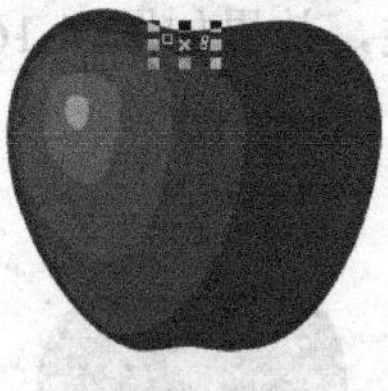
图 4-148

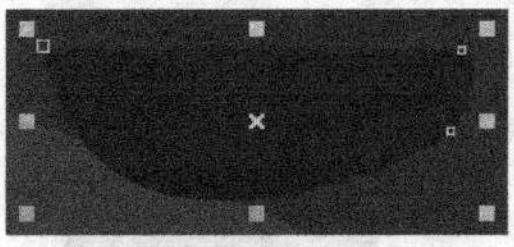
图 4-149

图 4-150

图 4-151

（8）选择“贝塞尔”工具，在适当的位置绘制一个图形，如图 4-152 所示。设置图形颜色的 CMYK 值为 58、95、100、51，填充图形，并去除图形的轮廓线，效果如图 4-153

所示。用相同的方法再绘制一个图形，设置图形颜色的 CMYK 值为 48、89、100、19，填充图形，并去除图形的轮廓线，效果如图 4-154 所示。

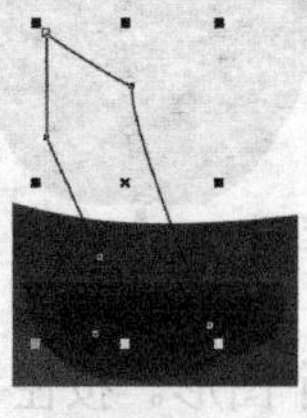
图 4-152

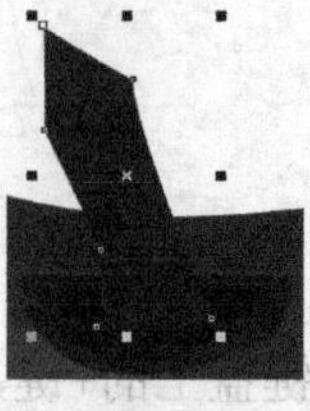
图 4-153

图 4-154

（9）选择“贝塞尔”工具，在适当的位置绘制一个图形，如图 4-155 所示。设置图形颜色的 CMYK 值为 40、0、100、0，填充图形，并去除图形的轮廓线，效果如图 4-156 所示。

（10）选择“贝塞尔”工具，在适当的位置绘制一个图形，如图 4-157 所示。用相同的方法分别绘制其他图形，效果如图 4-158 所示。

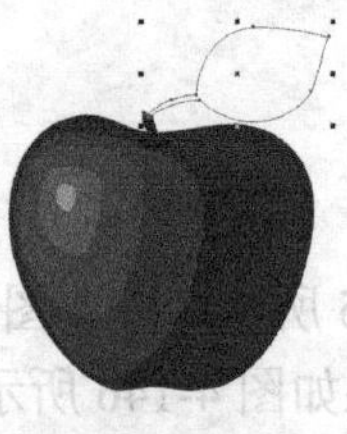
图 4-155

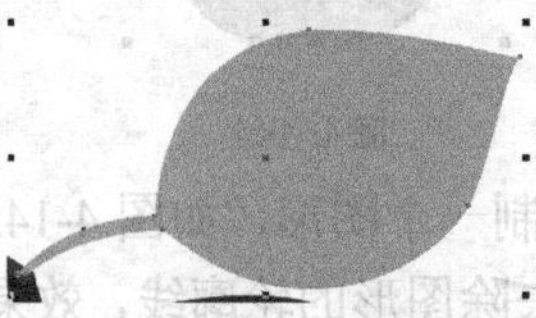
图 4-156

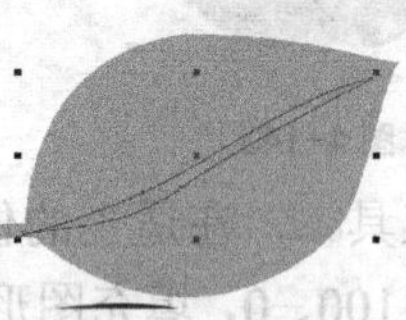
图 4-157

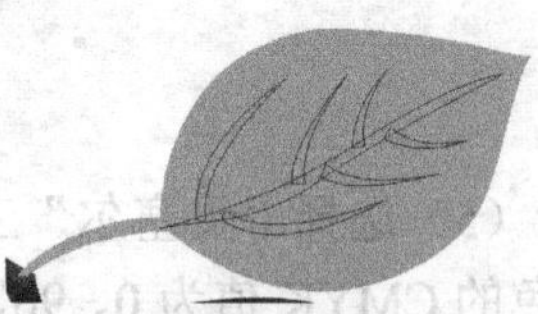
图 4-158

（11）选择“选择”工具，用圈选的方法将图形同时选取，如图 4-159 所示。单击属性栏中的“合并”按钮，合并为一个图形，效果如图 4-160 所示。设置图形颜色的 CMYK 值为 40、0、100、15，填充图形，并去除图形的轮廓线，效果如图 4-161 所示。

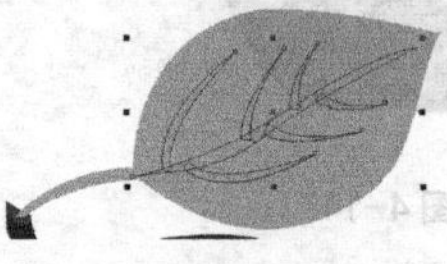
图 4-159

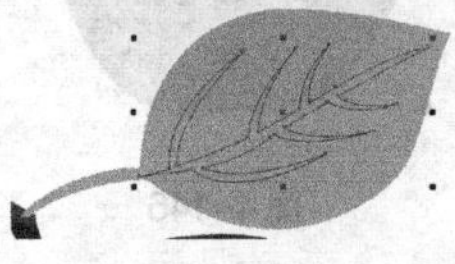
图 4-160

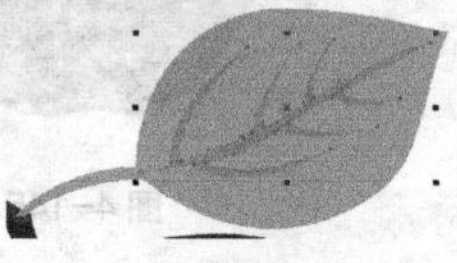
图 4-161

（12）选择“选择”工具，用圈选的方法将叶子图形同时选取，按 Ctrl+D 组合键，将图形群组，如图 4-162 所示。按数字键盘上的+键，复制叶子图形，拖曳到适当的位置并调整其大小。在属性栏中的“旋转角度”框 中设置数值为 50°，按 Enter 键，效果如图 4-163 所示。

（13）选择“贝塞尔”工具，在适当的位置绘制一个图形，如图 4-164 所示。设置图形颜色的 CMYK 值为 0、91、100、0，填充图形，并去除图形的轮廓线，效果如图 4-165 所示。

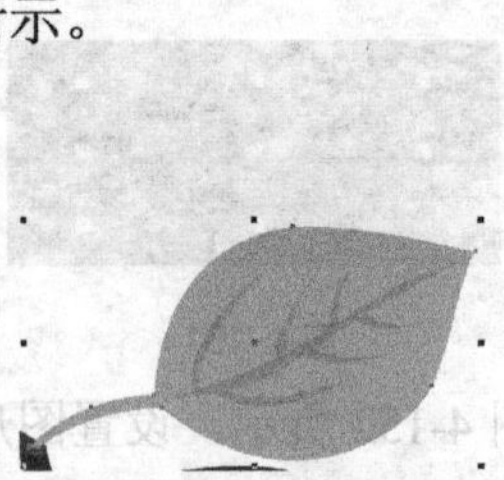
图 4-162

图 4-163

图 4-164

图 4-165

（14）选择“椭圆形”工具，在适当的位置绘制一个椭圆形，如图 4-166 所示。设置图形颜色的 CMYK 值为 0、0、0、10，填充图形，并去除图形的轮廓线，效果如图 4-167 所示。选择“选择”工具，按数字键盘上的+键，复制一个图形。按住 Shift 键的同时，向内拖曳图形右上方的控制手柄，将图形等比缩小，如图 4-168 所示。设置图形颜色的 CMYK 值为 0、0、0、100，填充图形，效果如图 4-169 所示。

图 4-166

图 4-167

图 4-168

图 4-169

（15）选择“调和”工具，在两个椭圆形之间拖曳鼠标，在属性栏中进行设置，如图 4-170 所示，按 Enter 键，效果如图 4-171 所示。按 Shift+PageDown 组合键，将其移动到最后一层，效果如图 4-172 所示。

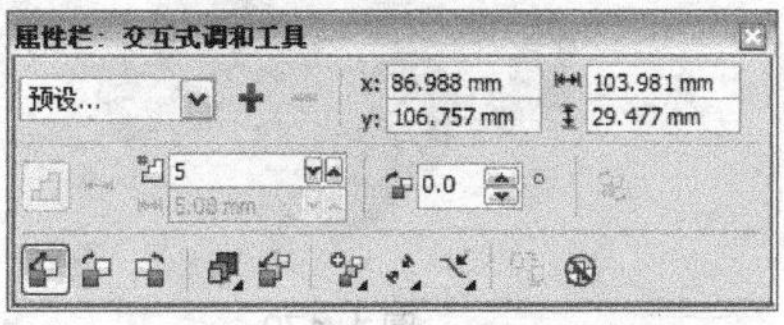

图 4-170

图 4-171

图 4-172

（16）选择“选择”工具，将图形同时选取，如图 4-173 所示。按 Ctrl+G 组合键，将其群组。按数字键盘上的+键，复制图形，拖曳到适当的位置并调整其大小，效果如图 4-174 所示。苹果绘制完成。

图 4-173

图 4-174

4.3 修整图形

在 CorelDRAW X5 中，修整功能是编辑图形对象非常重要的手段。使用修整功能中的焊接、修剪、相交和简化等命令可以创建出复杂的全新图形。

4.3.1 焊接

焊接会将几个图形结合成一个图形，新的图形轮廓由被焊接的图形边界组成，被焊接图形的交叉线都将消失。

绘制要焊接的图形，效果如图 4-175 所示。使用“选择”工具选中要焊接的图形，如图 4-176 所示。

图 4-175

图 4-176

选择“窗口 > 泊坞窗 > 造形”命令，或选择“排列 > 造形 > 造形”命令，都可以弹出如图 4-177 所示的“造形”泊坞窗。在“造形”泊坞窗中选择“焊接”选项，再单击“焊接到”按钮，将鼠标的光标放到目标对象上并单击鼠标左键，如图 4-178 所示。焊接后的效果如图 4-179 所示，新生成的图形对象的边框和颜色填充与目标对象完全相同。

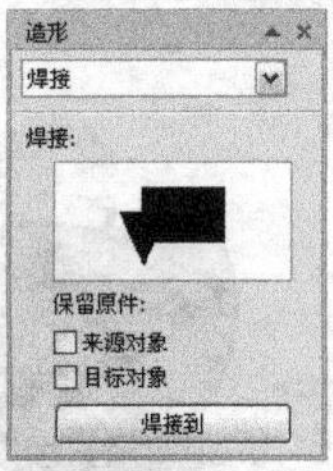

图 4-177

图 4-178

图 4-179

在进行焊接操作之前可以在“造形”泊坞窗中设置是否保留“来源对象”和“目标对象”。选择保留“来源对象”和“目标对象”选项，如图 4-180 所示。再焊接图形对象，来源对象和目标对象都被保留，如图 4-181 所示。保留来源对象和目标对象对“修剪”和“相交”功能也适用。

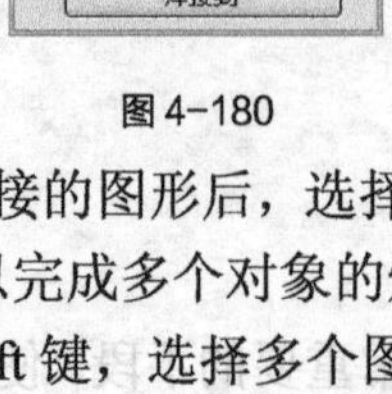

图 4-180

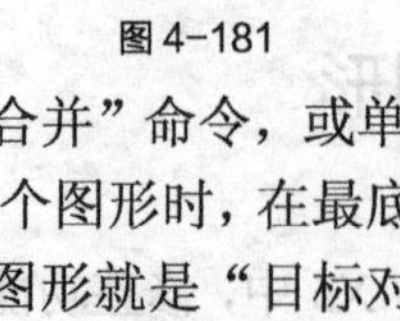

图 4-181

选择几个要焊接的图形后，选择“排列 > 造形 > 合并”命令，或单击属性栏中的“合并”按钮，都可以完成多个对象的焊接。焊接前圈选多个图形时，在最底层的图形就是“目标对象”。按住 Shift 键，选择多个图形时，最后选中的图形就是“目标对象”。

4.3.2 修剪

修剪会将目标对象与来源对象的相交部分裁掉，使目标对象的形状被更改。修剪后的目标对象保留其填充和轮廓属性。

绘制要修剪的图形，如图 4-182 所示。使用“选择”工具选择其中的来源对象，如图 4-183 所示。

图 4-182

图 4-183

在“造形”泊坞窗中选择“修剪”选项，单击“修剪”按钮，如图 4-184 所示，将鼠标的光标放到目标对象上并单击鼠标左键，如图 4-185 所示，修剪后的效果如图 4-186 所示，修剪后的目标对象会保留其填充和轮廓属性。

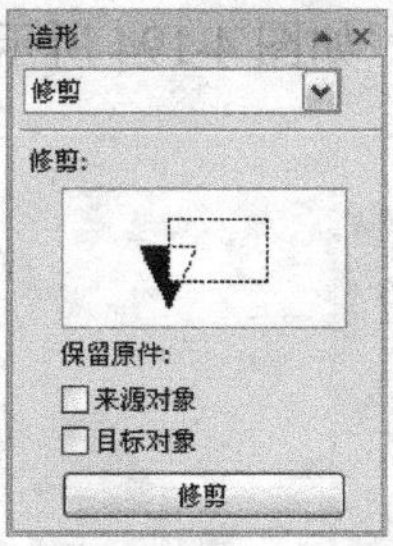

图 4-184

图 4-185

图 4-186

选择“排列 > 造形 > 修剪”命令，或单击属性栏中的“修剪”按钮，也可以完成修剪，来源对象和被修剪的目标对象会同时存在于绘图页面中。

4.3.3 相交

相交会将两个或两个以上对象的相交部分保留，使相交的部分成为一个新的图形对象。新创建图形对象的填充和轮廓属性将与目标对象相同。

绘制几个相交的图形，如图 4-187 所示。使用“选择”工具选择其中的来源对象，如图 4-188 所示。

图 4-187

图 4-188

在“造形”泊坞窗中选择“相交”选项，如图 4-189 所示，单击“相交对象”按钮，将鼠标的光标放到目标对象上并单击鼠标左键，如图 4-190 所示，相交后的效果如图 4-191 所示，相交后图形对象将保留目标对象的填充和轮廓属性。

选择“排列 > 造形 > 相交”命令，或单击属性栏中的“相交”按钮，也可以完成相交裁切。来源对象和目标对象以及相交后的新图形对象会同时存在于绘图页面中。

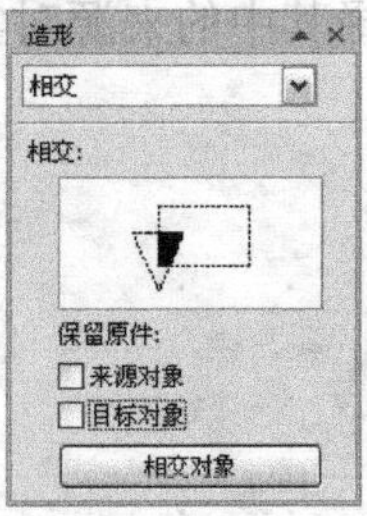

图 4-189

图 4-190

图 4-191

4.3.4 简化

简化会减去后面图形中和前面图形的重叠部分，并保留前面图形和后面图形的状态。

绘制几个相交的图形对象，如图 4-192 所示。使用“选择”工具选中两个相交的图形对象，如图 4-193 所示。在“造形”泊坞窗中选择“简化”选项，如图 4-194 所示，单击“应用”按钮，图形的简化效果如图 4-195 所示。

图 4-192

图 4-193

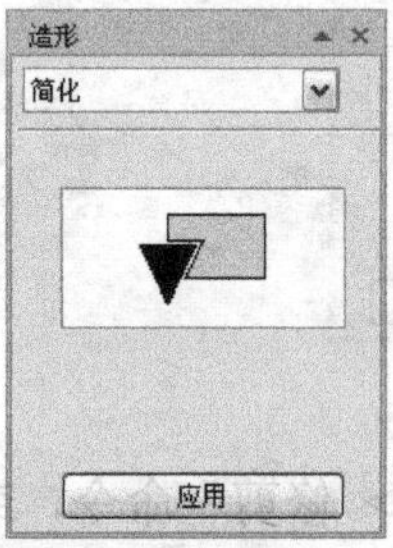

图 4-194

图 4-195

选择“排列 > 修整 > 简化”命令，或单击属性栏中的“简化”按钮，也可以完成图形的简化。

4.3.5 移除后面对象

移除后面对象会减去后面图形，减去前后图形的重叠部分，并保留前面图形的剩余部分。

绘制两个相交的图形对象，如图 4-196 所示。使用“选择”工具选中两个相交的图形对象，如图 4-197 所示。在“造形”泊坞窗中选择“移除后面对象”选项，如图 4-198 所示，单击“应用”按钮，图形效果如图 4-199 所示。

图 4-196

图 4-197

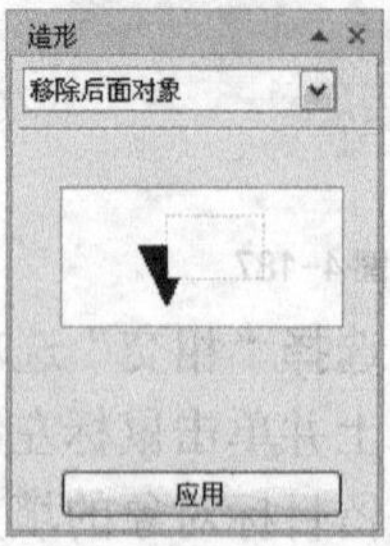

图 4-198

图 4-199

选择“排列 > 造形 > 移除后面对象”命令，或单击属性栏中的“移除后面对象”按钮，也可以完成图形的前减后。

4.3.6　移除前面对象

移除前面对象会减去前面图形，减去前后图形的重叠部分，并保留后面图形的剩余部分。

绘制两个相交的图形对象，如图 4-200 所示。使用“选择”工具选中两个相交的图形对象，如图 4-201 所示。在“造形”泊坞窗中选择“移除前面对象”选项，如图 4-202 所示，单击“应用”按钮，图形效果如图 4-203 所示。

图 4-200

图 4-201

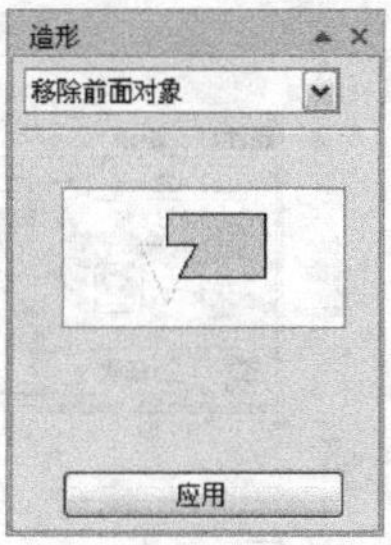

图 4-202

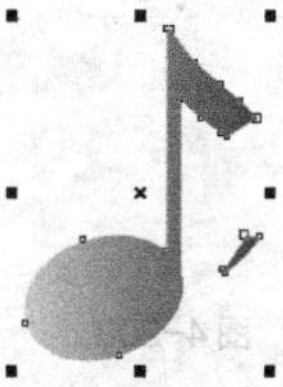
图 4-203

选择“排列 > 造形 > 移除前面对象”命令，或单击属性栏中的“移除前面对象”按钮，也可以完成图形的后减前。

4.3.7　创建边界

通过应用“创建边界”按钮，可以快速创建一个所选图形的共同边界。

绘制要创建选择边界的图形对象，如图 4-204 所示。使用“选择”工具选中图形对象，如图 4-205 所示。单击属性栏中的“创建边界”按钮，使用“选择”工具移动图形，可以看到创建好的选择对象边界，效果如图 4-206 所示。

提示

当绘制的对象中有群组对象时，必须将所有对象解组之后，才能创建对象边界。

图 4-204

图 4-205

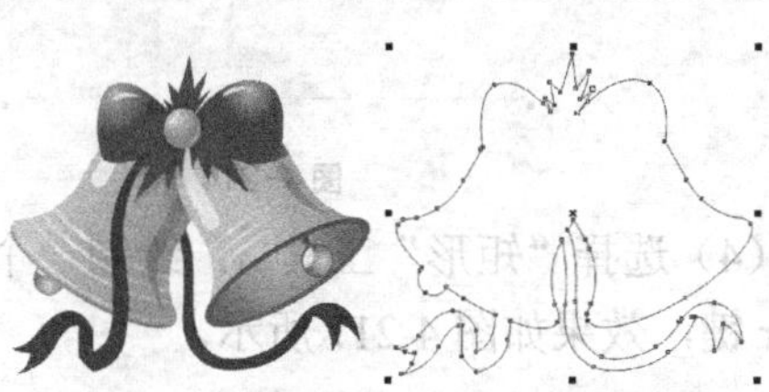
图 4-206

4.3.8　课堂案例——绘制校车

【案例学习目标】学习使用整形工具绘制校车图形。

【案例知识要点】使用矩形工具、合并命令和移除前面对象命令绘制车身图形。使用椭圆形工具和贝塞尔工具绘制车轮。校车效果如图 4-207 所示。

【效果所在位置】光盘/Ch04/效果/绘制校车.cdr。

（1）按 Ctrl+N 组合键，新建一个 A4 页面。单击属性栏中的“横向”按钮，页面显示为横向页面。选择“矩形”工具，绘制一个矩形，如图 4-208 所示。在属性栏中进行设置，如图 4-209 所示，按 Enter 键，效果如图 4-210 所示。

图 4-207

图 4-208

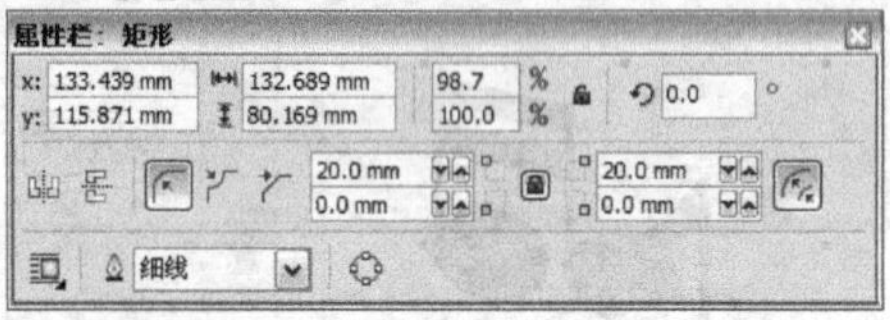

图 4-209

图 4-210

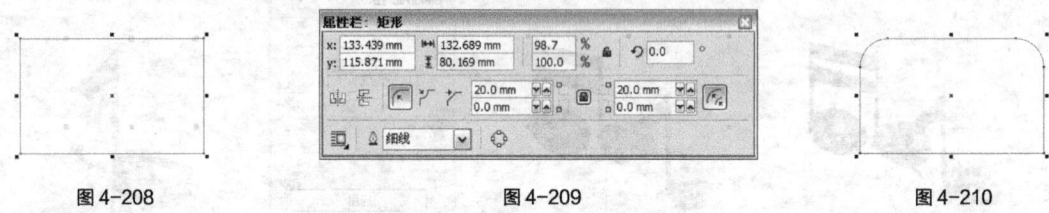

（2）选择“矩形”工具，绘制一个矩形，如图 4-211 所示。在属性栏中进行设置，如图 4-212 所示，按 Enter 键，效果如图 4-213 所示。

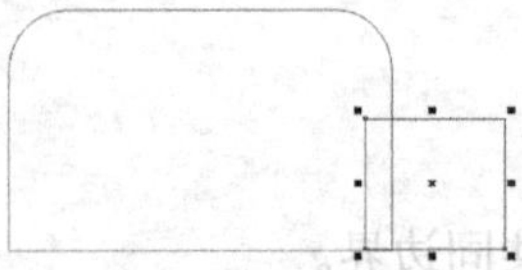

图 4-211

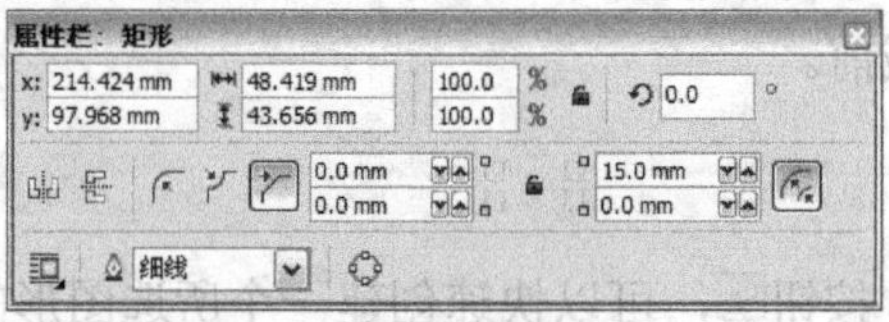

图 4-212

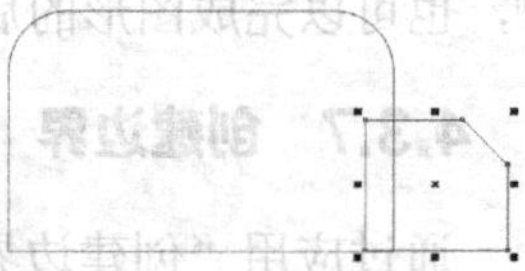

图 4-213

（3）选择“选择”工具，用圈选的方法将图形同时选取，如图 4-214 所示。单击属性栏中的“合并”按钮，合并为一个图形，设置图形颜色的 CMYK 值为 0、30、100、0，填充图形，并去除图形的轮廓线，效果如图 4-215 所示。

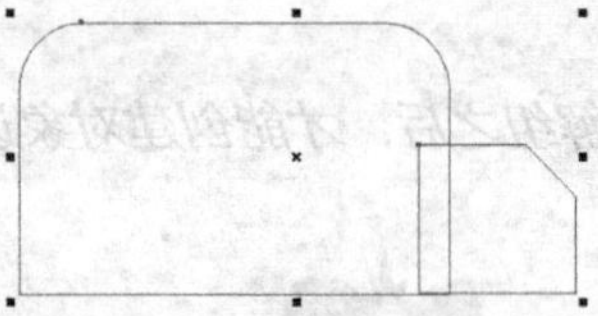

图 4-214

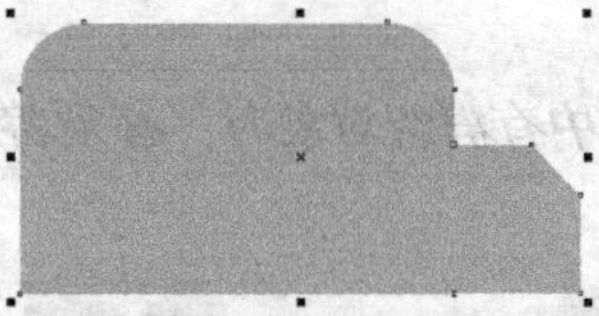

图 4-215

（4）选择“矩形”工具，绘制一个矩形，在属性栏中进行设置，如图 4-216 所示，按 Enter 键，效果如图 4-217 所示。

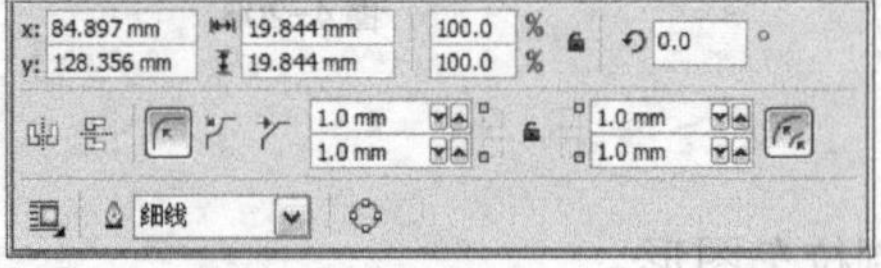

图 4-216

图 4-217

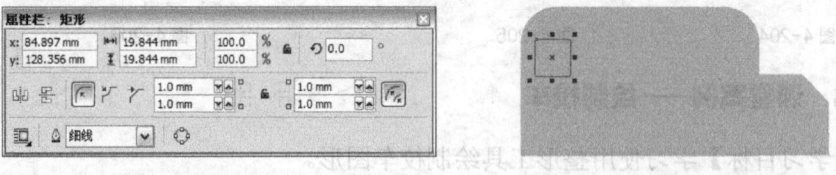

（5）选择“选择”工具，按数字键盘上的+键，复制图形。按住 Ctrl 键的同时向右拖矩形图形到适当的位置，如图 4-218 所示。按住 Ctrl 键的同时，再连续点按 D 键，绘制出多个图形，效果如图 4-219 所示。

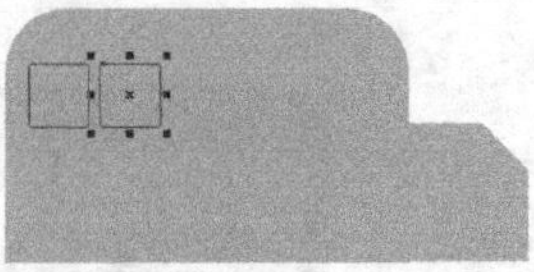

图 4-218

图 4-219

（6）选择“选择”工具，用圈选的方法将矩形图形同时选取，如图 4-220 所示。按 Ctrl+G 组合键，将其群组。按住 Shift 键的同时，选取车身图形，如图 4-221 所示。单击属性栏中的“移除前面对象”按钮，将图形修剪为一个图形，效果如图 4-222 所示。

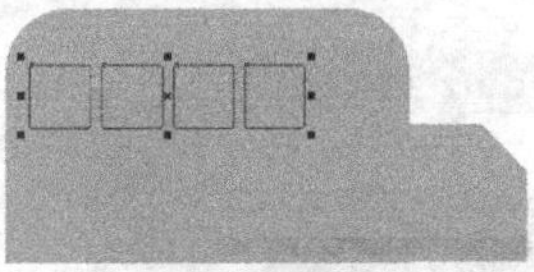

图 4-220

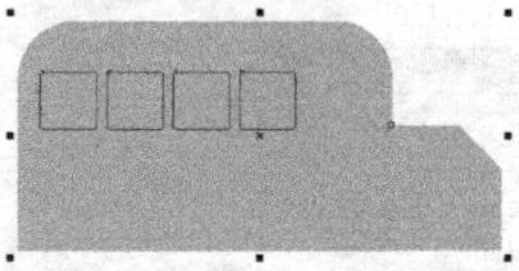

图 4-221

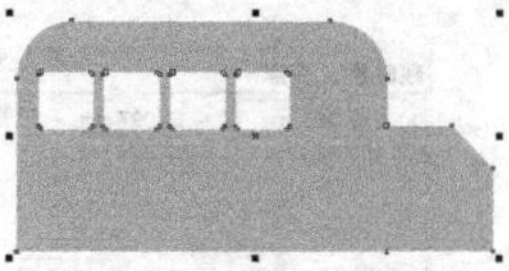

图 4-222

（7）选择“矩形”工具，绘制一个矩形，在属性栏中进行设置，如图 4-223 所示，按 Enter 键，效果如图 4-224 所示。

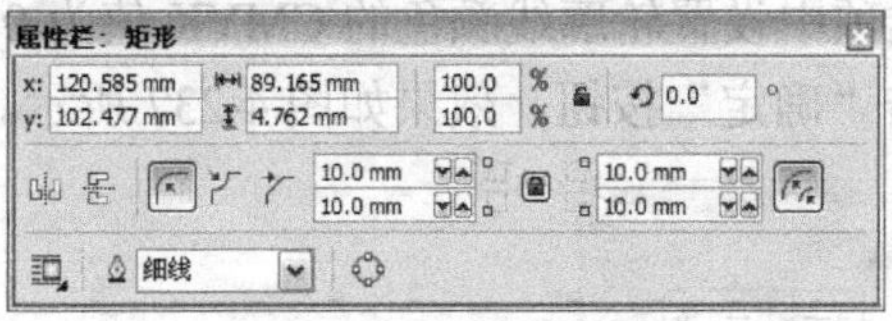

图 4-223

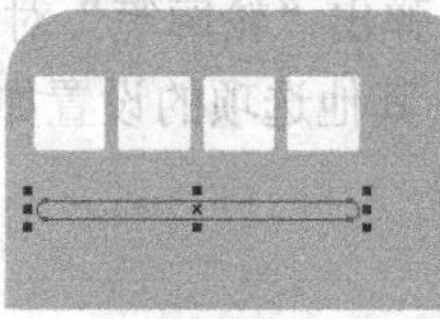

图 4-224

（8）选择“矩形”工具，绘制一个矩形，如图 4-225 所示。选择“选择”工具，按数字键盘上的+键，复制图形。按住 Ctrl 键的同时向右拖矩形图形到适当的位置，如图 4-226 所示。按住 Ctrl 键的同时，再连续点按 D 键，绘制出多个图形，效果如图 4-227 所示。

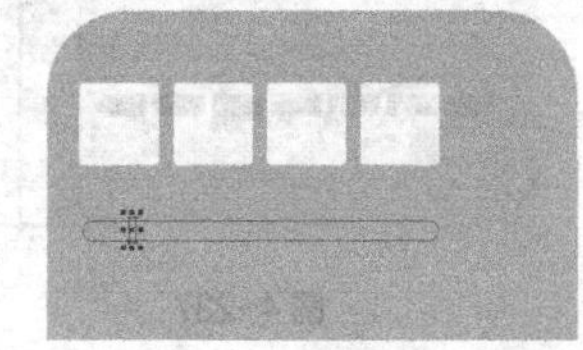

图 4-225

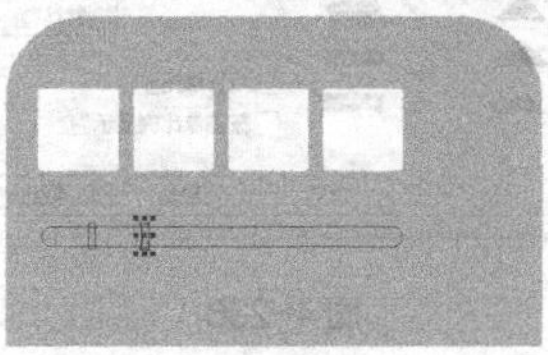

图 4-226

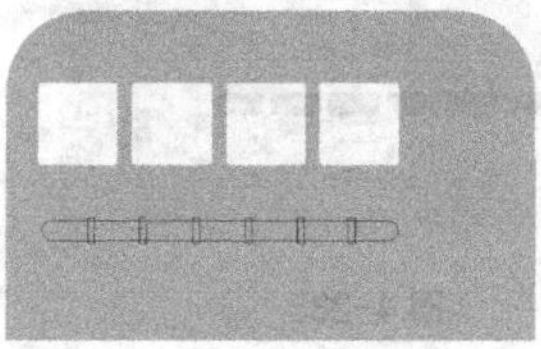

图 4-227

（9）选择“选择”工具，用圈选的方法将矩形图形同时选取，如图 4-228 所示。按 Ctrl+G 组合键，将其群组。按住 Shift 键的同时，选取圆角矩形图形。单击属性栏中的“移除前面对象”按钮，将图形修剪为一个图形，效果如图 4-229 所示。设置图形颜色的 CMYK 值为 73、84、100、67，填充图形，并去除图形的轮廓线，效果如图 4-230 所示。

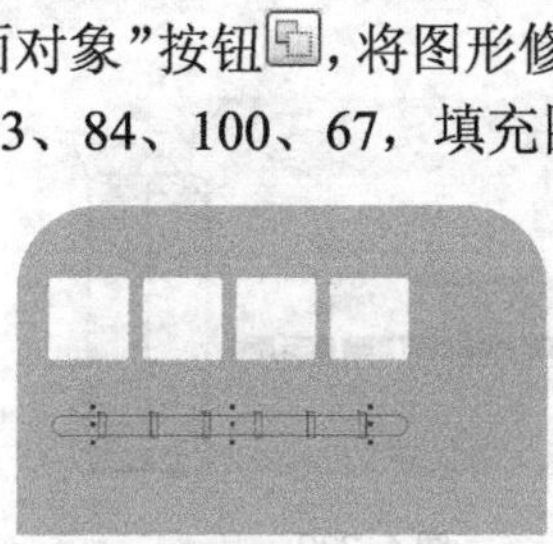

图 4-228

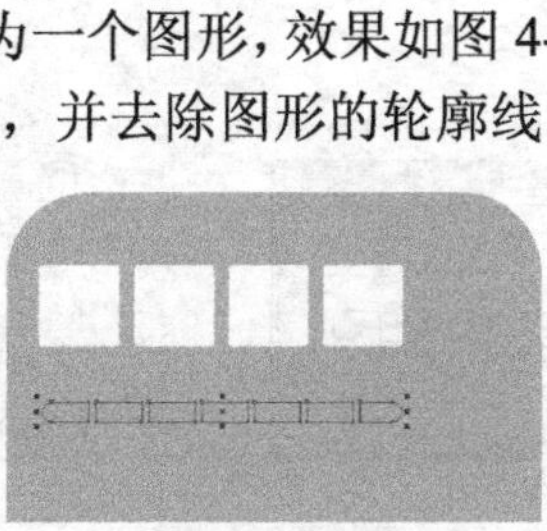

图 4-229

图 4-230

（10）选择“矩形”工具，绘制一个矩形，在属性栏中进行设置，如图 4-231 所示，按 Enter 键，效果如图 4-232 所示。

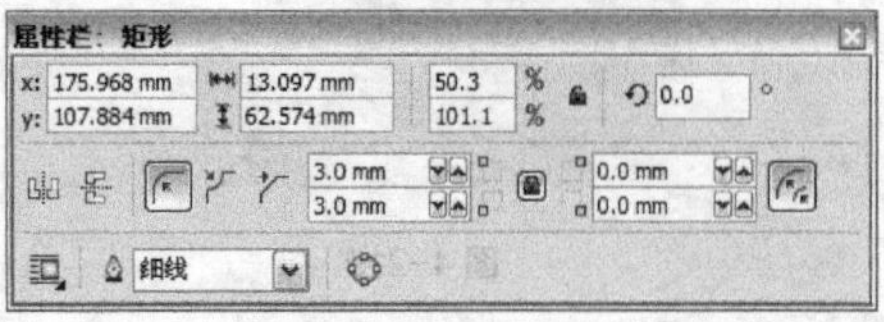

图 4-231

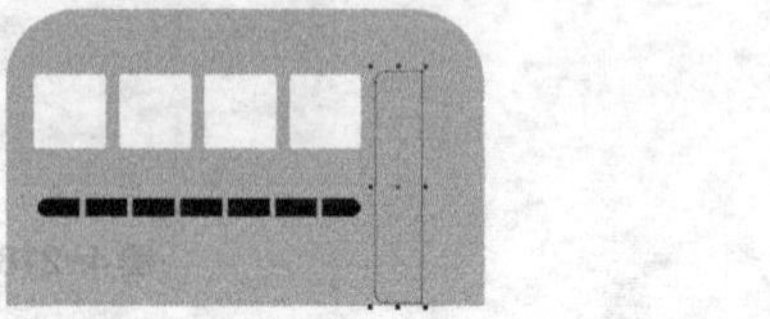

图 4-232

（11）选择“矩形”工具，绘制一个矩形，在属性栏中进行设置，如图 4-233 所示，按 Enter 键，效果如图 4-234 所示。

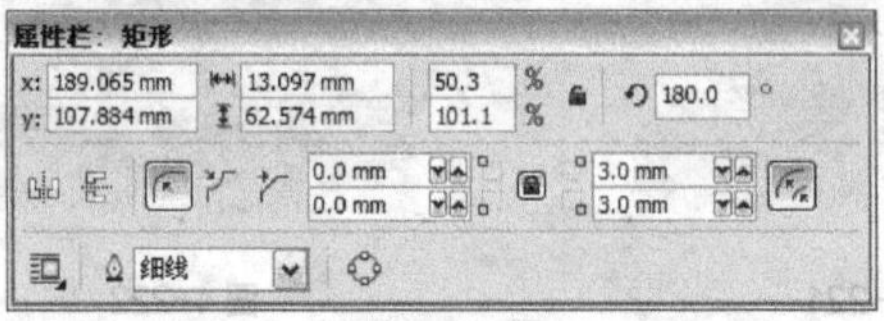

图 4-233

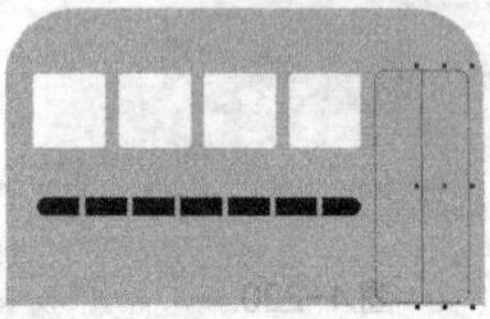

图 4-234

（12）选择“选择”工具，用圈选的方法将矩形图形同时选取，如图 4-235 所示。按 F12 键，弹出“轮廓笔”对话框，在“颜色”选项中设置轮廓线颜色的 CMYK 值为 0、20、20、80，其他选项的设置如图 4-236 所示，单击“确定”按钮，效果如图 4-237 所示。

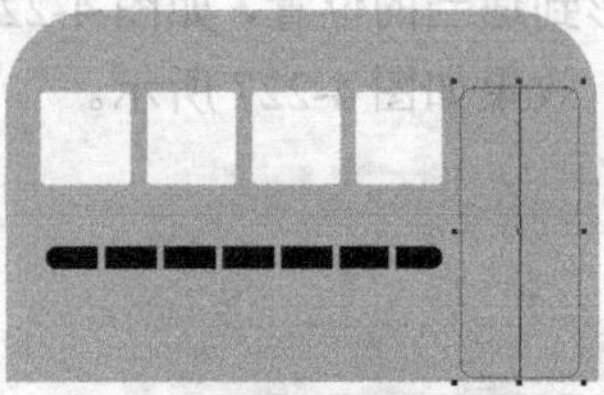

图 4-235

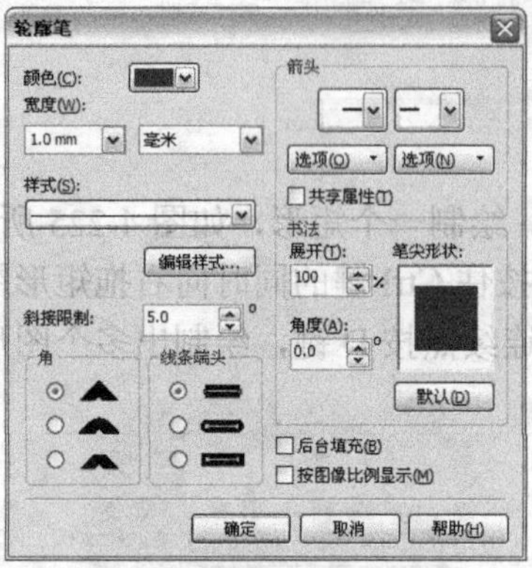

图 4-236

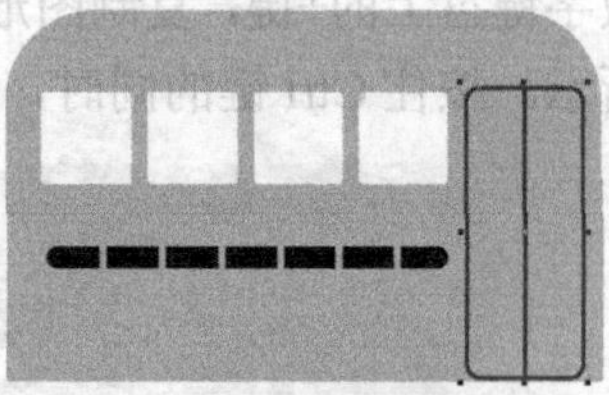

图 4-237

（13）选择“矩形”工具，绘制一个矩形，在属性栏中进行设置，如图 4-238 所示，按 Enter 键，效果如图 4-239 所示。选择“选择”工具，按数字键盘上的+键，复制图形，按住 Ctrl 键的同时，水平向右拖曳到适当的位置，效果如图 4-240 所示。用相同的方法绘制其他图形，效果如图 4-241 所示。

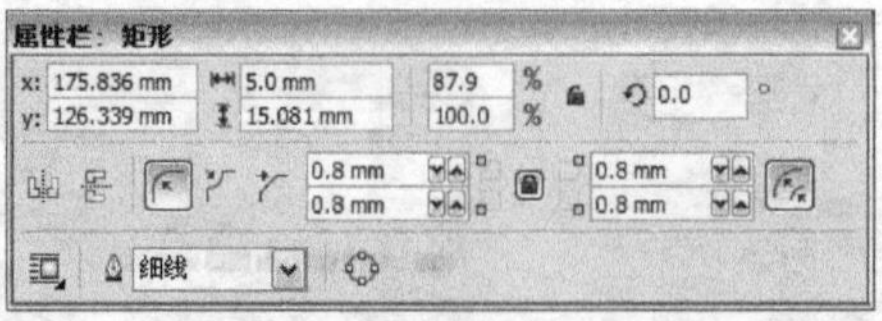

图 4-238

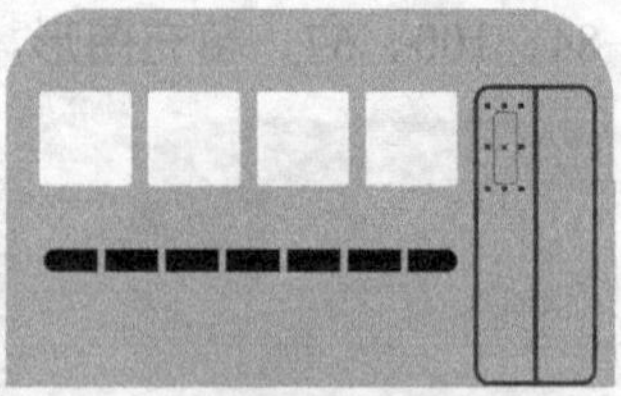

图 4-239

（14）选择“选择”工具，用圈选的方法将矩形图形同时选取，如图 4-242 所示。按 Ctrl+G 组合键，将其群组。按住 Shift 键的同时，选取车身图形，如图 4-243 所示。单击属性栏中的“移除前面对象”按钮，将图形修剪为一个图形，效果如图 4-244 所示。

图 4-240

图 4-241

图 4-242

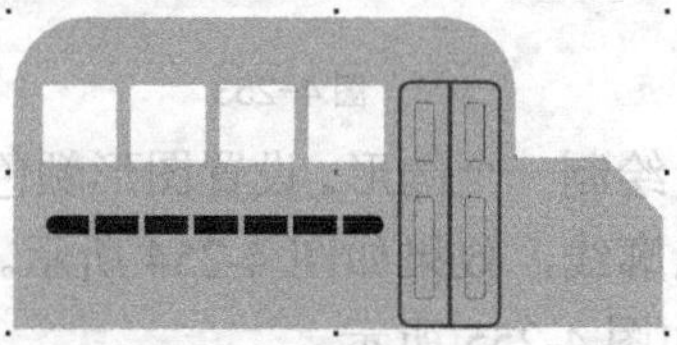
图 4-243

图 4-244

（15）选择“贝塞尔”工具，在适当的位置绘制一个图形。设置填充色的 CMYK 值为 40、0、0、0，填充图形，并去除图形的轮廓线，效果如图 4-245 所示。按 Shift+PageDown 组合键，将其移动到最后一层，效果如图 4-246 所示。

图 4-245

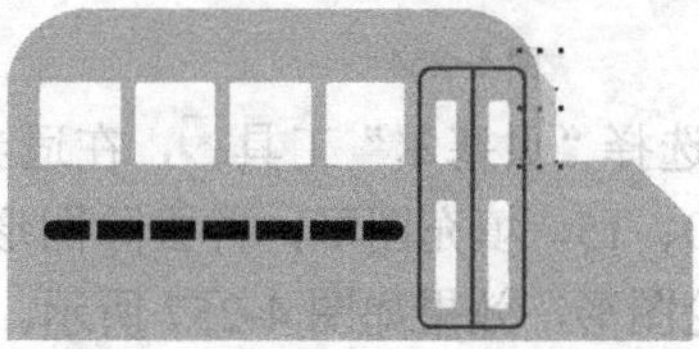
图 4-246

（16）选择“椭圆形”工具，在适当的位置绘制一个椭圆形。设置图形颜色的 CMYK 值为 40、0、0、0，填充图形，并去除图形的轮廓线，效果如图 4-247 所示。按 Shift+PageDown 组合键，将其移动到最后一层，效果如图 4-248 所示。用相同的方法绘制其他图形，并填充相同的颜色，效果如图 4-249 所示。

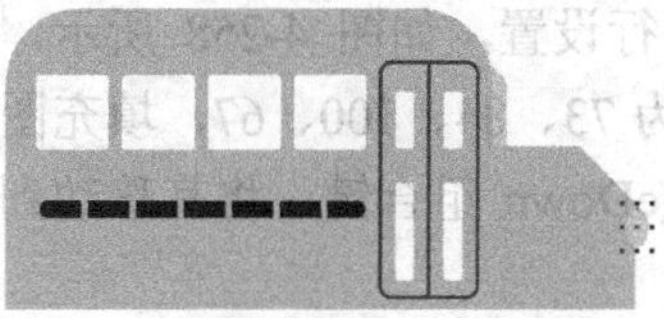
图 4-247

图 4-248

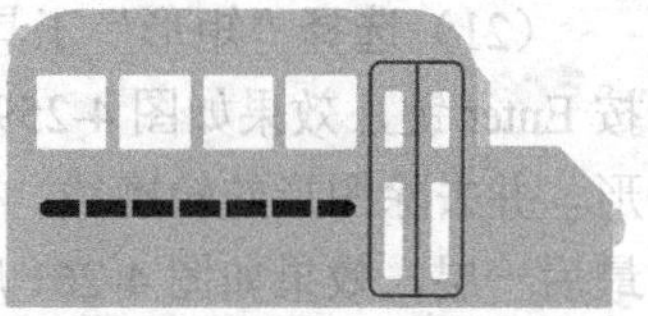
图 4-249

（17）选择“椭圆形”工具，按住 Ctrl 键的同时，绘制一个圆形，如图 4-250 所示。选择“选择”工具，单击数字键盘上的+键，复制圆形，按住 Ctrl 键的同时，水平向右拖曳到适当的位置，如图 4-251 所示。

图 4-250

图 4-251

（18）选择“选择”工具，用圈选的方法将圆形图形同时选取，按 Ctrl+G 组合键，将其群组。按住 Shift 键的同时，选取车身图形，如图 4-252 所示。单击属性栏中的“移除前面对象”按钮，将图形修剪为一个图形，效果如图 4-253 所示。

图 4-252

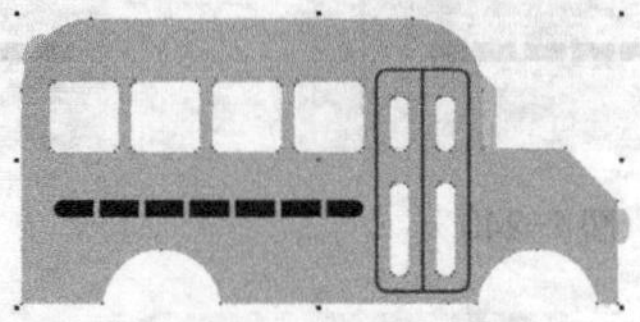
图 4-253

（19）选择“椭圆形”工具，按住 Ctrl 键的同时，绘制一个圆形。设置图形颜色的 CMYK 值为 73、84、100、67，填充图形，并去除图形的轮廓线，效果如图 4-254 所示。用相同的方法绘制其他圆形，并分别填充适当的颜色，效果如图 4-255 所示。

图 4-254

图 4-255

（20）选择“贝塞尔”工具，在适当的位置绘制一个图形。设置填充色的 CMYK 值为 0、30、100、15，填充图形，并去除图形的轮廓线，效果如图 4-256 所示。用相同的方法绘制其他车轮图形，效果如图 4-257 所示。

图 4-256

图 4-257

（21）选择“矩形”工具，绘制一个矩形，在属性栏中进行设置，如图 4-258 所示，按 Enter 键，效果如图 4-259 所示。设置图形颜色的 CMYK 值为 73、84、100、67，填充图形，并去除图形的轮廓线，效果如图 4-260 所示。按 Shift+PageDown 组合键，将其移动到最后一层，效果如图 4-261 所示。

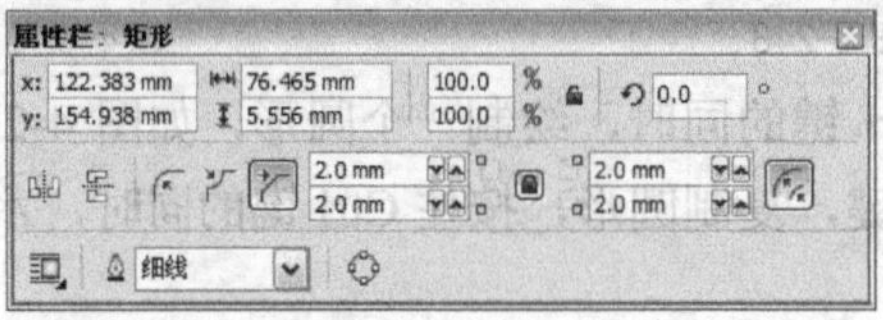

图 4-258

图 4-259

图 4-260

图 4-261

（22）选择“矩形”工具，绘制一个矩形，在属性栏中进行设置，如图 4-262 所示，按 Enter 键，完成矩形的绘制。设置图形颜色的 CMYK 值为 73、84、100、67，填充图形，并去除图形的轮廓线，效果如图 4-263 所示。用相同的方法绘制其他图形，并填充相同的颜色，效果如图 4-264 所示。校车绘制完成。

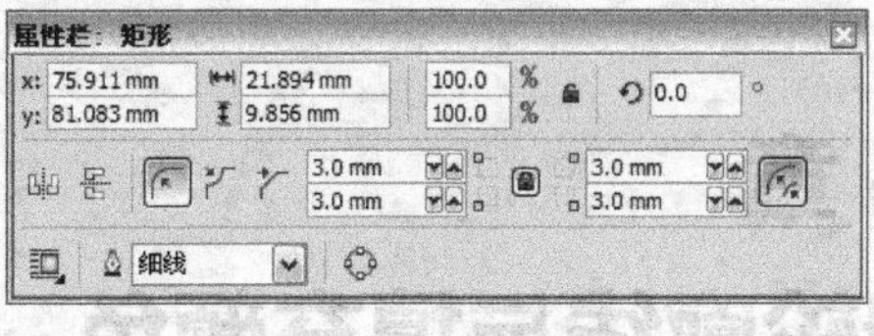

图 4-262

图 4-263

图 4-264

4.4 课堂练习——绘制矢量元素画

【练习知识要点】使用椭圆形工具、矩形工具、合并命令和贝塞尔工具绘制咖啡杯和勺子图形。使用贝塞尔工具和填充工具绘制咖啡豆图形和背景效果。矢量元素画效果如图 4-265 所示。

【效果所在位置】光盘/Ch04/效果/绘制矢量元素画.cdr。

图 4-265

4.5 课后习题——绘制圣诞贺卡

【习题知识要点】使用矩形工具、椭圆形工具、合并命令和填充工具绘制蛋糕图形。使用贝塞尔工具、移除前面对象命令和填充工具绘制蝴蝶结图形。圣诞贺卡效果如图 4-266 所示。

【效果所在位置】光盘/Ch04/效果/绘制圣诞贺卡.cdr。

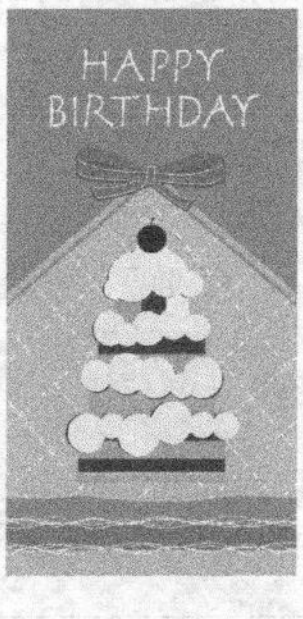

图 4-266

Chapter 5

第 5 章 编辑轮廓线与填充颜色

在 CorelDRAW X5 中，绘制一个图形时需要先绘制出该图形的轮廓线，并按设计的需求对轮廓线进行编辑。编辑完成后，就可以使用色彩进行渲染。优秀的设计作品中，色彩的运用非常重要。通过学习本章的内容，读者可以制作出不同效果的图形轮廓线，了解并掌握各种颜色的填充方式和填充技巧。

课堂学习目标

- 编辑轮廓线和均匀填充
- 渐变填充和图样填充
- 其他填充

5.1 编辑轮廓线和均匀填充

CorelDRAW X5 提供了丰富的轮廓线和填充设置，通过这些设置可以制作出精美的轮廓线和填充效果。下面具体介绍编辑轮廓线和均匀填充的方法和技巧。

5.1.1 使用轮廓工具

单击“轮廓笔”工具，弹出“轮廓”工具的展开工具栏，如图 5-1 所示。

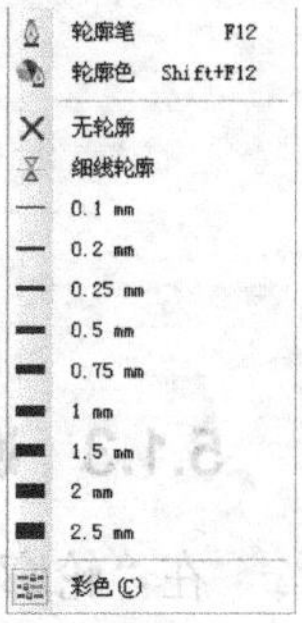

图 5-1

展开工具栏中的“轮廓笔”工具可以编辑图形对象的轮廓线；“轮廓色”工具可以编辑图形对象的轮廓线颜色；下面 11 个按钮都是设置图形对象的轮廓宽度的，分别是无轮廓、细线轮廓、0.1mm、0.2mm、0.25mm、0.5mm、0.75mm、1mm、1.5mm、2mm 和 2.5mm；“彩色”工具可以对图形的轮廓线颜色进行编辑。

5.1.2 设置轮廓线的颜色

绘制一个图形对象，并使图形对象处于选取状态，单击“轮廓笔”工具，弹出“轮廓笔”对话框，如图 5-2 所示。

在“轮廓笔”对话框中，“颜色”选项用于设置轮廓线的颜色。在 CorelDRAW X5 的默认状态下，轮廓线被设置为黑色。在颜色列表框右侧的按钮上单击鼠标左键，打开颜色下拉列表，如图 5-3 所示。

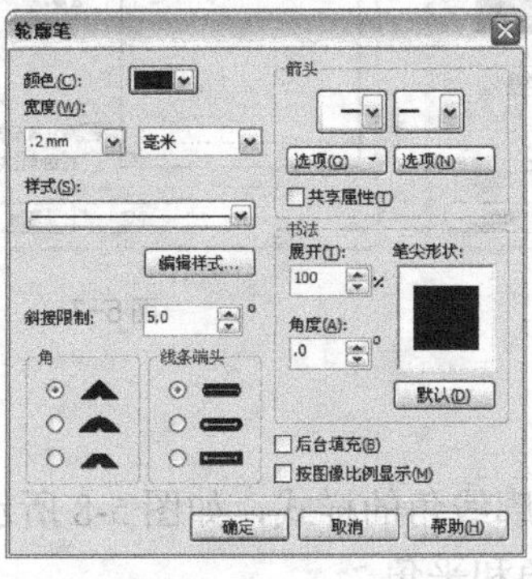

图 5-2

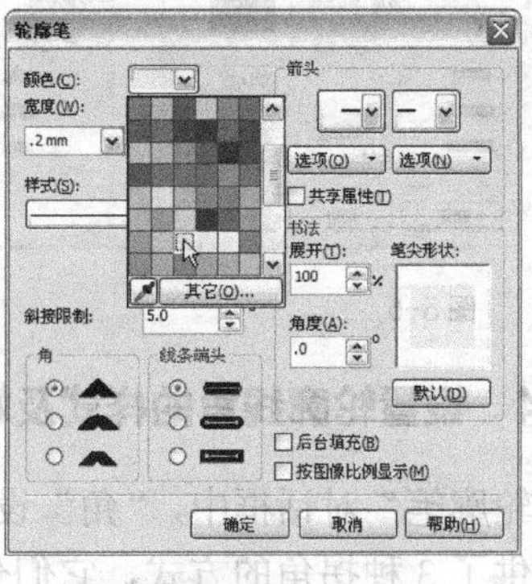

图 5-3

在颜色下拉列表中可以选择需要的颜色，也可以单击“其他”按钮，打开“选择颜色”对话框，如图 5-4 所示。在对话框中可以调配自己需要的颜色。

设置好需要的颜色后，单击“确定”按钮，可以改变轮廓线的颜色。

提示

图形对象在选取状态下，直接在调色板中需要的颜色上单击鼠标右键，就可以快速填充轮廓线颜色。

图 5-4

5.1.3 设置轮廓线的粗细及样式

在“轮廓笔”对话框中，“宽度”选项可以设置轮廓线的宽度值和宽度的度量单位。在左侧的数值框中可以直接输入宽度数值，或单击右侧的按钮，在弹出的下拉列表中选择宽度数值，如图 5-5 所示。在度量单位右侧的按钮上单击，弹出下拉列表，可以选择宽度的度量单位，如图 5-6 所示。在“样式”选项右侧的按钮上单击，弹出下拉列表，可以选择轮廓线的样式，如图 5-7 所示。

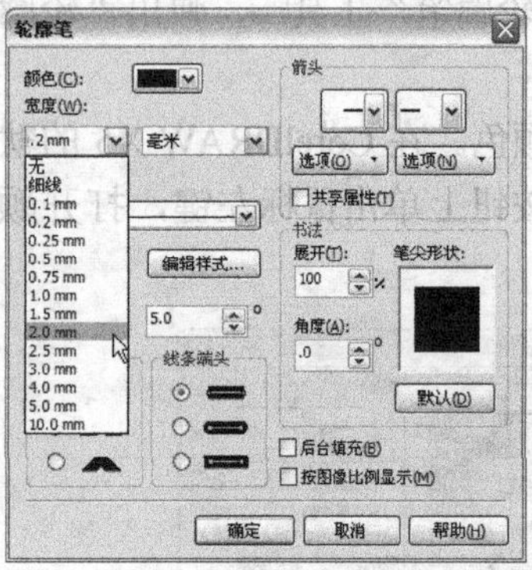

图 5-5

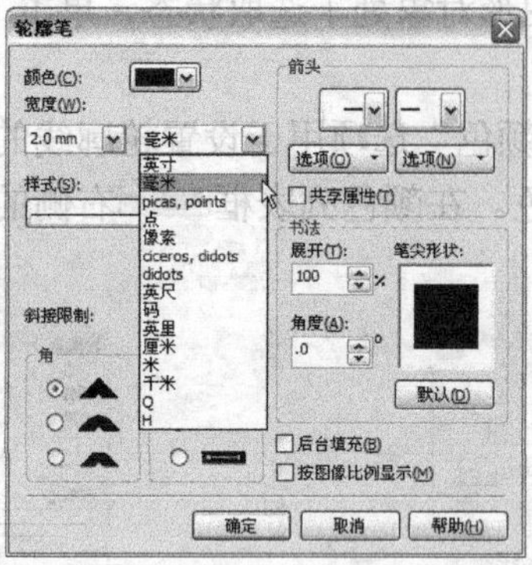

图 5-6

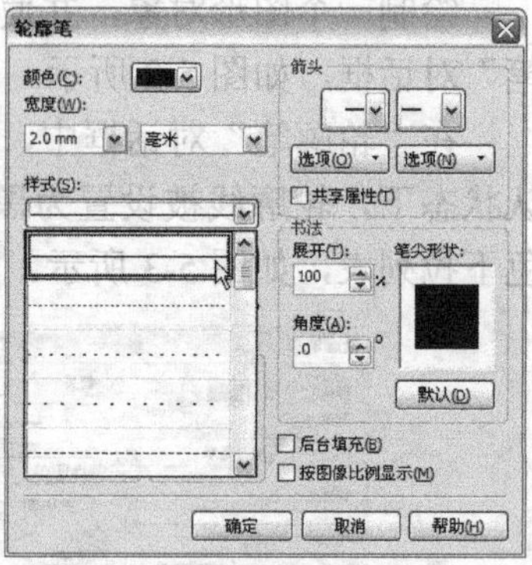

图 5-7

5.1.4 设置轮廓线角的样式及端头样式

在“轮廓笔”对话框中，“角”设置区可以设置轮廓线角的样式，如图 5-8 所示。“角”设置区提供了 3 种拐角的方式，它们分别是尖角、圆角和平角。

将轮廓线的宽度增加，因为较细的轮廓线在设置拐角后效果不明显。3 种拐角的效果如图 5-9 所示。

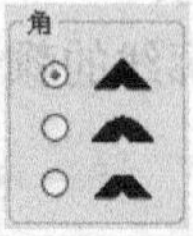

图 5-8

图 5-9

在“轮廓笔”对话框中，“线条端头”设置区可以设置线条端头的样式，如图 5-10 所示。3 种样式分别是削平两端点、两端点延伸成半圆形、削平两端点并延伸。分别选择 3 种端头样式，效果如图 5-11 所示。

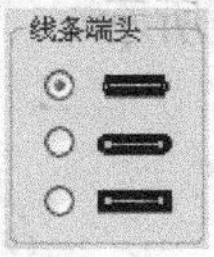

图 5-10

图 5-11

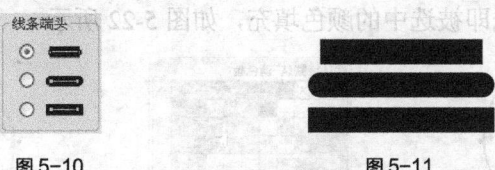

在“轮廓笔”对话框中，“箭头”设置区可以设置线条两端的箭头样式，如图 5-12 所示。“箭头”设置区中提供了两个样式框，左侧的样式框用来设置箭头样式，单击样式框右侧的按钮，弹出“箭头样式”列表，如图 5-13 所示。右侧的样式框用来设置箭尾样式，单击样式框上的三角按钮，弹出“箭尾样式”列表，如图 5-14 所示。

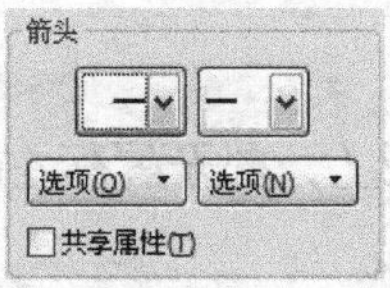

图 5-12

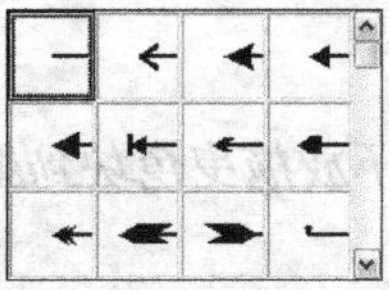

图 5-13

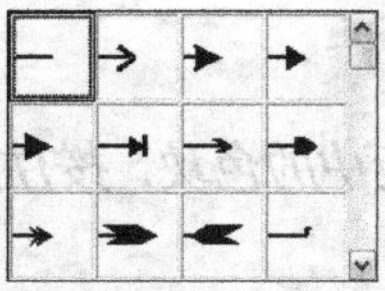

图 5-14

使用“后台填充”选项会将图形对象的轮廓置于图形对象的填充之后。图形对象的填充会遮挡图形对象的轮廓颜色，只能观察到轮廓的一段宽度的颜色。

使用“按图像比例显示”选项缩放图形对象时，图形对象的轮廓线会根据图形对象的大小而改变，使图形对象的整体效果保持不变。如果不选择此选项，在缩放图形对象时，图形对象的轮廓线不会根据图形对象的大小而改变，轮廓线和填充不能保持原图形对象的效果，图形对象的整体效果就会被破坏。

5.1.5　使用调色板填充颜色

调色板是为图形对象快速填充颜色的最佳工具。通过选取调色板中的颜色，可以把一种新颜色快速填充给图形对象。在 CorelDRAW X5 中提供了多种调色板，选择“窗口 > 调板色”命令，将弹出可供选择的多种颜色调色板。CorelDRAW X5 在默认状态下使用的是 CMYK 调色板。

调色板一般在屏幕的右侧，使用“选择”工具选中屏幕右侧的条形色板，如图 5-15 所示，用鼠标左键拖曳条形色板到屏幕的中间，调色板变为如图 5-16 所示的样式。

图 5-15

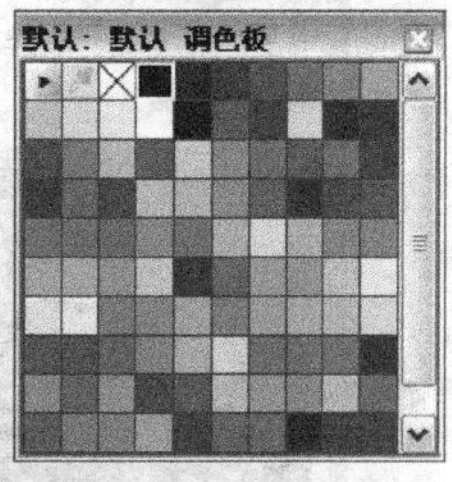

图 5-16

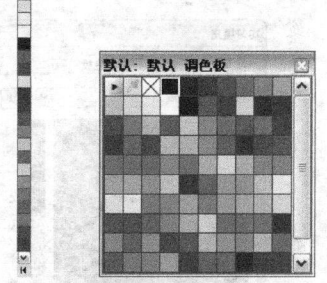

使用“选择”工具选中要填充的图形对象，如图 5-17 所示。在调色板中选中的颜色上单击鼠标左键，如图 5-18 所示，图形对象的内部即被选中的颜色填充，如图 5-19 所示。单击调色板中的“无填充”按钮×，可取消对图形对象内部的颜色填充。

图 5-17

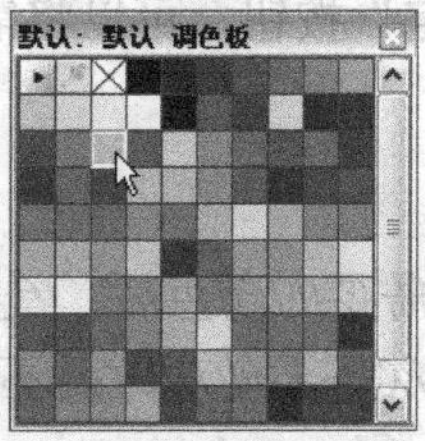

图 5-18

图 5-19

选取需要的图形，如图 5-20 所示，在调色板中选中的颜色上单击鼠标右键，如图 5-21 所示，图形对象的轮廓线即被选中的颜色填充，如图 5-22 所示。

图 5-20

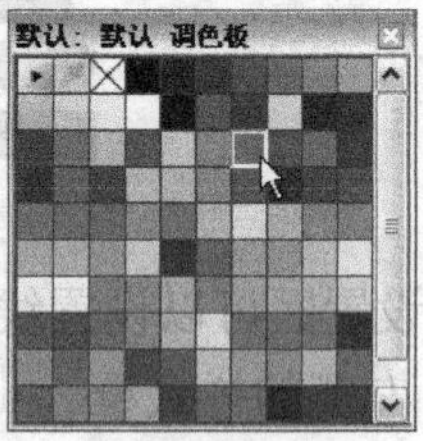

图 5-21

图 5-22

技巧

选中调色板中的色块，按住鼠标左键不放拖曳色块到图形对象上，松开鼠标左键，也可填充对象。

5.1.6 标准填充对话框

选择“填充”工具展开式工具栏中的“均匀填充”工具，或按 Shift+F11 组合键，弹出“均匀填充”对话框，可以在对话框中设置需要的颜色。

对话框中的 3 种设置颜色的方式分别是模型、混和器和调色板。具体设置如下。

1. 模型

模型设置框如图 5-23 所示，在设置框中提供了完整的色谱。通过操作颜色关联控件可更改颜色，也可以通过在颜色模式的各参数值框中设置数值来设定需要的颜色。在设置框中还可以选择不同的颜色模式，模型设置框默认的是 CMYK 模式，如图 5-24 所示。

图 5-23

图 5-24

调配好需要的颜色后，单击“确定”按钮，可以将需要的颜色填充到图形对象中。

技巧

如果有经常需要使用的颜色，调配好需要的颜色后，单击对话框中的“加到调色板”按钮，可以将颜色添加到调色板中。在下一次需要使用时就不需要再次调配了，直接在调色板中调用即可。

2. 混和器

混和器设置框如图 5-25 所示。混和器设置框是通过组合其他颜色的方式来生成新颜色的。通过转动色环或从“色度”选项的下拉列表中选择各种形状，可以设置需要的颜色。从“变化”选项的下拉列表中选择各种选项，可以调整颜色的明度。调整“大小”选项下的滑动块可以使选择的颜色更丰富。

可以通过在颜色模式的各参数值框中设置数值来设定需要的颜色。在设置框中还可以选择不同的颜色模式，混和器设置框默认的是 CMYK 模式，如图 5-26 所示。

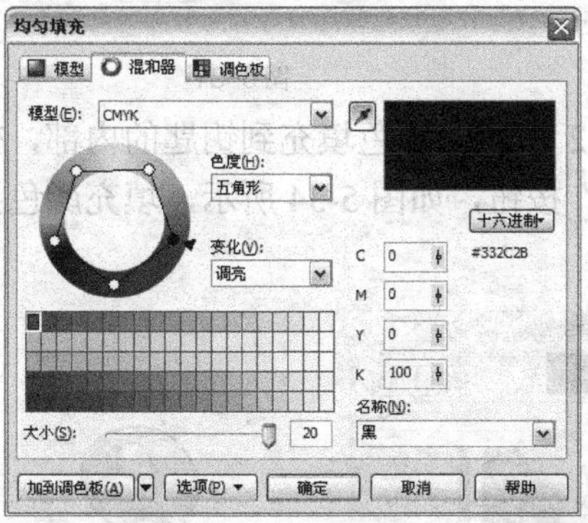

图 5-25

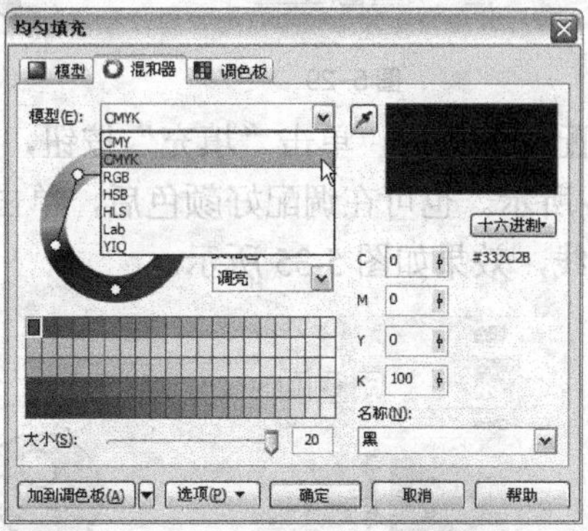

图 5-26

3. 调色板

调色板设置框如图 5-27 所示。调色板设置框是通过 CorelDRAW X5 中已有颜色库中的颜色来填充图形对象的，在“调色板”选项的下拉列表中可以选择需要的颜色库，如图 5-28 所示。

在色板中的颜色上单击鼠标左键就可以选中需要的颜色，调整“淡色”选项下的滑动块可以使选择的颜色变淡。调配好需要的颜色后，单击“确定”按钮，可以将需要的颜色填充到图形对象中。

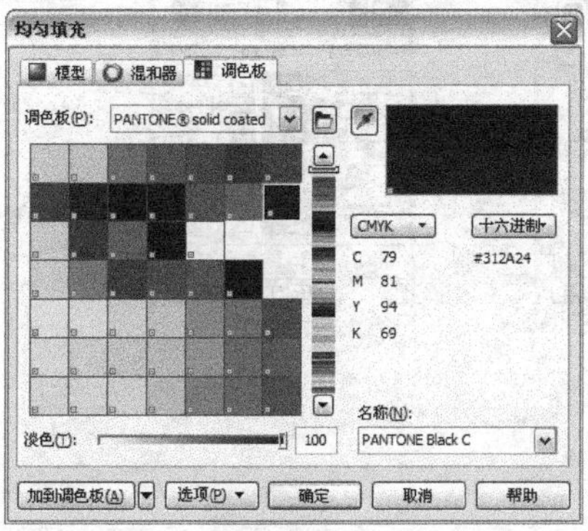

图 5-27

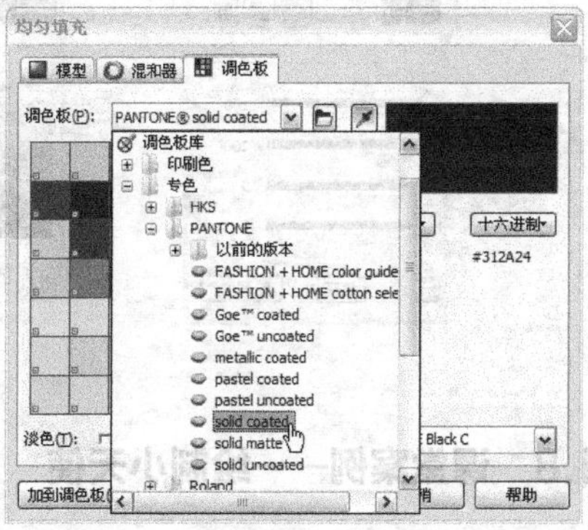

图 5-28

5.1.7 使用“颜色”泊坞窗填充

“颜色”泊坞窗是为图形对象填充颜色的辅助工具，特别适合在实际工作中应用。

选择“填充”工具展开式工具栏下的“彩色”工具，弹出“颜色”泊坞窗，如图 5-29 所示。

绘制一个钥匙，如图 5-30 所示。在“颜色”泊坞窗中调配颜色，如图 5-31 所示。

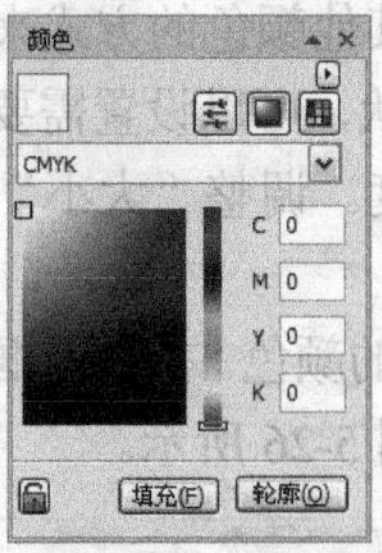

图 5-29

图 5-30

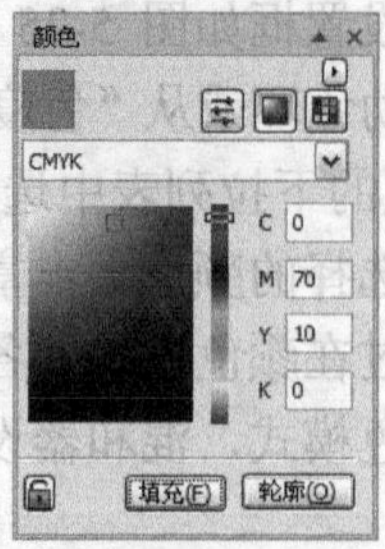

图 5-31

调配好颜色后，单击“填充”按钮，如图 5-32 所示，颜色填充到钥匙的内部，效果如图 5-33 所示。也可在调配好颜色后，单击“轮廓”按钮，如图 5-34 所示，填充颜色到钥匙的轮廓线，效果如图 5-35 所示。

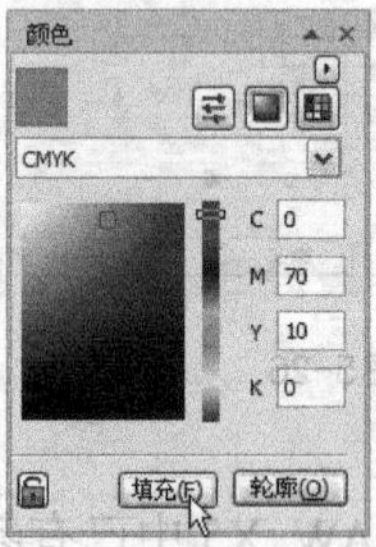

图 5-32

图 5-33

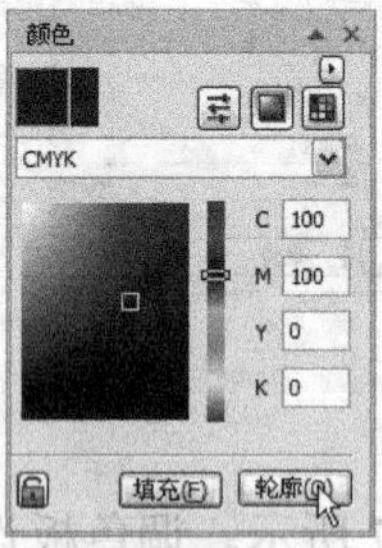

图 5-34

图 5-35

在“颜色”泊坞窗的右上角有 3 个按钮，分别是“显示颜色滑块”、“显示颜色查看器”和“显示调色板”。分别单击这 3 个按钮可以选择不同的调配颜色的方式，如图 5-36 所示。

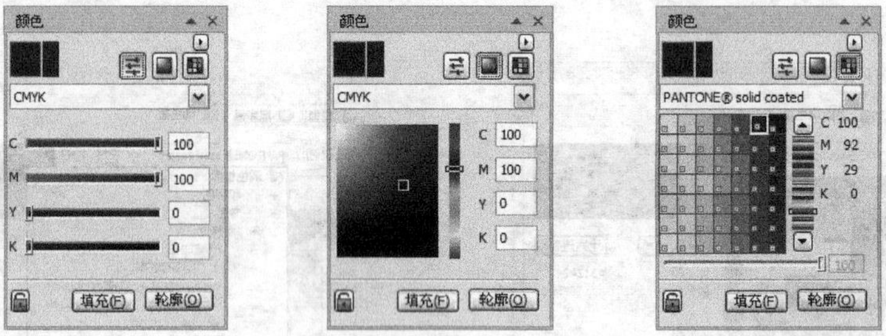

图 5-36

5.1.8 课堂案例——绘制小天使

【案例学习目标】学习使用几何形状工具和填充工具绘制小天使。

【案例知识要点】使用贝塞尔工具、椭圆形工具和填充工具绘制小天使图形。使用贝塞尔工具和轮廓笔命令绘制翅膀图形。小天使效果如图 5-37 所示。

图 5-37

【效果所在位置】光盘/Ch05/效果/绘制小天使.cdr。

（1）按 Ctrl+N 组合键，新建一个 A4 页面。单击属性栏中的“横向”

按钮▭，页面显示为横向页面。选择“贝塞尔”工具，在适当的位置绘制一个图形，设置图形颜色的 CMYK 值为 0、20、40、0，填充图形，并去除图形的轮廓线，效果如图 5-38 所示。

（2）选择“贝塞尔”工具，在适当的位置绘制一个图形，如图 5-39 所示。设置图形颜色的 CMYK 值为 0、20、40、60，填充图形，并去除图形的轮廓线，效果如图 5-40 所示。按 Shift+PageDown 组合键，后移图形，效果如图 5-41 所示。

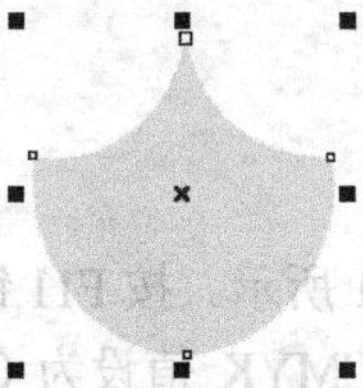
图 5-38

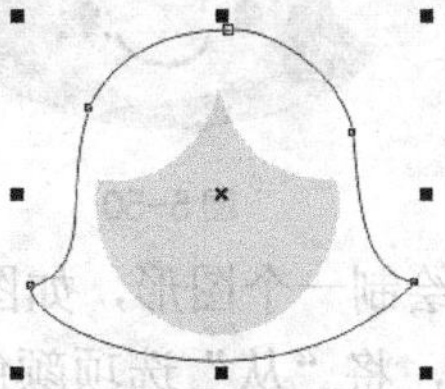
图 5-39

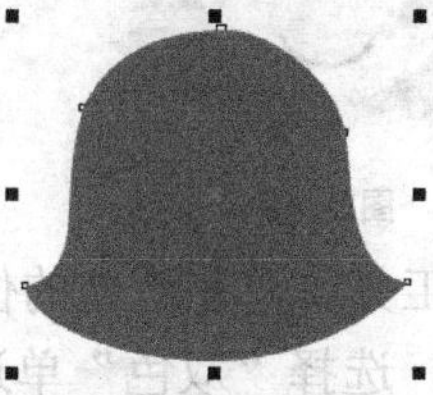
图 5-40

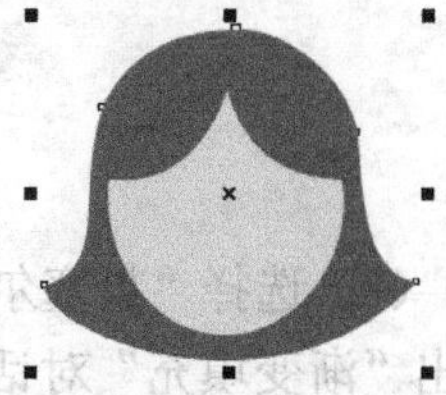
图 5-41

（3）选择“椭圆形”工具，在适当的位置绘制两个椭图形，如图 5-42 所示。选择“选择”工具，用圈选的方法将两个椭圆形同时选取，单击属性栏中的“移除前面对象”命令，将两个图形裁剪为一个图形，效果如图 5-43 所示。设置图形颜色的 CMYK 值为 0、0、0、100，填充图形，并去除图形的轮廓线，效果如图 5-44 所示。

（4）选择“选择”工具，按数字键盘上的+键，复制图形。按住 Shift 键的同时，水平向右拖曳图形到适当的位置，效果如图 5-45 所示。

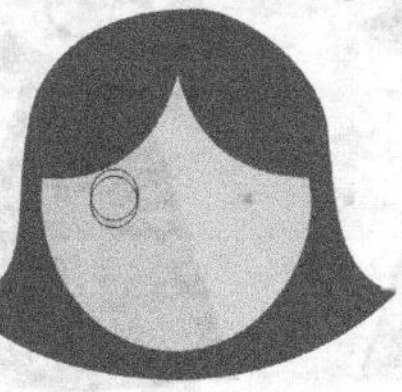
图 5-42

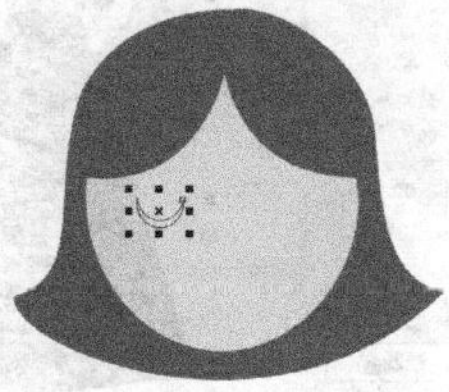
图 5-43

图 5-44

图 5-45

（5）选择“贝塞尔”工具，在适当的位置绘制一条曲线，如图 5-46 所示。按 F12 键，弹出“轮廓笔”对话框，选项的设置如图 5-47 所示，单击“确定”按钮，效果如图 5-48 所示。

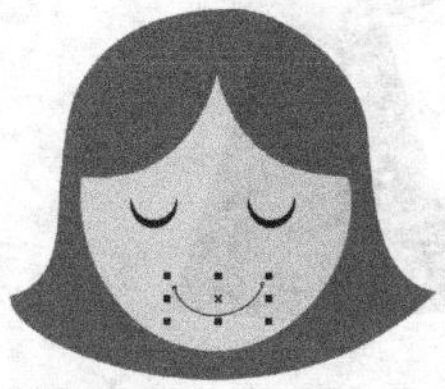
图 5-46

图 5-47

图 5-48

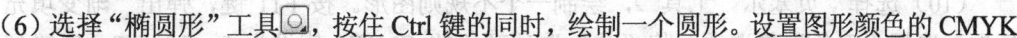

（6）选择“椭圆形”工具，按住 Ctrl 键的同时，绘制一个圆形。设置图形颜色的 CMYK

值为 0、100、100、0，填充图形，并去除图形的轮廓线，效果如图 5-49 所示。

（7）选择“选择”工具，按数字键盘上的+键，复制图形。按住 Shift 键的同时，水平向右拖曳复制图形到适当的位置，效果如图 5-50 所示。

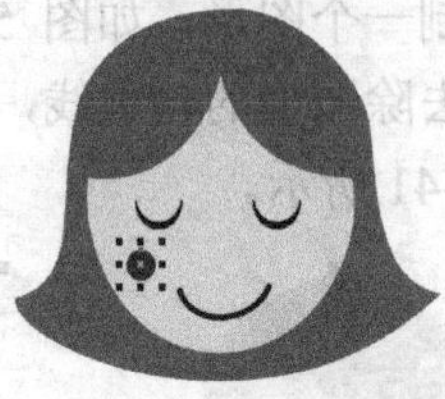

图 5-49

图 5-50

（8）选择“贝塞尔”工具，在适当的位置绘制一个图形，如图 5-51 所示。按 F11 键，弹出“渐变填充”对话框，选择“双色”单选项，将“从”选项颜色的 CMYK 值设为 0、100、60、0，“到”选项颜色的 CMYK 值设为 40、100、0、0，其他选项的设置如图 5-52 所示，单击“确定”按钮，填充图形，并去除图形的轮廓线，效果如图 5-53 所示。按 Shift+PageDown 组合键，后移图形，效果如图 5-54 所示。

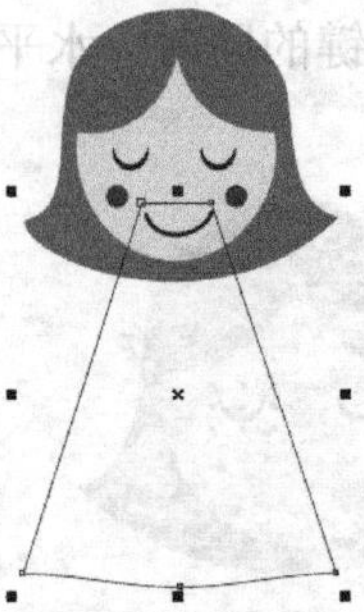

图 5-51

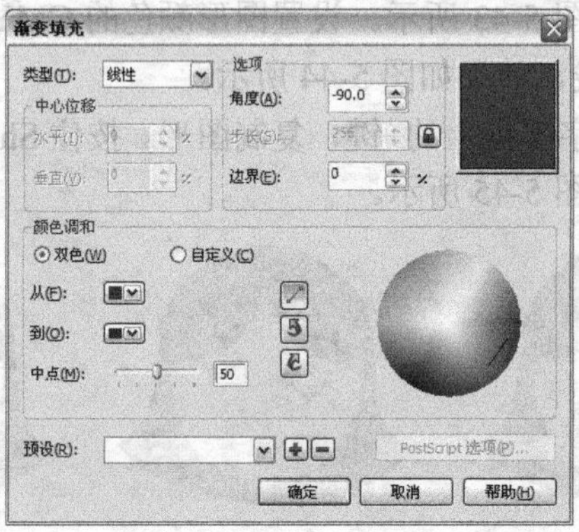

图 5-52

图 5-53

图 5-54

（9）选择“基本形状”工具，单击属性栏中的“完美形状”按钮，在弹出的下拉列表中选择需要的形状，如图 5-55 所示。在适当的位置拖曳鼠标绘制图形，如图 5-56 所示。设置图形颜色的 CMYK 值为 76、5、42、0，填充图形，并去除图形的轮廓线，效果如图 5-57 所示。

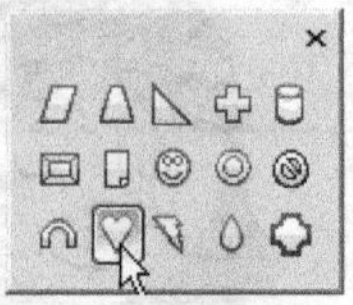

图 5-55

图 5-56

图 5-57

（10）选择“贝塞尔”工具，绘制一个不规则图形。按 F11 键，弹出“渐变填充”对话框，选择“双色”单选项，将“从”选项颜色的 CMYK 值设为 0、20、40、0，“到”选

项颜色的 CMYK 值设为 0、20、20、0，其他选项的设置如图 5-58 所示，单击“确定”按钮，填充图形，并去除图形的轮廓线，效果如图 5-59 所示。

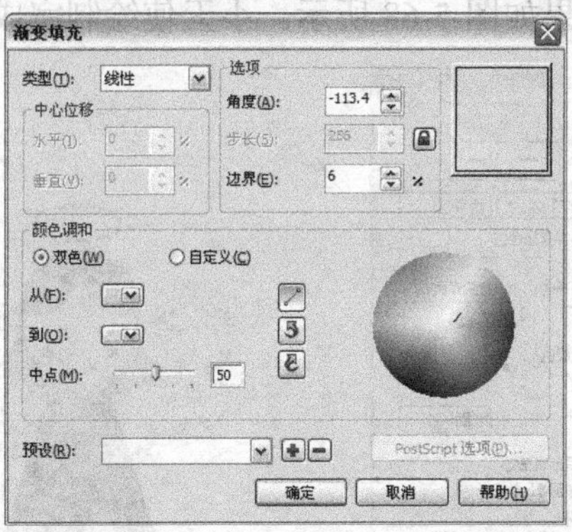

图 5-58

图 5-59

（11）选择“选择”工具，按数字键盘上的+键，复制图形。按住 Shift 键的同时，拖曳图形右上方的控制手柄，将其等比例缩小，如图 5-60 所示。按 F12 键，弹出“轮廓笔”对话框，在“颜色”选项中设置轮廓线颜色的 CMYK 值为 76、5、42、0，其他选项的设置如图 5-61 所示，单击“确定”按钮，效果如图 5-62 所示。

图 5-60

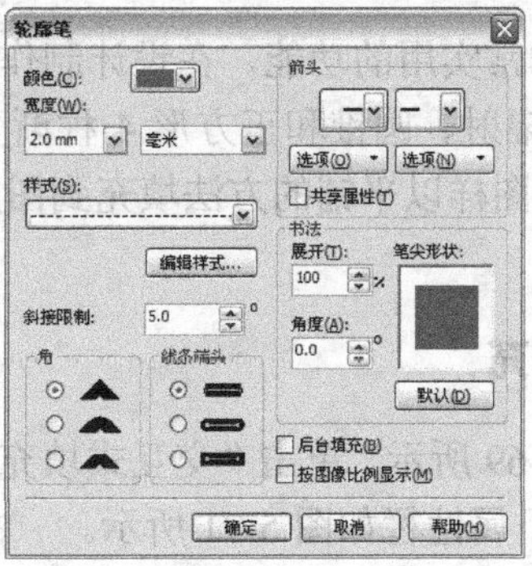

图 5-61

图 5-62

（12）选择“选择”工具，用圈选的方法选取需要的图形，如图 5-63 所示。按 Ctrl+G 组合键，将其群组。按数字键盘上的+键，复制图形。单击属性栏中的“水平镜像”按钮，水平翻转复制的图形，并将其拖曳到适当的位置，效果如图 5-64 所示。

（13）选择“选择”工具，按住 Shift 键的同时，将翅膀图形同时选取，按 Shift+PageDown 组合键，后移图形，效果如图 5-65 所示。

图 5-63

图 5-64

图 5-65

（14）选择“椭圆形”工具，绘制一个椭圆形，如图 5-66 所示。按 F12 键，弹出“轮廓笔”对话框，在“颜色”选项中设置轮廓线颜色的 CMYK 值为 76、5、42、0，其他选项的设置如图 5-67 所示，单击“确定”按钮，效果如图 5-68 所示。小天使绘制完成。

图 5-66

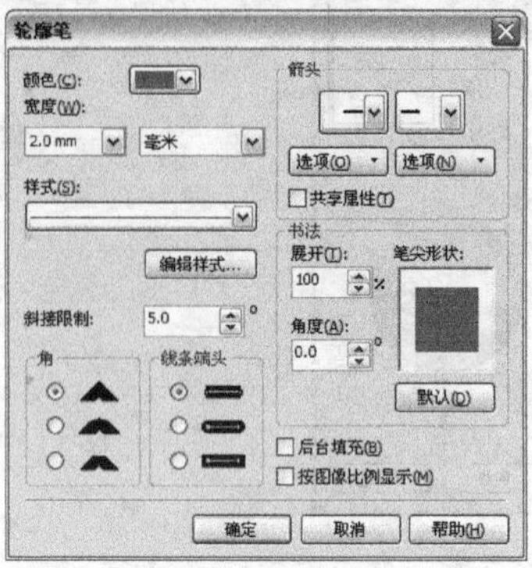

图 5-67

图 5-68

5.2 渐变填充和图样填充

渐变填充和图样填充都是非常实用的功能，在设计制作中经常被应用。在 CorelDRAW X5 中，渐变填充提供了线性、辐射、圆锥和正方形 4 种渐变色彩的形式，可以绘制出多种渐变颜色效果。图样填充将预设图样以平铺的方法填充到图形中。下面将介绍使用渐变填充和图样填充的方法和技巧。

5.2.1 使用属性栏进行填充

绘制一个图形，效果如图 5-69 所示。单击“交互式填充”工具，在属性栏中选择“线性”选项，效果如图 5-70 所示，属性栏如图 5-71 所示。

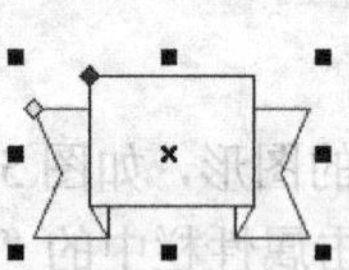

图 5-69

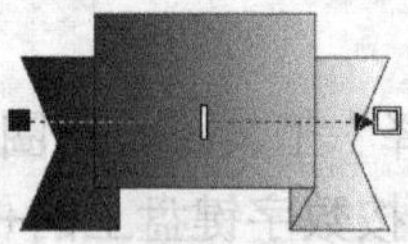

图 5-70

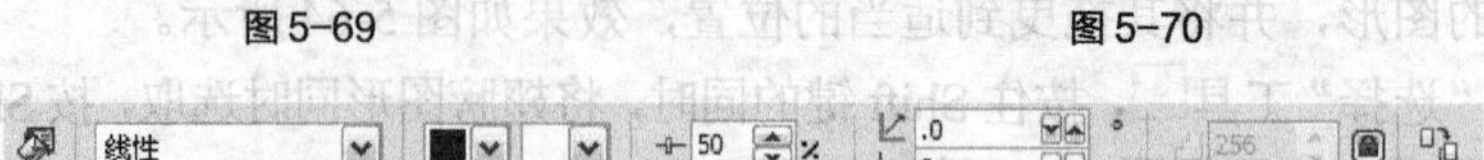

图 5-71

单击属性栏线性右侧的按钮，弹出其下拉选项，可以选择渐变的类型，辐射、圆锥、正方形的效果分别如图 5-72 所示。

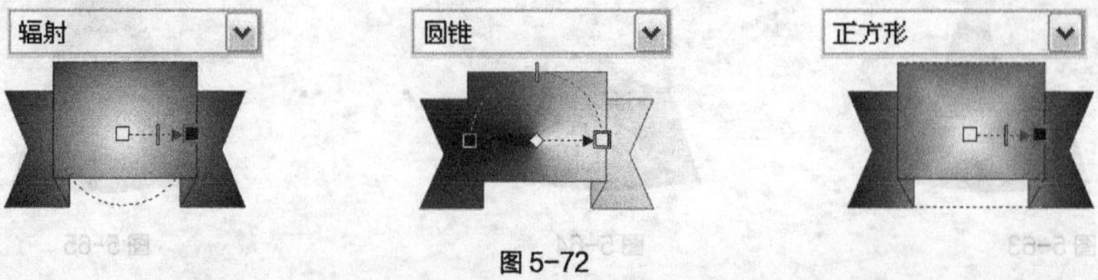

图 5-72

属性栏中的“填充下拉式”用于选择渐变起点颜色，“最后一个填充挑选器”用于选择渐变终点颜色，“填充中心点”文本框用于设置渐变的中心点，“角度和边界”文本框用于设置渐变填充的角度和边缘宽度，“渐变步长”文本框用于设置渐变的层次。

5.2.2　使用工具进行填充

绘制一个图形，如图 5-73 所示。选择“交互式填充”工具，在起点颜色的位置单击并按住鼠标左键拖曳光标到适当的位置，如图 5-74 所示。松开鼠标左键，图形被填充了预设的颜色，效果如图 5-75 所示。在拖曳的过程中可以控制渐变的角度、渐变的边缘宽度等渐变属性。

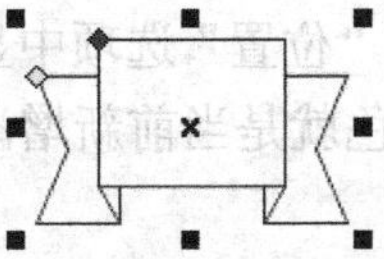

图 5-73

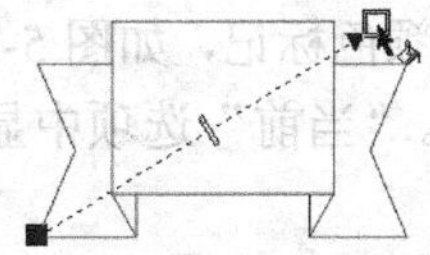

图 5-74

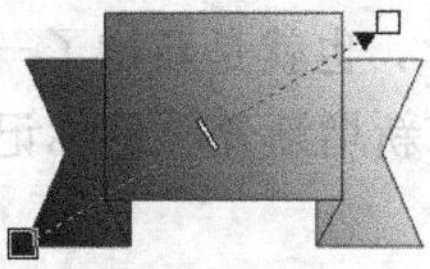

图 5-75

拖曳起点颜色和终点颜色可以改变渐变的角度和边缘宽度。拖曳中间点可以调整渐变颜色的分布。拖曳渐变虚线，可以控制颜色渐变与图形之间的相对位置。

5.2.3　使用“渐变填充”对话框填充

选择“填充”工具展开式工具栏中的“渐变填充”工具，弹出“渐变填充”对话框，如图 5-76 所示。在对话框中的“颜色调和”设置区中可选择渐变填充的两种类型，“双色”或“自定义”渐变填充。

1. 双色渐变填充

“双色”渐变填充的对话框如图 5-76 所示，在对话框中的“预设”选项中包含了 CorelDRAW X5 预设的一些渐变效果。如果调配好一个渐变效果，可以单击“预设”选项右侧的按钮，将调配好的渐变效果添加到预设选项中；单击“预设”选项右侧的按钮，可以删除预设选项中的渐变效果。

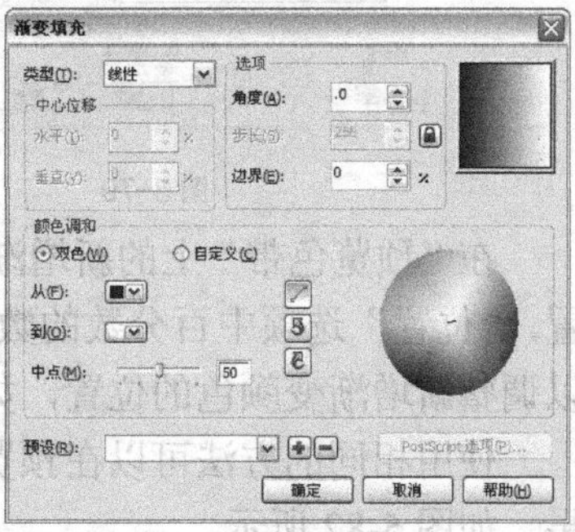

图 5-76

在“颜色调和”设置区的中部有 3 个按钮，可以用它们来确定颜色在“色轮”中所要遵循的路径。在上方的按钮表示由沿直线变化的色相和饱和度来决定中间的填充颜色。在中间的按钮表示以“色轮”中沿逆时针路径变化的色相和饱和度决定中间的填充颜色。在下面的按钮表示以“色轮”中沿顺时针路径变化的色相和饱和度决定中间的填充颜色。

在对话框中设置好渐变颜色后，单击“确定”按钮，完成图形的渐变填充。

2. 自定义渐变填充

单击选择“自定义”单选项，如图 5-77 所示。在“颜色调和”设置区中，出现了“预览色带”和“调色板”，在“预览色带”上方的左右两侧各有一个小正方形，分别表示自定义渐变填充的起点和终点颜色。单击终点的小正方形将其选中，小正方形由白色变为黑色，如图 5-78 所示。再单击调色板中的颜色，可改变自定义渐变填充终点的颜色。

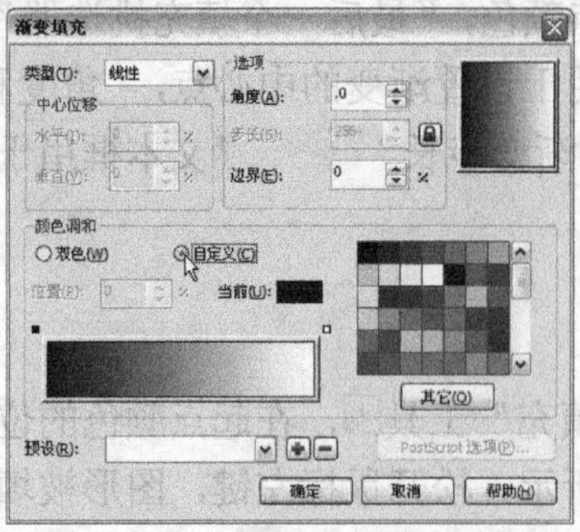

图 5-77

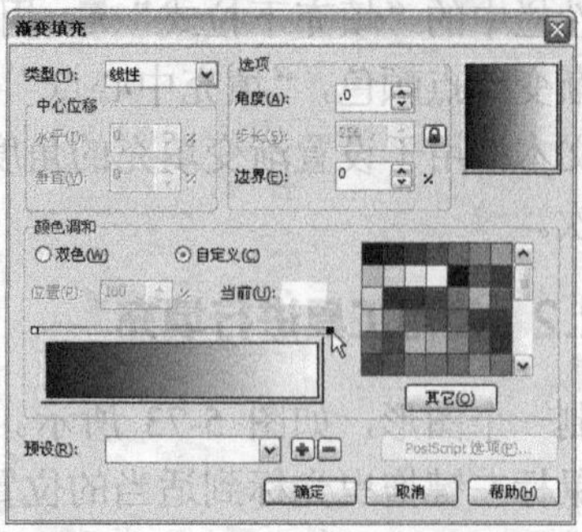

图 5-78

在“预览色带”上的起点和终点颜色之间双击鼠标左键，将在预览色带上产生一个黑色倒三角形▼，也就是新增了一个渐变颜色标记，如图 5-79 所示。“位置”选项中显示的百分数就是当前新增渐变颜色标记的位置。“当前”选项中显示的颜色就是当前新增渐变颜色标记的颜色。

在“调色板”中单击需要的渐变颜色，“预览色带”上新增渐变颜色标记上的颜色将改变为需要的新颜色。“当前”选项中将显示新选择的渐变颜色，如图 5-80 所示。

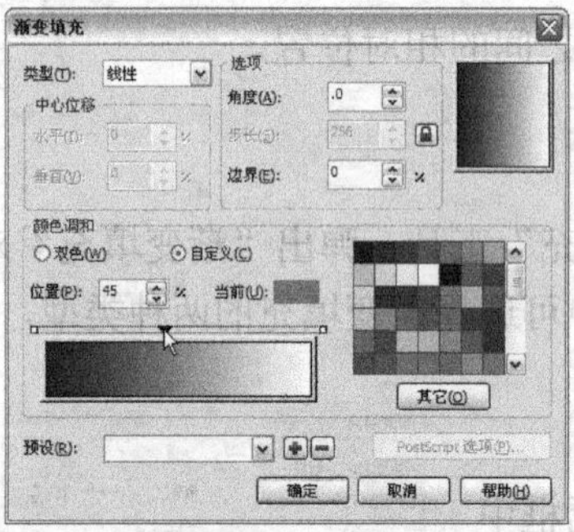

图 5-79

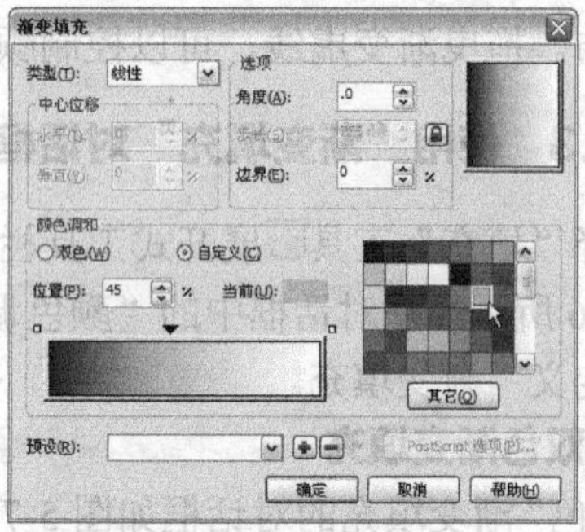

图 5-80

在“预览色带”上的新增渐变颜色标记上单击并拖曳光标，可以调整新增渐变颜色的位置，“位置”选项中百分数的数值将随之改变。直接改变“位置”选项中百分数的数值也可以调整新增渐变颜色的位置，如图 5-81 所示。

使用相同的方法可以在预览色带上新增多个渐变颜色，制作出更符合设计需要的渐变效果，如图 5-82 所示。

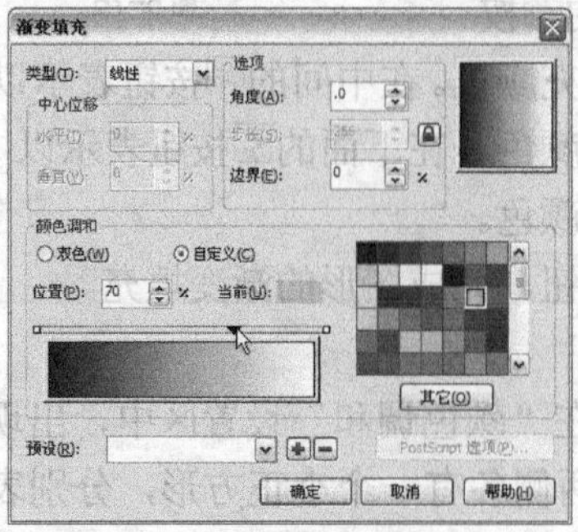

图 5-81

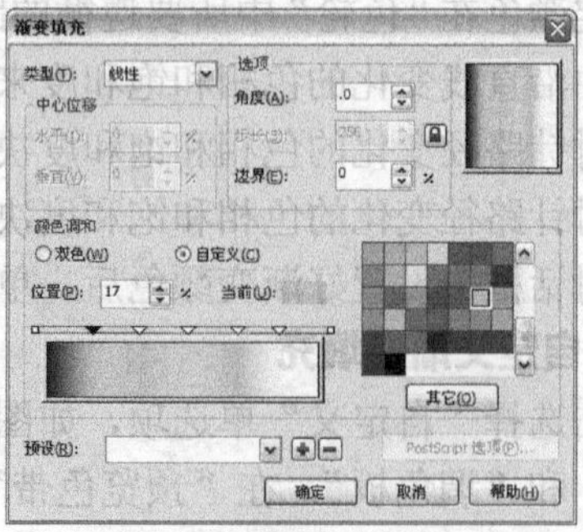

图 5-82

5.2.4　渐变填充的样式

绘制一个图形，如图 5-83 所示。在“渐变填充”对话框的“预设”选项中包含了 CorelDRAW X5 预设的一些渐变效果，如图 5-84 所示。

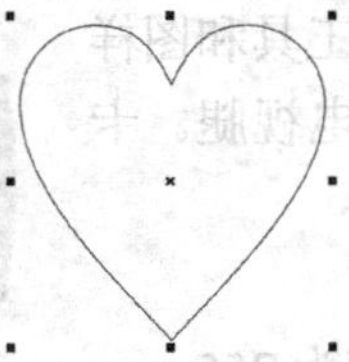

图 5-83

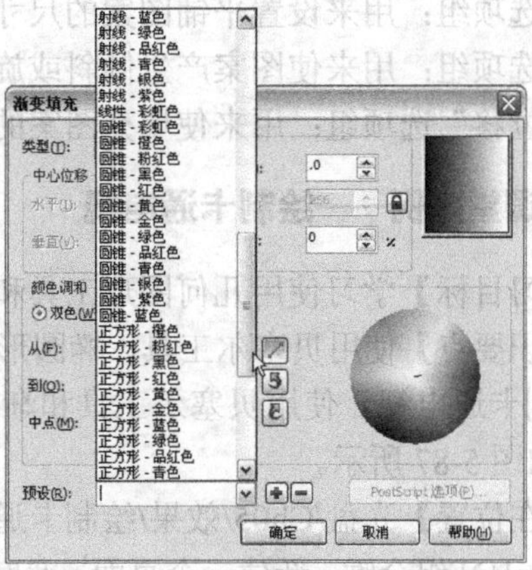

图 5-84

选择好一个预设的渐变效果，单击“确定”按钮，可以完成渐变填充。使用预设的渐变效果填充的各种渐变效果如图 5-85 所示。

图 5-85

5.2.5　图样填充

选择“填充”工具展开工具栏中的“图样填充”工具，弹出“图样填充”对话框，在对话框中有“双色”、“全色”和“位图”3 种图样填充方式的选项，如图 5-86 所示。

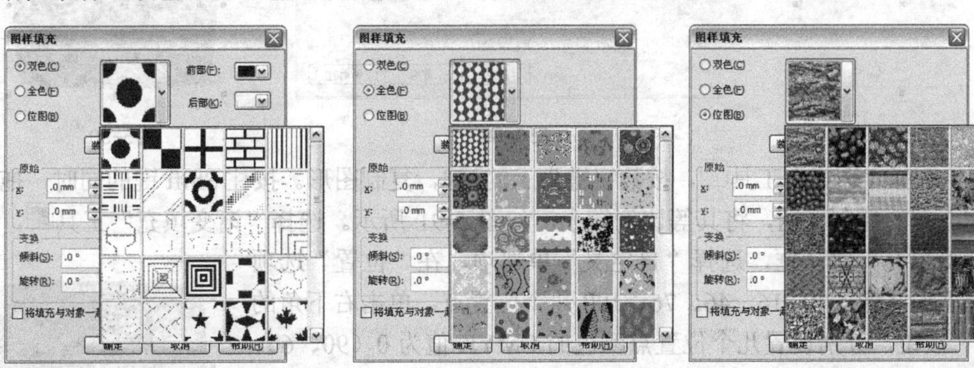

(a) 双色　　(b) 全色　　(c) 位图

图 5-86

双色：用两种颜色构成的图案来填充，也就是通过设置前景色和背景色的颜色来填充。

全色：图案是由矢量和线描样式图像来生成的。

位图：使用位图图片进行填充。

“装入”按钮：可载入已有图片。

“创建”按钮：弹出“双色图案编辑器”对话框，单击鼠标左键可绘制图案。

“大小”选项组：用来设置平铺图案的尺寸大小。

“变换”选项组：用来使图案产生倾斜或旋转变化。

“行或列位移”选项组：用来使填充图案的行或列产生位移。

5.2.6 课堂案例——绘制卡通电视

【案例学习目标】学习使用几何图形工具和填充工具绘制卡通电视。

【案例知识要点】使用贝塞尔工具、椭圆形工具、渐变填充工具和图样填充工具绘制卡通电视。使用贝塞尔工具和渐变填充工具绘制电视腿。卡通电视效果如图 5-87 所示。

图 5-87

【效果所在位置】光盘/Ch05/效果/绘制卡通电视.cdr。

（1）按 Ctrl+N 组合键，新建一个页面，宽度为 255mm，高度为 255mm，单击“确定”按钮。

（2）选择“贝塞尔”工具，在页面中绘制一个不规则图形，如图 5-88 所示。按 F11 键，弹出“渐变填充”对话框，选择“双色”单选项，将“从”选项颜色的 CMYK 值设为 0、80、100、0，“到”选项颜色的 CMYK 值设为 0、90、100、0，其他选项的设置如图 5-89 所示，单击“确定”按钮，填充图形，并去除图形的轮廓线，效果如图 5-90 所示。

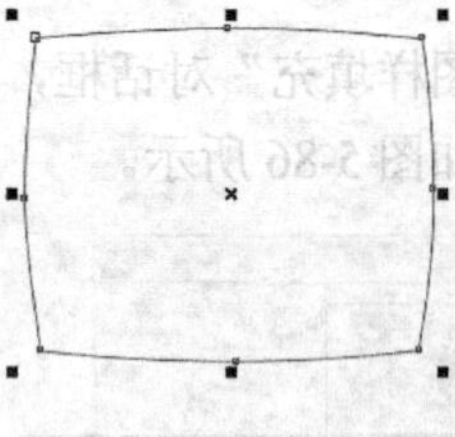
图 5-88

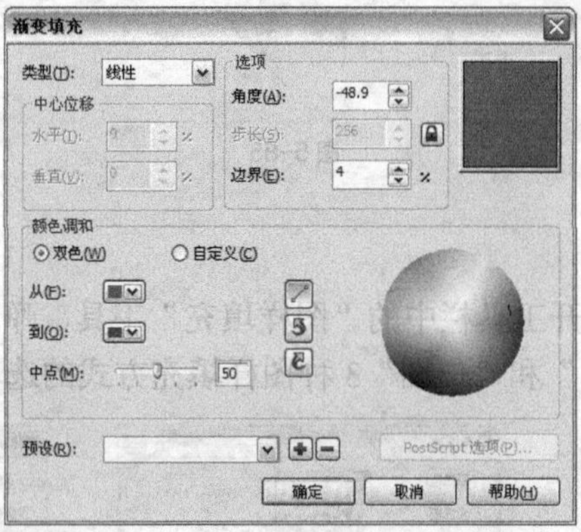

图 5-89

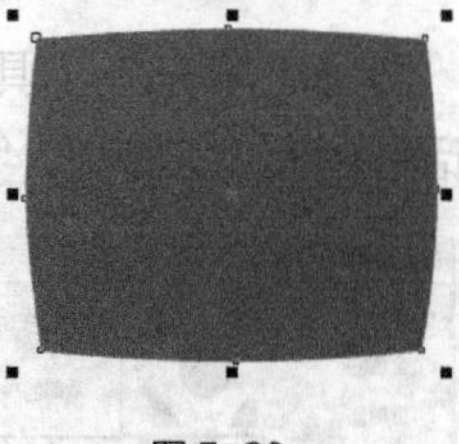
图 5-90

（3）选择“选择”工具，按数字键盘上的+键，复制图形。按住 Shift 键的同时，拖曳图形右上方的控制手柄，将其等比例缩小，如图 5-91 所示。选择“渐变填充”工具，弹出“渐变填充”对话框，选择“自定义”单选项，在“位置”选项中分别添加并输入 0、16、46、76、100 几个位置点，单击右下角的“其他”按钮，分别设置几个位置点颜色的 CMYK 值为 0（90、60、0、0）、16（68、24、0、0）、46（57、5、0、0）、76（62、13、0、0）、100（90、60、0、0），其他选项的设置如图 5-92 所示，单击“确定”按钮，填充图形，并去除图形的轮廓线，效果如图 5-93 所示。

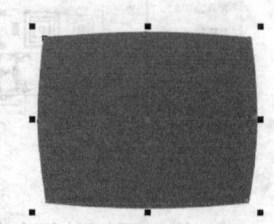
图 5-91

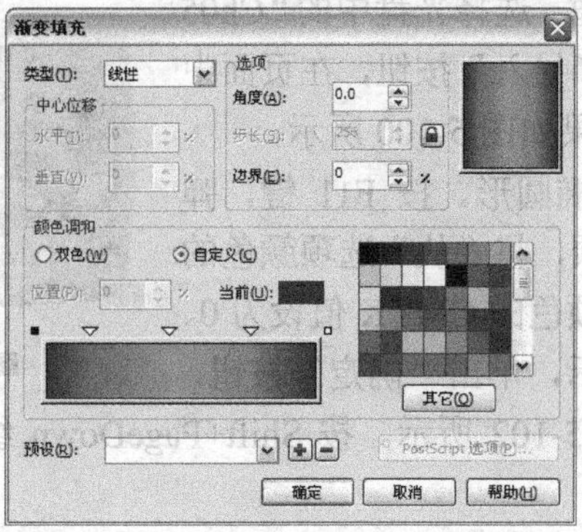

图 5-92

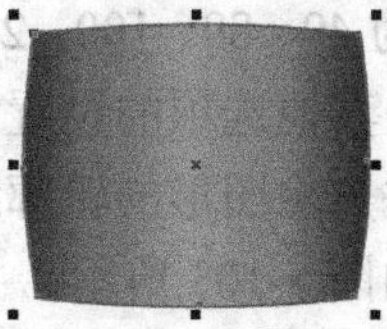

图 5-93

（4）选择“贝塞尔”工具，在页面中绘制一个不规则图形。按 F11 键，弹出“渐变填充”对话框，选择“双色”单选项，将“从”选项颜色的 CMYK 值设为 76、10、27、80，“到”选项颜色的 CMYK 值设为 60、0、0、0，其他选项的设置如图 5-94 所示，单击“确定”按钮，填充图形，并去除图形的轮廓线，效果如图 5-95 所示。

（5）选择“选择”工具，按数字键盘上的+键，复制图形。按住 Shift 键的同时，拖曳图形右上方的控制手柄，将其等比例缩小，如图 5-96 所示。

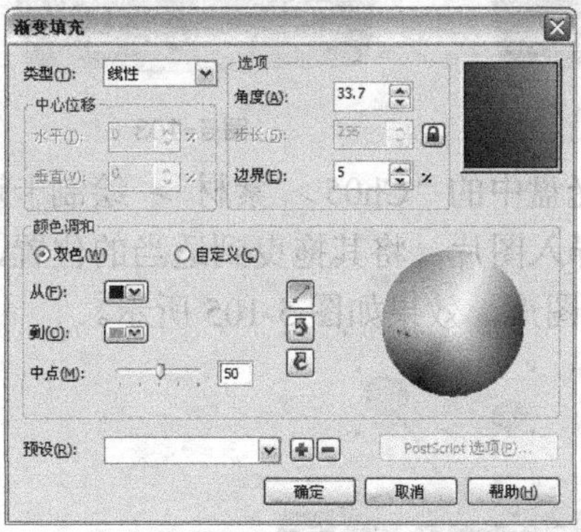

图 5-94

图 5-95

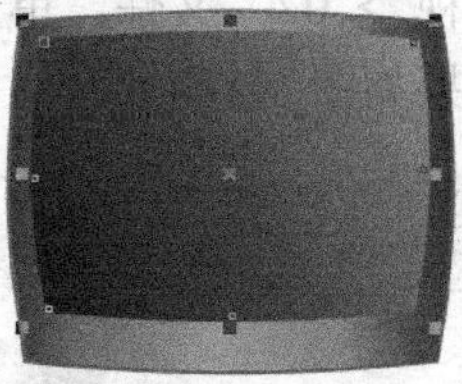

图 5-96

（6）选择“图样填充”工具，弹出“图样填充”对话框，选中“全色”单选项，单击右侧的按钮，在弹出的面板中选择需要的图标，如图 5-97 所示，其他选项的设置如图 5-98 所示，单击“确定”按钮，效果如图 5-99 所示。

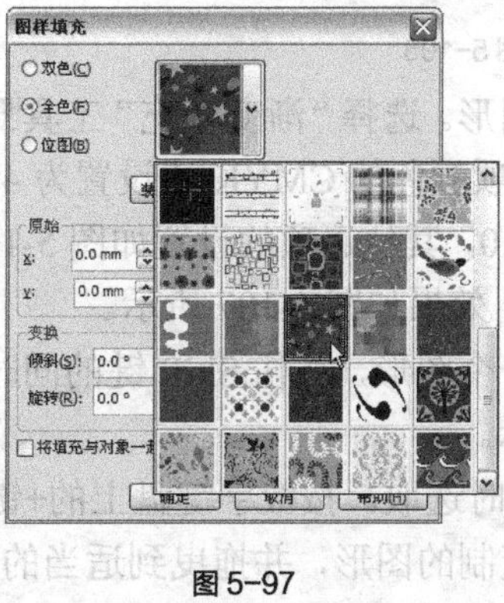

图 5-97

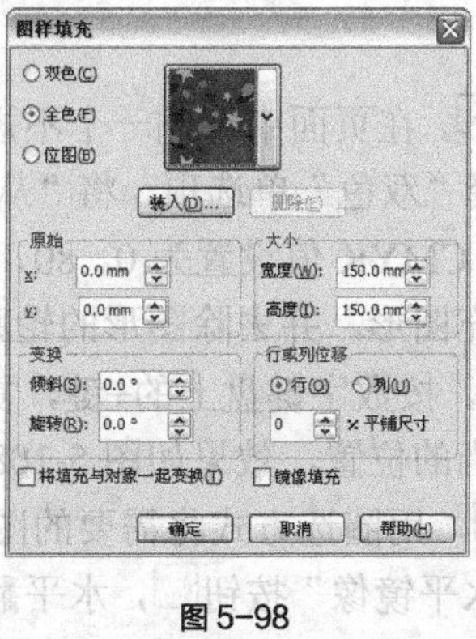

图 5-98

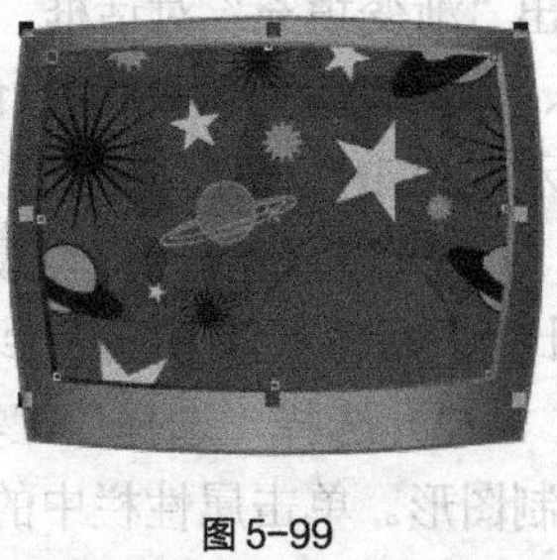

图 5-99

（7）按 Ctrl+I 组合键，弹出“导入”对话框，选择光盘中的“Ch05 > 素材 > 绘制卡通电视 > 01”文件，单击“导入”按钮，在页面中单击导入图片，将其拖曳到适当的位置，效果如图 5-100 所示。

图 5-100

（8）选择“椭圆形”工具，绘制一个椭圆形。按 F11 键，弹出“渐变填充”对话框，选择“双色”单选项，将“从”选项颜色的 CMYK 值设为 49、89、100、26，“到”选项颜色的 CMYK 值设为 0、80、100、0，其他选项的设置如图 5-101 所示，单击“确定”按钮，填充图形，并去除图形的轮廓线，效果如图 5-102 所示。按 Shift+PageDown 组合键，后移图形，效果如图 5-103 所示。

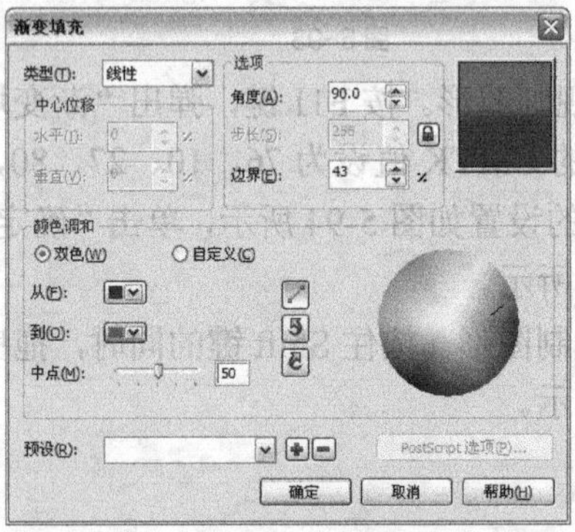

图 5-101

图 5-102

图 5-103

（9）按 Ctrl+I 组合键，弹出“导入”对话框，选择光盘中的“Ch05 > 素材 > 绘制卡通电视 > 02”文件，单击“导入”按钮，在页面中单击导入图片，将其拖曳到适当的位置，效果如图 5-104 所示。按 Shift+PageDown 组合键，后移图形，效果如图 5-105 所示。

图 5-104

图 5-105

（10）选择“贝塞尔”工具，在页面中绘制一个不规则图形。选择“渐变填充”工具，弹出“渐变填充”对话框，选择“双色”单选项，将“从”选项颜色的 CMYK 值设置为 49、89、100、26，“到”选项颜色的 CMYK 值设置为 0、80、100、0，其他选项的设置如图 5-106 所示。单击“确定”按钮，填充图形，并去除图形的轮廓线，效果如图 5-107 所示。

（11）选择“选择”工具，按数字键盘上的+键，复制一个图形，按住 Shift 键的同时，等比例缩放图形，并拖曳到适当的位置，效果如图 5-108 所示。

（12）选择“选择”工具，用圈选方式将需要的图形同时选取。按数字键盘上的+键，复制图形。单击属性栏中的“水平镜像”按钮，水平翻转复制的图形，并拖曳到适当的位置，效果如图 5-109 所示。用圈选的方法将图形和复制图形同时选取，按 Shift+PageDown 组合键，后移图形，效果如图 5-110 所示。

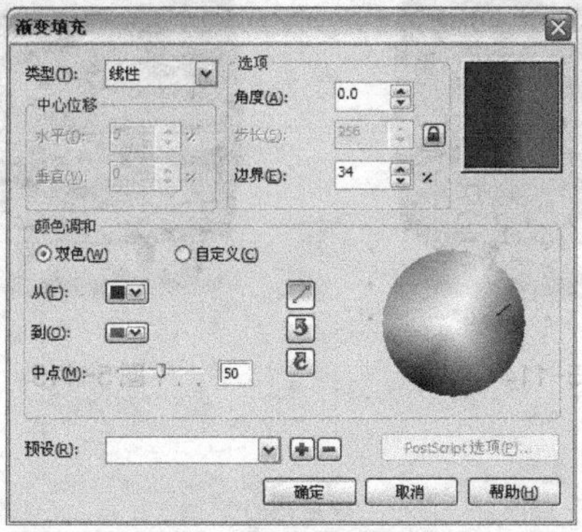

图 5-106

图 5-107

图 5-108

图 5-109

图 5-110

（13）选择“椭圆形”工具，在页面中绘制一个椭圆形，设置图形颜色的 CMYK 值为 0、0、0、63，填充图形，并去除图形的轮廓线，效果如图 5-111 所示。选择“位图 > 转换为位图”命令，在弹出的“转换为位图”对话框中进行设置，如图 5-112 所示，单击“确定”按钮，图形被转换为位图。

图 5-111

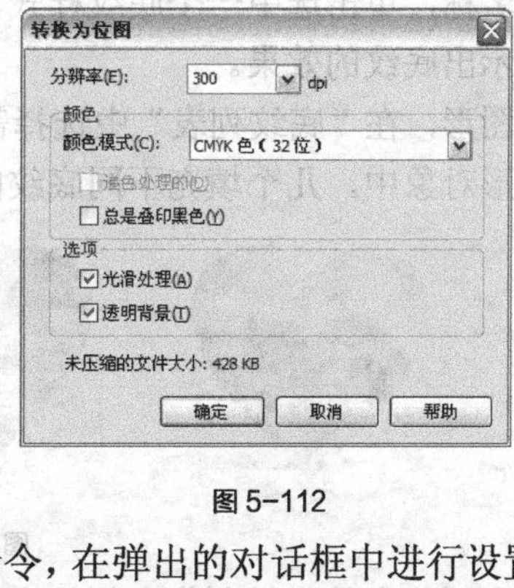

图 5-112

（14）选择“位图 > 模糊 > 高斯式模糊”命令，在弹出的对话框中进行设置，如图 5-113 所示，单击“确定”按钮，效果如图 5-114 所示。按 Shift+PageDown 组合键，后移图形，效果如图 5-115 所示。卡通电视绘制完成。

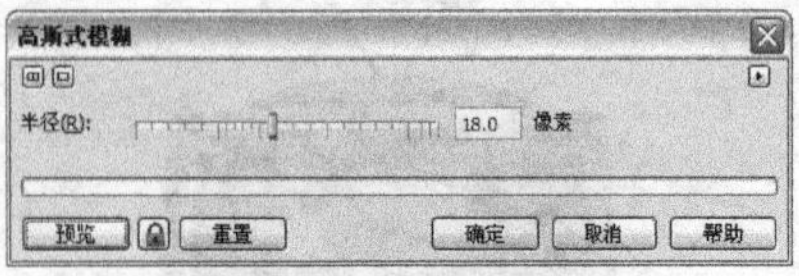

图 5-113

图 5-114

图 5-115

5.3 其他填充

除均匀填充、渐变填充和图样填充外，常用的填充还包括底纹填充、滴管填充和交互式网格填充等，这些填充可以使图形更加自然、多变。下面具体介绍这些填充方法和技巧。

5.3.1 底纹填充

底纹填充是随机产生的填充，它使用小块的位图填充图形，可以给图形一个自然的外观。底纹填充只能使用 RGB 颜色，所以在打印输出时可能会与屏幕显示的颜色有差别。

选择“填充”工具展开式工具栏中的“底纹填充”工具，弹出“底纹填充”对话框。

在对话框中，CorelDRAW X5 的底纹库提供了多个样本组和几百种预设的底纹填充图案，如图 5-116 所示。

图 5-116

在对话框“底纹库”选项的下拉列表中可以选择不同的样本组。CorelDRAW X5 底纹库提供了 7 个样本组。选择样本组后，在下面的“底纹列表”中，显示出样本组中的多个底纹的名称，单击选中一个底纹样式，下面的“预览”框中将显示出底纹的效果。

绘制一个图形，在“底纹列表”中选择需要的底纹效果后，单击“确定”按钮，可以将底纹填充到图形对象中，几个填充不同底纹的图形效果如图 5-117 所示。

图 5-117

在对话框中更改参数可以制作出新的底纹效果。选择一个底纹样式名称后，在“样式名称”设置区中就包含了对应于当前底纹样式的所有参数。选择不同的底纹样式会有不同的参数内容。在每个参数选项的后面都有一个按钮，单击它可以锁定或解锁每个参数选项，当单击“预览”按钮时，解锁的每个参数选项会随机发生变化，同时会使底纹图案发生变化。每单击一次“预览”按钮，就会产生一个新的底纹图案，效果如图 5-118 所示。

图 5-118

在每个参数选项中输入新的数值，可以产生新的底纹图案。设置好后，可以用按钮锁定参数。

制作好一个底纹图案后，可以进行保存。单击“底纹库”选项右侧的按钮，弹出“保存底纹为”对话框，如图 5-119 所示。在对话框的“底纹名称”选项中输入名称，在“库名称”选项中指定样式组，设置好参数后，单击“确定”按钮，将制作好的底纹图案保存。需要使用时可以直接在“底纹库”中调用。

在“底纹库”的样式组中选中要删除的底纹图案，单击“底纹库”选项右侧的按钮，弹出“CorelDRAW X5”提示框，如图 5-120 所示，单击“确定”按钮，将删除选中的底纹图案。

在“底纹填充”对话框中，单击“选项”按钮，弹出“底纹选项”对话框，如图 5-121 所示。

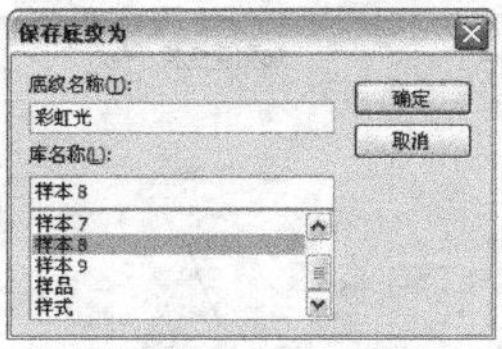

图 5-119

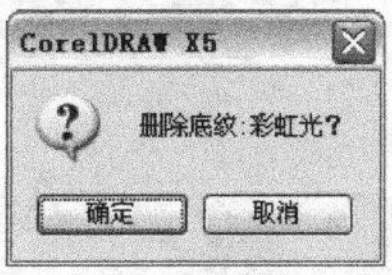

图 5-120

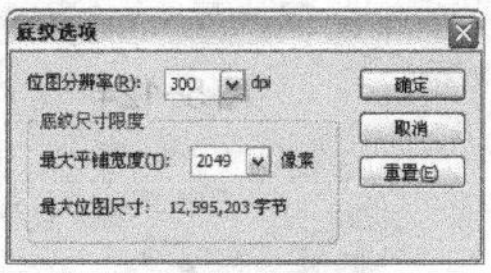

图 5-121

在对话框中的“位图分辨率”选项中可以设置位图分辨率的大小。

在“底纹尺寸限度”设置区中可以设置“最大平铺宽度”的大小。“最大位图尺寸”将根据位图分辨率和最大平铺宽度的大小，由软件本身计算出来。

位图分辨率和最大平铺宽度越大，底纹所占用的系统内存就越多，填充的底纹图案就越精细。最大位图尺寸值越大，底纹填充所占用的系统资源就越多。

在“底纹填充”对话框中，单击“平铺”按钮，弹出“平铺”对话框，如图 5-122 所示。在对话框中可以设置底纹的“原始”、“大小”、“变换”和“行或列位移”选项，也可以选择“将填充与对象一起变换”复选框和“镜像填充”复选框。

选择“交互式填充”工具，弹出其属性栏，选择“底纹填充”选项，单击属性栏中的“第一种填充色”图标，在弹出的下拉列表中可以选择底纹填充的样式，如图 5-123 所示。

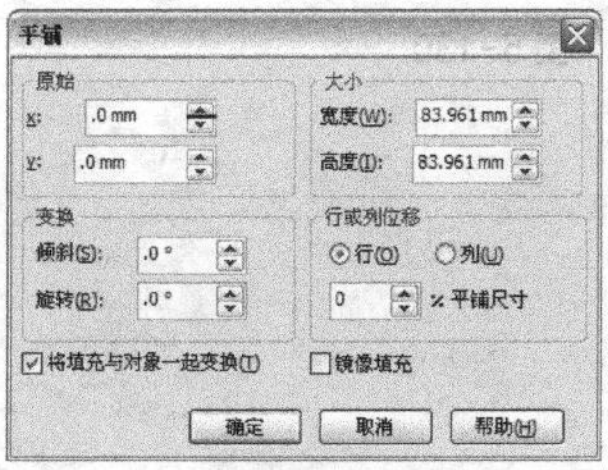

图 5-122

图 5-123

提示

底纹填充会增加文件的大小，并使操作的时间增长，在对大型的图形对象使用底纹填充时要慎重。

5.3.2 滴管工具

使用“属性滴管”工具可以在图形对象上提取并复制对象的属性填充到其他图形对象中。使用“颜色滴管”工具只能将从图形对象上提取的颜色复制到其他图形对象中。

1. 颜色滴管工具

绘制两个图形，如图 5-124 所示。选择“颜色滴管”工具，属性栏如图 5-125 所示。将滴管光标放置在图形对象上，单击鼠标左键来提取对象的颜色，如图 5-126 所示。光标变为图标，将光标移动到另一图形，如图 5-127 所示，单击鼠标，填充提取的颜色，效果如图 5-128 所示。

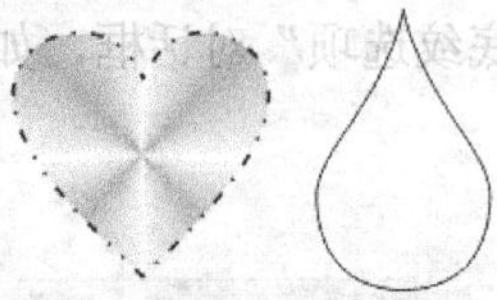

图 5-124

图 5-125

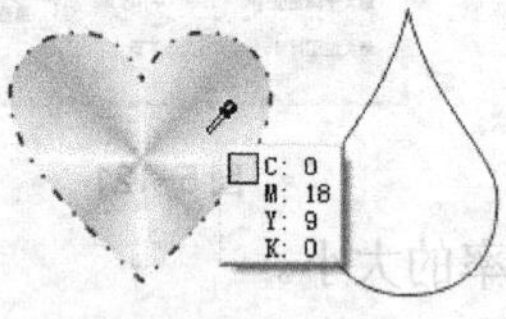

图 5-126

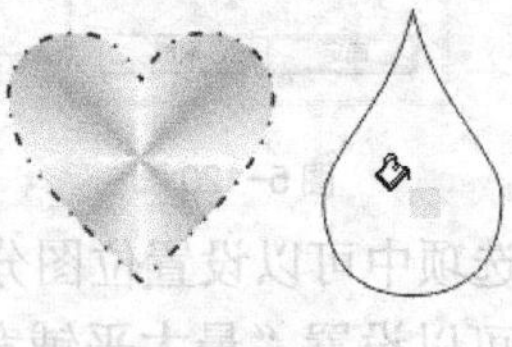

图 5-127

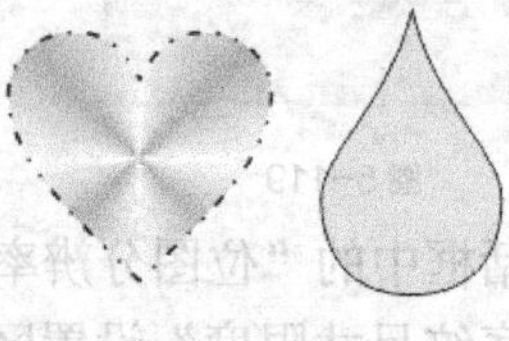

图 5-128

2. 属性滴管工具

绘制两个图形，如图 5-129 所示。选择“属性滴管”工具，属性栏如图 5-130 所示。将滴管光标放置在图形对象上，单击鼠标左键来提取对象的属性，如图 5-131 所示。光标变为图标，将光标移动到另一图形，如图 5-132 所示，单击鼠标，填充提取的所有属性，效果如图 5-133 所示。

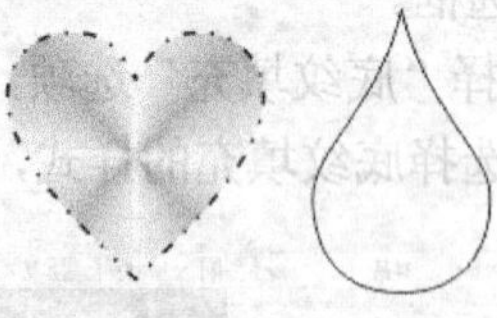

图 5-129

图 5-130

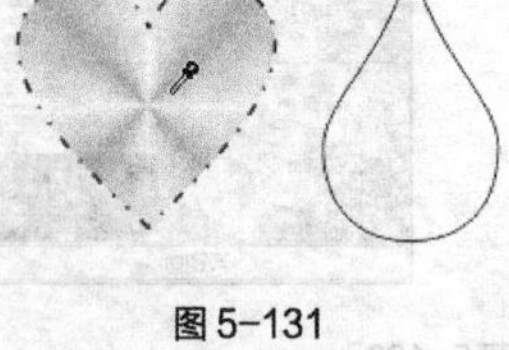

图 5-131

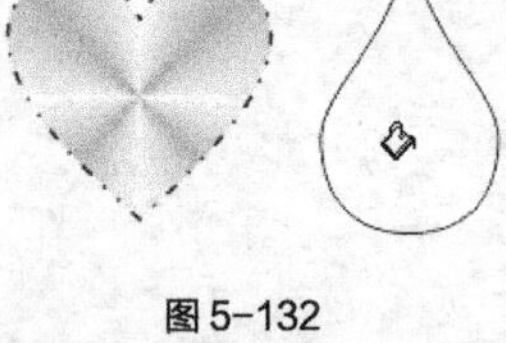

图 5-132

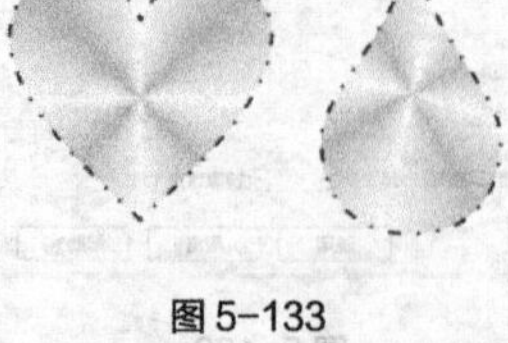

图 5-133

在“属性滴管”工具属性栏中，“属性”选项下拉列表可以设置提取并复制对象的轮廓属性、填充属性和文本属性。“变换”选项下拉列表可以设置提取并复制对象的大小、旋转角度和位置等属性。“效果”选项下拉列表可以设置提取并复制对象的透视、封套、混合、立体化、轮廓图、透镜、图框精确剪裁、阴影和变形等属性。

5.3.3 交互式网格填充工具

绘制一个要进行网状填充的图形，如图 5-134 所示。选择“交互式填充”工具展开式工具栏中的“网状填充”工具，在属性栏中将横竖网格的数值均设置为 3，按 Enter 键，图形的网状填充效果如图 5-135 所示。

单击选中网格中需要填充的节点，如图 5-136 所示。在调色板中需要的颜色上单击鼠标左键，可以为选中的节点填充颜色，效果如图 5-137 所示。

再依次选中需要的节点并进行颜色填充，如图 5-138 所示。选中节点后，拖曳节点的控制点可以扭曲颜色填充的方向，如图 5-139 所示。交互式网格填充效果如图 5-140 所示。

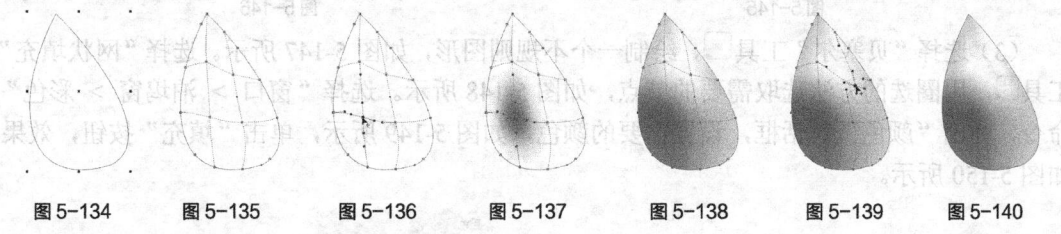

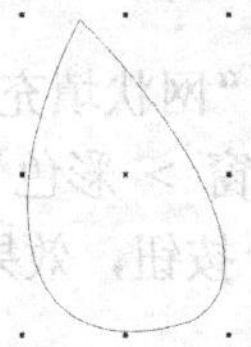

图 5-134

图 5-135

图 5-136

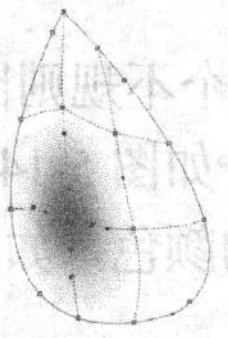

图 5-137

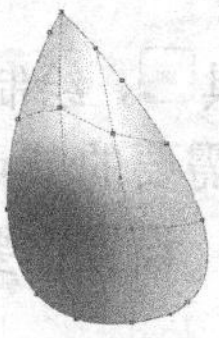

图 5-138

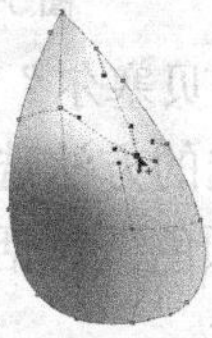

图 5-139

图 5-140

5.3.4 课堂案例——制作卡通插画

【案例学习目标】学习使用底纹填充工具绘制卡通插画。

【案例知识要点】使用底纹填充工具制作背景图。使用交互式网格填充工具绘制蘑菇图形。使用文本工具添加文字。卡通插画效果如图 5-141 所示。

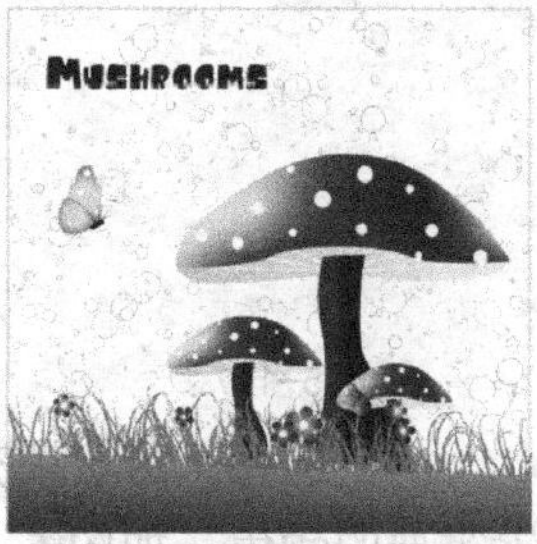

图 5-141

【效果所在位置】光盘/Ch05/效果/制作卡通插画.cdr。

（1）按 Ctrl+N 组合键，新建一个 A4 页面。选择“矩形”工具，绘制一个矩形图形，如图 5-142 所示。选择“PostScript”工具，弹出“PostScript 底纹”对话框，选项的设置如图 5-143 所示，单击“确定”按钮，效果如图 5-144 所示。

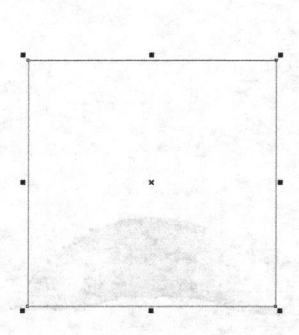

图 5-142

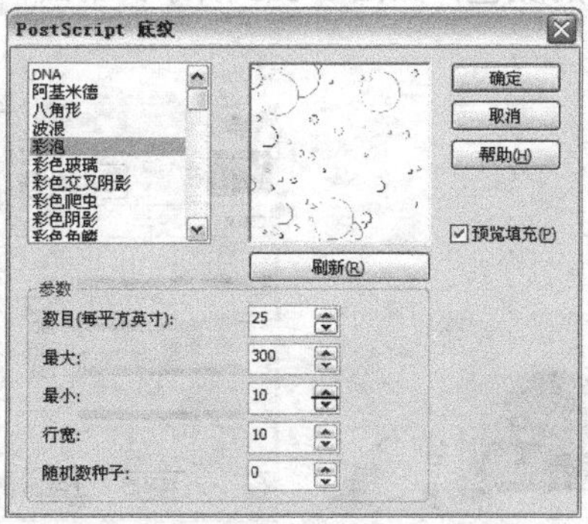

图 5-143

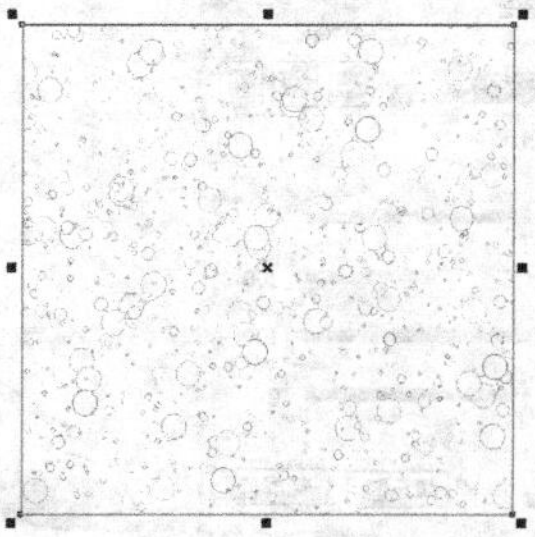

图 5-144

（2）按 F12 键，弹出“轮廓笔”对话框，在“颜色”选项中设置轮廓线颜色的 CMYK 值为 0、0、0、20，其他选项的设置如图 5-145 所示，单击“确定”按钮，效果如图 5-146 所示。

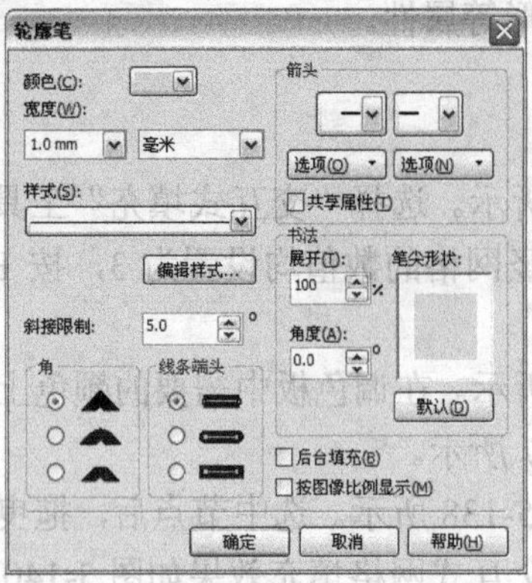

图 5-145

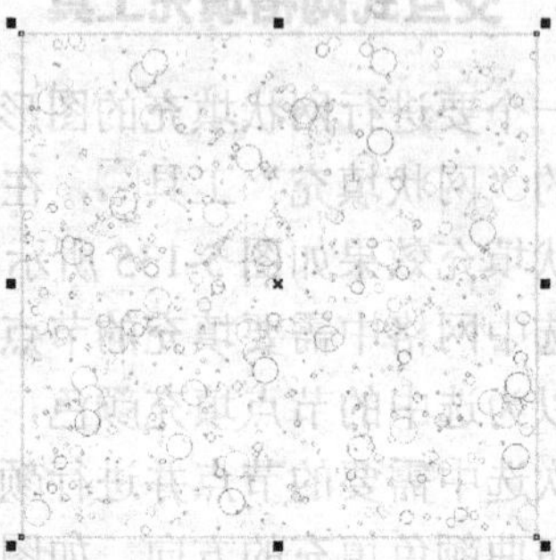

图 5-146

（3）选择“贝塞尔”工具，绘制一个不规则图形，如图 5-147 所示。选择“网状填充”工具，用圈选的方法选取需要的节点，如图 5-148 所示。选择“窗口 > 泊坞窗 > 彩色”命令，弹出“颜色”对话框，设置需要的颜色，如图 5-149 所示，单击“填充”按钮，效果如图 5-150 所示。

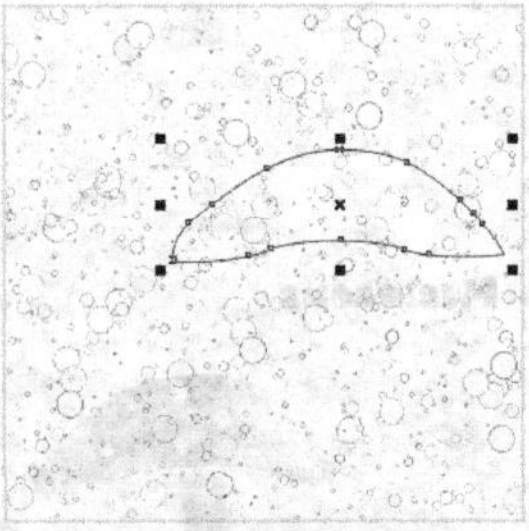

图 5-147

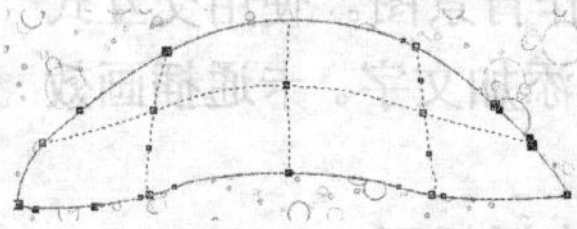

图 5-148

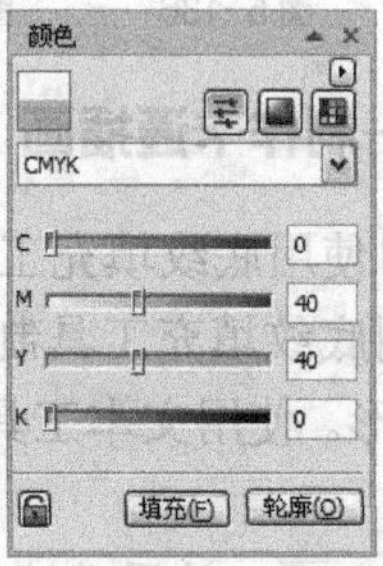

图 5-149

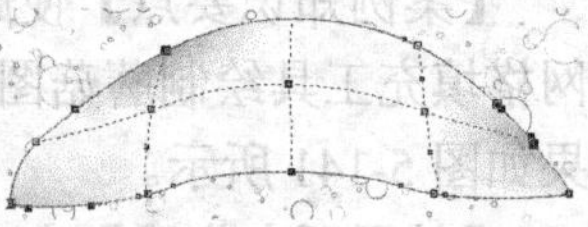

图 5-150

（4）选择“网状填充”工具，用圈选的方法选取需要的节点，在“颜色”对话框中设置需要的颜色，如图 5-151 所示，单击“填充”按钮，效果如图 5-152 所示。

（5）选择“网状填充”工具，按住 Shift 键的同时，用圈选的方法选取需要的节点，在“颜色”对话框中设置需要的颜色，如图 5-153 所示，单击“填充”按钮，效果如图 5-154 所示。

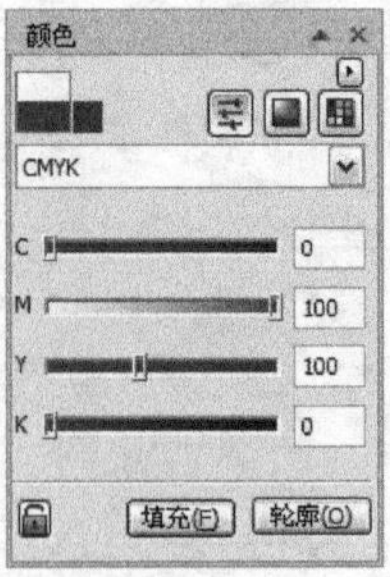

图 5-151

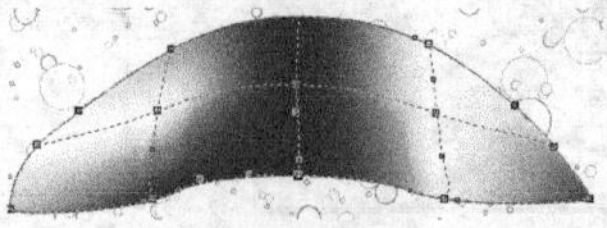

图 5-152

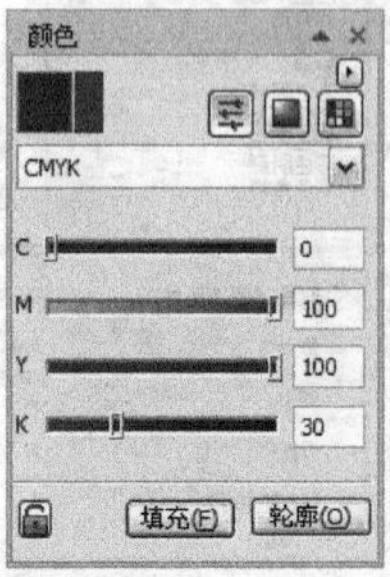

图 5-153

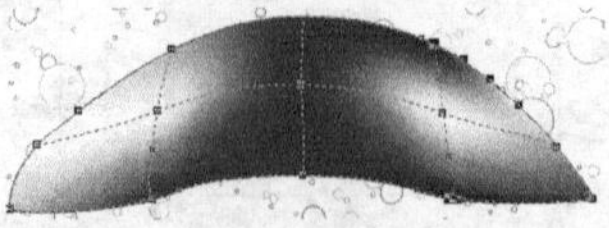

图 5-154

（6）选择“网状填充”工具，按住 Shift 键的同时，用圈选的方法选取需要的节点，在“颜色”对话框设置需要的颜色，如图 5-155 所示，单击“填充”按钮，效果如图 5-156 所示。

（7）选择“网状填充”工具，选取需要的节点，在“颜色”对话框设置需要的颜色，如图 5-157 所示，单击“填充”按钮，效果如图 5-158 所示。

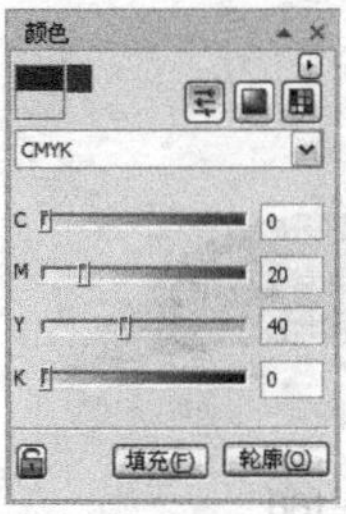

图 5-155

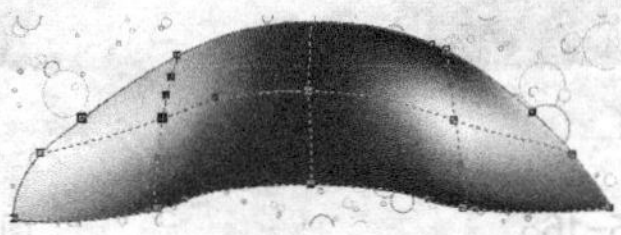

图 5-156

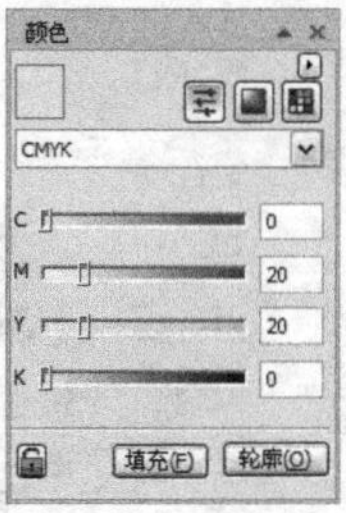

图 5-157

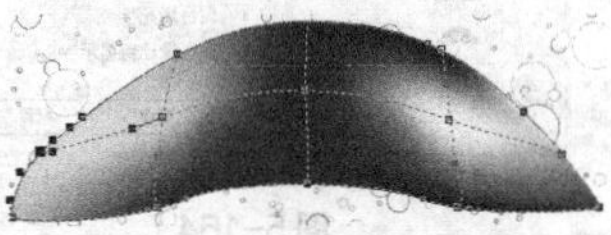

图 5-158

（8）选择“网状填充”工具，选取需要的节点，在“颜色”对话框设置需要的颜色，如图 5-159 所示，单击“填充”按钮，效果如图 5-160 所示。选择“选择”工具，选取渐变网格图形，并去除图形的轮廓线，效果如图 5-161 所示。

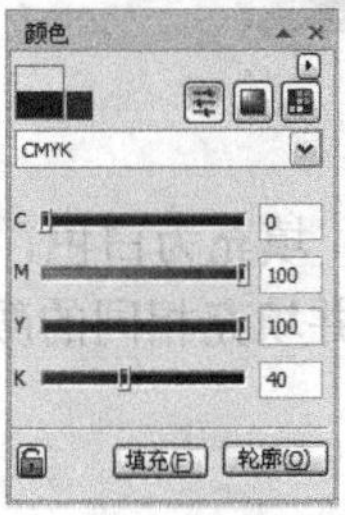

图 5-159

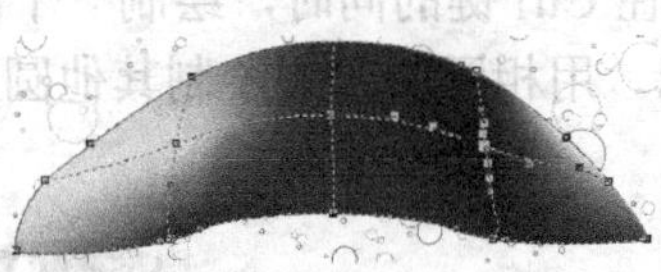

图 5-160

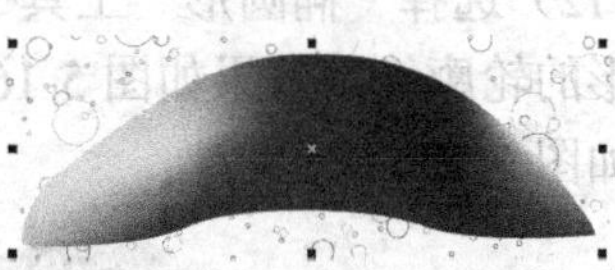

图 5-161

（9）选择“贝塞尔”工具，绘制一个不规则图形。按 F11 键，弹出“渐变填充”对话框，选择“双色”单选项，将“从”选项颜色的 CMYK 值设为 0、0、0、30，“到”选项颜色的 CMYK 值设为 0、0、0、10，其他选项的设置如图 5-162 所示，单击“确定”按钮，填充图形，并去除图形的轮廓线，效果如图 5-163 所示。

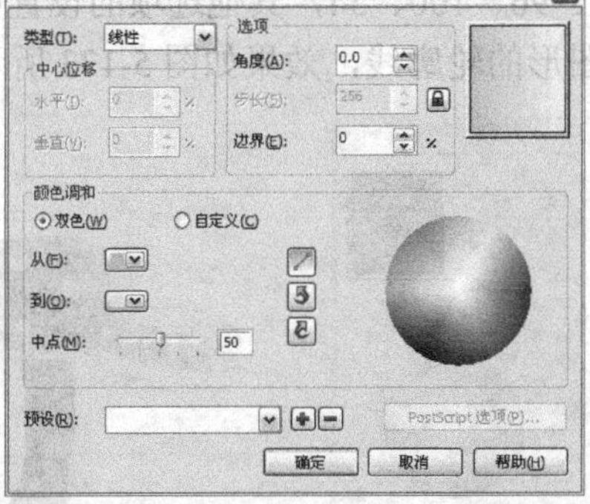

图 5-162

图 5-163

（10）选择“贝塞尔”工具，绘制一条直线。按 F12 键，弹出“轮廓笔”对话框，在“颜色”选项中设置轮廓线颜色的 CMYK 值为 0、0、0、10，其他选项的设置如图 5-164 所示，单击“确定”按钮，效果如图 5-165 所示。用相同的方法绘制其他直线，并填充相同的颜色，效果如图 5-166 所示。

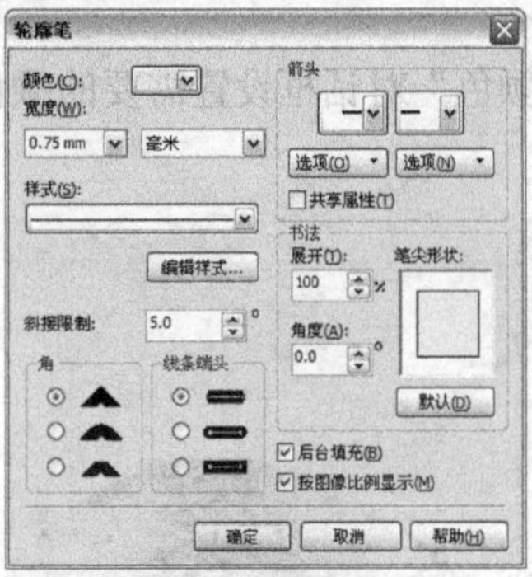

图 5-164

图 5-165

图 5-166

（11）选择“选择”工具，用圈选的方法选取需要的图形，如图 5-167 所示。按 Ctrl+PageDown 组合键，将图形后移一层，效果如图 5-168 所示。

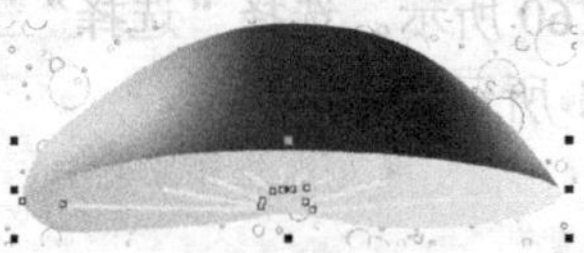

图 5-167

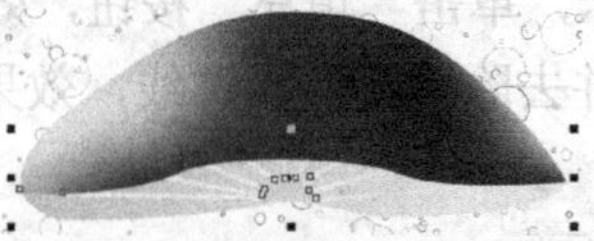

图 5-168

（12）选择“椭圆形”工具，按住 Ctrl 键的同时，绘制一个圆形，填充为白色，并去除图形的轮廓线，效果如图 5-169 所示。用相同的方法绘制其他圆形，并填充相同的颜色，效果如图 5-170 所示。

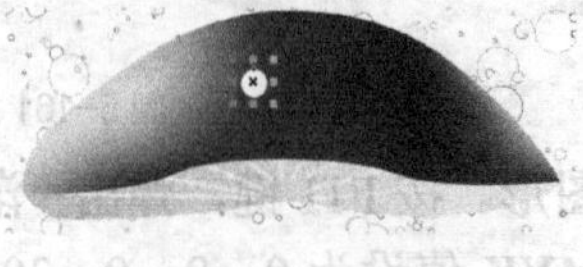

图 5-169

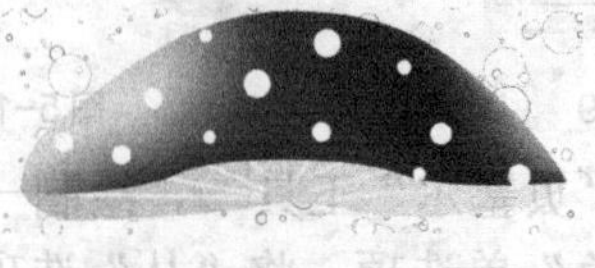

图 5-170

（13）选择“贝塞尔”工具，绘制一个不规则图形，如图 5-171 所示。按 F11 键，弹出“渐变填充”对话框，选择“双色”单选项，将“从”选项颜色的 CMYK 值设为 44、100、100、20，“到”选项颜色的 CMYK 值设为 60、96、100、54，其他选项的设置如图 5-172 所示，单击“确定”按钮，填充图形，并去除图形的轮廓线，效果如图 5-173 所示。

图 5-171

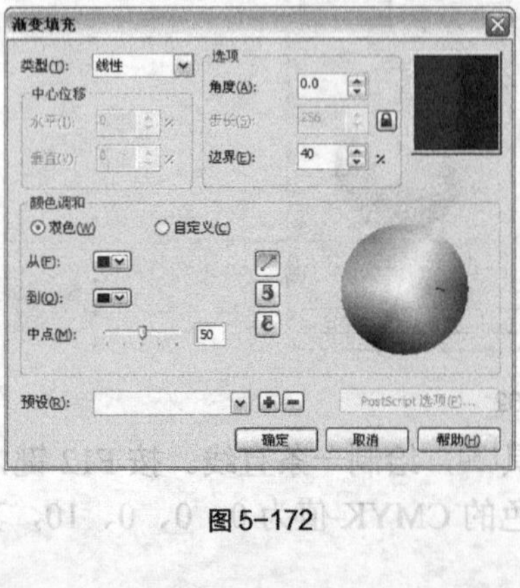

图 5-172

图 5-173

（14）选择“选择”工具，用圈选的方法将蘑菇图形同时选取。按 Ctrl+G 组合键，将其群组。连续按两次数字键盘上的+键，复制图形，分别调整其位置和大小，效果如图 5-174 所示。

（15）按 Ctrl+I 组合键，弹出“导入”对话框，选择光盘中的“Ch05 > 素材 > 制作卡通插画 > 01”文件，单击“导入”按钮，在页面中单击导入图片，将其拖曳到适当的位置，效果如图 5-175 所示。

（16）选择“文本”工具，输入需要的文字。选择“选择”工具，在属性栏中选择合适的字体并设置文字大小，效果如图 5-176 所示。卡通插画绘制完成。

图 5-174

图 5-175

图 5-176

5.4 课堂练习——绘制时尚插画

【练习知识要点】使用底纹填充工具制作背景效果。使用贝塞尔工具和渐变填充工具绘制装饰图形。使用文本工具添加文字。时尚插画的效果如图 5-177 所示。

【效果所在位置】光盘/Ch05/效果/绘制时尚插画.cdr。

图 5-177

5.5 课后习题——绘制风景插画

【习题知识要点】使用矩形工具、贝塞尔工具和渐变填充工具绘制背景效果。使用贝塞尔工具、椭圆形工具和底纹填充工具绘制装饰图形。使用椭圆形工具、贝塞尔工具和合并命令绘制树木图形。风景插画的效果如图 5-178 所示。

【效果所在位置】光盘/Ch05/效果/绘制风景插画.cdr。

图 5-178

6 Chapter

第 6 章 排列和组合对象

CorelDRAW X5 提供了多个命令和工具来排列和组合图形对象。本章将主要介绍排列和组合对象的功能以及相关的技巧。通过学习本章的内容，读者可以自如地排列和组合绘图中的图形对象，轻松完成制作任务。

课堂学习目标

- 对齐和分布
- 群组和结合

6.1 对齐和分布

在 CorelDRAW X5 中，提供了对齐和分布功能来设置对象的对齐和分布方式。下面介绍对齐和分布的使用方法和技巧。

6.1.1 多个对象的对齐和分布

1. 多个对象的对齐

使用“选择”工具选中多个要对齐的对象，选择“排列 > 对齐和分布 > 对齐与分布”命令，或按 A 键，或单击属性栏中的“对齐与分布”按钮，弹出如图 6-1 所示的“对齐与分布”对话框。

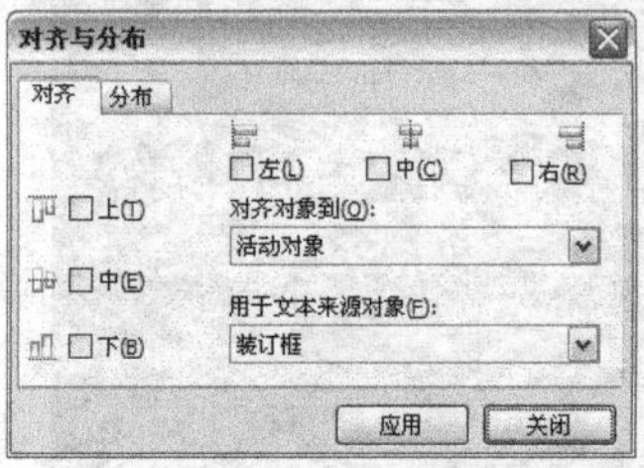

图 6-1

在“对齐与分布”对话框中的“对齐”选项卡下，可以选择两组对齐方式选项，如左、中、右对齐或者上、中、下对齐。两组对齐方式选项可以单独使用，也可以配合使用，如对齐右下、左上等设置就需要配合使用。

在“对齐对象到”选项中的“页边”或“页面中心”选项，用于设置图形对象以页面的什么位置为基准对齐。“页边”或“页面中心”选项必须与左、中、右对齐或者上、中、下对齐选项同时使用，以指定图形对象的某个部分去和页面边缘或页面中心对齐。

选择“选择”工具，按住 Shift 键，单击几个要对齐的图形对象将它们全选，如图 6-2 所示，注意要将图形目标对象最后选中，因为其他图形对象将以图形目标对象为基准对齐，本例中以右下角的图形为目标对象，所以最后一个选中它。

选择“排列 > 对齐和分布 > 对齐与分布”命令，弹出“对齐与分布”对话框，在对话框中，单击“右”对齐复选框，如图 6-3 所示进行设定，再单击“应用”按钮，将几个图形对象右对齐，效果如图 6-4 所示。

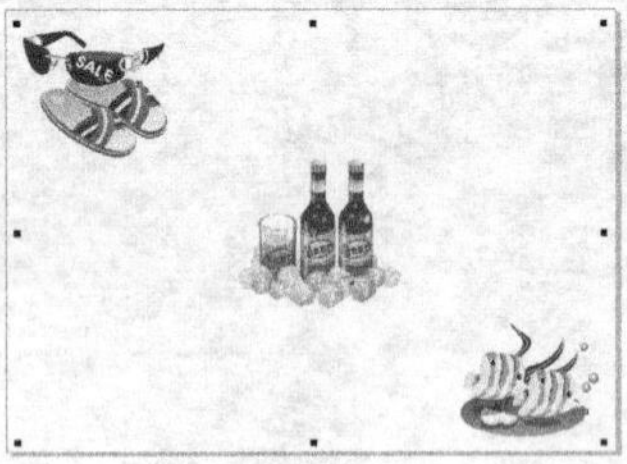
图 6-2

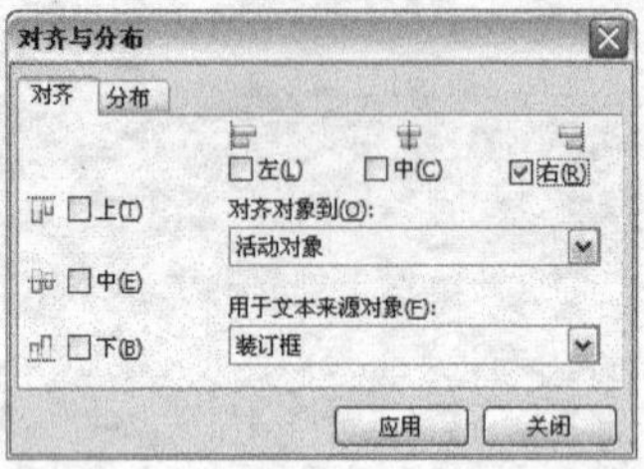

图 6-3

图 6-4

在“对齐与分布”对话框中，选择“对齐对象到”选项中的“页面中心”选项，并选择“中”对齐复选框，如图 6-5 所示进行设定，再单击“应用”按钮，几个图形对象的对齐效果如图 6-6 所示。

提示

在“对齐与分布”对话框中，还可以进行多种图形对齐方式的设置，只要多练习就可以很快掌握。

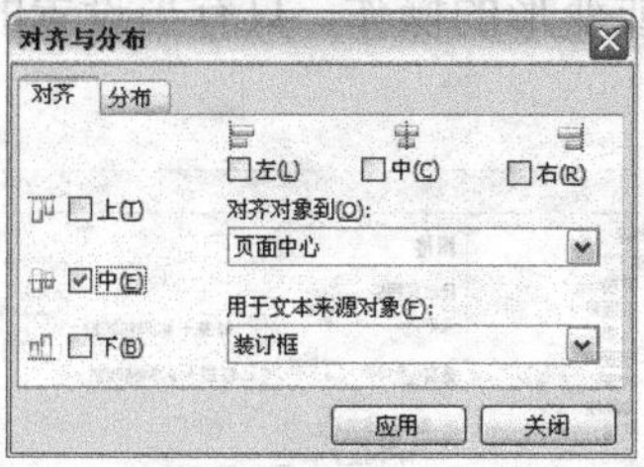

图6-5

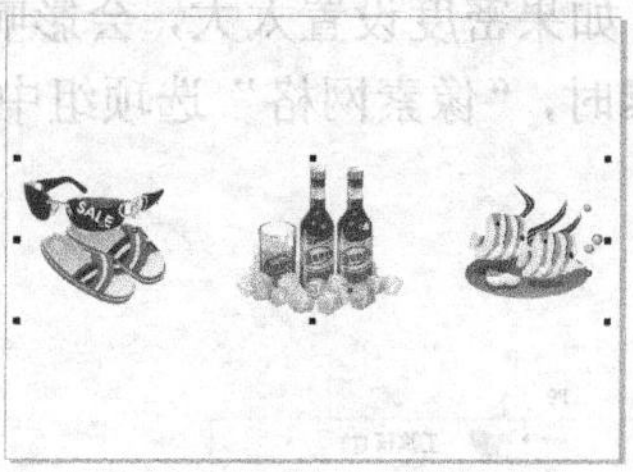

图6-6

2. 多个对象的分布

使用“选择”工具选择多个要分布的图形对象，如图 6-7 所示。再选择“排列 > 对齐和分布 > 对齐与分布”命令，弹出“对齐与分布”对话框，单击并显示“分布”选项卡，如图 6-8 所示。

图6-7

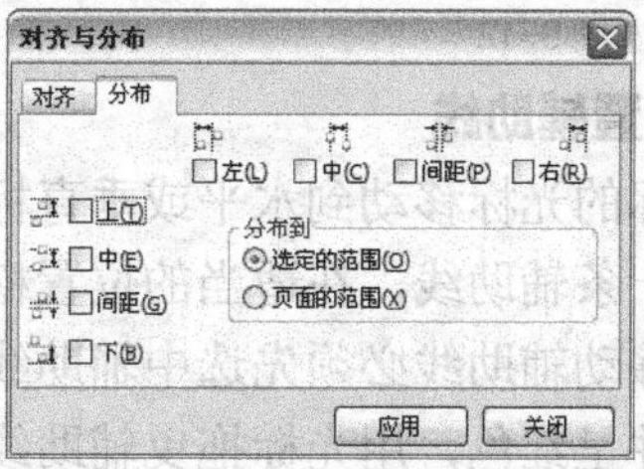

图6-8

在“分布”选项卡中有两种分布形式，分别是沿垂直方向分布和沿水平方向分布。可以选择不同的基准点来分布对象。

在“分布”选项卡中，可以选择“选定的范围”或“页面的范围”选项，如图 6-9 所示进行设定，再单击“应用”按钮，几个图形对象的分布效果如图 6-10 所示。

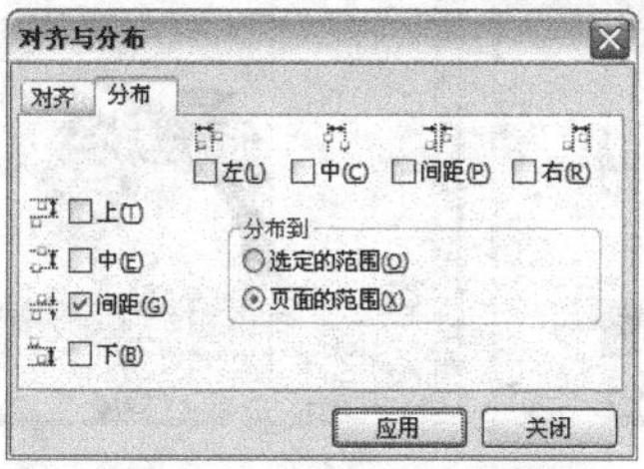

图6-9

图6-10

6.1.2 网格和辅助线的设置和使用

1. 设置网格

选择“视图 > 网格”命令，在页面中生成网格，效果如图 6-11 所示。如果想消除网格，只要再次选择“视图 > 网格”命令即可。

在绘图页面中单击鼠标右键，弹出其快捷菜单，在菜单中选择“视图 > 网格”命令，如图 6-12 所示，也可以在页面中生成网格。

在绘图页面的标尺上单击鼠标右键，弹出其快捷菜单，在菜单中选择“栅格设置”命令，如图 6-13 所示，弹出“选项”对话框，如图 6-14 所示。在“自定义网格”选项组中可以设置网格的密度和网格点的间距。网格点的设

图6-11

置要合理，如果密度设置太大，会影响图形对象移动或变形的操作。只有当设置的文件测量单位为像素时，“像素网格”选项组中的选项才可用。

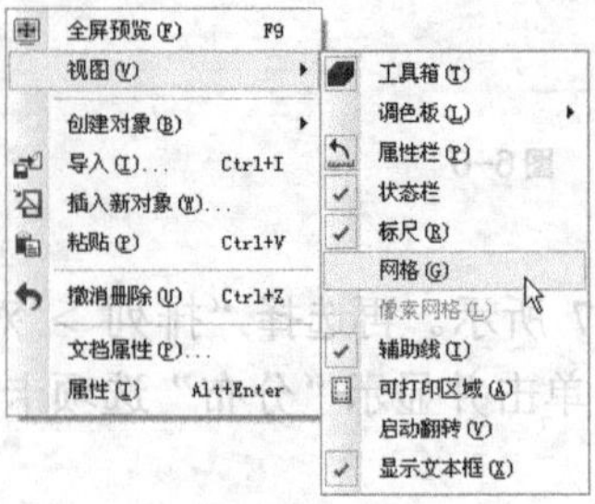

图 6-12

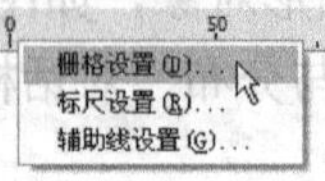

图 6-13

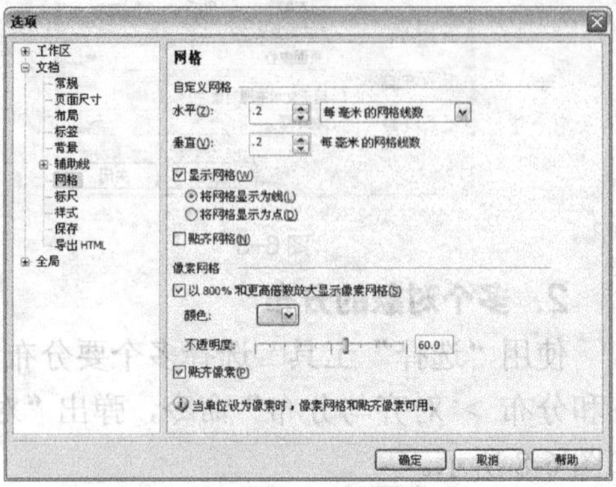

图 6-14

2. 设置辅助线

将鼠标的光标移动到水平或垂直标尺上，按住鼠标左键不放，并向下或向右拖曳光标，可以绘制一条辅助线，在适当的位置松开鼠标左键，辅助线效果如图 6-15 所示。

要想移动辅助线必须先选中辅助线，将鼠标的光标放在辅助线上并单击鼠标左键，辅助线被选中并呈红色，用光标拖曳辅助线到适当的位置即可，如图 6-16 所示。在拖曳的过程中单击鼠标右键可以在当前位置复制出一条辅助线。选中辅助线后，按 Delete 键，可以将辅助线删除。

辅助线被选中变成红色后，再次单击辅助线，将出现辅助线的旋转模式，如图 6-17 所示。可以通过拖曳两端的旋转控制点来旋转辅助线。

图 6-15

图 6-16

图 6-17

提示

选择“视图 > 设置 > 辅助线设置”命令，或使用鼠标右键单击标尺，弹出其快捷菜单，在其中选择“辅助线设置”命令，弹出“选项”对话框，也可设置辅助线。

在辅助线上单击鼠标右键，在弹出的快捷菜单中选择“锁定对象”命令，可以将辅助线锁定，用相同的方法在弹出的快捷菜单中选择“解除锁定对象”命令，可以将辅助线解锁。

3. 对齐网格、辅助线和对象

选择“视图 > 贴齐网格”命令，或按 Ctrl+Y 组合键，或单击“选择”工具属性栏中的“贴齐”按钮，在弹出的下拉列表中选择“贴齐网格”命令，如图 6-18 所示。再选择“视图 > 网格”命令，在绘图页面中设置好网格，在移动图形对象的过程中，图形对象会自动对齐到网格、辅助线或其他图形对象上，如图 6-19 所示。

在“对齐与分布”对话框中，选择对齐对象到“网格”选项，如图 6-20 所示。图形对象的中心点会对齐到最近的网格点，在移动图形对象时，图形对象会对齐到最近的网格点。

选择“视图 > 贴齐辅助线”命令，或单击“选择”工具属性栏中的“贴齐”按钮，在弹出的下拉列表中选择“贴齐辅助线”命令，可使图形对象自动对齐辅助线。

选择“视图 > 贴齐对象”命令，或单击“选择”工具属性栏中的“贴齐”按钮，在弹出的下拉列表中选择“贴齐对象”命令，可以使两个对象的中心对齐重合。

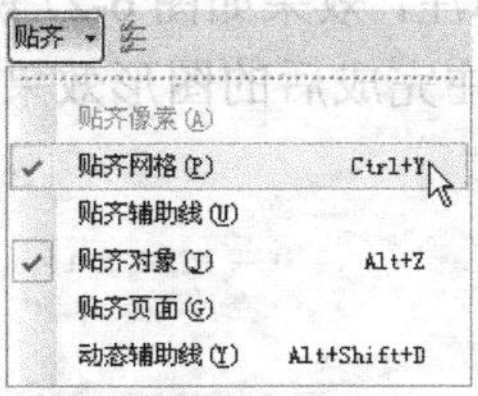

图 6-18

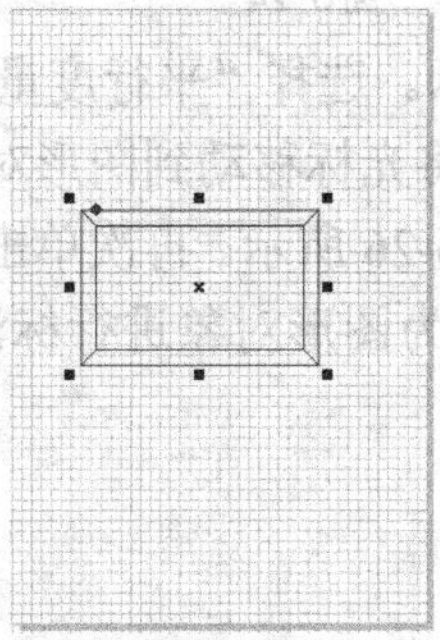

图 6-19

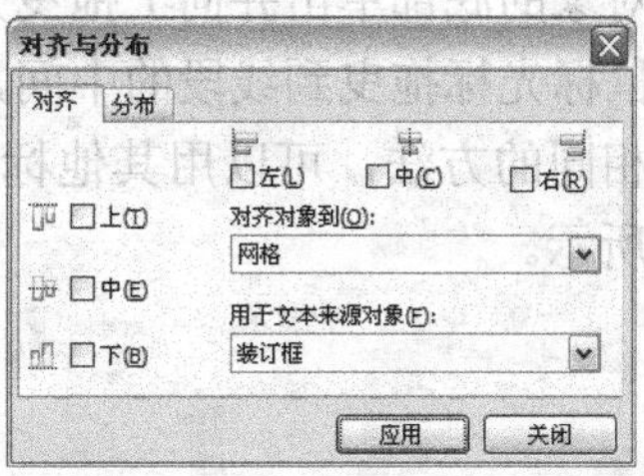

图 6-20

技巧

在曲线图形对象之间，用“选择”工具或“形状”工具选择并移动图形对象上的节点时，“贴齐对象”命令的功能可以方便准确地进行节点间的捕捉对齐。

6.1.3 标尺的设置和使用

标尺可以帮助用户了解图形对象的当前位置，以便设计作品时确定作品的精确尺寸。下面介绍标尺的设置和使用方法。

选择“视图 > 标尺”命令，可以显示或隐藏标尺。显示标尺的效果如图 6-21 所示。

将鼠标的光标放在标尺左上角的图标上，按住鼠标左键不放并拖曳光标，出现十字虚线的标尺定位线，如图 6-22 所示。在需要的位置松开鼠标左键，可以设定新的标尺坐标原点。双击图标，可以将标尺还原到原始的位置。

按住 Shift 键，将鼠标的光标放在标尺左上角的图标上，按住鼠标左键不放并拖曳光标，可以将标尺移动到新位置，如图 6-23 所示。使用相同的方法将标尺拖放回左上角可以还原标尺的位置。

图 6-21

图 6-22

图 6-23

6.1.4 标注线的绘制

选择“平行度量”工具，弹出其属性栏，如图 6-24 所示。在工具栏中共有 5 种标注工具，它们从上到下依次是“平行度量”工具、“水平或垂直度量”工具、“角度量”工具、“线段度量”工具、“3 点标注”工具。

图 6-24

打开一个图形对象，如图 6-25 所示。选择“平行度量”工具，将鼠标的光标移动到图形对象的底部单击并向上拖曳光标，将光标移动到图形对象的顶部后再次单击鼠标左键，再将鼠标光标拖曳到线段的中间，如图 6-26 所示。再次单击完成标注，效果如图 6-27 所示。使用相同的方法，可以用其他标注工具为图形对象进行标注，标注完成后的图形效果如图 6-28 所示。

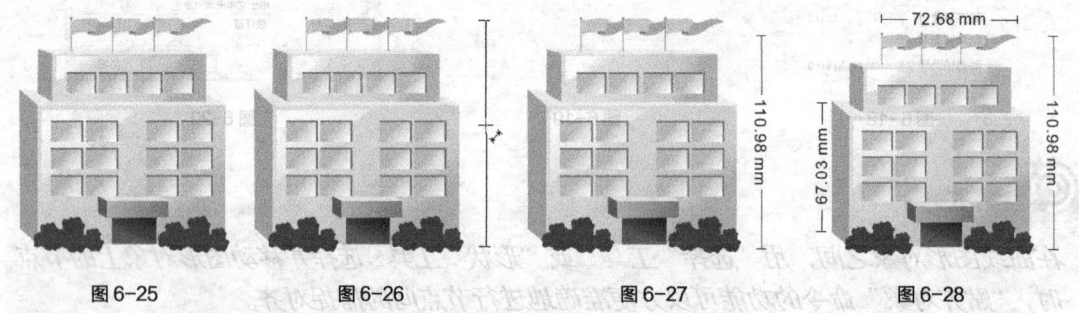

图 6-25

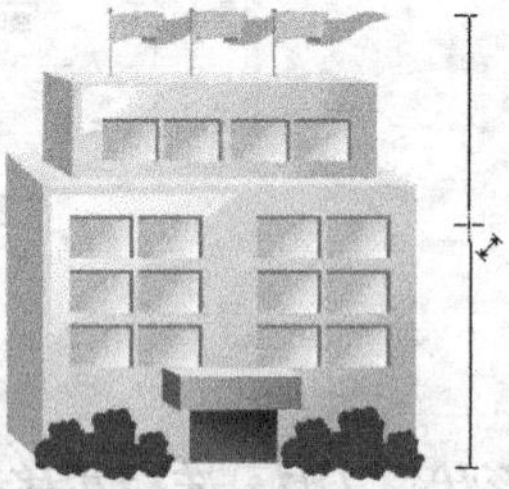

图 6-26

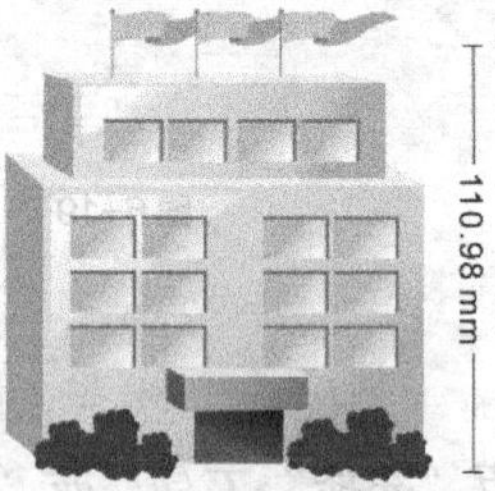

图 6-27

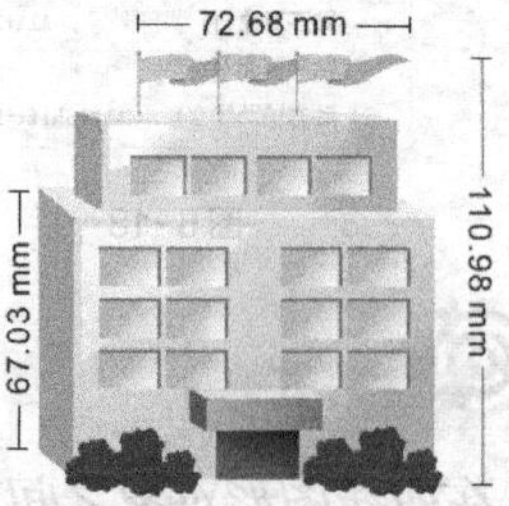

图 6-28

6.1.5 对象的排序

在 CorelDRAW X5 中，绘制的图形对象都存在着重叠的关系，如果在绘图页面中的同一位置先后绘制两个不同背景的图形对象，后绘制的图形对象将位于先绘制图形对象的上方。

使用 CorelDRAW X5 的排序功能可以安排多个图形对象的前后顺序，也可以使用图层来管理图形对象。

在绘图页面中先后绘制几个不同的图形对象，效果如图 6-29 所示。使用“选择”工具选择要进行排序的图形对象，效果如图 6-30 所示。

图 6-29

图 6-30

选择“排列 > 顺序”子菜单下的各个命令，如图 6-31 所示，可将已选择的图形对象进行排序。

选择“到图层前面”命令，可以将背景图形从当前层移动到绘图页面中其他图形对象的最前面，效果如图 6-32 所示。按 Shift+PageUp 组合键，也可以完成这个操作。

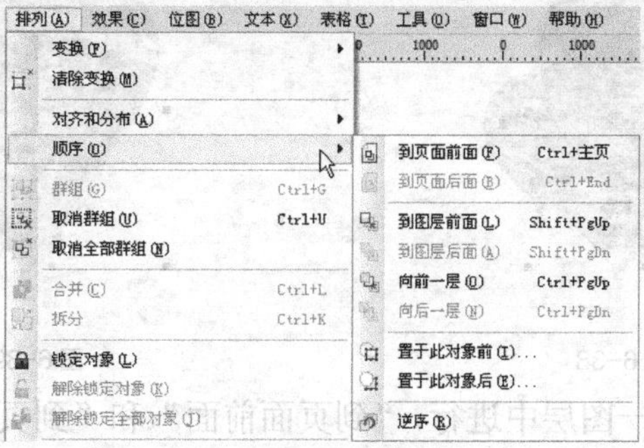

图 6-31

选择“到图层后面”命令，可以将背景图形从当前层移动到绘图页面中其他图形对象的最后面，如图 6-33 所示。按 Shift+PageDown 组合键，也可以完成这个操作。

选择“向前一层”命令，可以将选定的背景图形从当前位置向前移动一个图层，如图 6-34 所示。按 Ctrl+PageUp 组合键，也可以完成这个操作。

图 6-32

图 6-33

图 6-34

选择“向后一层”命令，可以将选定的图形（背景）从当前位置向后移动一个图层，如图 6-35 所示。按 Ctrl+PageDown 组合键，也可以完成这个操作。

选择“置于此对象前”命令，可以将选择的图形放置到指定图形对象的前面。选择“置于此对象前”命令后，鼠标的光标变为黑色箭头，使用黑色箭头单击指定的图形对象，如图 6-36 所示，选择的图形被放置到指定图形对象的前面，效果如图 6-37 所示。

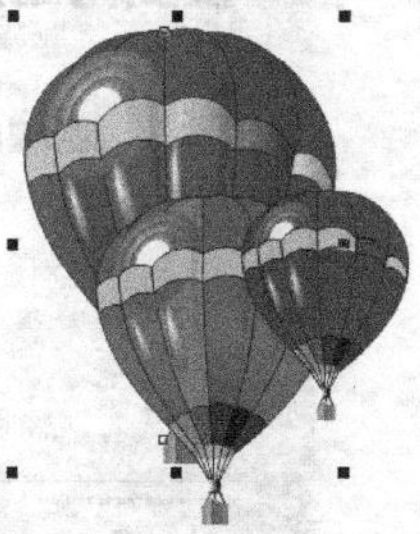
图 6-35

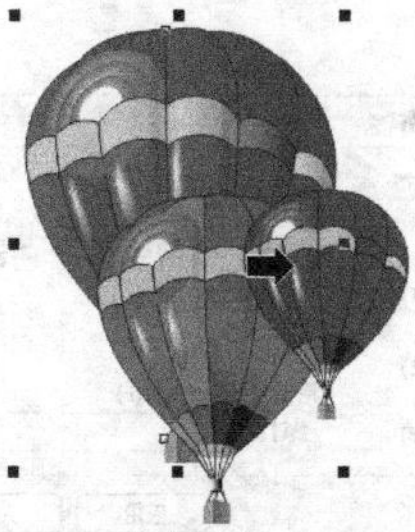
图 6-36

图 6-37

选择“置于此对象后”命令，可以将选择的图形放置到指定图形对象的后面。选择“置于此对象后”命令后，鼠标的光标变为黑色箭头，使用黑色箭头单击指定的图形对象，如图 6-38 所示，选择的图形被放置到指定的图形对象的后面，效果如图 6-39 所示。

图 6-38

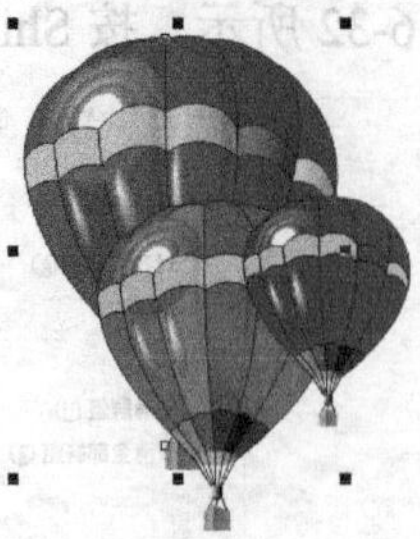

图 6-39

如果所有操作都在同一图层中进行，“到页面前面”和“到页面后面”命令与“到图层前面”和“到图层后面”命令相同。若新建了其他图层，那么使用“到页面前面”和“到页面后面”命令会将图形调整到最前面或最后面的图层中。将所有图形全部选取时，选择“逆序”命令，可以将现有顺序全部颠倒重新排列。

6.1.6 课堂案例——室内居室效果图

【案例学习目标】学习使用对象的对齐和分布命令制作室内居室效果图。

【案例知识要点】使用导入和对齐与分布命令为室内平面图添加家具。使用标注工具标注平面图。室内居室效果图如图 6-40 所示。

【效果所在位置】光盘/Ch06/效果/室内居室效果图.cdr。

图 6-40

1. 添加家具

（1）按 Ctrl+N 组合键，新建一个 A4 页面。按 Ctrl+I 组合键，弹出“导入”对话框，选择光盘中的“Ch06 > 素材 > 室内居室效果图 > 01”文件，单击“导入”按钮，在页面中单击导入图片，如图 6-41 所示。

（2）选择“排列 > 对齐和分布 > 对齐与分布”命令，弹出“对齐与分布”对话框，选项的设置如图 6-42 所示，单击“应用”按钮，效果如图 6-43 所示。

图 6-41

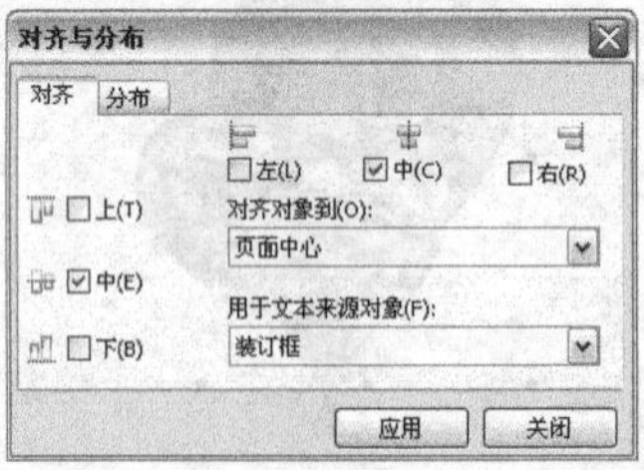

图 6-42

图 6-43

（3）按 Ctrl+I 组合键，弹出“导入”对话框，选择光盘中的“Ch06 > 素材 > 室内居室效果图 > 02”文件，单击“导入”按钮，在页面中单击导入图片，将其拖曳到适当的位置，效果如图 6-44 所示。按 Ctrl+U 组合键，取消群组，如图 6-45 所示。

图 6-44

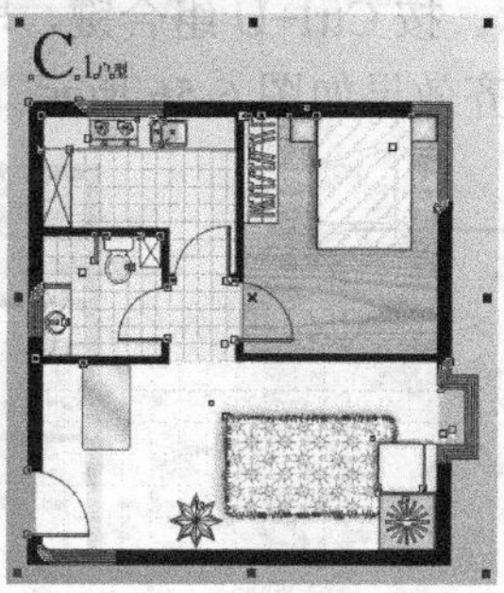

图 6-45

（4）按 Ctrl+I 组合键，弹出“导入”对话框，选择光盘中的“Ch06 > 素材 > 室内居室效果图 > 03”文件，单击“导入”按钮，在页面中单击导入图片，将其拖曳到适当的位置，效果如图 6-46 所示。按 Ctrl+U 组合键，取消群组。选择“选择”工具，选取需要的图形，如图 6-47 所示，按住 Shift 键的同时，选取另一个图形，单击属性栏中的“对齐与分布”按钮，弹出“对齐与分布”对话框，选项的设置如图 6-48 所示，单击“应用”按钮，效果如图 6-49 所示。

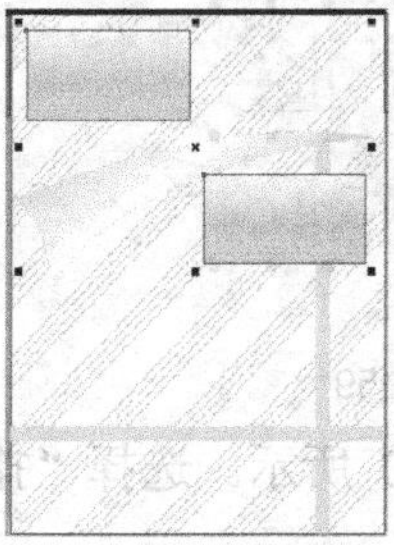

图 6-46

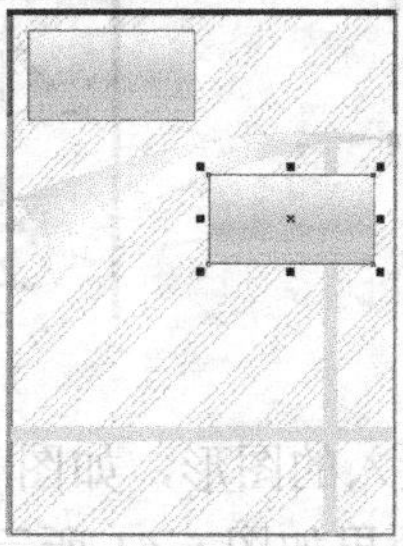

图 6-47

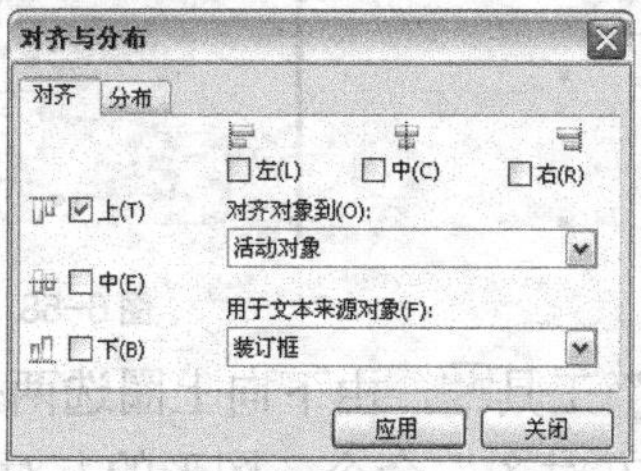

图 6-48

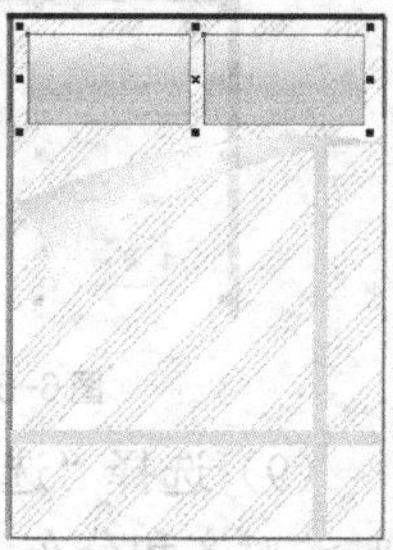

图 6-49

（5）按 Ctrl+I 组合键，弹出“导入”对话框，选择光盘中的“Ch06 > 素材 > 室内居室效果图 > 04”文件，单击“导入”按钮，在页面中单击导入的图片，将其拖曳到适当的位置，效果如图 6-50 所示。选择“选择”工具，按住 Shift 键的同时，选取下方的矩形，如图 6-51 所示，单击属性栏中的“对齐与分布”按钮，弹出“对齐与分布”对话框，选项的设置如图 6-52 所示，单击“应用”按钮，效果如图 6-53 所示。

图 6-50

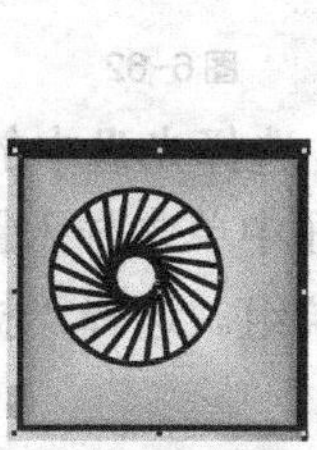

图 6-51

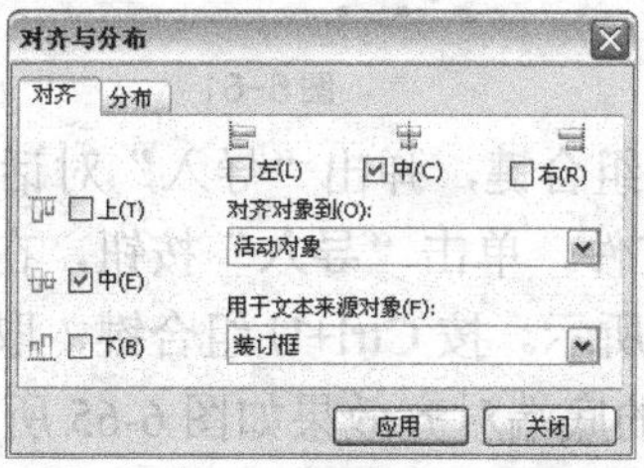

图 6-52

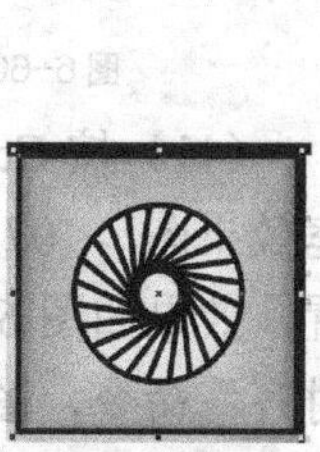

图 6-53

（6）选择“选择”工具，选取置入的图形，按数字键盘上的+键，复制出一个图形，将其拖曳到适当的位置，并与下方的矩形居中对齐，效果如图 6-54 所示。

（7）按 Ctrl+I 组合键，弹出“导入”对话框，选择光盘中的“Ch06 > 素材 > 室内居室效果图 > 05”文件，单击“导入”按钮，在页面中单击导入图片，将其拖曳到适当的位置，效果如图 6-55 所示。按 Ctrl+U 组合键，取消群组。选择“排列 > 对齐和分布 > 右对齐”命令，图形的右对齐效果如图 6-56 所示。

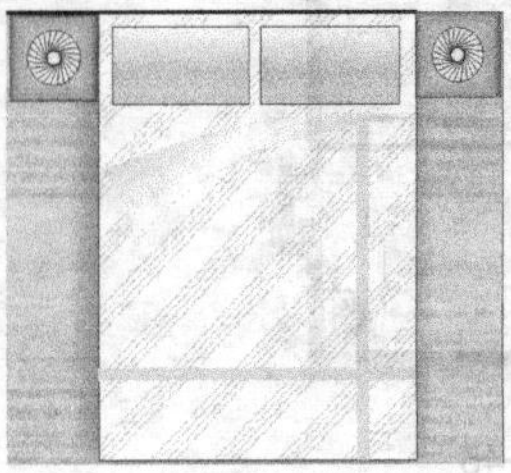
图 6-54

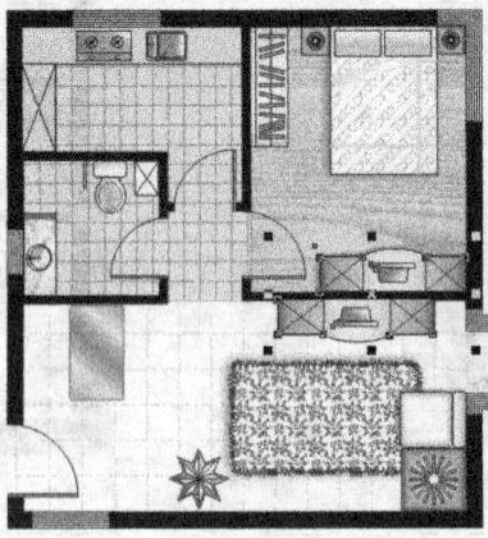
图 6-55

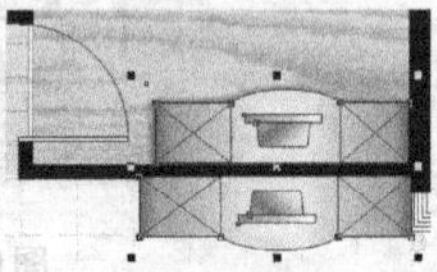
图 6-56

（8）按 Ctrl+I 组合键，弹出“导入”对话框，选择光盘中的“Ch06 > 素材 > 室内居室效果图 > 06”文件，单击“导入”按钮，在页面中单击导入图片，将其拖曳到适当的位置，效果如图 6-57 所示。按 Ctrl+U 组合键，取消群组。选择“选择”工具，由下向上圈选两个置入的图形，如图 6-58 所示。选择“排列 > 对齐和分布 > 右对齐”命令，图形的右对齐效果如图 6-59 所示。

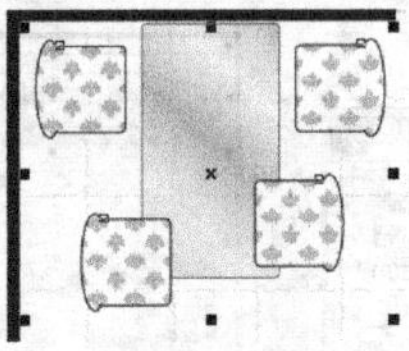
图 6-57

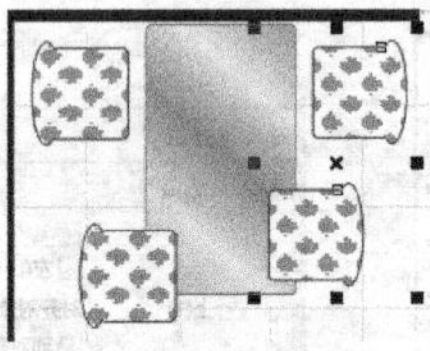
图 6-58

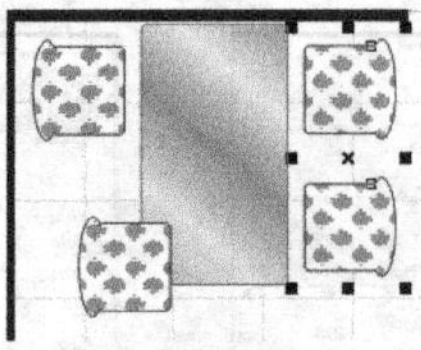
图 6-59

（9）选择“选择”工具，由下向上圈选两个置入的图形，如图 6-60 所示。选择“排列 > 对齐和分布 > 左对齐”命令，图形的左对齐效果如图 6-61 所示。

（10）选择“选择”工具，由下向上圈选两个置入的图形，如图 6-62 所示。选择“排列 > 对齐和分布 > 顶端对齐”命令，图形的顶对齐效果如图 6-63 所示。

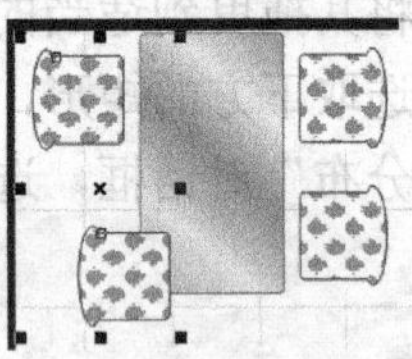
图 6-60

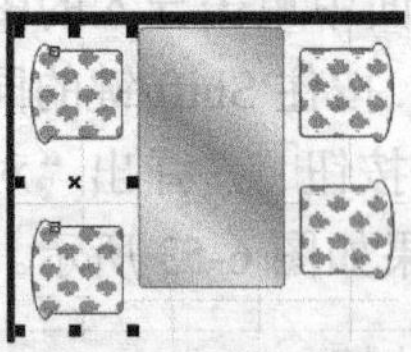
图 6-61

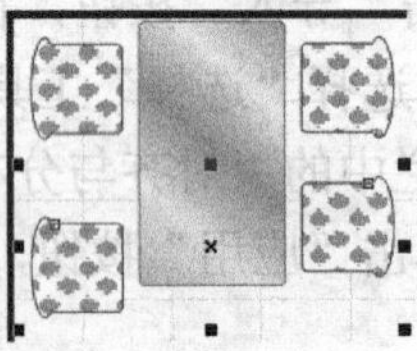
图 6-62

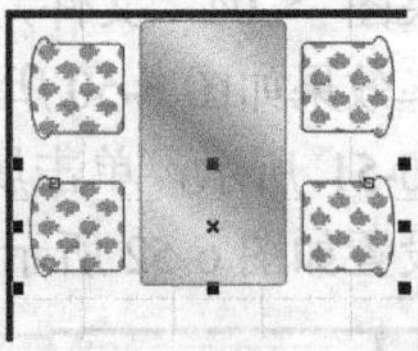
图 6-63

（11）按 Ctrl+I 组合键，弹出“导入”对话框，选择光盘中的“Ch06 > 素材 > 室内居室效果图 > 07”文件，单击“导入”按钮，在页面中单击导入图片，将其拖曳到适当的位置，效果如图 6-64 所示。按 Ctrl+U 组合键，取消群组。选择“排列 > 对齐和分布 > 底端对齐”命令，图形的底端对齐效果如图 6-65 所示。

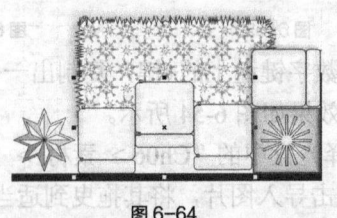

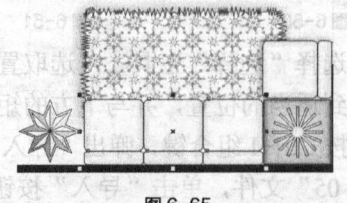

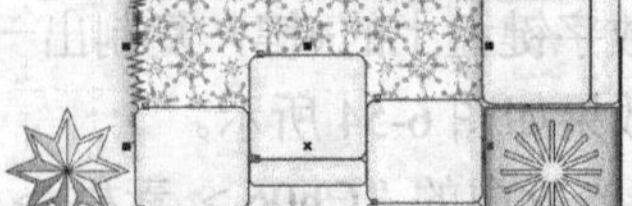
图 6-64

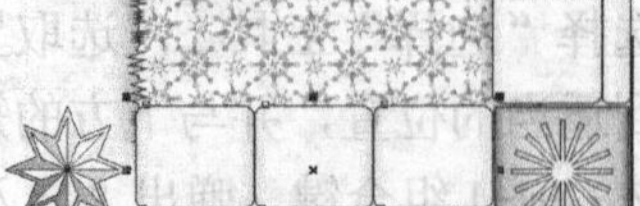
图 6-65

2. 标注平面图

（1）选择“平行度量”工具，将鼠标的光标移动到平面图左侧墙体的底部并单击鼠标左键，如图 6-66 所示，向右拖曳光标，如图 6-67 所示，将光标移动到平面图右侧墙体的底部后再次单击鼠标左键，如图 6-68 所示。将鼠标光标移动到线段中间，如图 6-69 所示，再次单击完成标注，效果如图 6-70 所示。选择“选择”工具，选取需要的文字，在属性栏中调整其字号大小，效果如图 6-71 所示。

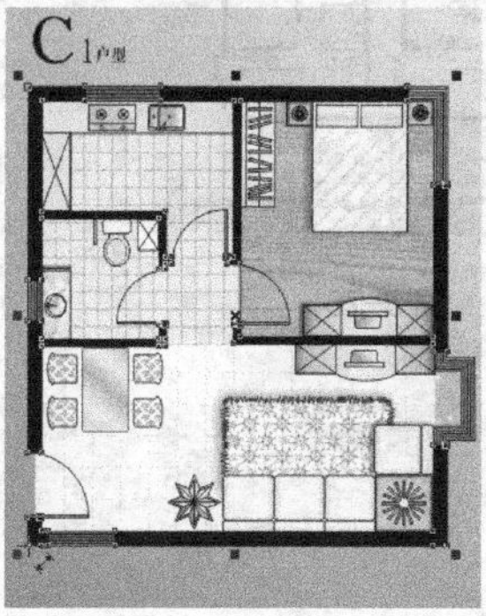

图 6-66

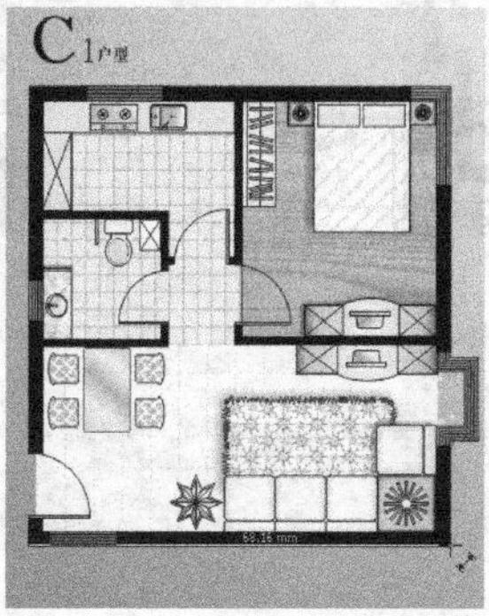

图 6-67

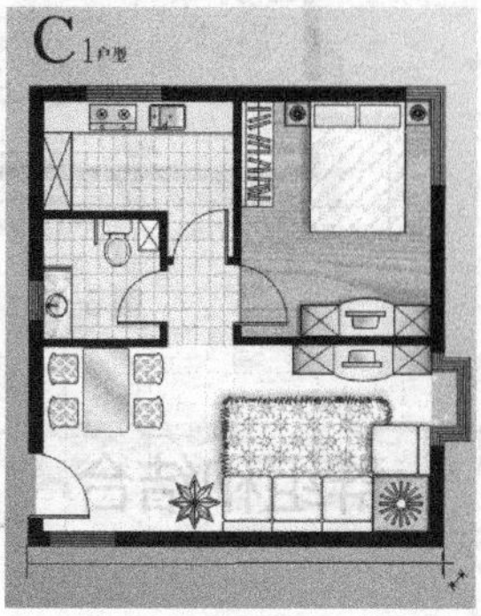

图 6-68

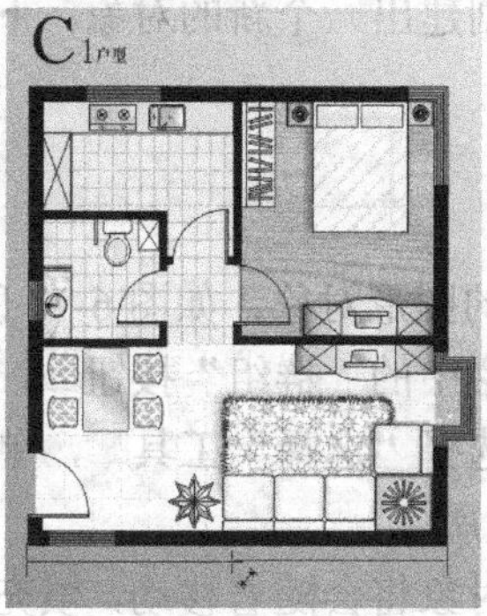

图 6-69

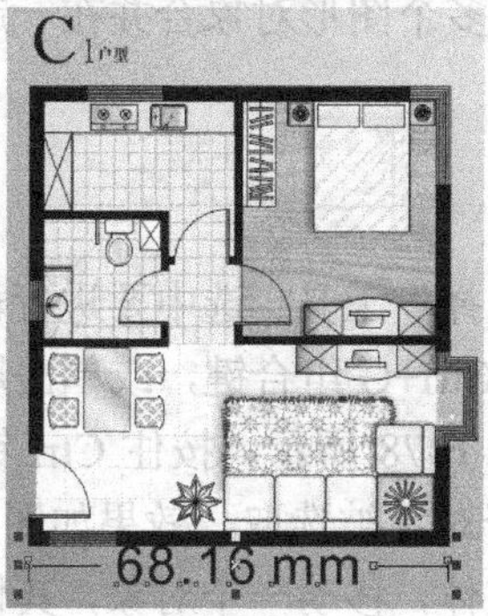

图 6-70

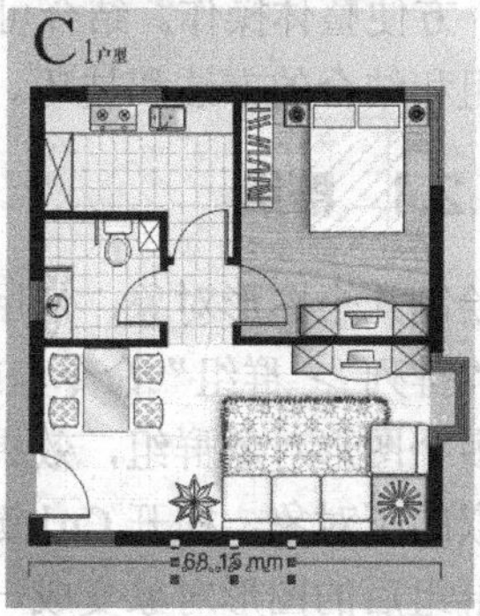

图 6-71

（2）选择“选择”工具，用圈选的方法将需要的图形同时选取，如图 6-72 所示，按 Ctrl+G 组合键，将其编组，如图 6-73 所示。按数字键盘上的+键，复制图形，并将其拖曳到适当的位置，效果如图 6-74 所示。

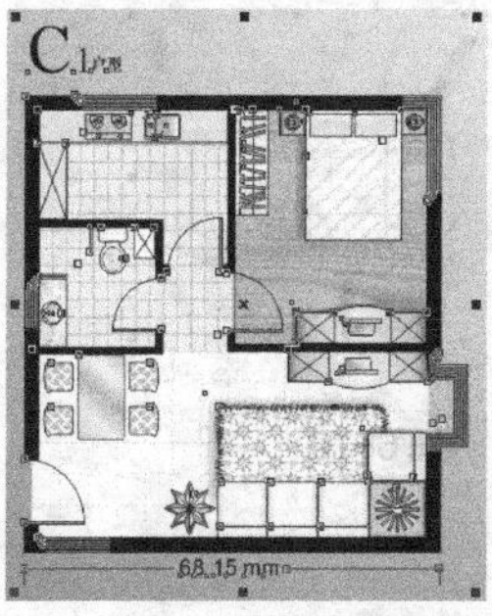

图 6-72

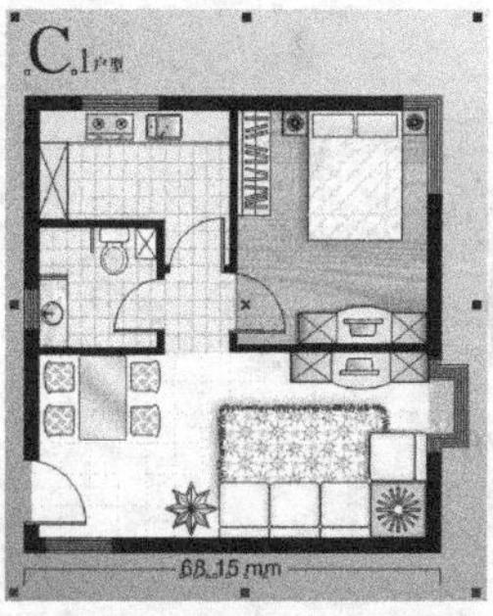

图 6-73

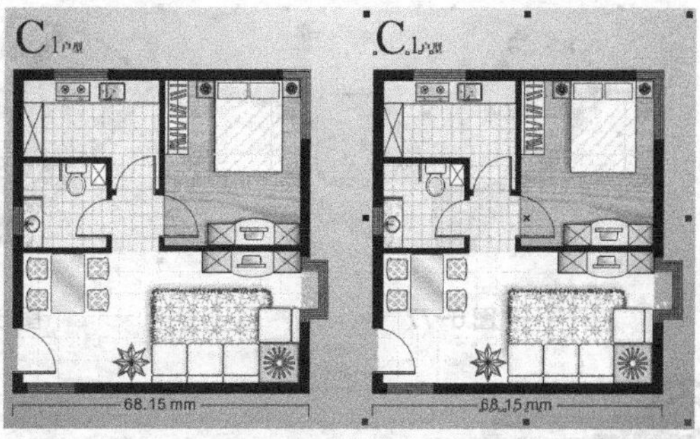

图 6-74

（3）选择“文本”工具，选取需要的文字进行修改，如图 6-75 所示。按 Esc 键，取消图形的选取状态，室内居室效果图制作完成，如图 6-76 所示。

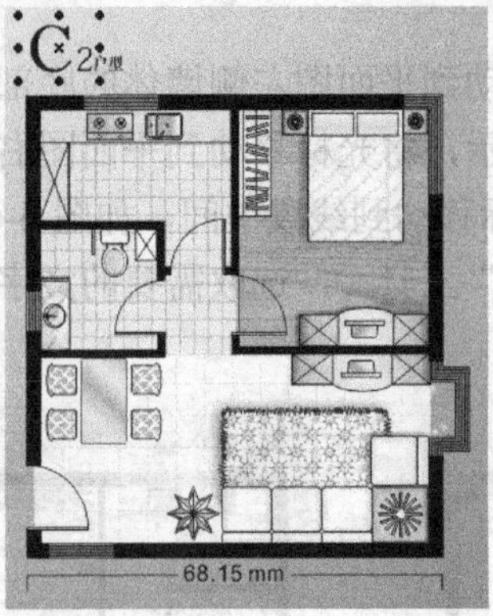

图 6-75

图 6-76

6.2 群组和结合

在 CorelDRAW X5 中，提供了群组和结合功能，群组可以将多个不同的图形对象组合在一起，方便整体操作。结合可以将多个图形对象合并在一起，创建出一个新的对象。下面介绍群组和结合的方法和技巧。

6.2.1 群组

绘制几个图形对象，使用“选择”工具选中要进行群组的图形对象，如图 6-77 所示。选择“排列 > 群组”命令，或按 Ctrl+G 组合键，或单击属性栏中的“群组”按钮，都可以将多个图形对象群组，效果如图 6-78 所示。按住 Ctrl 键，选择“选择”工具，单击需要选取的子对象，松开 Ctrl 键，子对象被选取，效果如图 6-79 所示。

群组后的图形对象变成一个整体，移动一个对象，其他的对象将会随着移动，填充一个对象，其他的对象也将随着被填充。

选择“排列 > 取消群组”命令，或按 Ctrl+U 组合键，或单击属性栏中的“取消群组”按钮，可以取消对象的群组状态。选择“排列 > 取消全部群组”命令，或单击属性栏中的“取消全部群组”按钮，可以取消所有对象的群组状态。

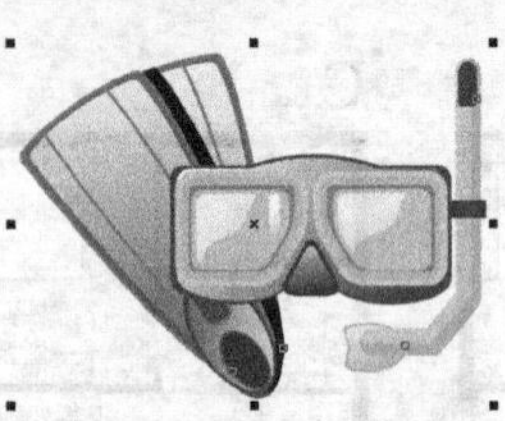

图 6-77

图 6-78

图 6-79

提示

在群组中，子对象可以是单个的对象，也可以是多个对象组成的群组，称为群组的嵌套。使用群组的嵌套可以管理多个对象之间的关系。

6.2.2 结合

绘制几个图形对象，如图 6-80 所示。使用“选择”工具选中要进行结合的图形对象，如图 6-81 所示。

图 6-80

图 6-81

选择“排列 > 结合”命令，或按 Ctrl+L 组合键，或单击属性栏中的“结合”按钮，可以将多个图形对象结合，效果如图 6-82 所示。

使用“形状”工具选中结合后的图形对象，可以对图形对象的节点进行调整，如图 6-83 所示，改变图形对象的形状，效果如图 6-84 所示。

图 6-82

图 6-83

图 6-84

选择“排列 > 拆分”命令，或按 Ctrl+K 组合键，或单击属性栏中的“拆分”按钮，可以取消图形对象的结合状态，原来结合的图形对象将变为多个单独的图形对象。

提示

如果对象结合前有颜色填充，那么结合后的对象将显示最后选取对象的颜色。如果使用圈选的方法选取对象，将显示圈选框最下方对象的颜色。

6.2.3 课堂案例——绘制图标

【案例学习目标】学习使用几何图形工具、群组命令和整形对象绘制图标。

【案例知识要点】使用椭圆形工具绘制背景效果。使用矩形工具、椭圆形工具和移除前面对象命令绘制图标图形。使用文本工具添加文字。图标效果如图 6-85 所示。

图 6-85

【效果所在位置】光盘/Ch06/效果/绘制图标.cdr。

（1）按 Ctrl+N 组合键，新建一个 A4 页面。选择“椭圆形”工具，按住 Ctrl 键的同时，绘制一个圆形。设置图形颜色的 CMYK 值为 0、100、100、10，填充图形，并去除图形的轮廓线，效果如图 6-86

所示。

（2）选择“选择”工具，在数字键盘上按+键，复制图形，按住 Shift 键的同时，向内拖曳鼠标，将复制图形等比例缩放，如图 6-87 所示。在“CMYK 调色板”中的“无填充”按钮上单击鼠标，去除图形的填充颜色。

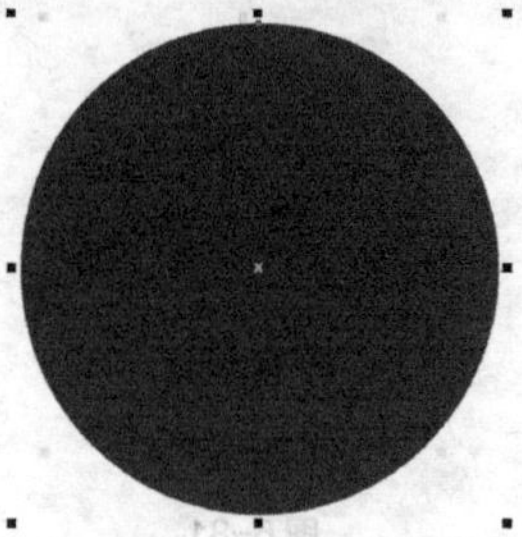
图 6-86

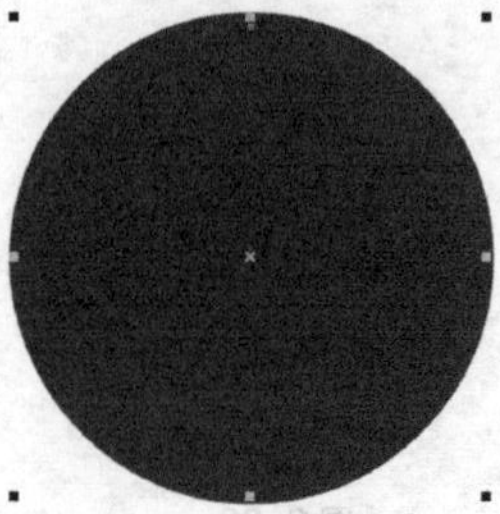
图 6-87

（3）按 F12 键，弹出“轮廓笔”对话框，在“颜色”选项中设置轮廓线颜色的 CMYK 值为 0、0、100、0，其他选项的设置如图 6-88 所示，单击“确定”按钮，效果如图 6-89 所示。

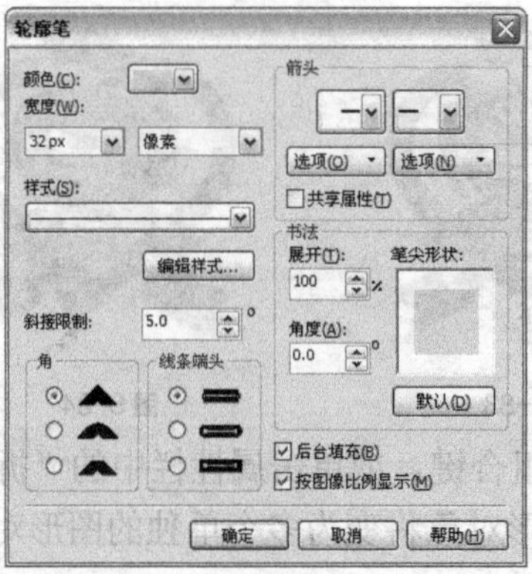

图 6-88

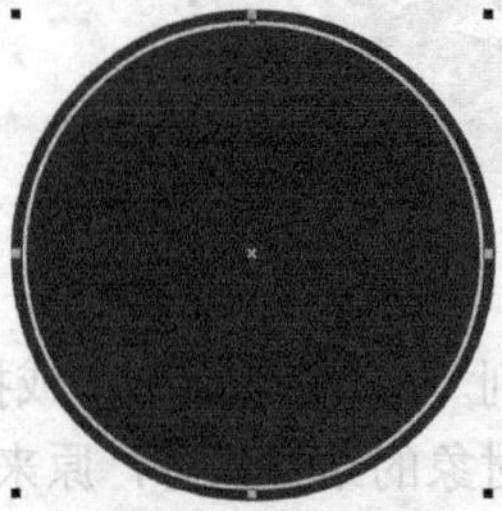
图 6-89

（4）选择“矩形”工具，在适当的位置绘制一个矩形，在属性栏中进行设置，如图 6-90 所示，按 Enter 键，效果如图 6-91 所示。设置图形颜色的 CMYK 值为 0、0、100、0，填充图形，并去除图形的轮廓线，效果如图 6-92 所示。

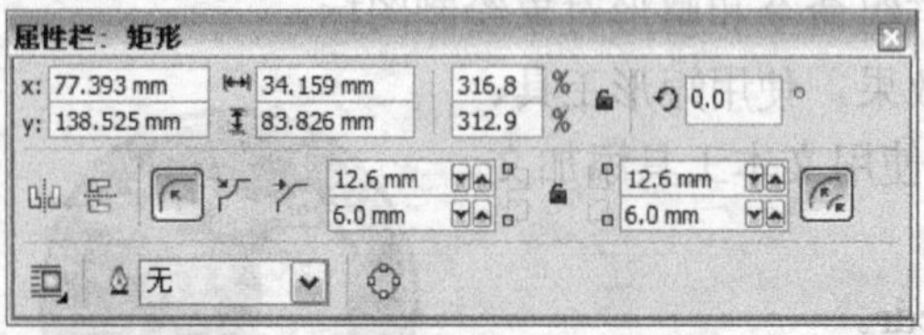

图 6-90

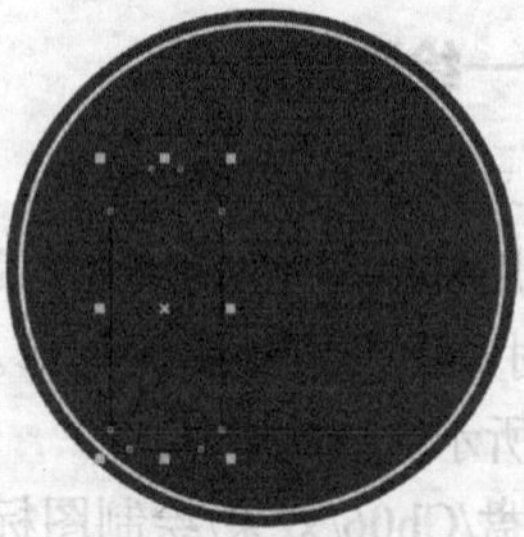
图 6-91

图 6-92

（5）选择“矩形”工具，在适当的位置绘制一个矩形，在属性栏中进行设置，如图 6-93 所示，按 Enter 键，效果如图 6-94 所示。

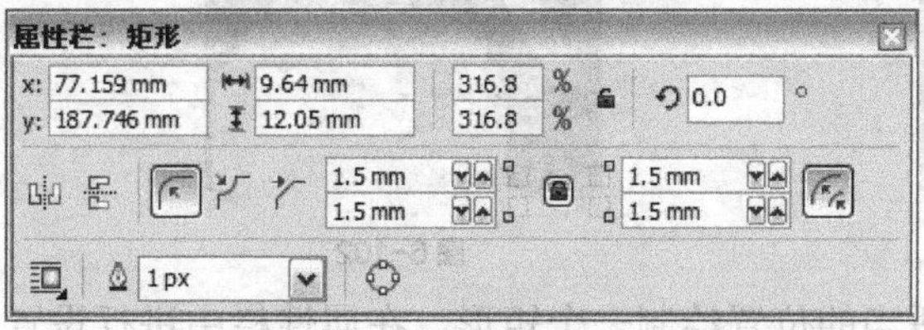

图6-93

图6-94

（6）选择“椭圆形”工具，按住Ctrl键的同时，绘制一个圆形，如图6-95所示。选择“选择”工具，用圈选的方法将两个图形同时选取，单击属性栏中的“结合”按钮，将两个图形合并为一个图形。设置图形颜色的CMYK值为0、0、100、0，填充图形，并去除图形的轮廓线，效果如图6-96所示。

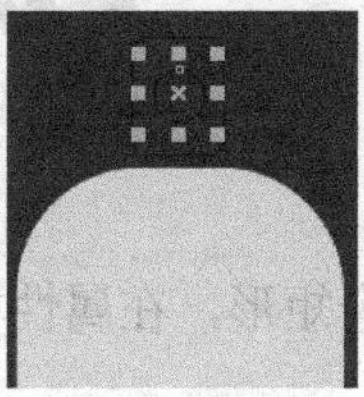

图6-95

图6-96

（7）选择“矩形”工具，在适当的位置绘制一个矩形，在属性栏中进行设置，如图6-97所示，按Enter键，效果如图6-98所示。

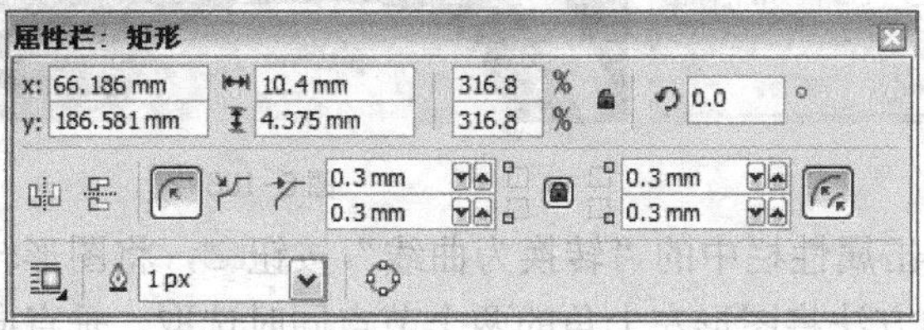

图6-97

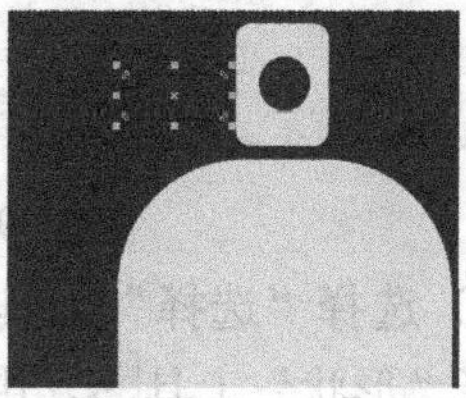

图6-98

（8）选择“矩形”工具，在适当的位置绘制一个矩形，在属性栏中进行设置，如图6-99所示，按Enter键。选择“选择”工具，将矩形图形拖曳到适当的位置，效果如图6-100所示。

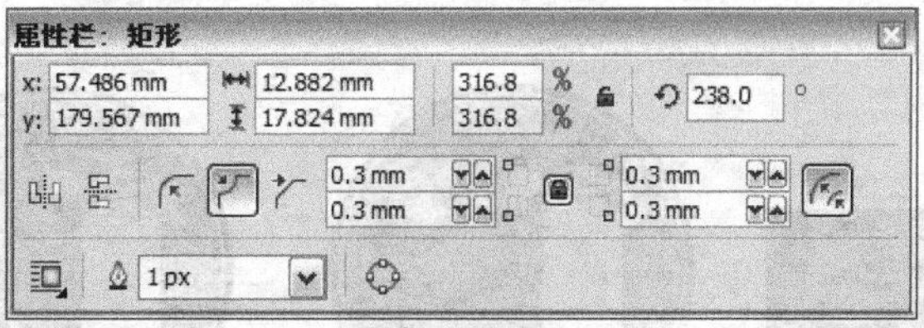

图6-99

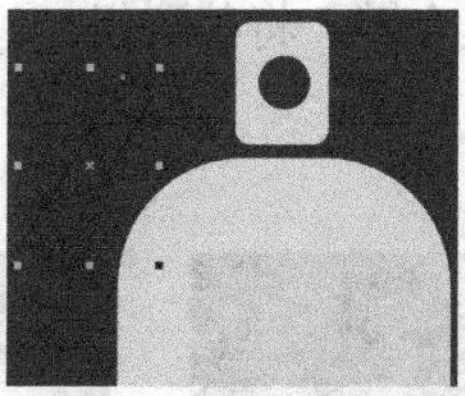

图6-100

（9）选择“选择”工具，用圈选的方法将两个图形同时选取，单击属性栏中的“合并”按钮，将两个图形合并为一个图形，如图6-101所示。设置图形颜色的CMYK值为0、0、100、0，填充图形，并去除图形的轮廓线，效果如图6-102所示。

图 6-101

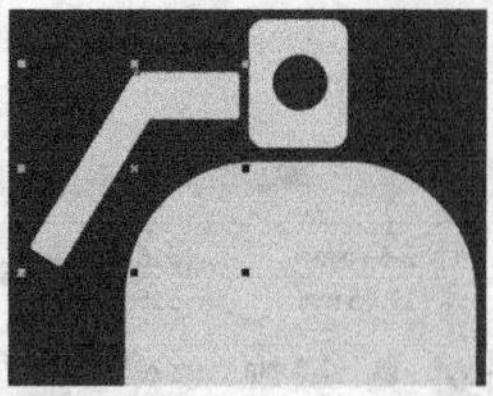

图 6-102

（10）选择“矩形”工具，在适当的位置绘制一个矩形，在属性栏中进行设置，如图 6-103 所示，按 Enter 键。设置图形颜色的 CMYK 值为 0、0、100、0，填充图形，并去除图形的轮廓线，效果如图 6-104 所示。

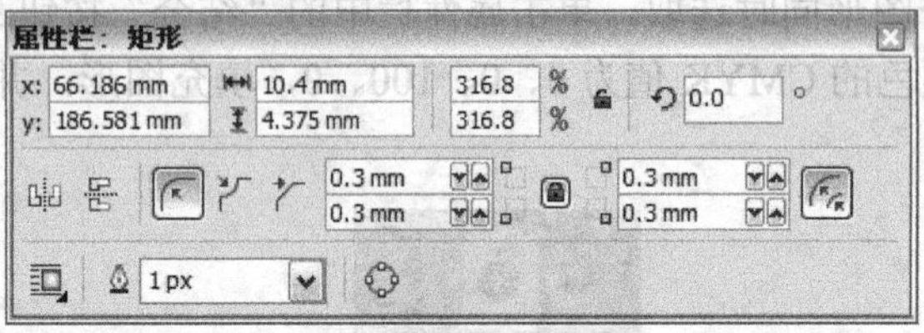

图 6-103

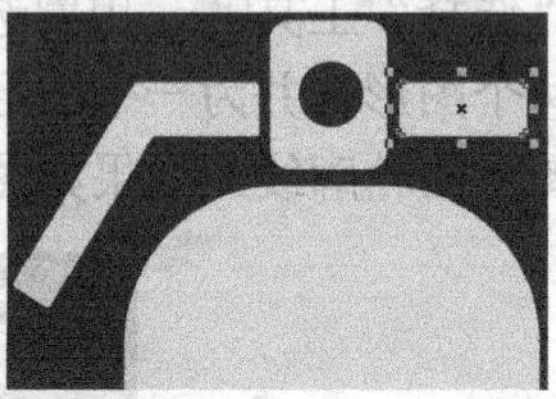

图 6-104

（11）选择“矩形”工具，在适当的位置绘制一个矩形，在属性栏中进行设置，如图 6-105 所示，按 Enter 键，效果如图 6-106 所示。

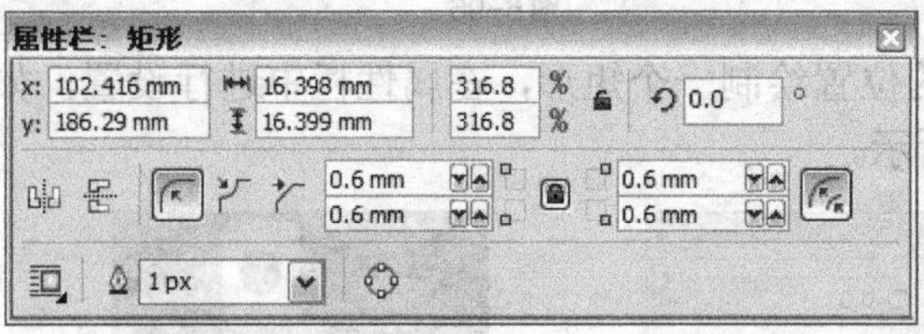

图 6-105

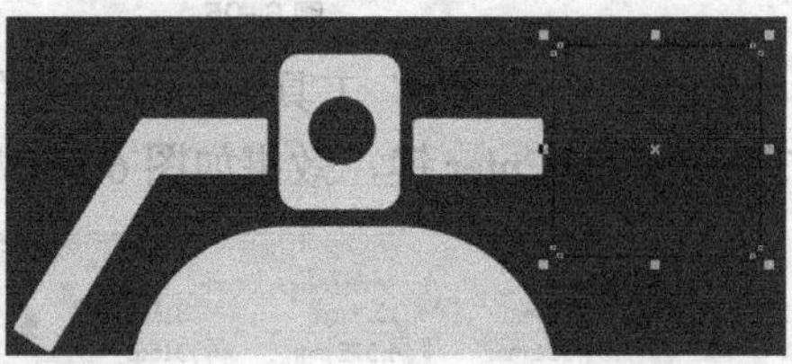

图 6-106

（12）选择“选择”工具，单击属性栏中的“转换为曲线”按钮，将图形转换为曲线。选择“形状”工具，用圈选的方法将图形左上角的两个节点同时选取，垂直向下拖曳到适当的位置，如图 6-107 所示。用相同的方法调整其他节点，效果如图 6-108 所示。设置图形颜色的 CMYK 值为 0、0、100、0，填充图形，并去除图形的轮廓线，效果如图 6-109 所示。

（13）选择“选择”工具，用圈选的方法将瓶子图形同时选取，如图 6-110 所示。按 Ctrl+G 组合键，将其群组。

图 6-107

图 6-108

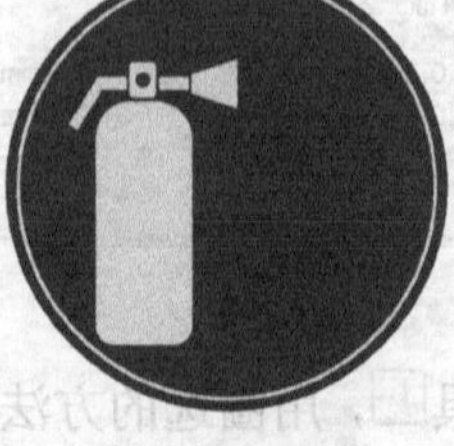

图 6-109

图 6-110

（14）选择“贝塞尔”工具，分别绘制两个不规则图形，如图 6-111 所示。选择“选择”工具，用圈选的方法将两个图形同时选取，单击属性栏中的“移除前面对象”按钮，对图形进行剪切，效果如图 6-112 所示。设置图形颜色的 CMYK 值为 0、0、100、0，填充图形，并去除图形的轮廓线，效果如图 6-113 所示。

（15）选择“文本”工具，在页面中输入需要的文字。选择“选择”工具，在属性栏中选择合适的字体并设置文字大小，设置文字颜色的 CMYK 值为 0、0、100、0，填充文字，效果如图 6-114 所示。图标绘制完成。

图 6-111

图 6-112

图 6-113

图 6-114

6.3 课堂练习——制作《摄影师的秘密》书籍封面

【练习知识要点】使用导入命令以及对齐和分布命令制作书籍封面背景效果。使用矩形工具绘制装饰图形。使用文本工具添加文字。使用插入条码命令制作条形码。《摄影师的秘密》书籍封面效果如图 6-115 所示。

【效果所在位置】光盘/Ch06/效果/制作《摄影师的秘密》书籍封面.cdr。

图 6-115

6.4 课后习题——制作散文诗书籍封面

【习题知识要点】使用矩形工具绘制背景效果。使用导入命令导入黑白照片。使用文本工具添加文字效果。使用对齐命令编辑文字。散文诗书籍封面效果如图 6-116 所示。

【效果所在位置】光盘/Ch06/效果/制作散文诗书籍封面.cdr。

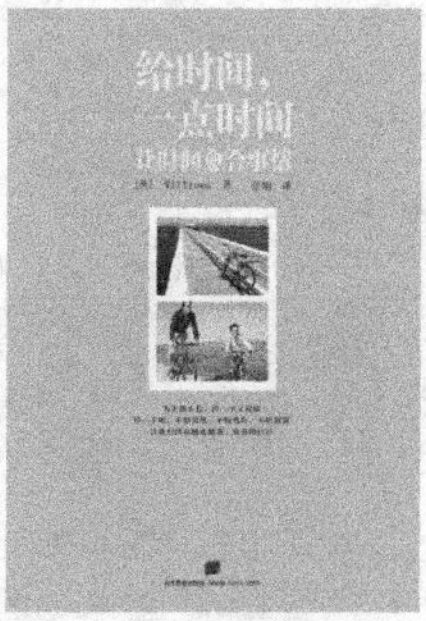

图 6-116

7 Chapter

第 7 章 编辑文本

CorelDRAW X5 具有强大的文本输入、编辑和处理功能。在 CorelDRAW X5 中，除了可以进行常规的文本输入和编辑外，还可以进行复杂的特效文本处理。通过学习本章的内容，读者可以了解并掌握应用 CorelDRAW X5 编辑文本的方法和技巧。

课堂学习目标

- 文本的基本操作
- 文本效果

7.1 文本的基本操作

在 CorelDRAW X5 中，文本是具有特殊属性的图形对象。下面介绍在 CorelDRAW X5 中处理文本的一些基本操作。

7.1.1 创建文本

CorelDRAW X5 中的文本具有两种类型，分别是美术字文本和段落文本。它们在使用方法、编辑格式应用、特殊效果应用等方面有很大的区别。

1. 输入美术字文本

选择“文本”工具字，在绘图页面中单击鼠标左键，出现“I”形插入文本光标，这时属性栏显示为“属性栏：文本”，选择字体，设置字号和字符属性，如图 7-1 所示。设置好后，直接输入美术字文本，效果如图 7-2 所示。

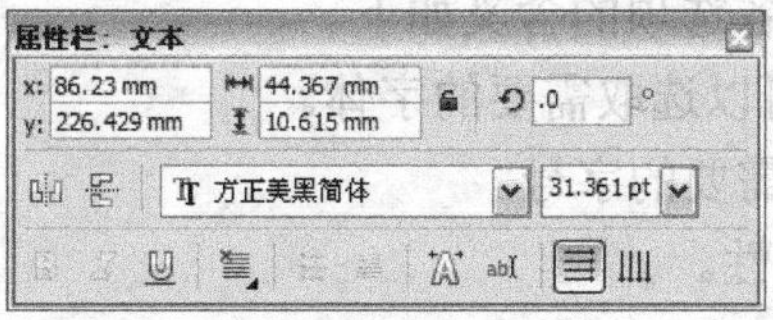

图 7-1

图 7-2

2. 输入段落文本

选择“文本”工具字，在绘图页面中按住鼠标左键不放，沿对角线拖曳光标，出现一个矩形的文本框，松开鼠标左键，文本框如图 7-3 所示。在属性栏中选择字体，设置字号和字符属性，如图 7-4 所示。设置好后，直接在虚线框中输入段落文本，效果如图 7-5 所示。

图 7-3

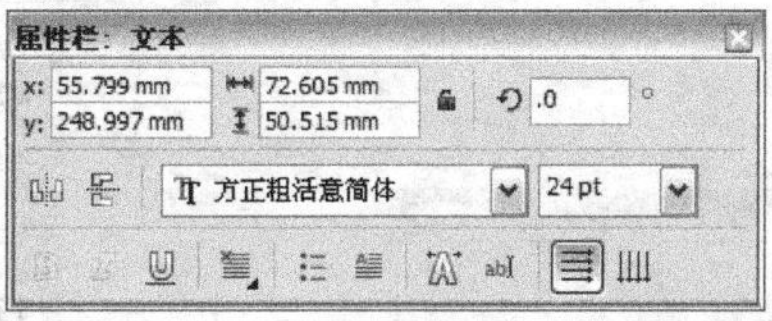

图 7-4

图 7-5

技巧

利用剪切、复制和粘贴等命令，可以将其他文本处理软件（如 Office 软件）中的文本复制到 CorelDRAW X5 的文本框中。

3. 转换文本模式

使用“选择”工具选中美术字文本，如图 7-6 所示。选择“文本 > 转换为段落文本”命令，或按 Ctrl+F8 组合键，可以将其转换为段落文本，如图 7-7 所示。再次按 Ctrl+F8 组合键，可以将其转换回美术字文本，如图 7-8 所示。

图 7-6

图 7-7

图 7-8

提示

将美术字文本转换成段落文本后，它就不是图形对象，也就不能进行特殊效果的操作。当段落文本转换成美术字文本后，它会失去段落文本的格式。

7.1.2 改变文本的属性

1. 在属性栏中改变文本的属性

选择“文本”工具，属性栏如图 7-9 所示。各选项的含义如下。

字体：单击右侧的三角按钮，可以选取需要的字体。

字号：单击右侧的三角按钮，可以选取需要的字号。

：设定字体为粗体、斜体或下划线的属性。

“文本对齐”按钮：在其下拉列表中选择文本的对齐方式。

“字符格式化”按钮：打开“字符格式化”面板。

“编辑文本”按钮：打开“编辑文本”对话框，可以编辑文本的各种属性。

：设置文本的排列方式为水平或垂直。

2. 利用“字符格式化”面板改变文本的属性

单击属性栏中的“字符格式化”按钮，打开“字符格式化”面板，如图 7-10 所示，可以设置文字的字体及大小等属性。

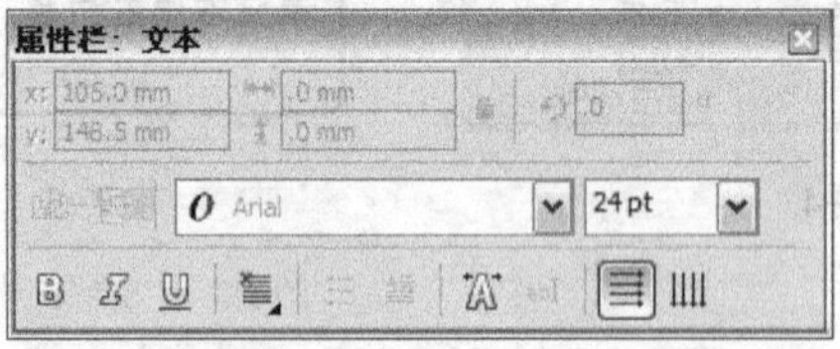

图 7-9

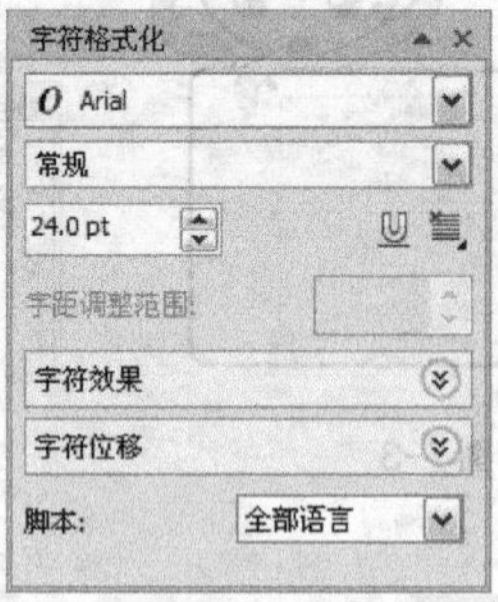

图 7-10

7.1.3 文本编辑

选择“文本”工具，在绘图页面的文本中单击鼠标左键，插入鼠标光标并按住鼠标左键不放，拖曳光标可以选中需要的文本，松开鼠标左键，效果如图 7-11 所示。

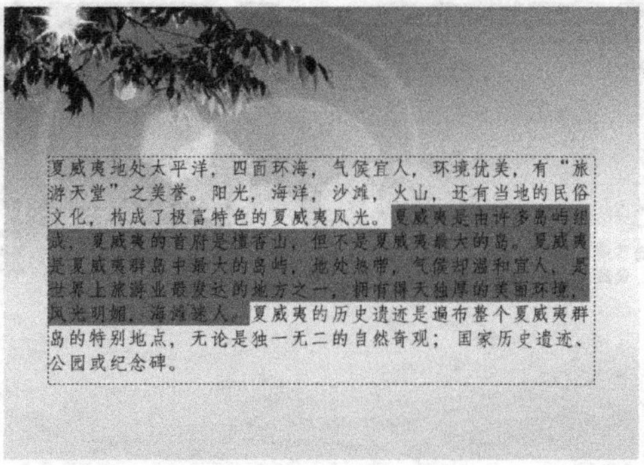

图 7-11

在"文本"属性栏中重新选择字体，如图 7-12 所示。设置好后，选中文本的字体被改变，效果如图 7-13 所示。在"文本"属性栏中还可以设置文本的其他属性。

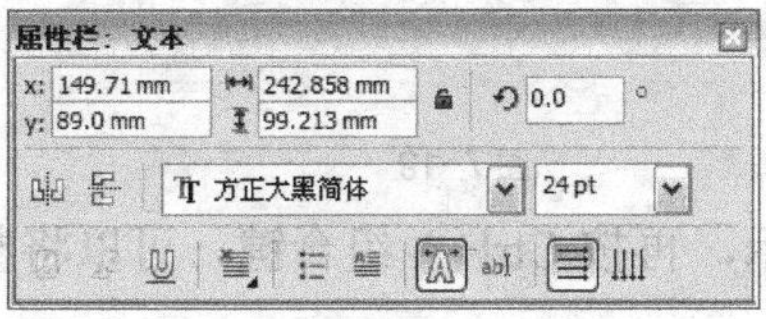

图 7-12

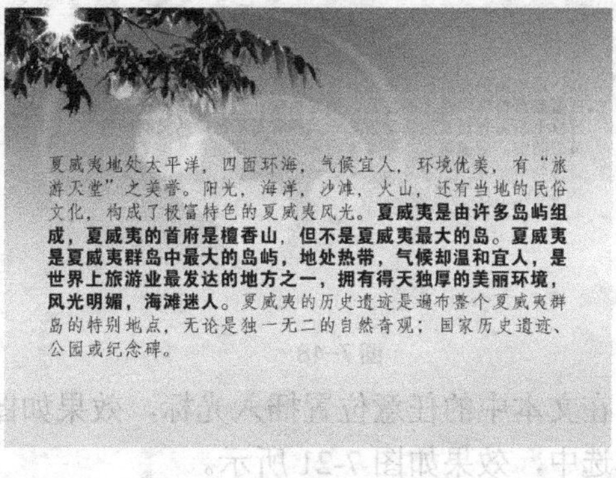

图 7-13

选中需要填色的文本，在调色板中需要的颜色上单击鼠标左键，可以为选中的文本填充颜色，如图 7-14 所示。在页面上的任意位置单击鼠标左键，可以取消对文本的选取，如图 7-15 所示。

图 7-14

图 7-15

按住 Alt 键并拖曳文本框，如图 7-16 所示，可以按文本框的大小改变段落文本的大小，如图 7-17 所示。

选中需要复制的文本，如图 7-18 所示，按 Ctrl+C 组合键，将选中的文本复制到 Windows 的剪贴板中。在文本中其他位置单击插入光标，再按 Ctrl+V 组合键，可以将选中的文本复制并粘贴到文本中的其他位置，效果如图 7-19 所示。

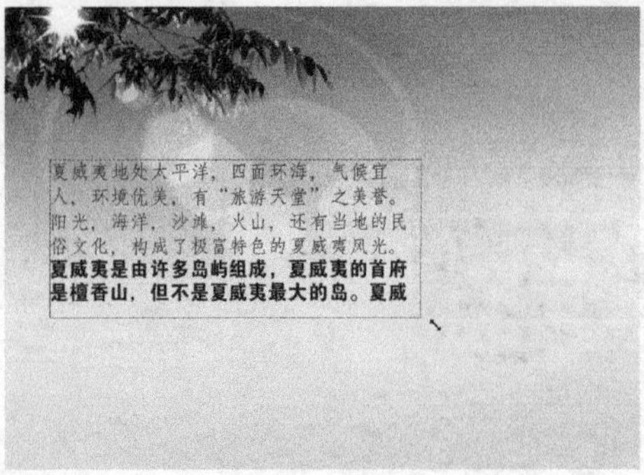

图 7-16

图 7-17

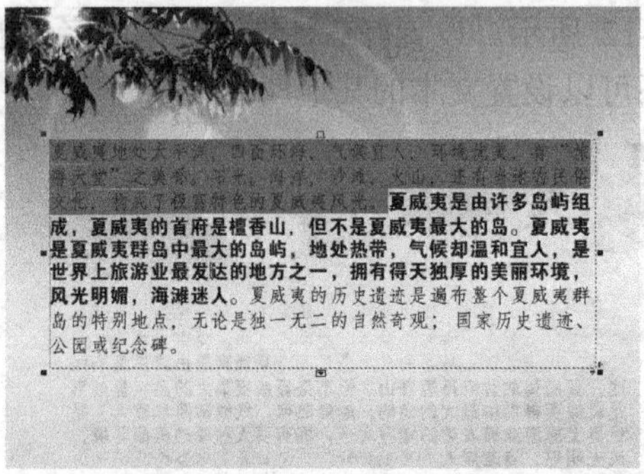

图 7-18

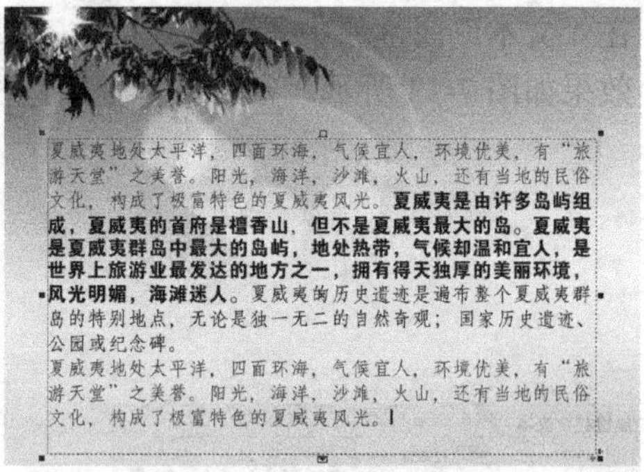

图 7-19

在文本中的任意位置插入光标，效果如图 7-20 所示，再按 Ctrl+A 组合键，可以将整个文本选中，效果如图 7-21 所示。

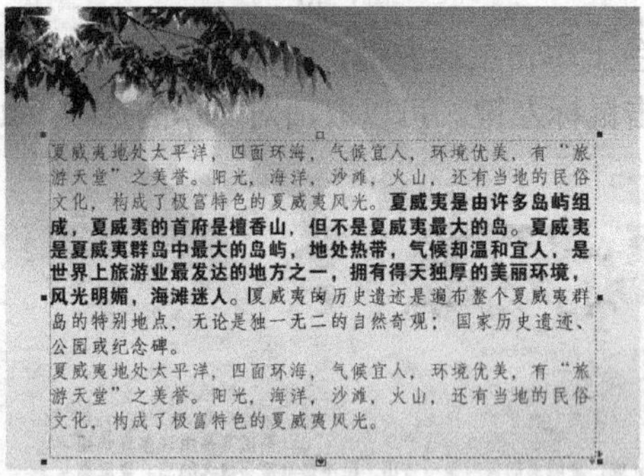

图 7-20

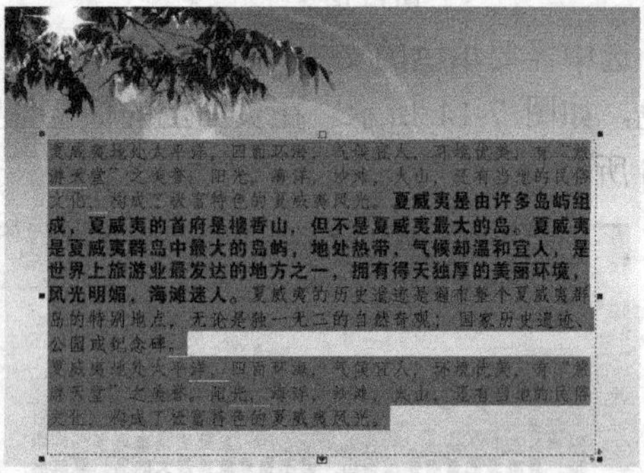

图 7-21

选择“选择”工具，选中需要编辑的文本，单击属性栏中的“编辑文本”按钮，或选择“文本 > 编辑文本”命令，或按 Ctrl+Shift+T 组合键，弹出“编辑文本”对话框，如图 7-22 所示。

在“编辑文本”对话框中，上面的选项 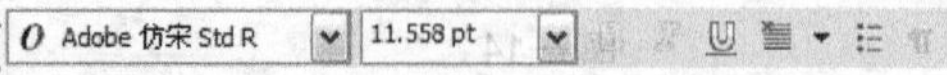

可以设置文本的属性，中间的文本栏可以输入需要的文本。

在“编辑文本”对话框中单击下面的“选项”按钮，弹出如图 7-23 所示的快捷菜单，在其中选择需要的命令来完成编辑文本的操作。

在“编辑文本”对话框中单击下面的“导入”按钮，弹出如图 7-24 所示的“导入”对话框，可以将需要的文本导入到“编辑文本”对话框的文本框中。

在“编辑文本”对话框中编辑好文本后，单击“确定”按钮，编辑好的文本内容就会出现在绘图页面中。

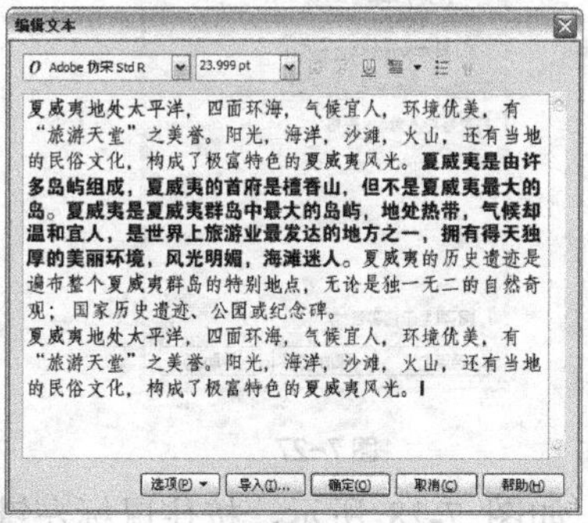

图 7-22

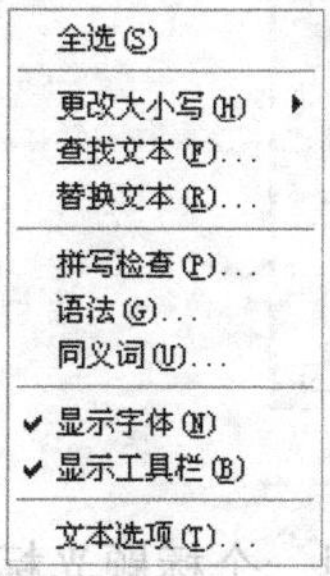

图 7-23

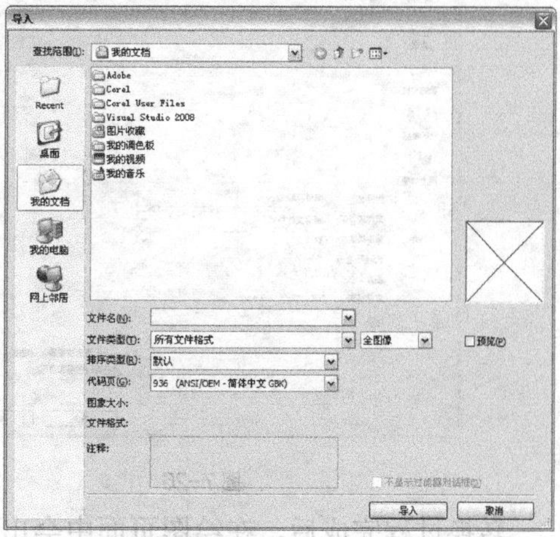

图 7-24

7.1.4　文本导入

在杂志、报纸的制作过程中，经常会将已编辑好的文本插入到页面中，这些编辑好的文本都是用其他的字处理软件输入的。使用 CorelDRAW X5 的导入功能，可以方便快捷地完成输入文本的操作。

1. 使用剪贴板导入文本

CorelDRAW X5 可以借助剪贴板在两个运行的程序间剪贴文本。一般可以使用的字处理软件有 Word、WPS 等。

在 Word、WPS 等软件的文件中选中需要的文本，按 Ctrl+C 组合键，将文本复制到剪贴板。

在 CorelDRAW X5 中选择“文本”工具字，在绘图页面中需要插入文本的位置单击鼠标左键，出现“I”形插入文本光标。按 Ctrl+V 组合键，将剪贴板中的文本粘贴到插入文本光标的位置，美术字文本的导入完成。

在 CorelDRAW X5 中选择“文本”工具字，在绘图页面中单击鼠标左键并拖曳光标绘制出一个文本框。按 Ctrl+V 组合键，将剪贴板中的文本粘贴到文本框中，段落文本的导入完成。

选择“编辑 > 选择性粘贴”命令，弹出“选择性粘贴”对话框，如图 7-25 所示。在对话框中，可以将文本以图片、Word 文档格式、纯文本 Text 格式导入，可以根据需要选择不同的导入格式。

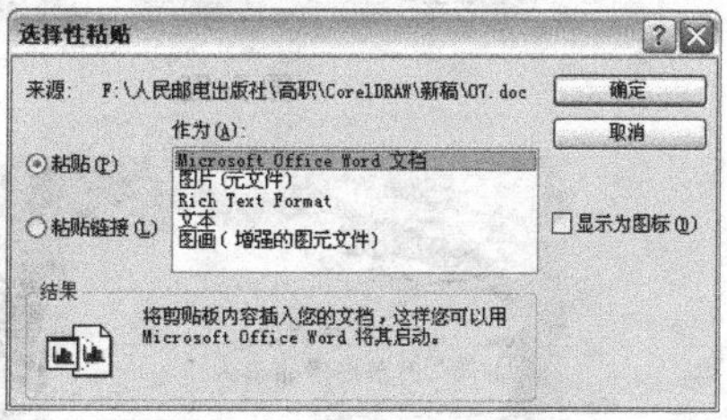

图 7-25

2. 使用菜单命令导入文本

选择“文件 > 导入”命令，或按 Ctrl+I 组合键，弹出“导入”对话框，选择需要导入的文本文件，如图 7-26 所示，单击“导入”按钮。

在绘图页面上会出现“导入/粘贴文本”对话框，如图 7-27 所示，转换过程正在进行，如果单击“取消”按钮，可以取消文本的导入。选择需要的导入方式，单击“确定”按钮。

图 7-26

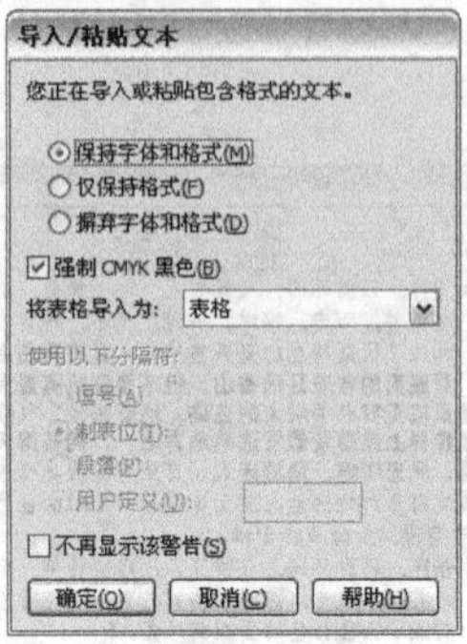

图 7-27

转换过程完成后，在绘图页面中会出现一个标题光标，如图 7-28 所示，按住鼠标左键并拖曳光标绘制出文本框，效果如图 7-29 所示；松开鼠标左键，导入的文本出现在文本框中，效果如图 7-30 所示。如果文本框的大小不合适，可以用光标拖曳文本框边框的控制点调整文本框的大小，效果如图 7-31 所示。

提示

当导入的文本文字太多时，绘制的文本框将容纳不下这些文字，这时，CorelDRAW X5 会自动增加新页面，并建立相同的文本框，将其余容纳不下的文字导入进去，直到全部导入完成为止。

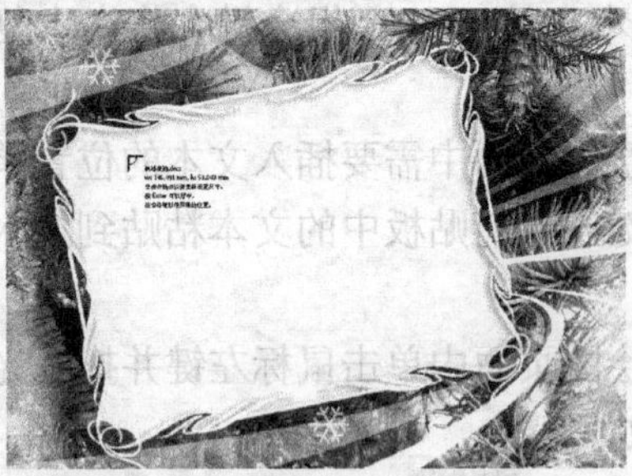

图 7-28

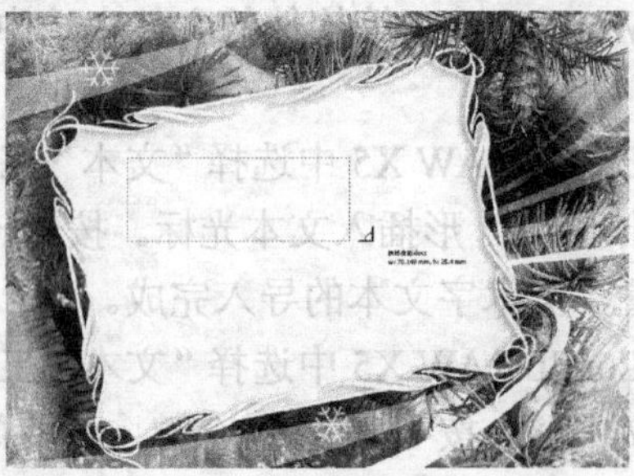

图 7-29

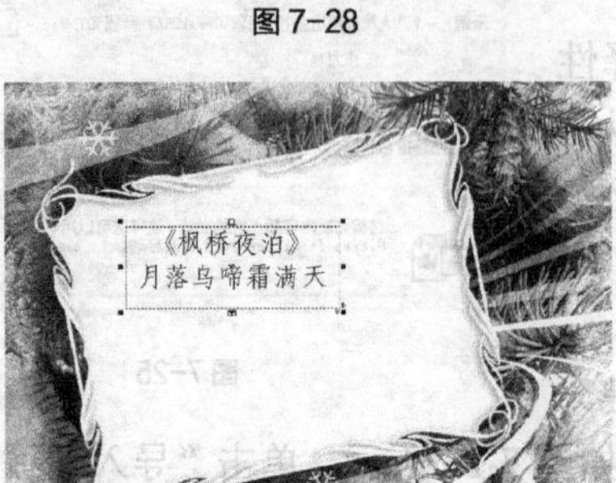

图 7-30

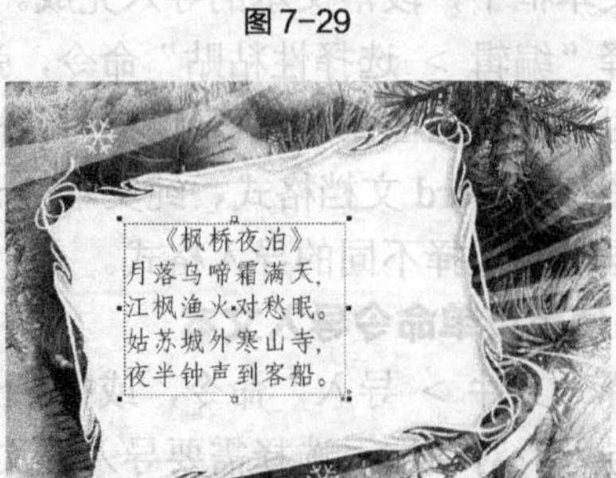

图 7-31

7.1.5 字体设置

通过“文本”属性栏可以对美术字文本和段落文本的字体、字号、字体样式和段落等属性进行简单的设置，如图 7-32 所示。

选中文本，如图 7-33 所示。选择“文本 > 字符格式化”命令，或单击“文本”属性栏中的“字符格式化”按钮，或按 Ctrl+T 组合键，弹出“字符格式化”面板，如图 7-34 所示。

在“字符格式化”面板中，可以设置文本的字体、字号等属性，在“字距调整范围”选项中，可以设置字距。在“字符效果”设置区中，可以设置文本的效果。在“字符位移”设置区中可以设置位移和倾斜角度。

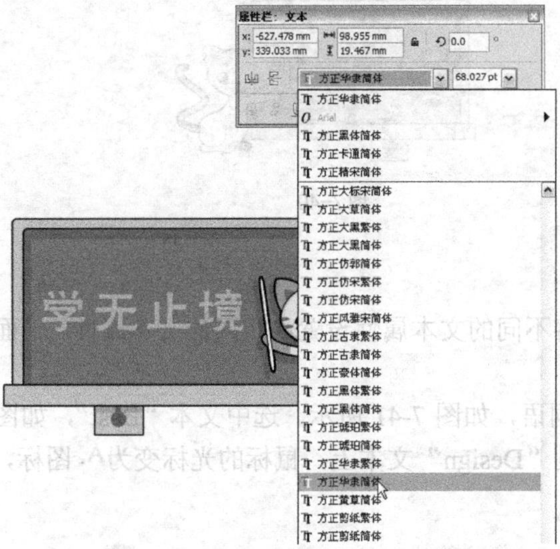

图 7-32

图 7-33

图 7-34

7.1.6 修改字体属性

字体属性的修改方法很简单，下面介绍使用“形状”工具修改字体属性的方法和技巧。

用美术字模式在绘图页面中输入文本，如图 7-35 所示。选择“形状”工具，在每个文字的左下角将出现一个空心节点□，如图 7-36 所示。

图 7-35

图 7-36

使用“形状”工具单击第一个字的空心节点□，使空心节点□变为黑色■，如图 7-37 所示。

在属性栏中选择新的字体，第一个字的字体属性被改变，效果如图 7-38 所示。使用相同的方法，将第二个字的字体属性改变，效果如图 7-39 所示。

按住 Shift 键，单击后两个字的空心节点□使其同时变为黑色■，在属性栏中选择新的字体，后两个字的字体属性同时被改变，效果如图 7-40 所示。

图 7-37

图 7-38

图 7-39

图 7-40

7.1.7 复制文本属性

使用复制文本属性的功能，可以快速地将不同的文本属性设置成相同的文本属性。下面介绍具体的复制方法。

在绘图页面中输入两个不同文本属性的词语，如图 7-41 所示。选中文本“Best”，如图 7-42 所示。用鼠标的右键拖曳“Best”文本到“Design”文本上，鼠标的光标变为A图标，如图 7-43 所示。

图 7-41

图 7-42

图 7-43

单击鼠标右键，弹出快捷菜单，选择“复制所有属性”命令，如图 7-44 所示，将“Best”文本的属性复制给“Design”文本，效果如图 7-45 所示。

图 7-44

图 7-45

7.1.8　课堂案例——制作商场海报

图 7-46

【案例学习目标】学习使用文本工具制作商场海报。

【案例知识要点】使用文本工具添加文字。使用渐变填充工具、轮廓笔命令和阴影工具制作标题文字效果。使用矩形工具绘制装饰图形。使用段落格式化命令调整宣传文字的字距和行距。商场海报效果如图 7-46 所示。

【效果所在位置】光盘/Ch07/效果/制作商场海报.cdr。

（1）按 Ctrl+N 组合键，新建一个 A4 页面。按 Ctrl+I 组合键，弹出“导入”对话框，选择光盘中的“Ch07 > 素材 > 制作商场海报 > 01”文件，单击“导入”按钮，在页面中单击导入图片，将其拖曳到适当的位置，效果如图 7-47 所示。

（2）按 Ctrl+I 组合键，弹出“导入”对话框，选择光盘中的“Ch07 > 素材 > 制作商场海报 > 02”文件，单击“导入”按钮，在页面中单击导入图片，拖曳到适当的位置并调整其大小，效果如图 7-48 所示。

图 7-47

图 7-48

（3）选择“文本”工具，在页面中分别输入需要的文字，选择“选择”工具，在属性栏中分别选取适当的字体并设置文字大小，效果如图 7-49 所示。

（4）选择“选择”工具，选取文字“7”。再次单击文字，使文字处于旋转状态，如图 7-50 所示。向右拖曳文字上方中间位置的控制手柄到适当的位置，将文字倾斜，效果如图 7-51 所示。用相同的方法制作其他文字效果，如图 7-52 所示。

图 7-49

图 7-50

图 7-51

图 7-52

（5）选择“选择”工具，选取文字“倍积分”。选择“形状”工具，文字处于编辑状态，如图 7-53 所示，向左拖曳文字下方的图标到适当的位置，调整文字字距，效果如图 7-54 所示。用相同的方法调整其他文字字距，效果如图 7-55 所示。

图 7-53

图 7-54

图 7-55

（6）选择“选择”工具，选择文字“7”。选择“渐变填充”工具，弹出“渐变填充”对话框，选择“自定义”单选项，在“位置”选项中分别添加并输入 0、53、100 几个位置点，单击右下角的“其他”按钮，分别设置几个位置点颜色的 CMYK 值为 0（0、40、100、0）、53（0、2、100、0）、100（0、0、0、0），其他选项的设置如图 7-56 所示，单击“确定”按钮，填充文字，效果如图 7-57 所示。

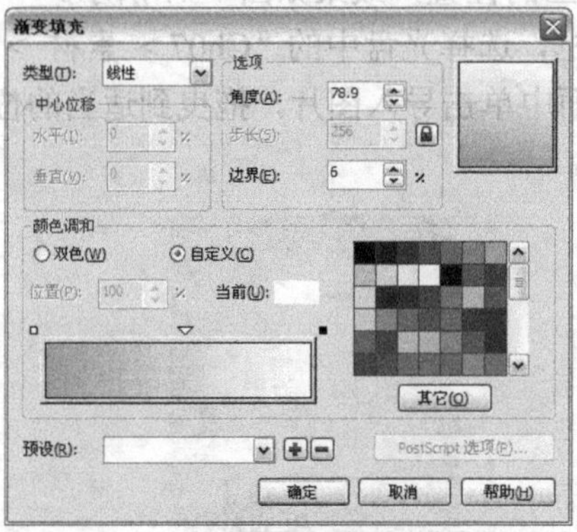

图 7-56

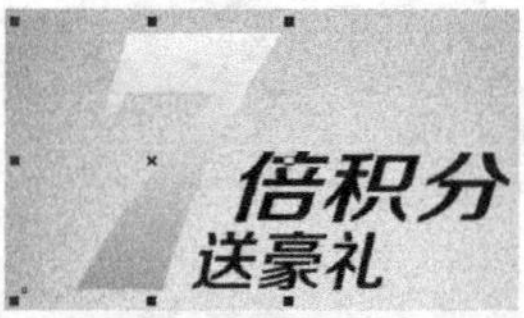

图 7-57

（7）按 F12 键，弹出“轮廓笔”对话框，将“颜色”选项的 CMYK 值设为 0、100、100、0，其他选项的设置如图 7-58 所示，单击“确定”按钮，效果如图 7-59 所示。

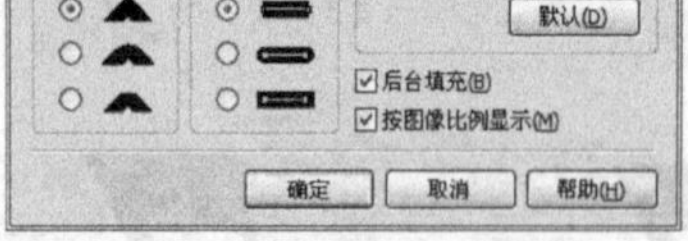

图 7-58

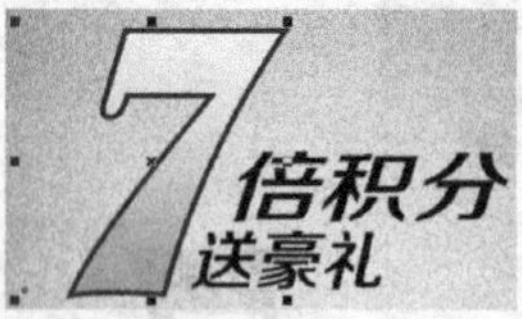

图 7-59

（8）选择“阴影”工具，在图形上由中心向右下方拖曳光标，为图形添加阴影效果，在属性栏中进行设置，如图 7-60 所示，按 Enter 键，效果如图 7-61 所示。用相同的方法制作其他文字效果，如图 7-62 所示。

（9）按 Ctrl+I 组合键，弹出“导入”对话框，选择光盘中的“Ch07 > 素材 > 制作商场海报 > 03”文件，单击“导入”按钮，在页面中单击导入图片，拖曳到适当的位置并调整其大小，效果如图 7-63 所示。

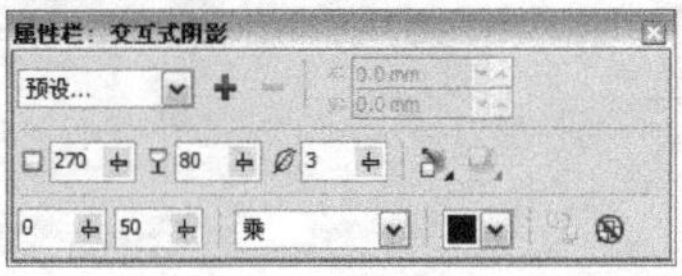

图 7-60

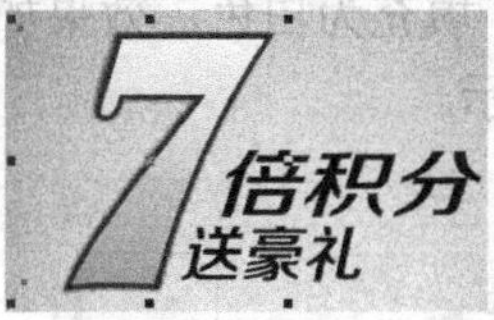

图 7-61

图 7-62

（10）按 Ctrl+I 组合键，弹出“导入”对话框，选择光盘中的“Ch07 > 素材 > 制作商场海报 > 04”文件，单击“导入”按钮，在页面中单击导入图片，拖曳到适当的位置并调整其大小，效果如图 7-64 所示。多次按 Ctrl+PageDown 组合键，将其后移，效果如图 7-65 所示。

（11）选择“文本”工具，输入需要的文字，选择“选择”工具，在属性栏中选取适当的字体并设置文字大小，设置文字颜色的 CMYK 值为 0、100、100、20，填充文字，效果如图 7-66 所示。

图 7-63

图 7-64

图 7-65

图 7-66

（12）选择“矩形”工具，在属性栏中进行设置，如图 7-67 所示。绘制一个矩形图形，设置图形颜色的 CMYK 值为 0、100、100、0，填充图形，并去除图形的轮廓线，效果如图 7-68 所示。

（13）选择“文本”工具，输入需要的文字，选择“选择”工具，在属性栏中选取适当的字体并设置文字大小，效果如图 7-69 所示。

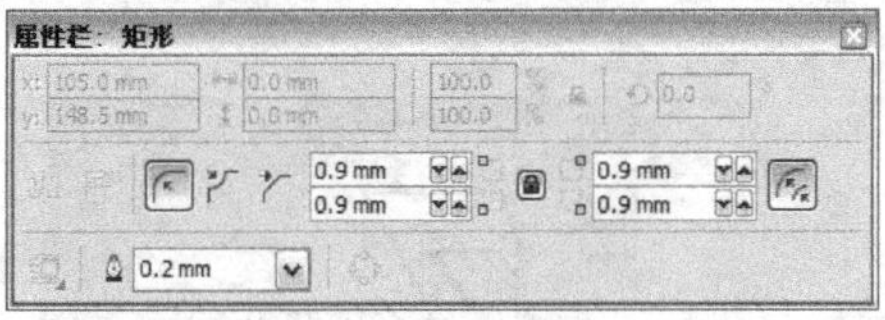

图 7-67

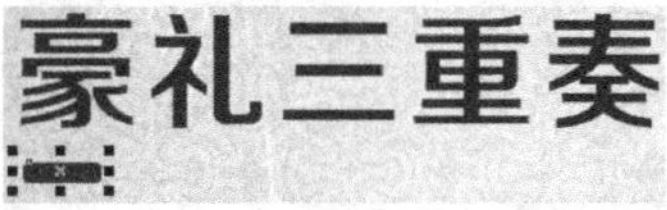

图 7-68

图 7-69

（14）选择“渐变填充”工具，弹出“渐变填充”对话框，选择“自定义”单选项，在“位置”选项中分别添加并输入 0、53、100 几个位置点，单击右下角的“其他”按钮，分别设置几个位置点颜色的 CMYK 值为 0（0、40、100、0）、53（0、2、100、0）、100（0、0、0、0），其他选项的设置如图 7-70 所示，单击“确定”按钮，填充文字，效果如图 7-71 所示。

（15）按 F12 键，弹出“轮廓笔”对话框，将“颜色”选项的 CMYK 值设为 0、100、100、50，其他选项的设置如图 7-72 所示，单击“确定”按钮，效果如图 7-73 所示。

（16）选择“文本”工具，输入需要的文字，选择“选择”工具，在属性栏中选取适当的字体并设置文字大小，填充为白色，效果如图 7-74 所示。用相同的方法制作其他图形和文字效果，如图 7-75 所示。

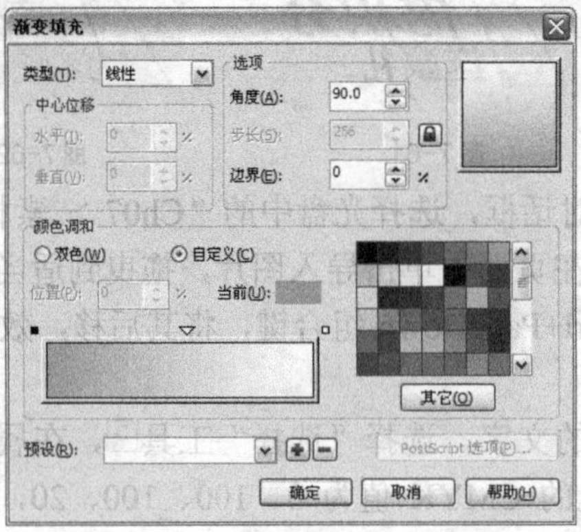

图 7-70

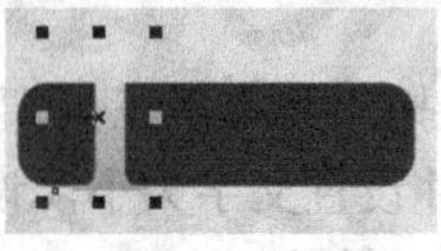

图 7-71

图 7-72

图 7-73

图 7-74

图 7-75

（17）选择“文本”工具，输入需要的文字，选择“选择”工具，在属性栏中选取适当的字体并设置文字大小，效果如图 7-76 所示。选择“文本 > 段落格式化”命令，在弹出的面板中进行设置，如图 7-77 所示，按 Enter 键，效果如图 7-78 所示。商城海报制作完成。

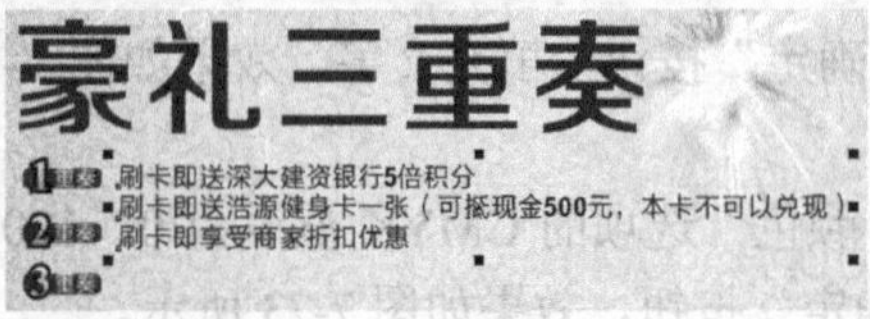

图 7-76

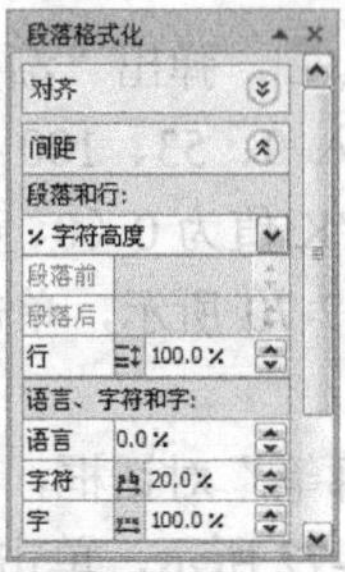

图 7-77

图 7-78

7.2 文本的其他操作

7.2.1 设置间距

输入美术字文本或段落文本，效果如图 7-79 所示。使用“形状”工具选中文本，文本的节点将处于编辑状态，如图 7-80 所示。

用光标拖曳图标，可以调整文本中字符和字符的间距；拖曳图标，可以调整文本中行的间距，如图 7-81 所示。使用键盘上的方向键，可以对文本进行微调。按住 Shift 键，将段落中第二行文字左下角的节点全部选中，如图 7-82 所示。

图 7-79

图 7-80

图 7-81

将光标放在黑色的节点上并拖曳鼠标，如图 7-83 所示。可以将第二行文字移动到需要的位置，效果如图 7-84 所示。使用相同的方法可以对单个字进行移动调整。

图 7-82

图 7-83

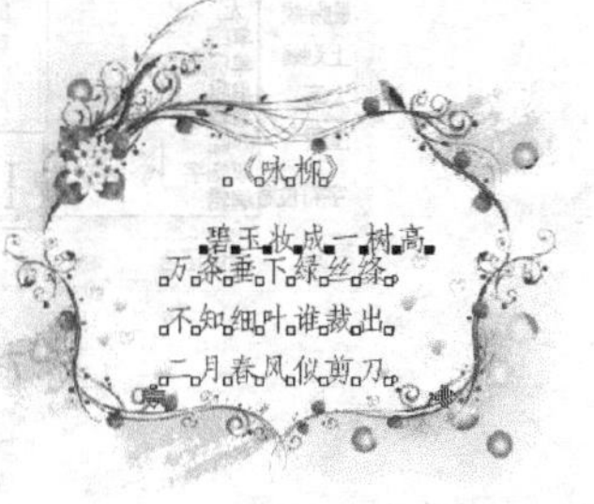

图 7-84

技巧

单击“文本”属性栏中的“字符格式化”按钮，弹出“字符格式化”面板，在“字距调整范围”选项的数值框中可以设置字符的间距。选择“文本 > 段落格式化”命令，弹出“段落格式化”面板，在“段落与行”设置区的“行距”选项中可以设置行的间距，用来控制段落中行与行间的距离。

7.2.2 设置文本嵌线和上下标

1. 设置文本嵌线

选中需要处理的文本，如图 7-85 所示。单击“文本”属性栏中的“字符格式化”按钮，弹出“字符格式化”面板，如图 7-86 所示。

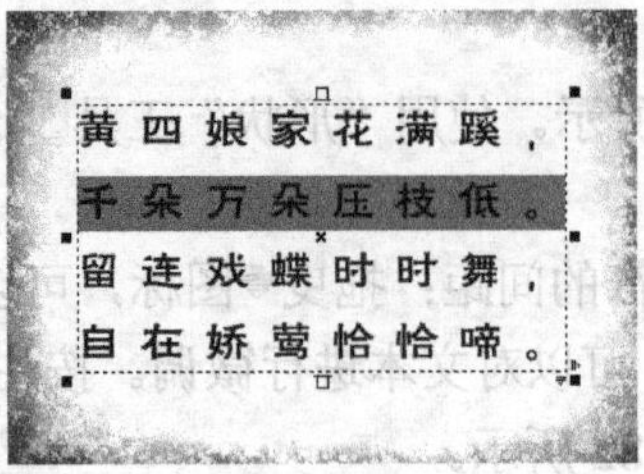

图 7-85

图 7-86

在“字符效果”设置区“下划线”选项的下拉列表中选择线型，如图 7-87 所示。文本下划线的效果如图 7-88 所示。

选中需要处理的文本，如图 7-89 所示。在“字符效果”设置区“删除线”选项的下拉列表中选择线型，如图 7-90 所示。文本删除线的效果如图 7-91 所示。

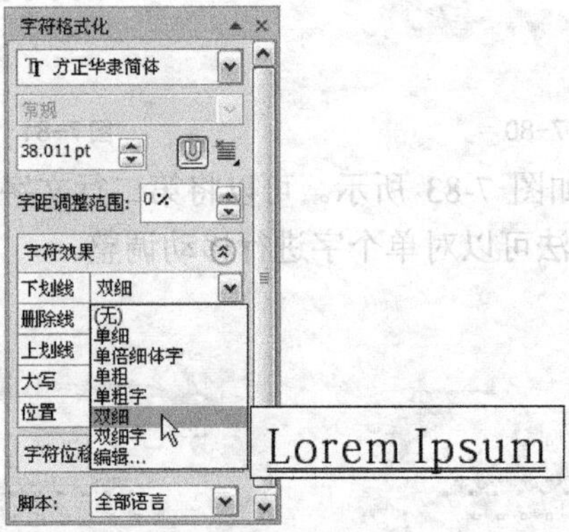

图 7-87

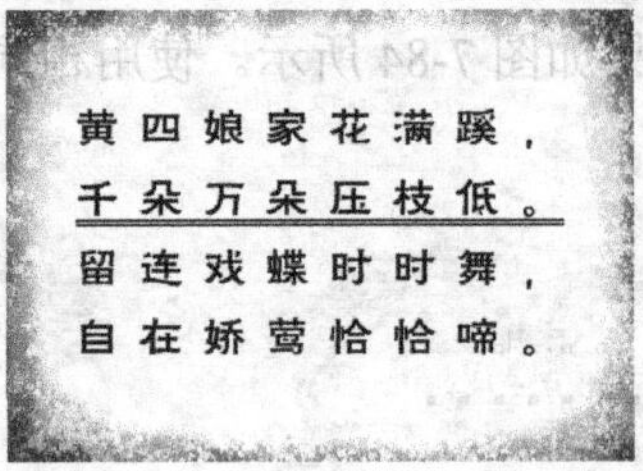

图 7-88

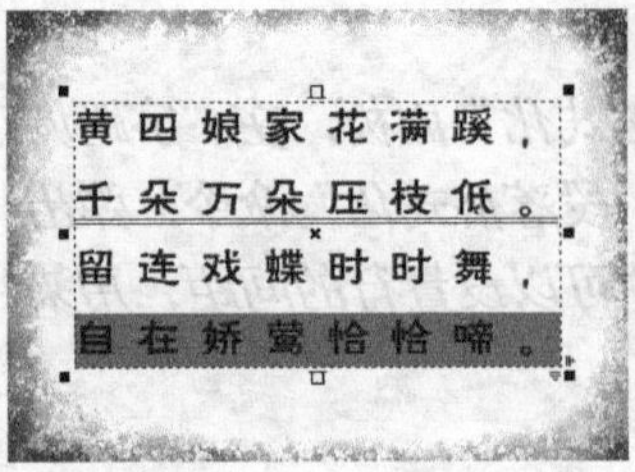

图 7-89

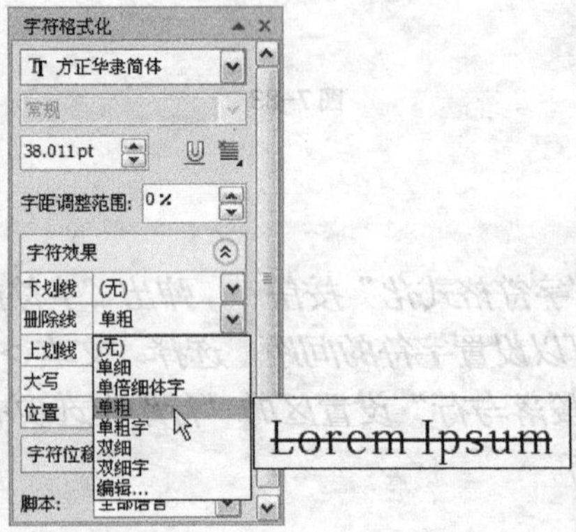

图 7-90

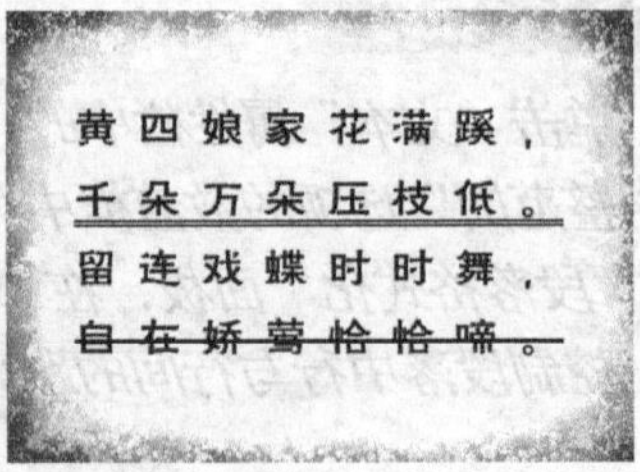

图 7-91

选中需要处理的文本，如图 7-92 所示。在“字符效果”设置区“上划线”选项的下拉列表中选择线型，如图 7-93 所示。文本上划线的效果如图 7-94 所示。

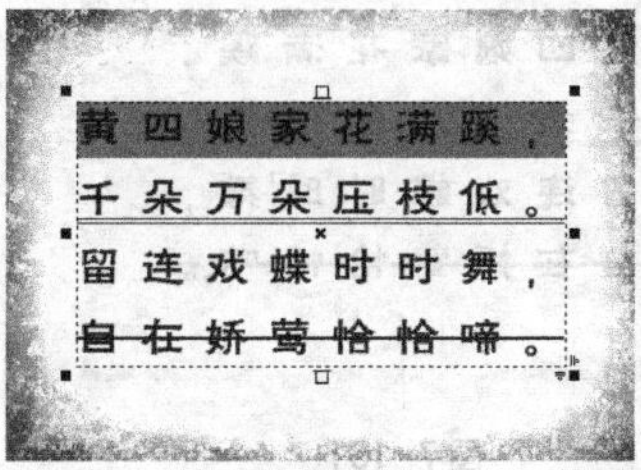

图 7-92

图 7-93

图 7-94

2. 设置文本上下标

选中需要制作上标的文本，如图 7-95 所示。单击“文本”属性栏中的“字符格式化”按钮，弹出“字符格式化”面板，如图 7-96 所示。

图 7-95

图 7-96

在“字符效果”设置区“位置”选项的下拉列表中选择“上标”选项，如图 7-97 所示。设置上标的效果如图 7-98 所示。

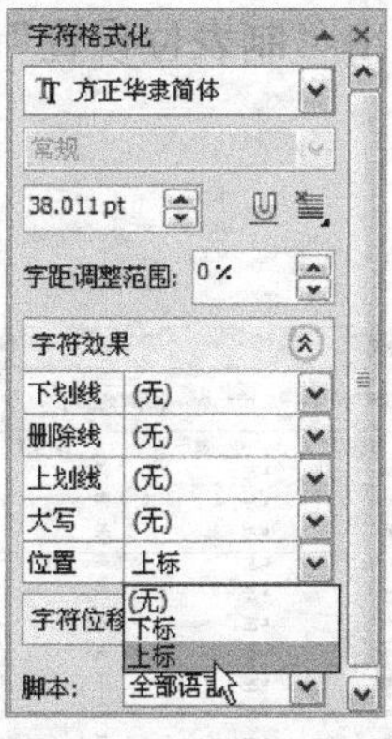

图 7-97

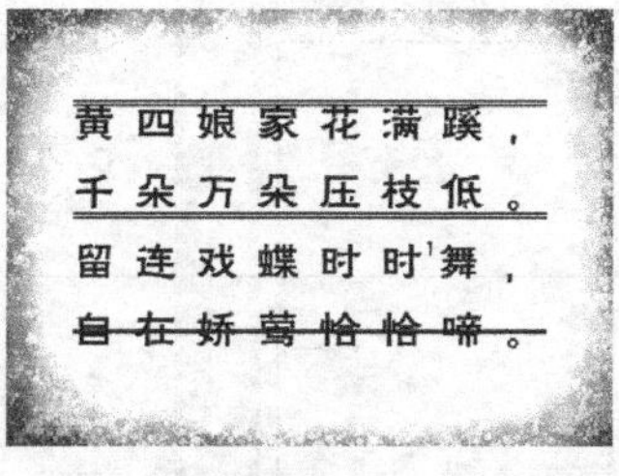

图 7-98

选中需要制作下标的文本，如图 7-99 所示。在“字符效果”设置区“位置”选项的下拉列表中选择“下标”选项，如图 7-100 所示。设置下标的效果如图 7-101 所示。

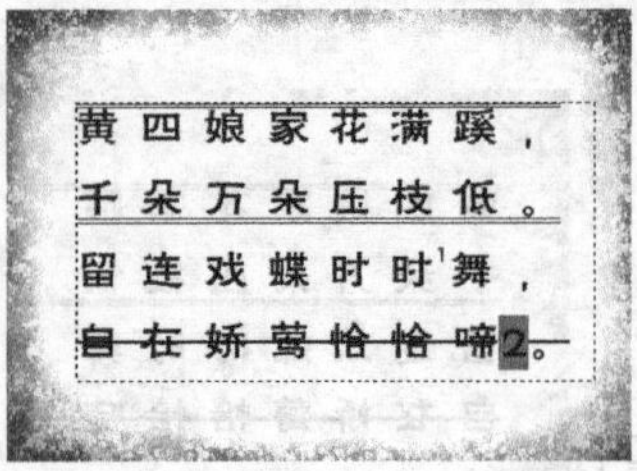

图 7-99

图 7-100

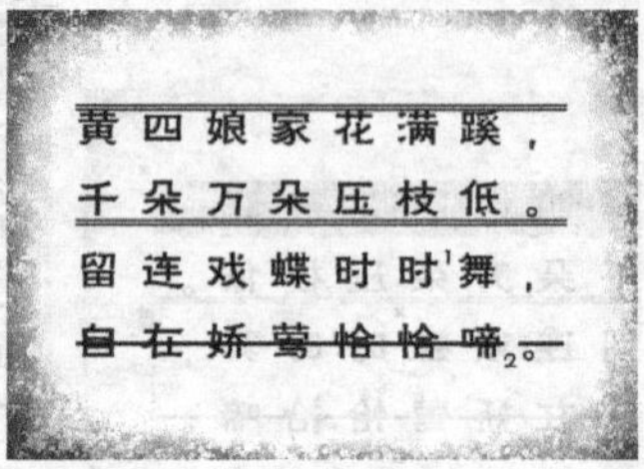

图 7-101

3. 设置文本的排列方向

选中文本，如图 7-102 所示。在“文本”属性栏中，单击“将文本更改为水平方向”按钮或“将文本更改为垂直方向”按钮，可以水平或垂直排列文本，效果如图 7-103 所示。

选择“文本 > 段落格式化”命令，弹出“段落格式化”面板，在“文本方向”设置区“方向”选项的下拉列表中选择文本的排列方向，如图 7-104 所示。该设置可以改变文本的排列方向。

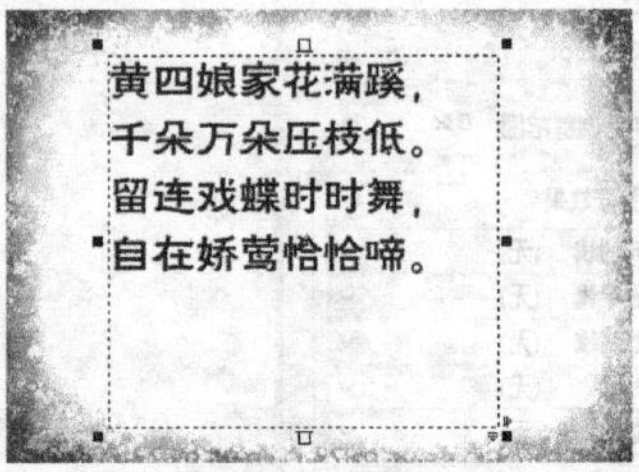

图 7-102

图 7-103

图 7-104

7.2.3 设置制表位和制表符

1. 设置制表位

选择“文本”工具，在绘图页面中绘制一个段落文本框，在上方的标尺上出现多个制表位，如图 7-105 所示。选择“文本 > 制表位”命令，弹出“制表位设置”对话框，在对话框中可以进行制表位的设置，如图 7-106 所示。

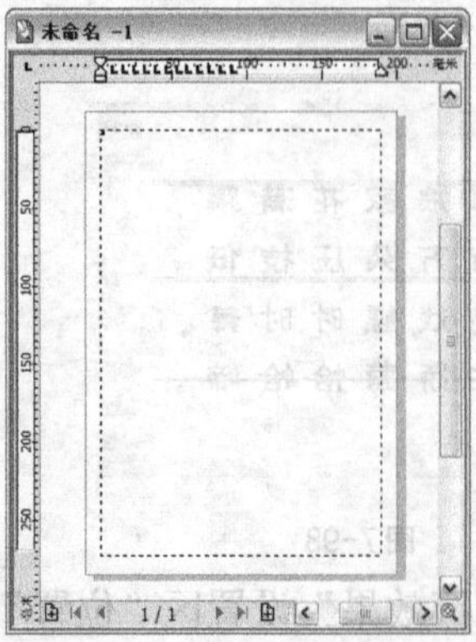

图 7-105

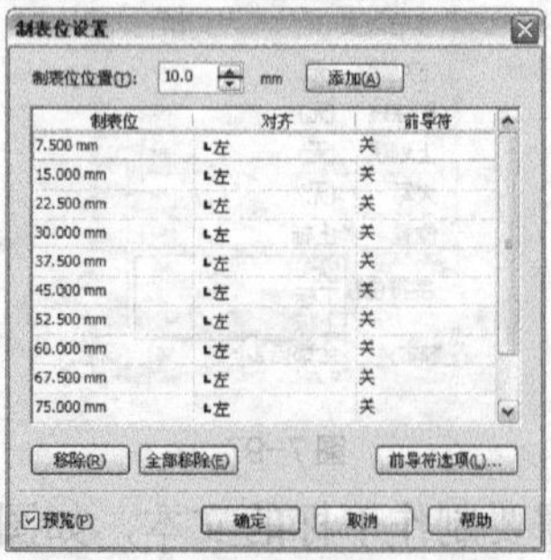

图 7-106

在数值框中输入数值或调整数值，可以设置制表位的距离，如图 7-107 所示。

在“制表位设置”对话框中，单击“对齐”选项，出现制表位对齐方式下拉列表，可以设置字符出现在制表位上的位置，如图 7-108 所示。

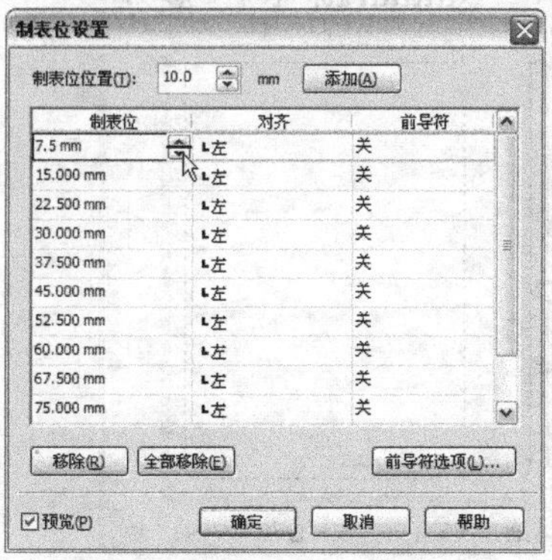

图 7-107

图 7-108

在“制表位设置”对话框中，选中一个制表位，单击“移除”或“全部移除”按钮，可以删除制表位，单击“添加”按钮，可以增加制表位。设置好制表位后，单击“确定”按钮，可以完成制表位的设置。

提示

在段落文本框中插入光标，在键盘上按 Tab 键，每按一次 Tab 键，插入的光标就会按新设置的制表位移动。

2. 设置制表符

选择“文本”工具字，在绘图页面中绘制一个段落文本框，效果如图 7-109 所示。

在页面上方的标尺上出现多个“L”形滑块，就是制表符，效果如图 7-110 所示。在任意一个制表符上单击鼠标右键，弹出快捷菜单，在快捷菜单中可以选择该制表符的对齐方式，如图 7-111 所示，也可以对网格、标尺和辅助线进行设置。

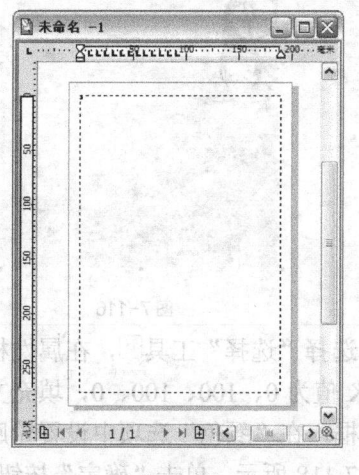

图 7-109

图 7-110

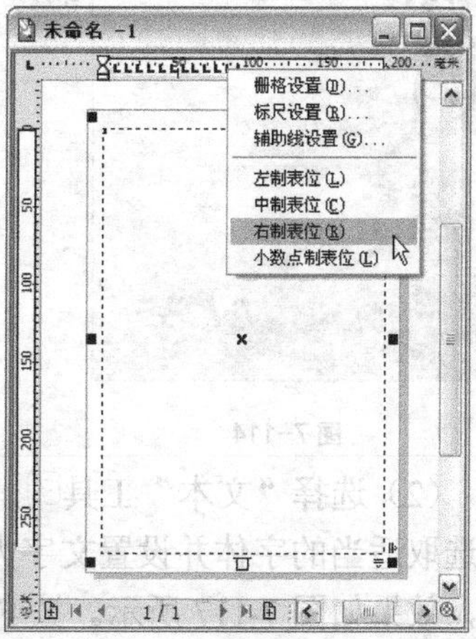

图 7-111

在页面上方的标尺上拖曳“L”形滑块，可以将制表符移动到需要的位置，效果如图 7-112

所示。在标尺上的任意位置单击鼠标左键，可以添加一个制表符，效果如图 7-113 所示。将制表符拖放到标尺外，就可以删除该制表符。

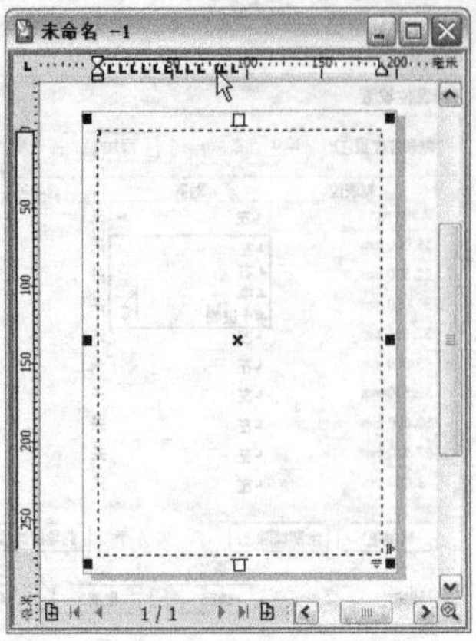

图 7-112

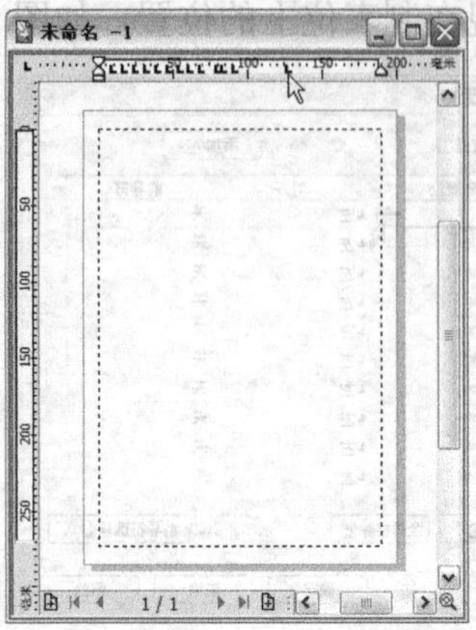

图 7-113

7.2.4 课堂案例——制作台历

【案例学习目标】学习使用文本工具和制表符制作台历。

【案例知识要点】使用文本工具和轮廓笔工具制作装饰文字。使用制表符和文本工具制作台历日期。使用椭圆形工具绘制装饰图形。台历效果如图 7-114 所示。

【效果所在位置】光盘/Ch07/效果/制作台历.cdr。

（1）按 Ctrl+N 组合键，新建一个 A4 页面。按 Ctrl+I 组合键，弹出“导入”对话框，选择光盘中的“Ch07 > 素材 > 制作台历 > 01”文件，单击“导入”按钮，在页面中单击导入图片，如图 7-115 所示。按 P 键，图片在页面中居中对齐，效果如图 7-116 所示。

图 7-114

图 7-115

图 7-116

（2）选择“文本”工具，在页面中输入需要的文字，选择“选择”工具，在属性栏中选取适当的字体并设置文字大小，设置文字颜色的 CMYK 值为 0、100、100、0，填充文字，效果如图 7-117 所示。按 F12 键，弹出“轮廓笔”对话框，在“颜色”选项中设置轮廓线颜色的 CMYK 值为 0、0、100、0，其他选项的设置如图 7-118 所示，单击“确定”按钮，效果如图 7-119 所示。

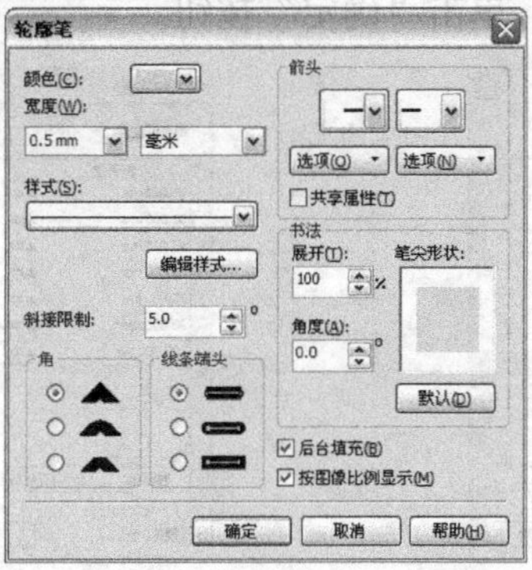

图 7-117　　图 7-118　　图 7-119

（3）选择“文本”工具字，在页面中输入需要的文字，选择“选择”工具，在属性栏中选取适当的字体并设置文字大小，填充为黑色，效果如图 7-120 所示。

（4）选择“文本”工具字，在页面中适当的位置按住鼠标左键不放，拖曳出一个矩形文本框，如图 7-121 所示。选择“文本 > 制表位”命令，弹出“制表位设置”对话框，如图 7-122 所示。

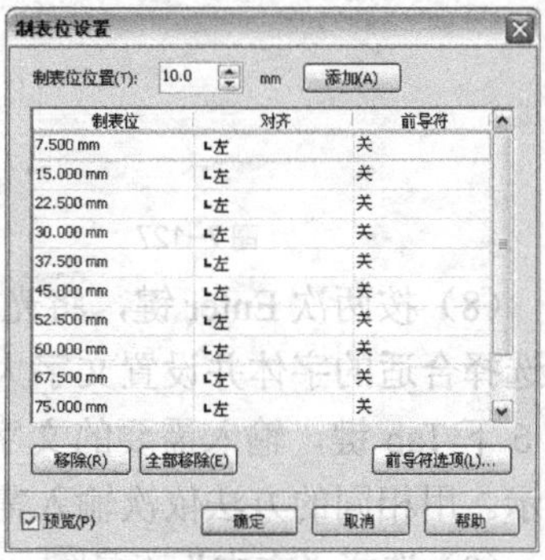

图 7-120　　图 7-121　　图 7-122

（5）单击对话框左下角的“全部移除”按钮，清空所有的制表符位置点，如图 7-123 所示。在对话框中的“制表位位置”选项中输入数值 15，连续按 7 次对话框上面的“添加”按钮，添加 7 个位置点，如图 7-124 所示。

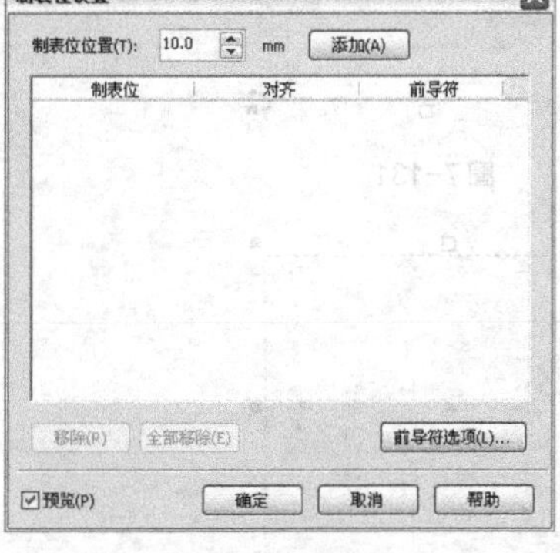

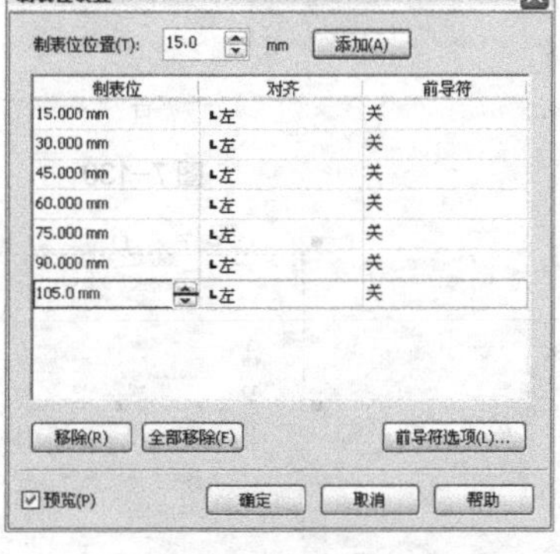

图 7-123　　图 7-124

（6）单击“对齐”下的按钮，选择“中”对齐，如图 7-125 所示。将 7 个位置点全部选择“中”对齐，如图 7-126 所示，单击“确定”按钮。

图 7-125

图 7-126

（7）将光标置于段落文本框中，输入文字“日”，在属性栏中选择合适的字体并设置文字大小，效果如图 7-127 所示。按一下 Tab 键，光标跳到下一个制表位处，输入文字“一”，如图 7-128 所示。依次输入其他需要的文字，如图 7-129 所示。

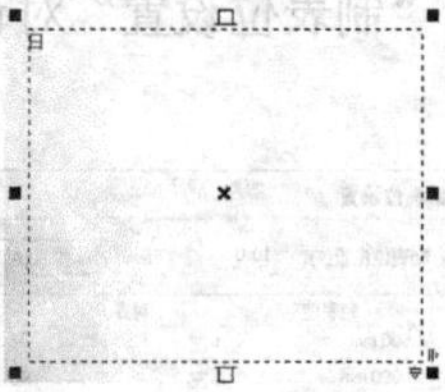

图 7-127

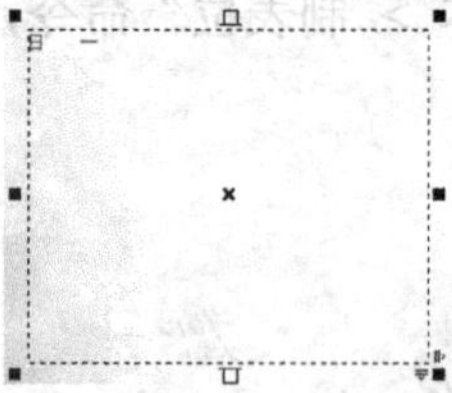

图 7-128

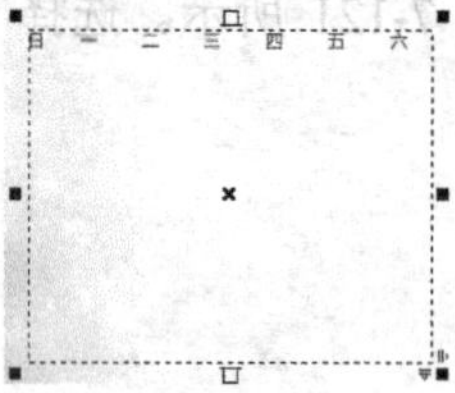

图 7-129

（8）按两次 Enter 键，将光标换到下两行，按 6 下 Tab 键，输入需要的文字，在属性栏中选择合适的字体并设置文字大小，如图 7-130 所示。再次按 Enter 键，将光标换到下一行，按 6 下 Tab 键，输入需要的文字，在属性栏中选择合适的字体并设置文字大小，如图 7-131 所示。用相同的方法依次输入需要的文字，效果如图 7-132 所示。

（9）选择“文本”工具字，分别选取需要的文字，设置文字颜色的 CMYK 值为 0、100、100、0，填充文字，效果如图 7-133 所示。

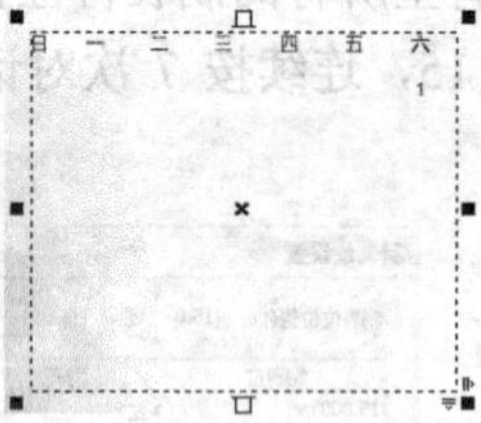

图 7-130

图 7-131

图 7-132

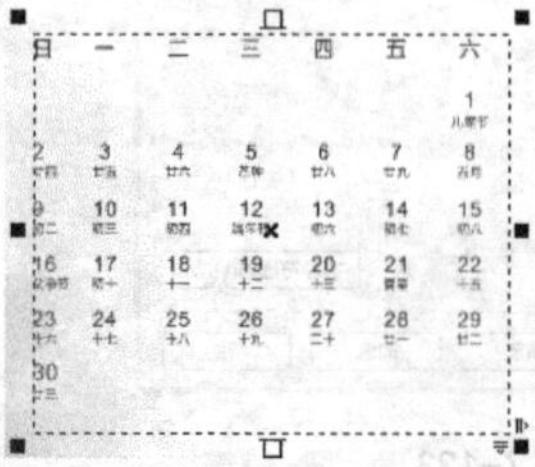

图 7-133

（10）选择“椭圆形”工具，在页面中适当的位置绘制一个椭圆形。设置图形颜色的 CMYK 值为 0、100、100、0，填充图形，并去除图形的轮廓线，效果如图 7-134 所示。按 Ctrl+PageDown 组合键，将其向后移动，效果如图 7-135 所示。用相同的方法绘制其他装饰图形，并分别填充适当的颜色，效果如图 7-136 所示。

图 7-134

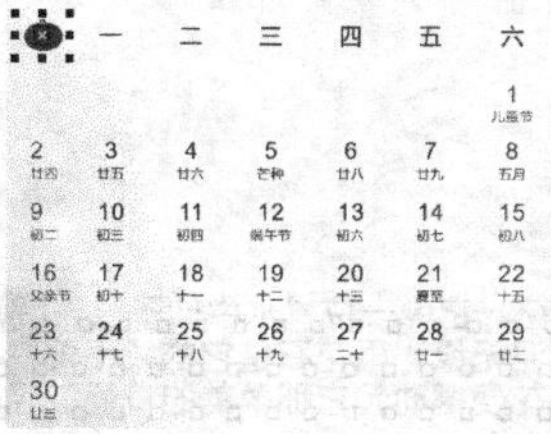
图 7-135

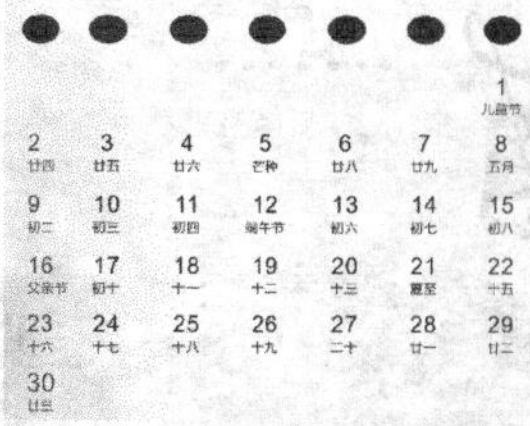
图 7-136

（11）选择“文本”工具，选取需要的文字，如图 7-137 所示，填充为白色，效果如图 7-138 所示。

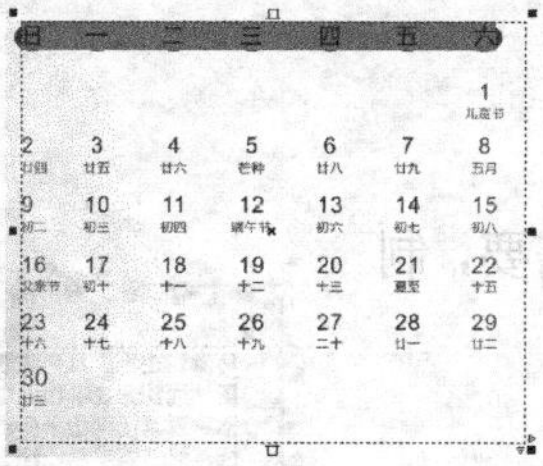
图 7-137

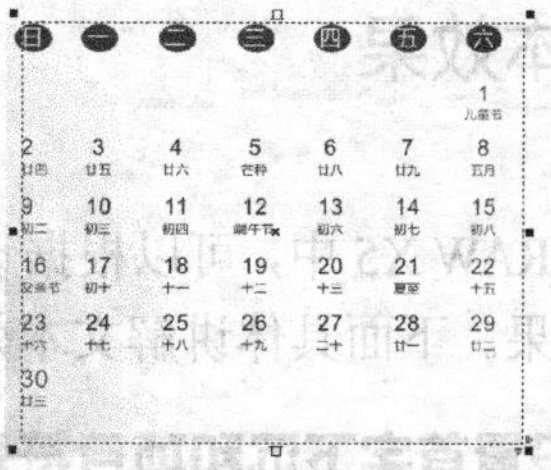
图 7-138

（12）选择“文本”工具，分别输入需要的文字，选择“选择”工具，在属性栏中选择合适的字体并设置文字大小，效果如图 7-139 所示。

（13）选择“椭圆形”工具，在适当的位置绘制一个椭圆形，设置图形颜色的 CMYK 值为 0、100、100、0，填充图形，并去除图形的轮廓线，效果如图 7-140 所示。按 Ctrl+PageDown 组合键，将其向后移动，效果如图 7-141 所示。选择“文本”工具，选取需要的文字，如图 7-142 所示，填充为白色，效果如图 7-143 所示。

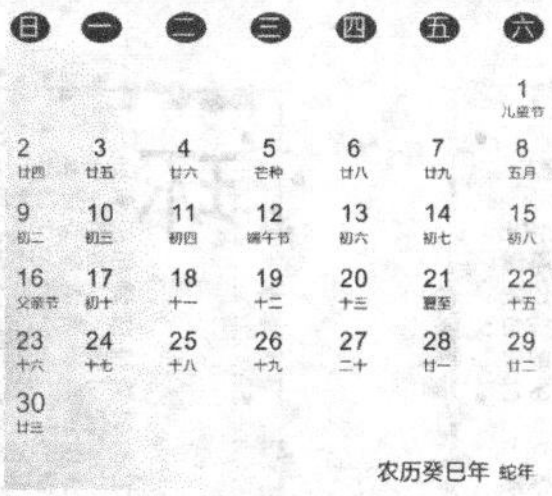
图 7-139

图 7-140

图 7-141

图 7-142

图 7-143

（14）选择“文本”工具，输入需要的文字，选择“选择”工具，在属性栏中选取适当的字体并设置文字大小，效果如图 7-144 所示。

（15）选择“选择”工具，选取需要的文字，选择“形状”工具，文字的编辑状态如图 7-145 所示，向下拖曳文字下方的图标到适当的位置，调整文字的行距。台历制作完成，效果如图 7-146 所示。

图 7-144

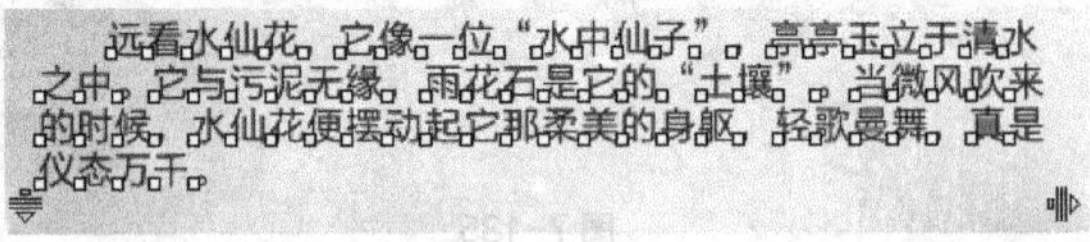

图 7-145

图 7-146

7.3 文本效果

在 CorelDRAW X5 中，可以根据设计制作任务的需要，制作多种文本效果。下面具体讲解文本效果的制作。

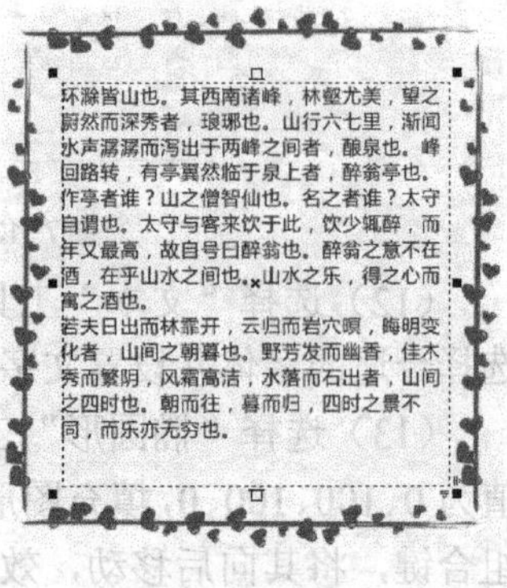

图 7-147

7.3.1 设置首字下沉和项目符号

1. 设置首字下沉

在绘图页面中打开一个段落文本，如图 7-147 所示。选择“文本 > 首字下沉”命令，出现“首字下沉”对话框，勾选“使用首字下沉”复选框，如图 7-148 所示。

单击“确定”按钮，各段落首字下沉效果如图 7-149 所示。勾选“首字下沉使用悬挂式缩进”复选框，单击“确定”按钮，悬挂式缩进首字下沉效果如图 7-150 所示。

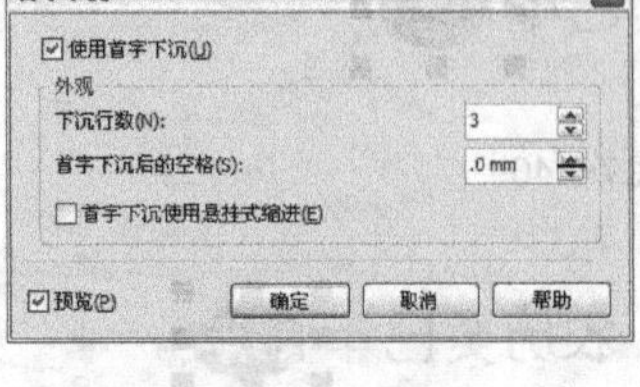

图 7-148

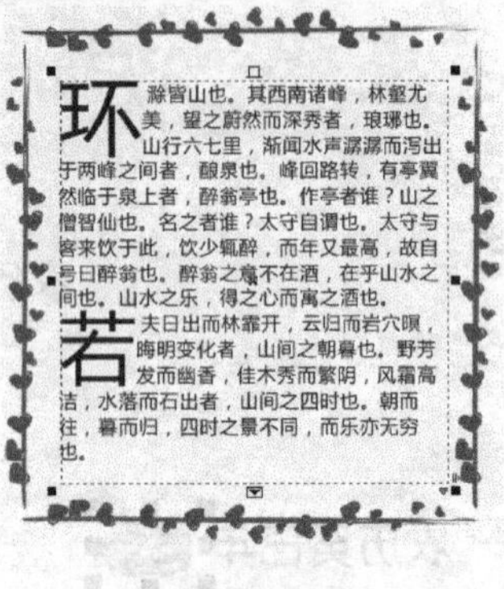

图 7-149

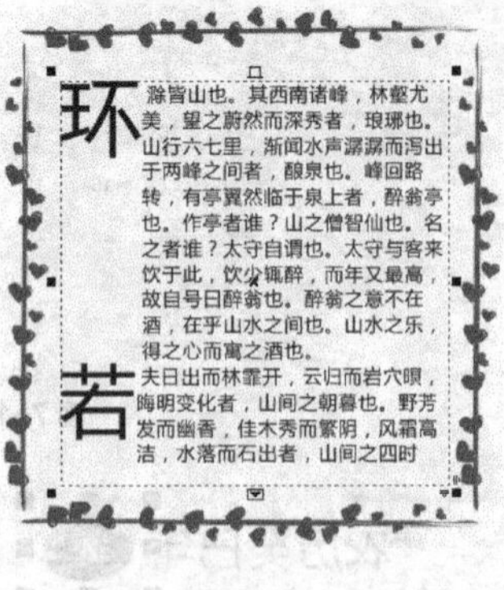

图 7-150

2. 设置项目符号

在绘图页面中打开一个段落文本，如图 7-151 所示。选择“文本 > 项目符号”命令，出现“项目符号”对话框，勾选“使用项目符号”复选框，如图 7-152 所示。

图 7-151

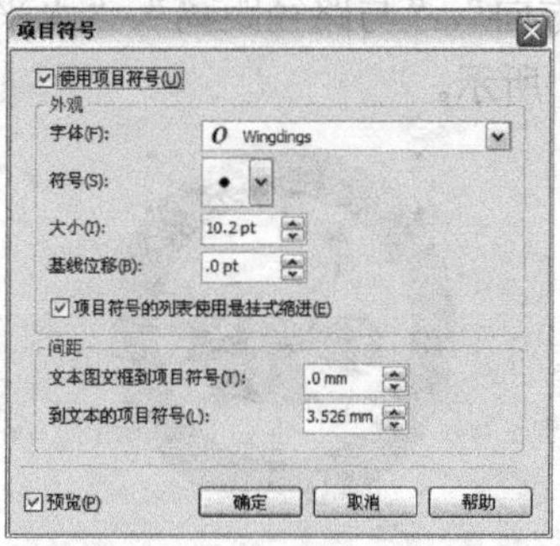

图 7-152

在对话框“外观”设置区的“字体”选项中可以设置字体的类型；在“符号”选项中可以选择项目符号样式；在“大小”选项中可以设置字体符号的大小；在“基线位移”选项中可以选择基线的距离；在“间距”设置区中可以调节文本和项目符号的缩进距离。

设置需要的选项，如图 7-153 所示，单击“确定”按钮，段落文本中添加了新的项目符号，效果如图 7-154 所示。在段落文本中需要另起一段的位置插入光标，按 Enter 键，项目符号会自动添加在新段落的前面，效果如图 7-155 所示。

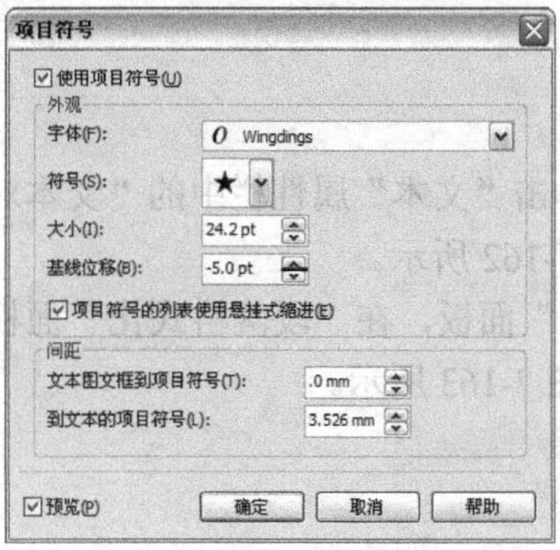

图 7-153

图 7-154

图 7-155

7.3.2 文本绕路径

选择“文本”工具字，在绘图页面中输入美术字文本，使用“椭圆形”工具绘制一个椭圆路径，选中美术字文本，如图 7-156 所示。

选择“文本 > 使文本适合路径”命令，出现箭头图标，如图 7-157 所示，将箭头放在椭圆路径上，文本自动绕路径排列，单击鼠标左键确定，效果如图 7-158 所示。

图 7-156

图 7-157

图 7-158

选中绕路径排列的文本，如图 7-159 所示。属性栏如图 7-160 所示，在属性栏中可以设置“文字方向”、“与路径距离”、“水平偏移”，通过设置可以产生多种文本绕路径的效果，如图 7-161 所示。

图 7-159

图 7-160

图 7-161

7.3.3 对齐文本

选择“文本”工具，在绘图页面中输入段落文本。单击“文本”属性栏中的“文本对齐”按钮，弹出其下拉列表，共有 6 种对齐方式，如图 7-162 所示。

选择“文本 > 段落格式化”命令，弹出“段落格式化”面板，在“段落格式化”面板的“对齐”选项下拉列表中可以选择文本的对齐方式，如图 7-163 所示。

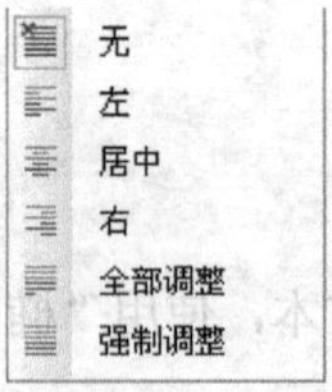

图 7-162

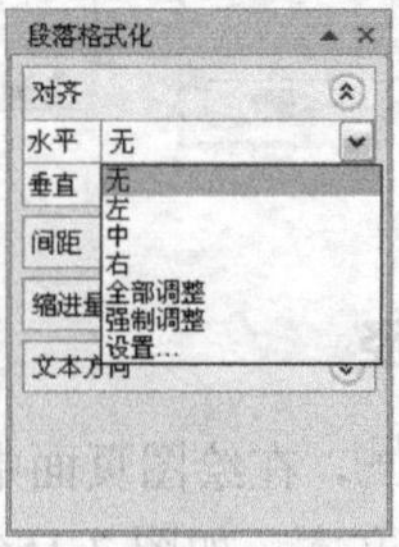

图 7-163

无：CorelDRAW X5 默认的对齐方式。选择它对文本不产生影响，文本可以自由地变换，但单纯的无对齐方式文本的边界会参差不齐。

左：选择左对齐后，段落文本会以文本框的左边界对齐。

居中：选择居中对齐后，段落文本的每一行都会在文本框中居中。

右：选择右对齐后，段落文本会以文本框的右边界对齐。

全部调整：选择全部调整对齐后，段落文本的每一行都会同时对齐文本框的左右两端。

强制调整：选择强制调整对齐后，可以对段落文本的所有格式进行调整。

选中需要调整的文本，如图 7-164 所示，选择“居中”对齐方式，可以将文本重新对齐，效果如图 7-165 所示。

图 7-164

图 7-165

7.3.4　内置文本

选择“文本”工具，在绘图页面中输入美术字文本，使用“基本形状”工具绘制一个图形，选中美术字文本，如图 7-166 所示。

用鼠标右键拖曳文本到图形内，当光标变为十字形的圆环，松开鼠标右键，弹出快捷菜单，选择“内置文本”命令，如图 7-167 所示，文本被置入到图形内，美术字文本自动转换为段落文本，效果如图 7-168 所示。选择“文本 > 段落文本框 > 使文本适合框架”命令，文本和图形对象基本适配，效果如图 7-169 所示。

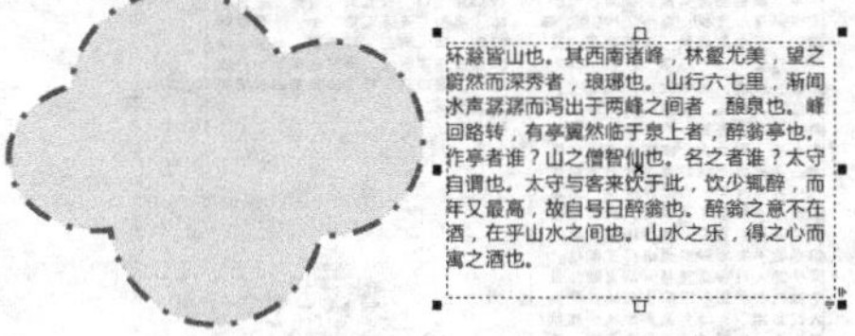

图 7-166

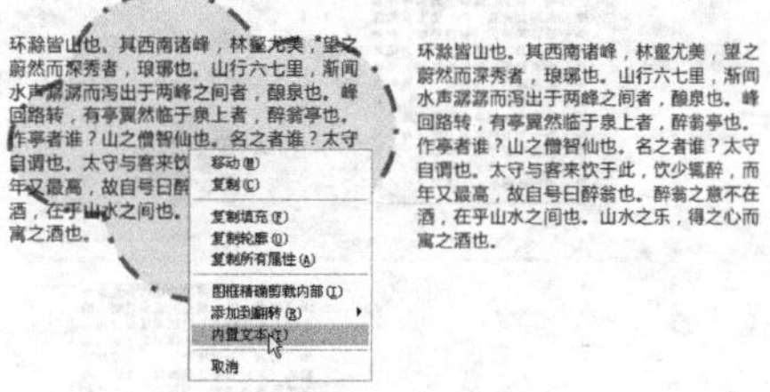

图 7-167

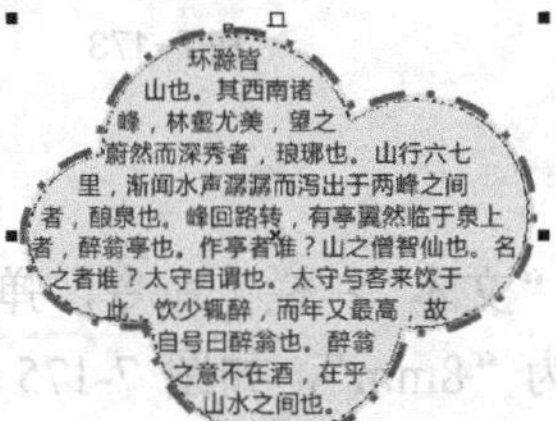

图 7-168

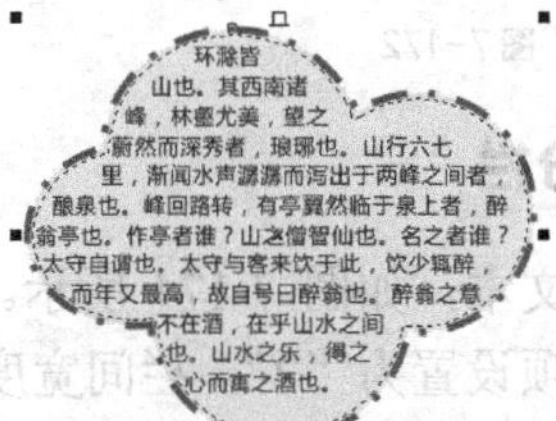

图 7-169

提示

选择“排列 > 拆分路径内的段落文本”命令，可以将路径内的文本与路径分离。

7.3.5　段落文字的连接

在文本框中经常出现文本被遮住而不能完全显示的问题，如图 7-170 所示。通过调整文本框的大小可以使文本显示完全，通过多个文本框的连接也可以使文本显示完全。

选择“文本”工具，单击文本框下部的图标，鼠标光标变为形状，在页面中按住鼠标左键不放，沿对角线拖曳光标，绘制出一个新的文本框，如图 7-171 所示。松开鼠标左键，在新绘制的文本框中显示出被遮住的文字，效果如图 7-172 所示。拖曳文本框到适当的位置，效果如图 7-173 所示。

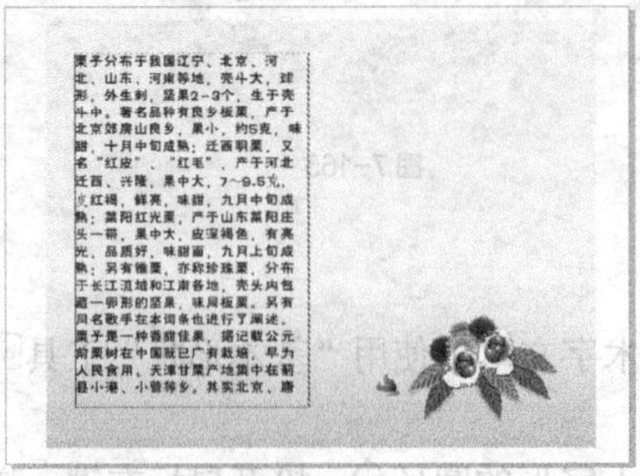
图 7-170

图 7-171

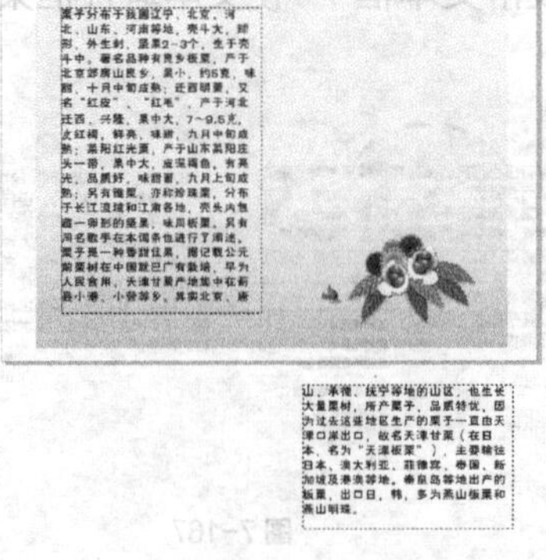
图 7-172

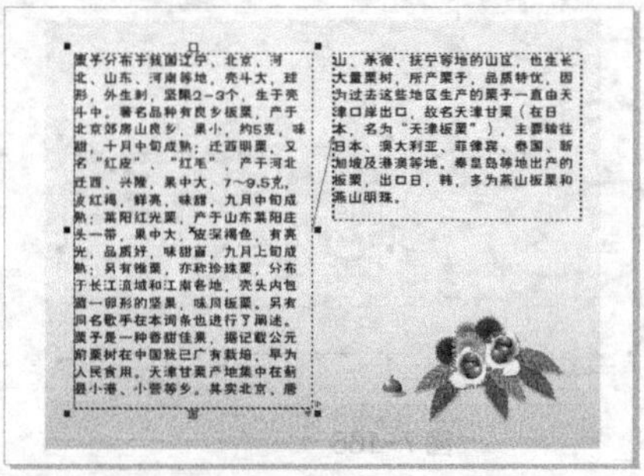
图 7-173

7.3.6 段落分栏

选择一个段落文本，如图 7-174 所示。选择“文本 > 栏”命令，弹出“栏设置”对话框，将“栏数”选项设置为“2”，栏间宽度设置为“8mm”，如图 7-175 所示，设置好后，单击“确定”按钮，段落文本被分为 2 栏，效果如图 7-176 所示。

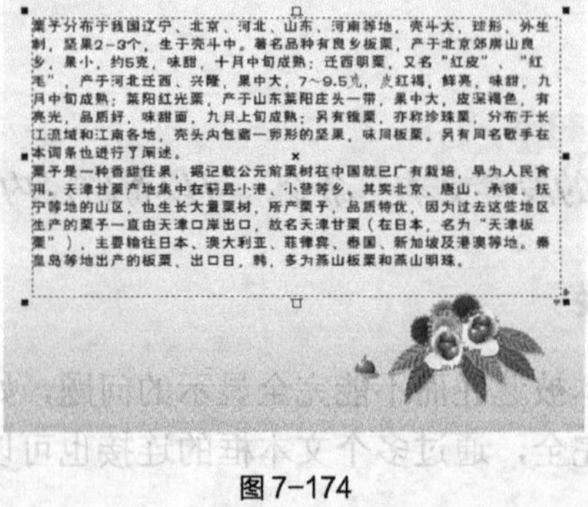
图 7-174

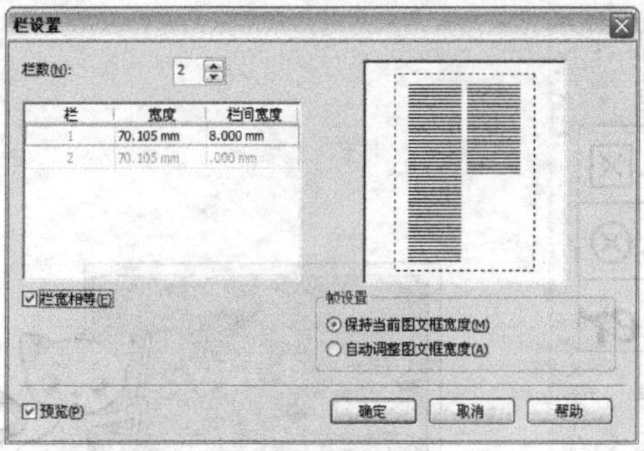

图 7-175

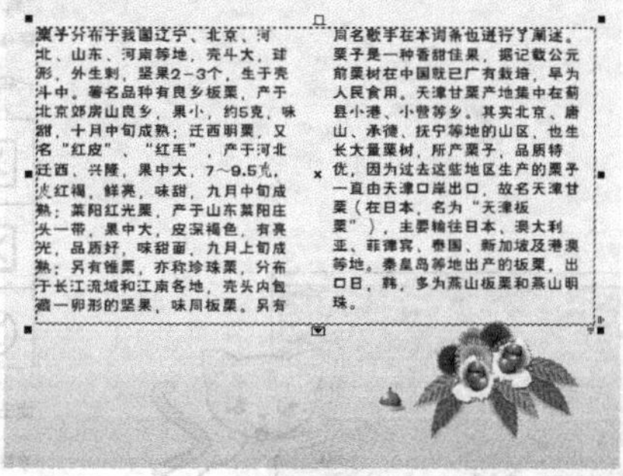

图 7-176

7.3.7 文本绕图

CorelDRAW X5 提供了多种文本绕图的形式，应用好文本绕图可以使设计制作的杂志或报刊更加生动美观。

选择“文件 > 导入”命令，或按 Ctrl+I 组合键，弹出“导入”对话框，在对话框的“查找范围”列表框中选择需要的文件夹，在文件夹中选取需要的位图文件，单击“导入”按钮，在页面中单击鼠标左键，位图被导入到页面中，将位图调整到段落文本中的适当位置，效果如图 7-177 所示。

图 7-177

在位图上单击鼠标右键，在弹出的快捷菜单中选择“段落文本换行”命令，如图 7-178 所示，文本绕图效果如图 7-179 所示。在属性栏中单击“文本换行”按钮，在弹出的下拉菜单中可以设置换行样式，在“文本换行偏移”选项的数值框中可以设置偏移距离，如图 7-180 所示。

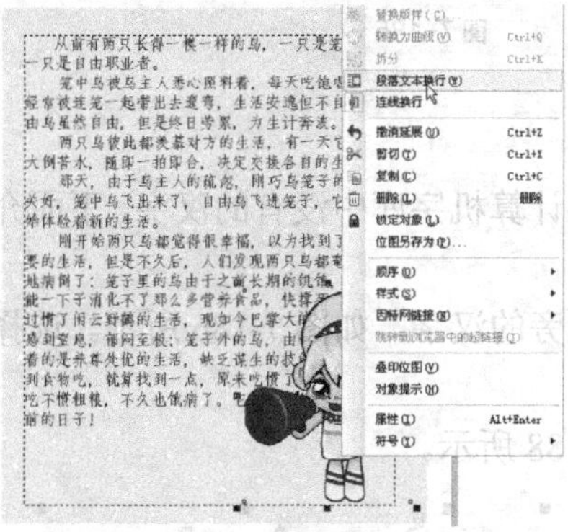

图 7-178

图 7-179

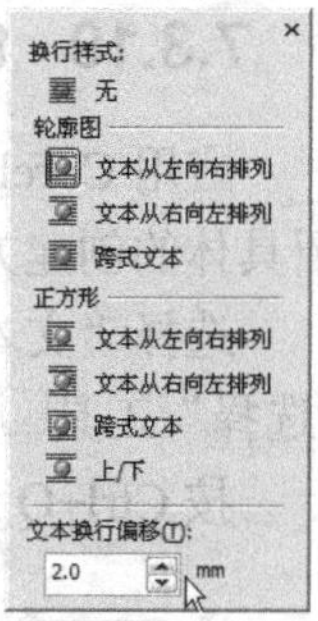

图 7-180

7.3.8 插入字符

选择“文本”工具，在文本中需要的位置单击鼠标左键插入光标，如图 7-181 所示。选择“文本 > 插入符号字符”命令，或按 Ctrl+F11 组合键，弹出“插入字符”对话窗，在需要的字符上双击鼠标左键，或选中字符后单击“插入”按钮，如图 7-182 所示，字符插入到文本中，效果如图 7-183 所示。

图 7-181

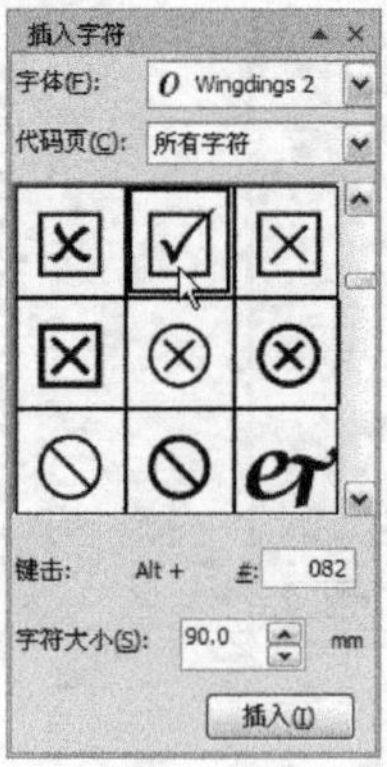

图 7-182

图 7-183

7.3.9 将文字转化为曲线

使用 CorelDRAW X5 编辑好美术文本后，通常需要把文本转换为曲线。转换后既可以对美术文本任意变形，也可以使转曲后的文本对象不会丢失其文本格式。具体操作步骤如下。

选择“选择”工具选中文本，如图 7-184 所示。选择“排列 > 转换为曲线”命令，或按 Ctrl+Q 组合键，将文本转化为曲线，如图 7-185 所示。可用“形状”工具，对曲线文本进行编辑，并修改文本的形状。

图 7-184

图 7-185

7.3.10 创建文字

应用 CorelDRAW X5 的独特功能，可以轻松地创建出计算机字库中没有的汉字，下面介绍具体的创建方法。

选择“文本”工具，输入两个具有创建文字所需偏旁的汉字，如图 7-186 所示。选择“选择”工具选取文字，如图 7-187 所示。

按 Ctrl+Q 组合键，将文字转换为曲线，效果如图 7-188 所示。

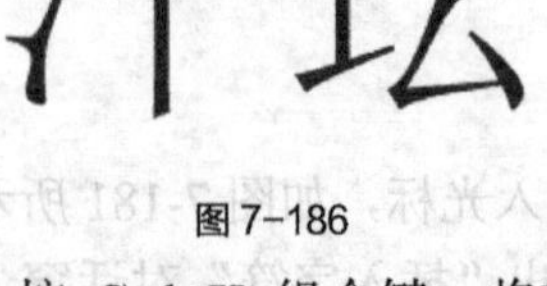

图 7-186

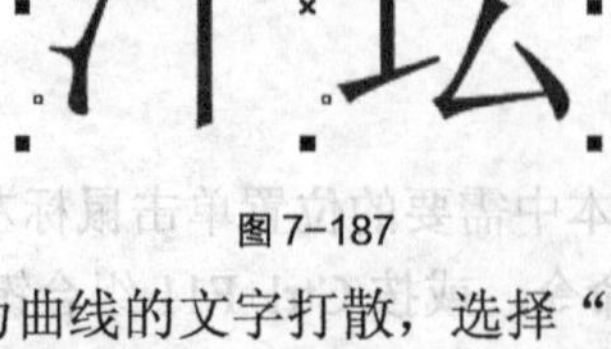

图 7-187

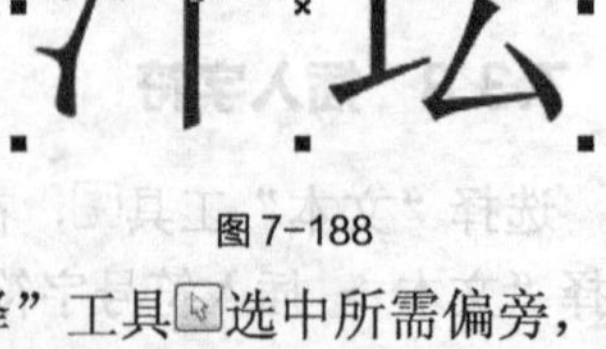

图 7-188

按 Ctrl+K 组合键，将转换为曲线的文字打散，选择“选择”工具选中所需偏旁，将其移动到创建文字的位置，如图 7-189 所示，进行组合，效果如图 7-190 所示。

组合好新文字后，选择“选择”工具选中新文字，如图 7-191 所示，再在键盘上按 Ctrl+G

组合键，将新文字组合，如图 7-192 所示，新文字就制作完成了，效果如图 7-193 所示。

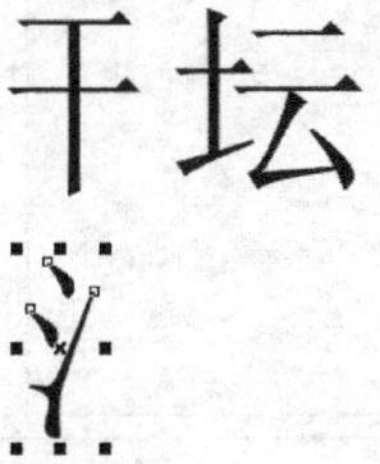

图 7-189

图 7-190

图 7-191

图 7-192

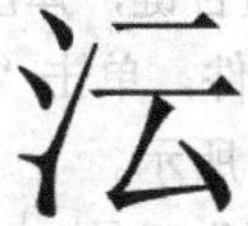

图 7-193

7.3.11　课堂案例——制作根雕杂志内页

【案例学习目标】学习使用文本工具和段落格式化命令制作根雕杂志内页。

【案例知识要点】使用选择工具和属性栏添加辅助线。使用文字工具和段落格式化面板添加并调整杂志内文。使用栏命令制作分栏效果。根雕杂志内页的效果如图 7-194 所示。

图 7-194

【效果所在位置】光盘/Ch07/效果/制作根雕杂志内页.cdr。

1．制作左侧页面效果

（1）按 Ctrl+N 组合键，新建一个页面。在属性栏中的“页面度量”选项中将“宽度”选项设为 420mm，“高度”选项设为 297mm，效果如图 7-195 所示。

（2）选择“选择”工具，从左侧的标尺中拖曳出辅助线，在属性栏中的“X 坐标”文本框中输入数值 17mm，按 Enter 键，效果如图 7-196 所示。单击属性栏中的“锁定”按钮和“贴齐辅助线”按钮，设置辅助线。用相同的方法在 193mm、227mm、403mm 处设置参考线，效果如图 7-197 所示。

（3）选择“选择”工具，从上方的标尺中拖曳出辅助线，在属性栏中的“Y 坐标”文本框中输入数值 13mm，按 Enter 键，效果如图 7-198 所示。单击属性栏中的“锁定”按钮和“贴齐辅助线”按钮，设置辅助线。

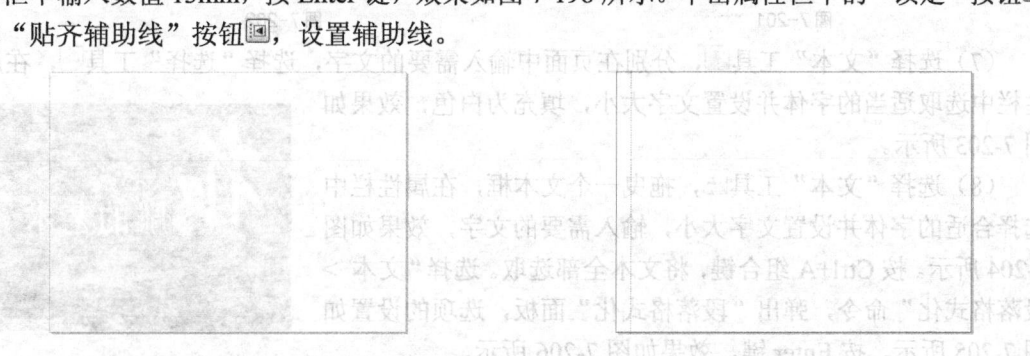

图 7-195

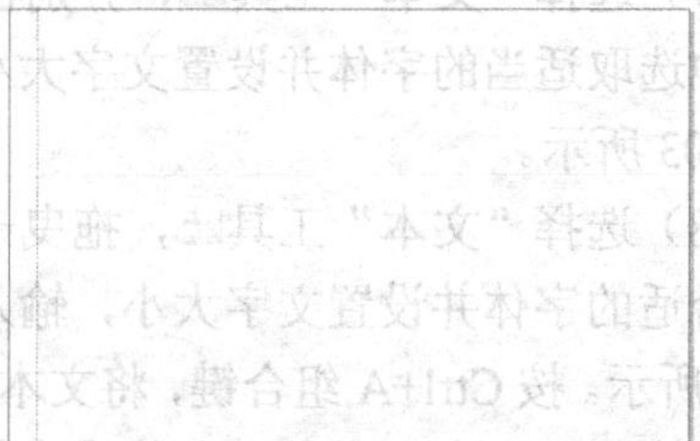

图 7-196

图 7-197

图 7-198

（4）按 Ctrl+I 组合键，弹出“导入”对话框，选择光盘中的“Ch07 > 素材 > 制作根雕杂志内页 > 01”文件，单击“导入”按钮，在页面中单击导入图片，将其拖曳到适当的位置，效果如图 7-199 所示。

（5）选择“矩形”工具，绘制一个矩形，填充为黑色，并去除图形的轮廓线，效果如图 7-200 所示。

图 7-199

图 7-200

（6）选择“透明度”工具，在属性栏中将“透明度类型”选项设为“标准”，其他选项的设置如图 7-201 所示，按 Enter 键，效果如图 7-202 所示。

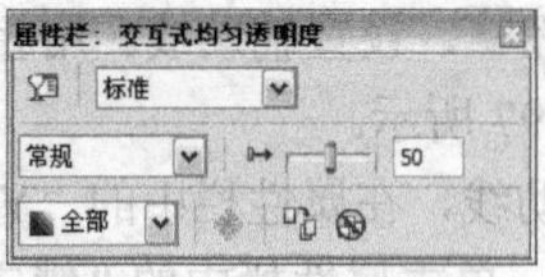

图 7-201

图 7-202

（7）选择“文本”工具，分别在页面中输入需要的文字，选择“选择”工具，在属性栏中选取适当的字体并设置文字大小，填充为白色，效果如图 7-203 所示。

图 7-203

（8）选择“文本”工具，拖曳一个文本框，在属性栏中选择合适的字体并设置文字大小，输入需要的文字，效果如图 7-204 所示。按 Ctrl+A 组合键，将文本全部选取。选择“文本 > 段落格式化”命令，弹出“段落格式化”面板，选项的设置如图 7-205 所示。按 Enter 键，效果如图 7-206 所示。

图 7-204

图 7-205

图 7-206

2. 制作右侧页面效果

（1）在记事本文档中选取并复制文字。返回到 CorelDRAW 页面中，选择“文本”工具字，在页面中拖曳出一个文本框，如图 7-207 所示，按 Ctrl+V 组合键，将复制的文本粘贴到文本框中。选择“选择”工具，在属性栏中分别选取适当的字体并设置文字大小，效果如图 7-208 所示。

图 7-207

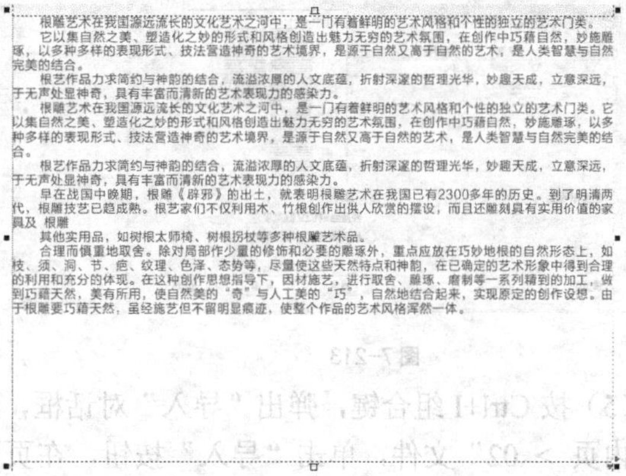

图 7-208

（2）按 Ctrl+A 组合键，将文本全部选取。选择“文本 > 段落格式化”命令，弹出“段落格式化”面板，选项的设置如图 7-209 所示。按 Enter 键，效果如图 7-210 所示。

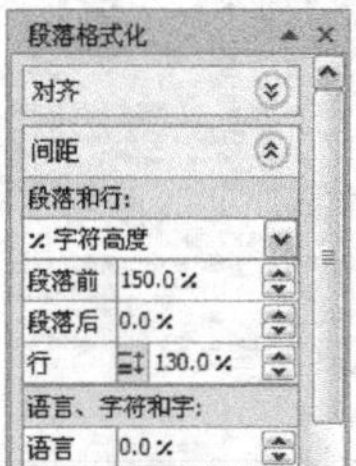

图 7-209

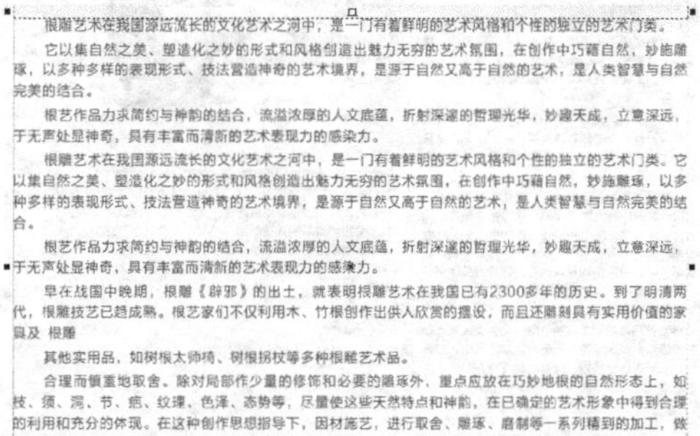

图 7-210

（3）选择“文本 > 首字下沉”命令，弹出“首字下沉”对话框，勾选“使用首字下沉”复选框，其他选项的设置如图 7-211 所示，单击“确定”按钮，效果如图 7-212 所示。

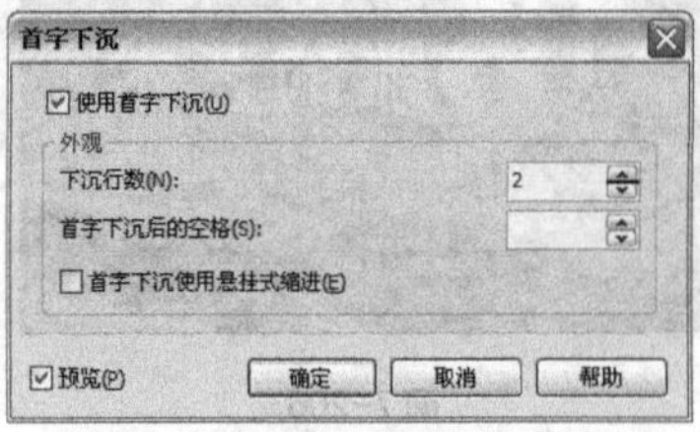

图 7-211

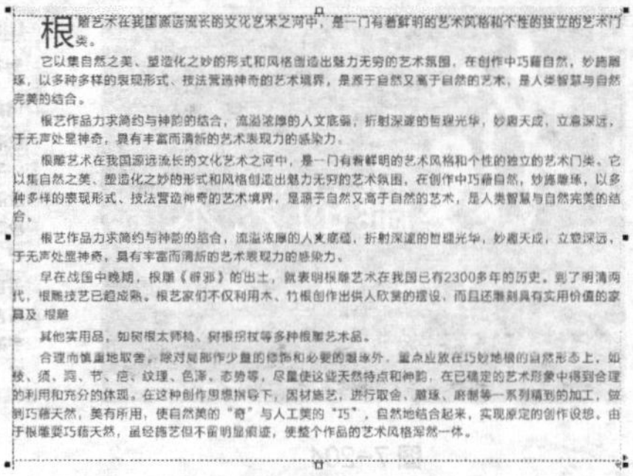

图 7-212

（4）选择“文本 > 栏”命令，弹出“栏设置”对话框，选项的设置如图 7-213 所示，单击“确定”按钮，效果如图 7-214 所示。

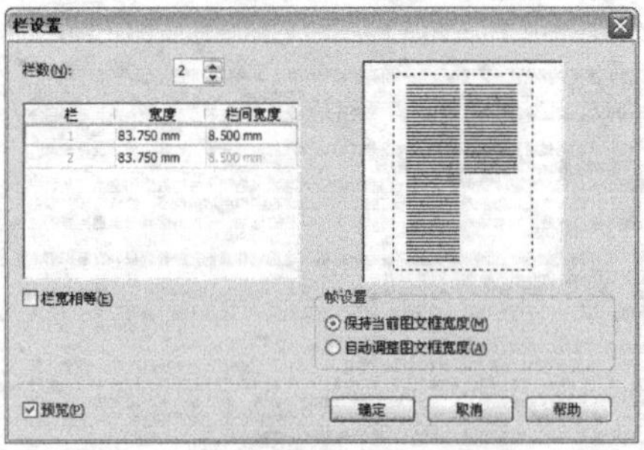

图 7-213

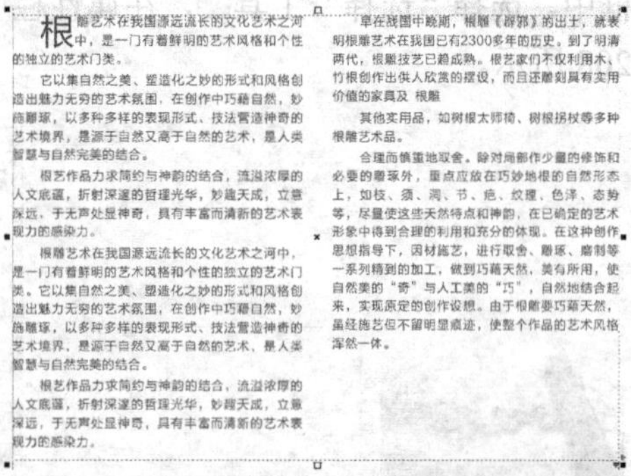

图 7-214

（5）按 Ctrl+I 组合键，弹出“导入”对话框，选择光盘中的“Ch07 > 素材 > 制作根雕杂志内页 > 02”文件，单击“导入”按钮，在页面中单击导入图片，调整其大小和位置，效果如图 7-215 所示。在图形上单击鼠标右键，在弹出的快捷菜单中选择“段落文本换行”命令，效果如图 7-216 所示。

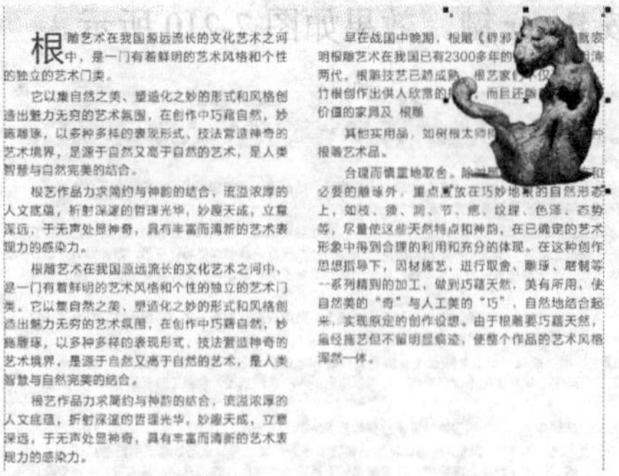

图 7-215

图 7-216

（6）选择“矩形”工具，绘制一个矩形，如图 7-217 所示。按 Ctrl+I 组合键，弹出“导入”对话框，选择光盘中的“Ch07 > 素材 > 制作根雕杂志内页 > 03”文件，单击“导入”按钮，在页面中单击导入图片，如图 7-218 所示。

（7）选择“效果 > 图框精确剪裁 > 放置在容器中”命令，鼠标光标变为黑色箭头，在矩形框上单击，将图片置入矩形框中，并去除矩形图形的轮廓线，效果如图 7-219 所示。

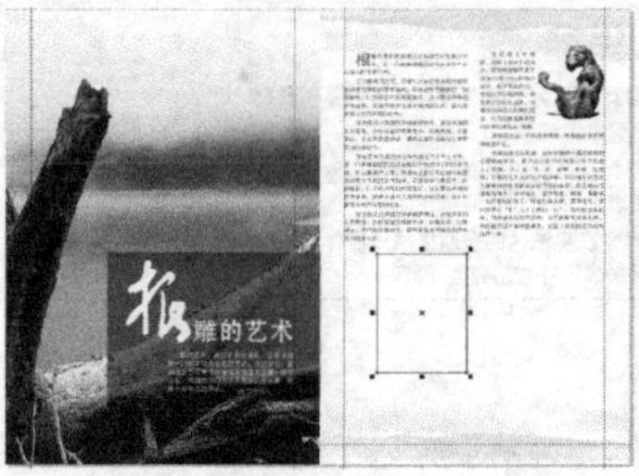

图 7-217

图 7-218

图 7-219

（8）选择“标注形状”工具，在属性栏中单击“完美形状”按钮，在弹出的面板中选取需要的形状，如图 7-220 所示，在页面中绘制形状，设置图形颜色的 CMYK 值为 0、60、100、0，填充图形，并去除图形的轮廓线，效果如图 7-221 所示。

（9）选择“文本”工具，在页面中输入需要的文字，选择“选择”工具，在属性栏中选取适当的字体并设置文字大小，填充文字为白色，效果如图 7-222 所示。选择“形状”工具，向下拖曳文字下方的图标，调整文字的行距，松开鼠标，效果如图 7-223 所示。

图 7-220

图 7-221

图 7-222

图 7-223

（10）选择“文本”工具，在页面中适当的位置输入需要的文字，选择“选择”工具，在属性栏中选取适当的字体并设置文字大小，设置文字颜色的 CMYK 值为 0、20、40、60，填充文字，效果如图 7-224 所示。

（11）在记事本文档中选取并复制文字。返回到 CorelDRAW 页面中，选择“文本”工具，在页面中拖曳出一个文本框，按 Ctrl+V 组合键，将复制的文本粘贴到文本框中。选择“选择”工具，在属性栏中分别选取适当的字体并设置文字大小，效果如图 7-225 所示。

图 7-224

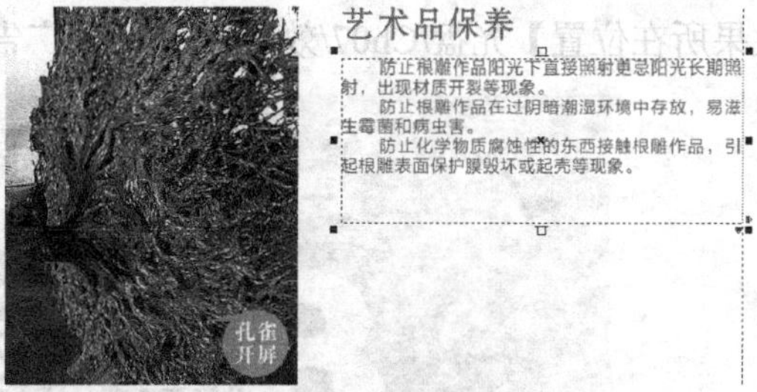

图 7-225

（12）按 Ctrl+A 组合键，将文本全部选取。选择“文本 > 段落格式化”命令，弹出“段落格式化”面板，选项的设置如图 7-226 所示。按 Enter 键，效果如图 7-227 所示。

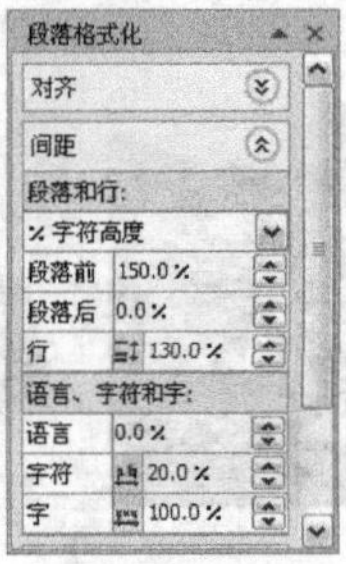

图7-226

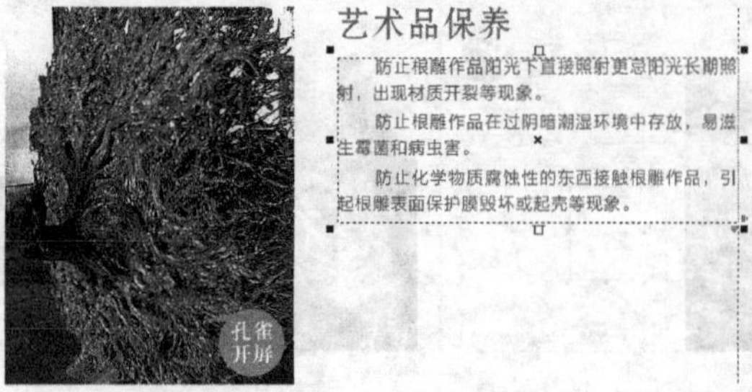

图7-227

（13）按Ctrl+I组合键，弹出“导入”对话框，选择光盘中的“Ch07 > 素材 > 制作根雕杂志内页 > 04、05”文件，单击“导入”按钮，在页面中分别单击导入图片，调整其大小和位置，效果如图7-228所示。

（14）选择“文本”工具，分别输入需要的文字，选择“选择”工具，在属性栏中选取适当的字体并设置文字大小，分别填充适当的颜色，效果如图7-229所示。根雕杂志内页制作完成。

图7-228

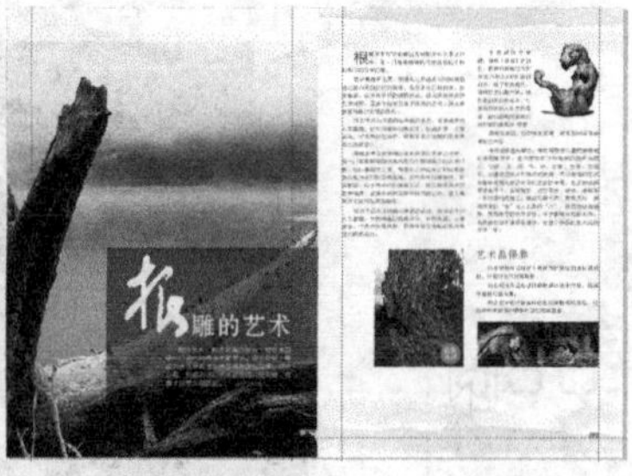

图7-229

7.4 课堂练习——制作网页广告

【练习知识要点】使用矩形工具、椭圆形工具和贝塞尔工具制作背景效果。使用文本工具和阴影工具制作文字效果。使用贝塞尔工具、椭圆形工具、阴影工具和透明度工具制作装饰图形效果。网页广告效果如图7-230所示。

【效果所在位置】光盘/Ch07/效果/制作网页广告.cdr。

图7-230

7.5 课后习题——制作艺术展海报

【习题知识要点】使用矩形工具和轮廓笔命令绘制边框图形。使用贝塞尔工具、多边形工具和图框精确剪裁命令制作背景效果。使用文本工具添加文字。使用形状工具选取并删除标题文字中不需要的节点。使用贝塞尔工具和填充工具制作标题文字效果。艺术展海报效果如图 7-231 所示。

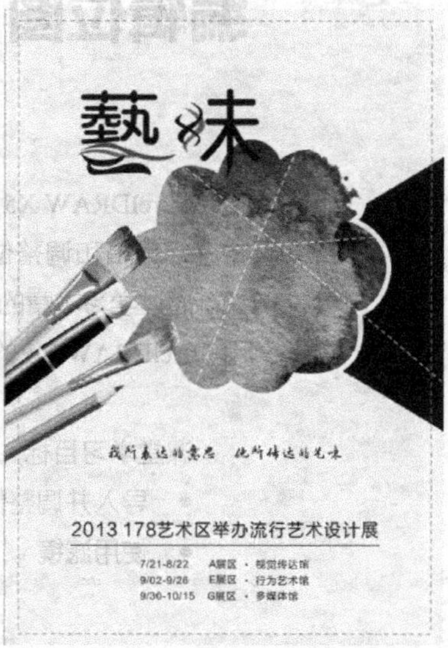

图 7-231

【效果所在位置】光盘/Ch07/效果/制作艺术展海报.cdr。

8 Chapter

第 8 章 编辑位图

CorelDRAW X5 提供了强大的位图编辑功能。本章将介绍编辑和调整位图的颜色、位图滤镜的使用等知识。通过学习本章的内容，读者可以了解并掌握如何应用 CorelDRAW X5 的强大功能来处理和编辑位图。

课堂学习目标

- 导入并调整位图
- 使用滤镜

8.1　导入并调整位图

CorelDRAW X5 提供了将矢量图形转换为位图的功能，以及对位图的颜色进行调整的功能。下面介绍转换为位图和调整位图颜色的方法。

8.1.1　导入位图

选择“文件 > 导入”命令，或按 Ctrl+I 组合键，弹出“导入”对话框，在对话框中的“查找范围”列表框中选择需要的文件夹，在文件夹中选中需要的位图文件，如图 8-1 所示。

图 8-1

选中需要的位图文件后，单击“导入”按钮，鼠标的光标变为 01.jpg 状，如图 8-2 所示。在绘图页面中单击鼠标左键，位图被导入到绘图页面中，如图 8-3 所示。

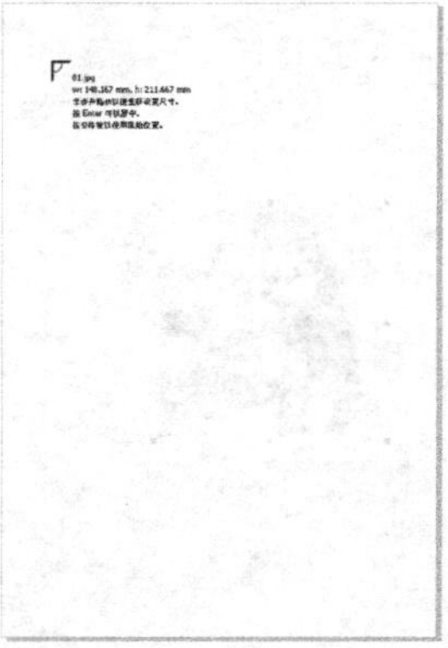

图 8-2

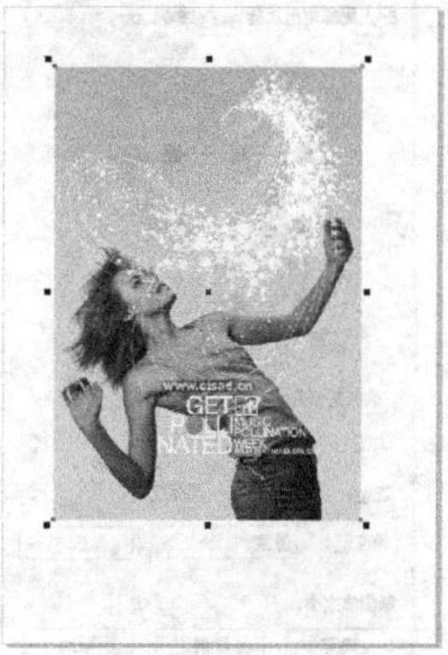

图 8-3

8.1.2 编辑导入时的位图

在“导入”对话框中的全图像上单击鼠标左键，弹出其下拉列表，如图 8-4 所示。在下拉列表中可以选择导入位图时执行的操作，系统默认的选项是“全图像”，选择它将导入整个位图图像。

1. 裁剪位图

在“导入”对话框中的全图像上单击，弹出其下拉列表，在下拉列表中选择“裁剪”选项，并选中需要的位图文件，“导入”对话框如图 8-5 所示。

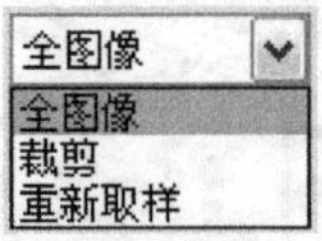

图 8-4

图 8-5

设置完毕，单击“导入”按钮，弹出“裁剪图像”对话框，如图 8-6 所示。用鼠标拖曳图像上的控制点可以控制图像的裁剪范围。在“选择要裁剪的区域”设置区的各项中输入数值，可以精确地裁剪位图。设置完毕，单击“确定”按钮。鼠标的光标变为状，在绘图页面中按住鼠标左键并向对角线方向拖曳光标到适当的位置，松开鼠标左键，裁剪后的位图将按光标拖曳的尺寸导入绘图页面中，效果如图 8-7 所示。

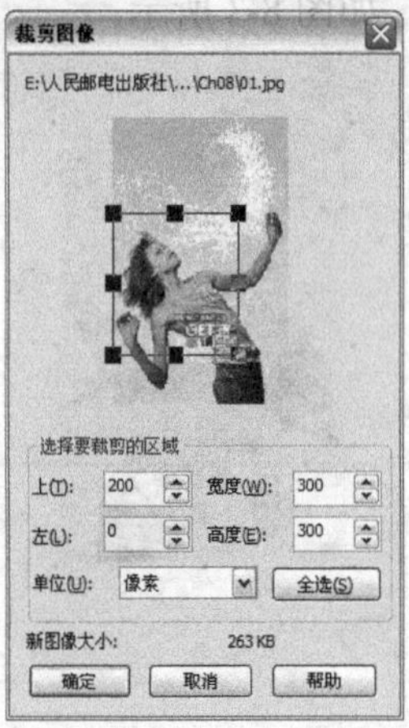

图 8-6

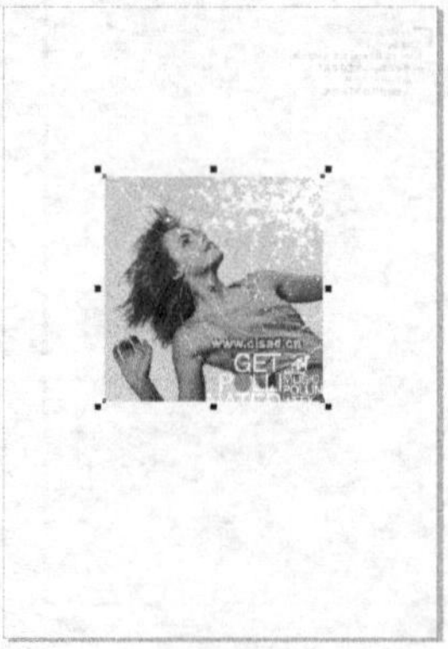

图 8-7

2. 重新取样位图

在“导入”对话框中的 全图像 上单击鼠标左键，弹出其下拉列表，在下拉列表中选择“重新取样”选项，并选中需要的位图文件，“导入”对话框如图 8-8 所示。

图 8-8

设置完毕，单击“导入”按钮，弹出“重新取样图像”对话框，如图 8-9 所示。在对话框中可以重新设置导入对象的尺寸、改变对象的分辨率等。重新取样的目的就是在位图导入绘图页面前，对位图文件的大小和显示质量进行控制。

设置完毕，单击“确定”按钮。鼠标的光标变为 03.jpg 状，在绘图页面中单击鼠标左键，重新取样后的位图被导入到绘图页面中，效果如图 8-10 所示。

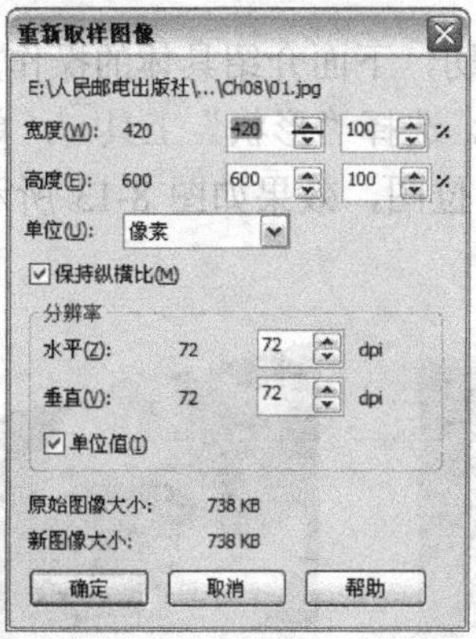

图 8-9

图 8-10

3. 外部链接位图

导入位图会使文件加大，如果有多个位图被导入，文件会非常大。如果文件太大，会影响打开文件的时间和屏幕的刷新速度，降低工作效率。下面介绍这个问题的具体解决方法。

在“导入”对话框中，选中“外部链接位图”复选框，如图 8-11 所示。

选中“外部链接位图”复选框后，位图导入时，就会使用链接的方法将位图保留在绘图文件中。这时，在绘图页面中出现的位图其实是其他文件夹中的图像文件的缩略形式。当打开 CorelDRAW X5 的文件时，文件会自动链接去找到导入的位图并将其显示出来。

图 8-11

提示

当使用 CorelDRAW X5 的文件出片时，一定要将导入位图的文件和 CorelDRAW X5 的文件一起复制到磁盘中。否则，CorelDRAW X5 的文件通过自动链接将找不到导入的位图文件，也就不能显示导入的位图。

8.1.3 裁切位图

使用"形状"工具，可以对导入后的位图进行裁切，下面介绍具体的操作方法。

导入一张位图到绘图页面中，效果如图 8-12 所示。选择"形状"工具，单击位图，位图的周围出现 4 个节点，用光标拖曳节点，可以裁切位图，效果如图 8-13 所示。裁切的位图可以是不规则的形状，如图 8-14 所示。

图 8-12

图 8-13

图 8-14

导入一张位图到绘图页面中，选择"形状"工具，单击位图，位图的周围出现 4 个节点，在控制线上双击鼠标左键，可以增加节点，效果如图 8-15 所示。再单击属性栏中的按钮，转换直线为曲线，用光标拖曳节点，裁切位图，效果如图 8-16 所示。裁切的位图可以有弧形效果，如图 8-17 所示。

图 8-15

图 8-16

图 8-17

8.1.4 转换为位图

CorelDRAW X5 提供了将矢量图形转换为位图的功能，下面介绍具体的操作方法。

打开一个矢量图形并保持其选取状态，选择“位图 > 转换为位图”命令，弹出“转换为位图”对话框，如图 8-18 所示。

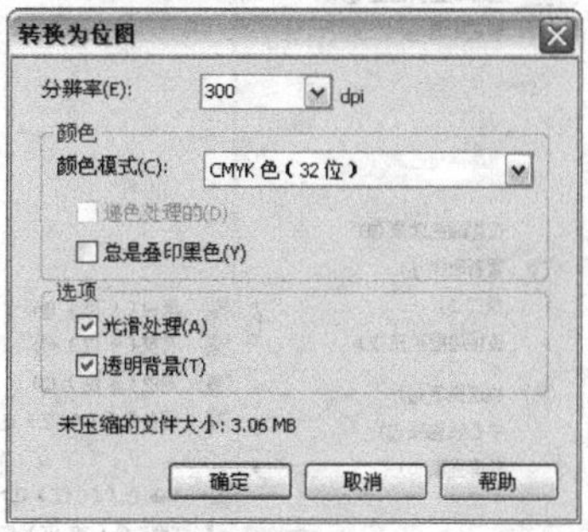

图 8-18

分辨率：在弹出的下拉列表中选择要转换为位图的分辨率。

颜色模式：在弹出的下拉列表中选择要转换的色彩模式。

光滑处理：可以在转换成位图后消除位图的锯齿。

透明背景：可以在转换成位图后保留原对象的通透性。

8.1.5 调整位图的颜色

CorelDRAW X5 可以对导入的位图进行颜色的调整，下面介绍具体的操作方法。

选中导入的位图，选择“效果 > 调整”子菜单下的命令，如图 8-19 所示，选择其中的命令，在弹出的对话框中可以对位图的颜色进行各种方式的调整。

选择“效果 > 变换”子菜单下的命令，如图 8-20 所示，在弹出的对话框中也可以对位图的颜色进行调整。

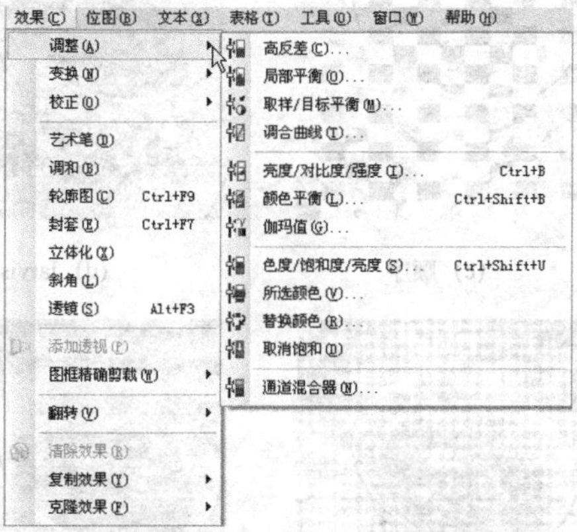

图 8-19

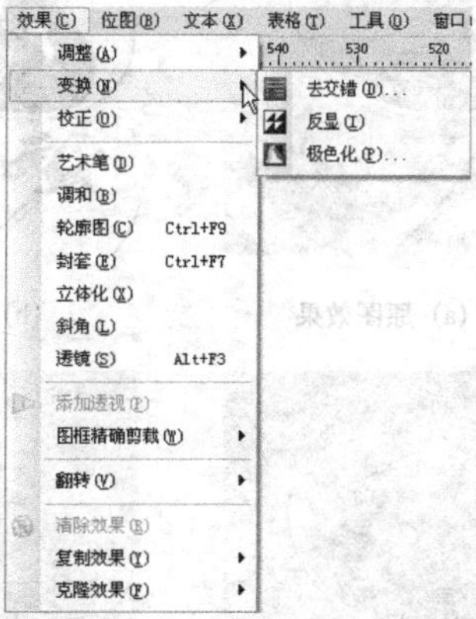

图 8-20

8.1.6 位图色彩模式

位图导入后，选择“位图 > 模式”子菜单下的各种色彩模式，可以转换位图的色彩模式，如图 8-21 所示。不同的色彩模式会以不同的方式对位图的颜色进行分类和显示。

1. 黑白模式

选中导入的位图，选择“位图 > 模式 > 黑白”命令，弹出“转换为 1 位”对话框，如图 8-22 所示。

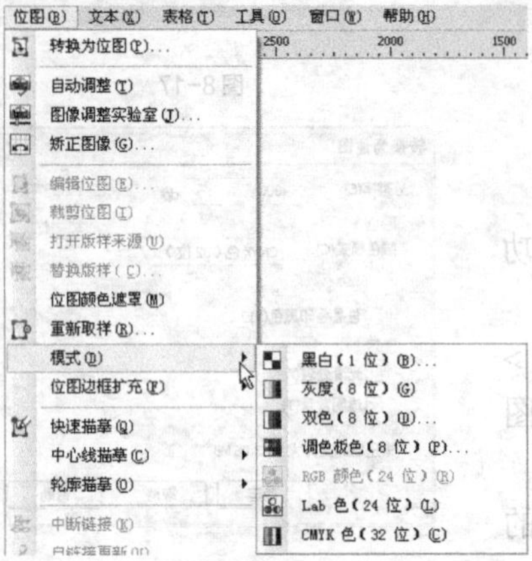

图 8-21

图 8-22

在对话框上方的导入位图预览框上单击鼠标左键，可以放大预览图像，单击鼠标右键，可以缩小预览图像。

在对话框中“转换方法”列表框上单击鼠标左键，弹出下拉列表，可以在下拉列表中选择其他的转换方法。拖曳“选项”设置区中的“阈值”滑块，可以设置转换的强度。

在对话框中“转换方法”列表框的下拉列表选择不同的转换方法，可以使黑白位图产生不同的效果，设置完毕，单击“预览”按钮，可以预览设置的效果，单击“确定”按钮，效果如图 8-23 所示。

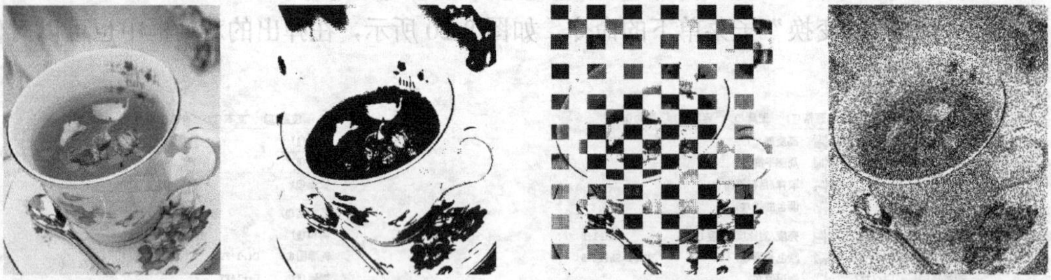

(a) 原图效果　(b) 线条图　(c) 顺序　(d) Jarvis

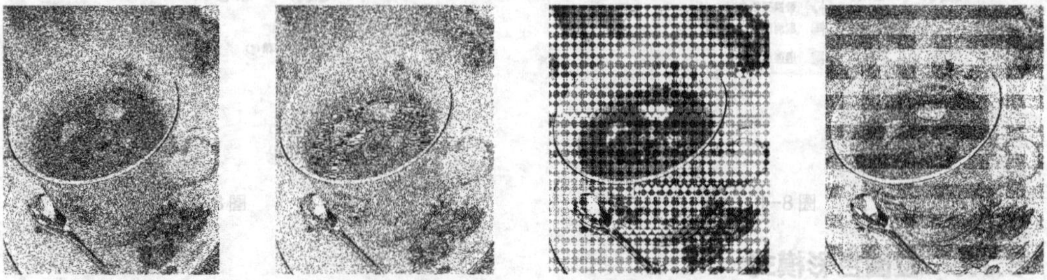

(e) Stucki　(f) Floyd-Steinberg　(g) 半色调　(h) 基数分布

图 8-23

提示

“黑白”模式只能用 1 bit 的位分辨率来记录它的每一个像素，而且只能显示黑白两色，所以是最简单的位图模式。

2. 灰度模式

导入的位图效果如图 8-24 所示。选择“位图 > 模式 > 灰度”命令，位图将转换为 256 灰度模式，如图 8-25 所示。

图 8-24

图 8-25

位图转换为 256 灰度模式后，效果和黑白照片的效果类似，位图被不同灰度填充并失去了所有的颜色。

3. 双色模式

导入的位图效果如图 8-26 所示。选择“位图 > 模式 > 双色”命令，弹出“双色调”对话框，如图 8-27 所示。

图 8-26

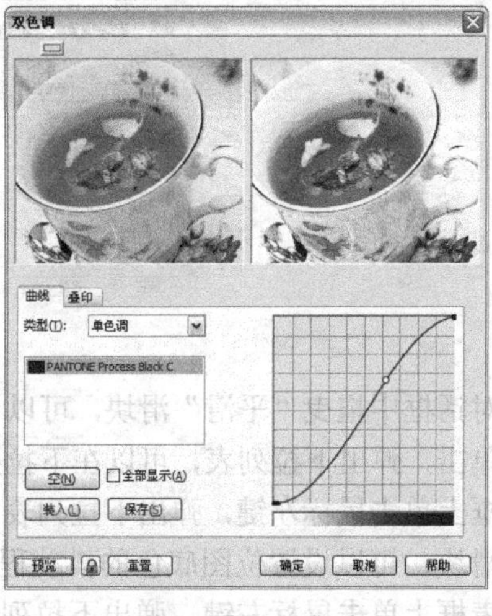

图 8-27

在对话框中“类型”选项的列表框上单击鼠标左键，弹出下拉列表，可以在下拉列表中选择其他的色调模式。

单击“装入”按钮，在弹出的对话框中可以装入原来保存的双色调效果。单击“保存”按钮，在弹出的对话框中可以将设置好的双色调效果保存。

拖曳右侧显示框中的曲线，可以设置双色调的色阶变化。

在双色调的色标 PANTONE Process Yellow C 上双击鼠标左键，如图 8-28 所示，弹出“选择颜色”对话框，在“选择颜色”对话框中选择要替换的颜色，如图 8-29 所示，单击“确定”按钮，将双色调的颜色替换，如图 8-30 所示。

设置完毕，单击“预览”按钮，可以预览双色调设置的效果，单击“确定”按钮，双色调位图的效果如图 8-31 所示。

图 8-28

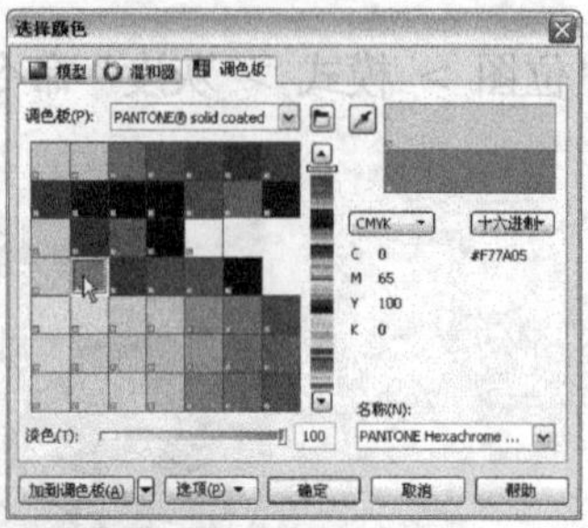

图 8-29

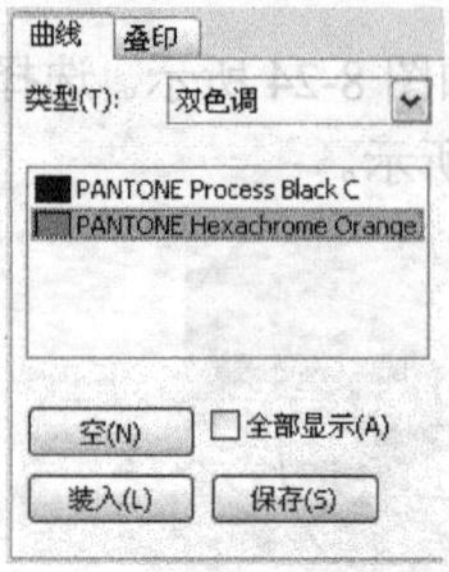

图 8-30

图 8-31

4. 调色板模式

选中导入的位图，选择“位图 > 模式 > 调色板色”命令，弹出“转换至调色板色”对话框，如图 8-32 所示。

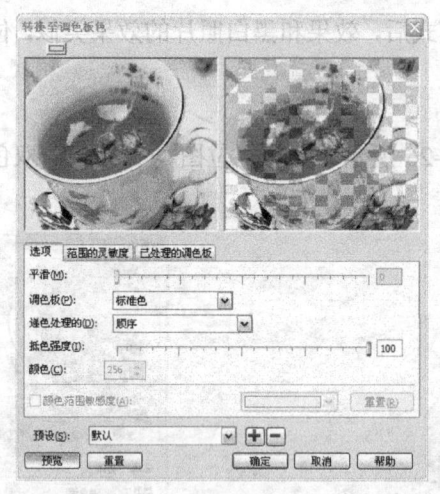

图 8-32

在对话框中拖曳“平滑”滑块，可以设置位图色彩的平滑程度。在“调色板”选项的列表框上单击，弹出下拉列表，可以在下拉列表中选择调色板的类型。在“递色处理的”选项的列表框上单击鼠标左键，弹出下拉列表，可以在下拉列表中选择底色的类型。拖曳“抵色强度”滑块，可以设置位图底色的抖动程度。“颜色”选项可以控制色彩数。在“预设”选项的列表框上单击鼠标左键，弹出下拉列表，可以在下拉列表中选择预设的效果。

在“调色板”选项的下拉列表中选择“更多调色板”选项，弹出“更多调色板”对话框，在对话框中可以选择需要的调色板，如图 8-33 所示，选择完毕，单击“确定”按钮。“转换至调色板色”对话框的设置如图 8-34 所示。

设置完毕，单击“预览”按钮，可以预览调色板设置的效果，单击“确定”按钮，自定义调色板位图的效果如图 8-35 所示。

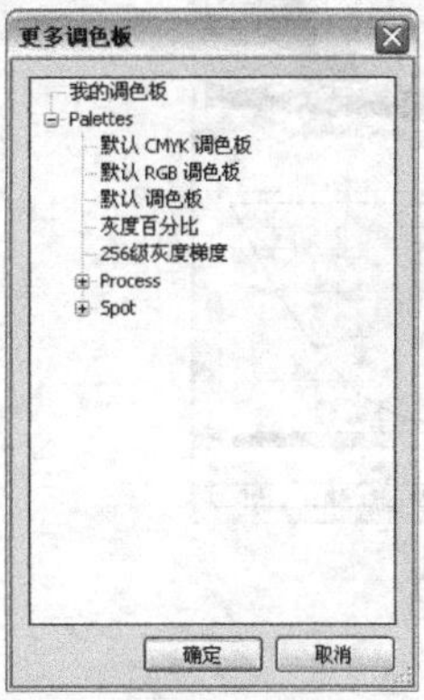

图 8-33

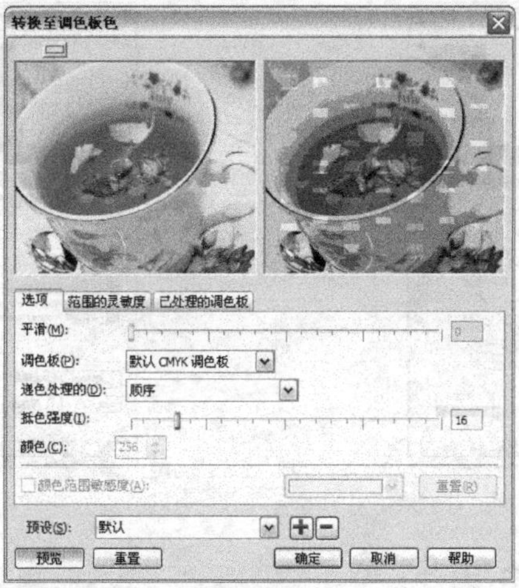

图 8-34

图 8-35

8.1.7　课堂案例——制作书籍宣传展架

【案例学习目标】学习使用位图调整命令和文本工具制作书籍宣传展架。

【案例知识要点】使用位图命令调整图片的颜色。使用文本工具添加宣传语。书籍宣传展架的效果如图 8-36 所示。

【效果所在位置】光盘/Ch08/效果/制作书籍宣传展架.cdr。

（1）按 Ctrl+N 组合键，新建一个页面。在属性栏中的“页面度量”选项中将“宽度”选项设为 100mm，“高度”选项设为 200mm。按 Ctrl+I 组合键，弹出“导入”对话框，选择光盘中的“Ch08 > 素材 > 书籍宣传展架 > 01、02、03”文件，单击“导入”按钮，在页面中分别单击导入图片，拖曳到适当的位置并调整其大小，效果如图 8-37 所示。选择“选择”工具，选取需要的图片，如图 8-38 所示。

图 8-36

图 8-37

图 8-38

（2）选择“位图 > 模式 > 双色”命令，弹出“双色调”对话框，在“曲线”选项卡的“类型”选项中选择“三色调”选项，如 8-39 所示。在曲线栏中按设计需要调整曲线，单击“预览”按钮，效果如图 8-40 所示。

（3）在“三色调”颜色框中，选中黄色块，在曲线栏中调整曲线，单击“预览”按钮，效果如图 8-41 所示。在“三色调”颜色框中，选中红色块，在曲线栏中调整曲线，单击“预览”按钮，效果如图 8-42 所示。单击“确定”按钮，效果如图 8-43 所示。

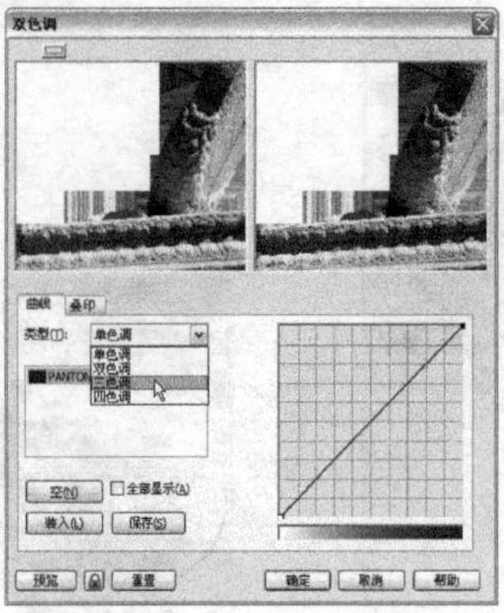

图 8-39

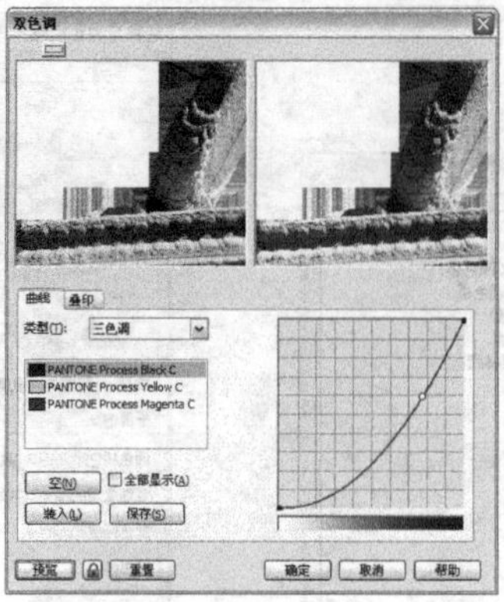

图 8-40

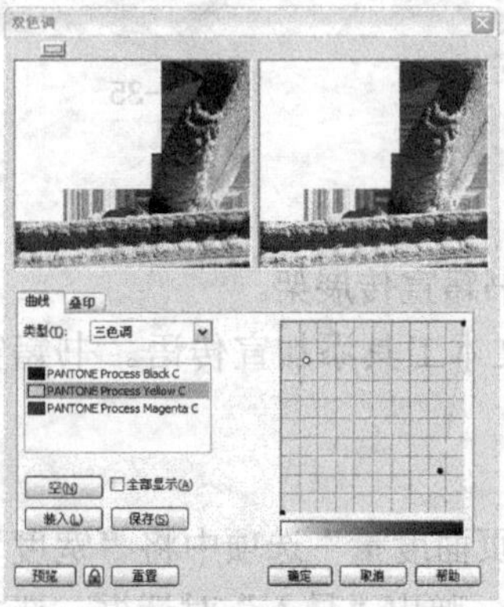

图 8-41

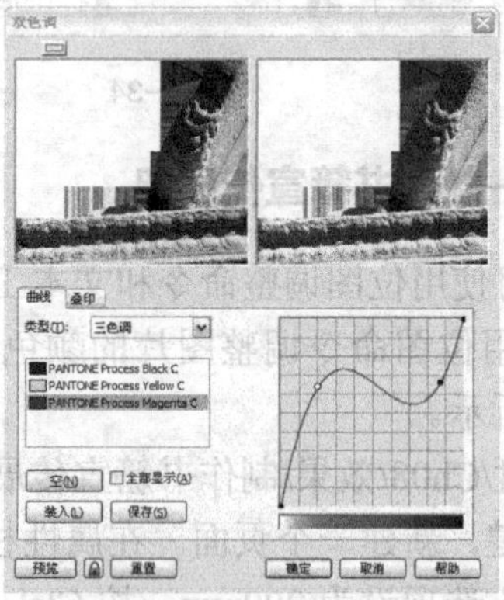

图 8-42

图 8-43

（4）选择“文本”工具字，在页面中输入需要的文字，选择“选择”工具，在属性栏中选取适当的字体并设置文字大小，单击“将文本更改为垂直方向”按钮，效果如图 8-44 所示。选择“文本 > 段落格式化”命令，在弹出的面板中进行设置，如图 8-45 所示，按 Enter 键，效果如图 8-46 所示。

图 8-44

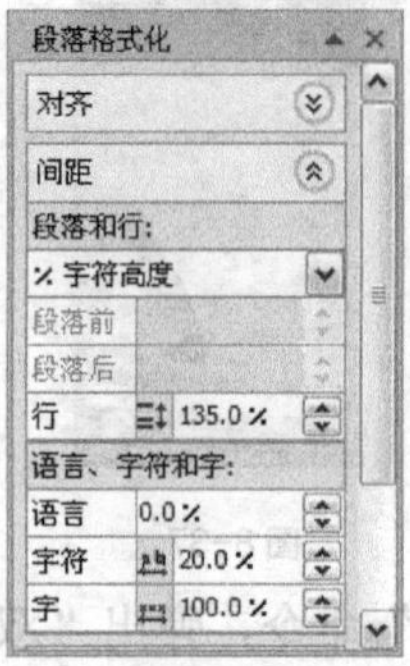

图 8-45

图 8-46

（5）选择“贝塞尔”工具，在适当的位置绘制一个图形，设置图形颜色的 CMYK 值为 0、100、100、0，填充图形，并去除图形的轮廓线，效果如图 8-47 所示。选择“文本”工具字，在页面中输入需要的文字，选择“选择”工具，在属性栏中选取适当的字体并设置文字大小，填充文字为白色，效果如图 8-48 所示。书籍宣传展架制作完成，效果如图 8-49 所示。

图 8-47

图 8-48

图 8-49

8.2 使用滤镜

CorelDRAW X5 提供了多种滤镜，可以对位图进行各种效果的处理。灵活使用位图的滤镜，可以为设计的作品增色不少。下面具体介绍滤镜的使用方法。

8.2.1 三维效果

选取导入的位图，选择“位图 > 三维效果”子菜单下的命令，如图 8-50 所示，CorelDRAW X5 提供了 7 种不同的三维效果，下面介绍几种常用的三维效果。

1. 三维旋转

选择“位图 > 三维效果 > 三维旋转”命令，弹出“三维旋转”对话框，单击对话框中的按钮，显示对照预览窗口，如图 8-51 所示，左窗口显示的是位图原始效果，右窗口显示的是完成各项设置后的位图效果。

对话框中各选项的含义如下。

：用鼠标拖动立方体图标，可以设定图像的旋转角度。

垂直：可以设置绕垂直轴旋转的角度。

水平：可以设置绕水平轴旋转的角度。

最适合：经过三维旋转后的位图尺寸将接近原来的位图尺寸。

预览：预览设置后的三维旋转效果。

重置：对所有参数重新设置。

：可以在改变设置时自动更新预览效果。

2. 柱面

选择“位图 > 三维效果 > 柱面”命令，弹出“柱面”对话框，单击对话框中的按钮，显示对照预览窗口，如图 8-52 所示。

对话框中各选项的含义如下。

柱面模式：可以选择“水平”或“垂直”模式。

百分比：可以设置水平或垂直模式的百分比。

3. 卷页

选择“位图 > 三维效果 > 卷页”命令，弹出“卷页”对话框，单击对话框中的按钮，显示对照预览窗口，如图 8-53 所示。

图 8-50

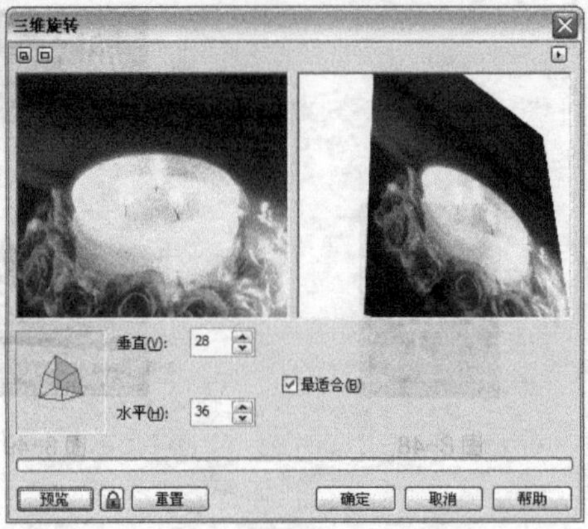

图 8-51

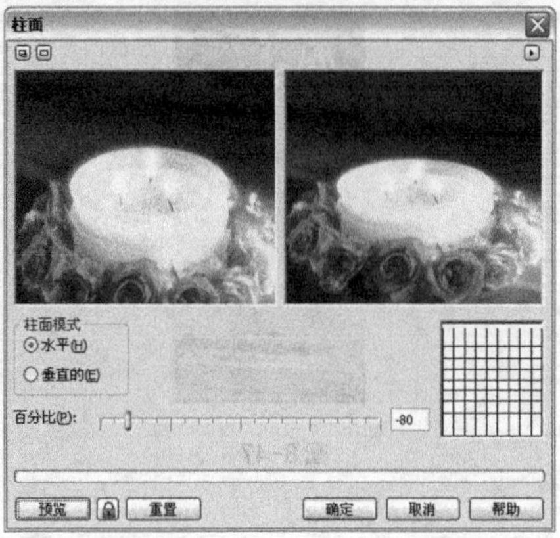

图 8-52

对话框中各选项的含义如下。

：4 个卷页类型按钮，可以设置位图卷起页角的位置。

定向：选择“垂直的”和“水平”两个单选项，可以设置卷页效果的卷起边缘。

纸张：“不透明”和“透明的”两个单选项可以设置卷页部分是否透明。

卷曲：可以设置卷页颜色。

背景：可以设置卷页后面的背景颜色。

宽度：可以设置卷页的宽度。

高度：可以设置卷页的高度。

4. 球面

选择“位图 > 三维效果 > 球面”命令，弹出“球面”对话框，单击对话框中的按钮，显示对照预览窗口，如图 8-54 所示。

对话框中各选项的含义如下。

优化：可以选择“速度”和“质量”选项。

百分比：可以控制位图球面化的程度。

：用来在预览窗口中设定变形的中心点。

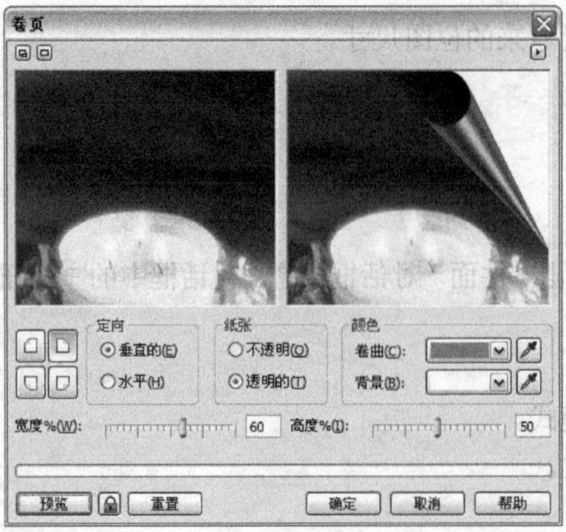

图 8-53

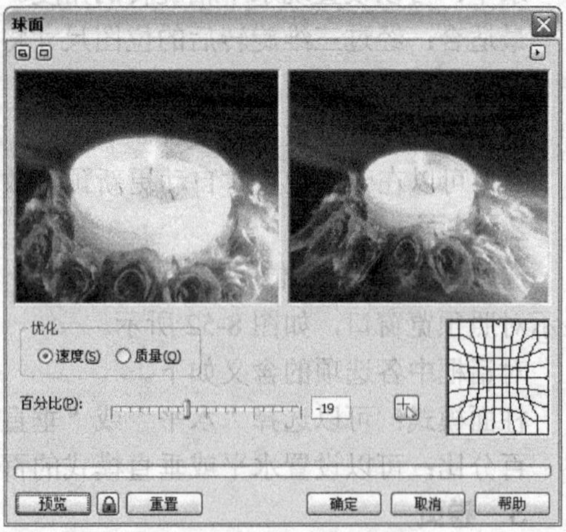

图 8-54

8.2.2 艺术笔触

选中位图，选择“位图 > 艺术笔触”子菜单下的命令，如图 8-55 所示，CorelDRAW X5 提供了 14 种不同的艺术笔触效果。下面介绍常用的几种艺术笔触。

1. 炭笔画

选择“位图 > 艺术笔触 > 炭笔画”命令，弹出“炭笔画”对话框，单击对话框中的按钮，显示对照预览窗口，如图 8-56 所示。

对话框中各选项的含义如下。

大小：可以设置位图炭笔画的像素大小。

边缘：可以设置位图炭笔画的黑白度。

2. 印象派

选择“位图 > 艺术笔触 > 印象派”命令，弹出“印象派”对话框，单击对话框中的按钮，显示对照预览窗口，如图 8-57 所示。

对话框中各选项的含义如下。

样式：选择“笔触”或“色块”选项，会得到不同的印象派位图效果。

笔触：可以设置印象派效果笔触大小及其强度。

着色：可以调整印象派效果的颜色，数值越大，颜色越重。

亮度：可以对印象派效果的亮度进行调节。

图 8-55

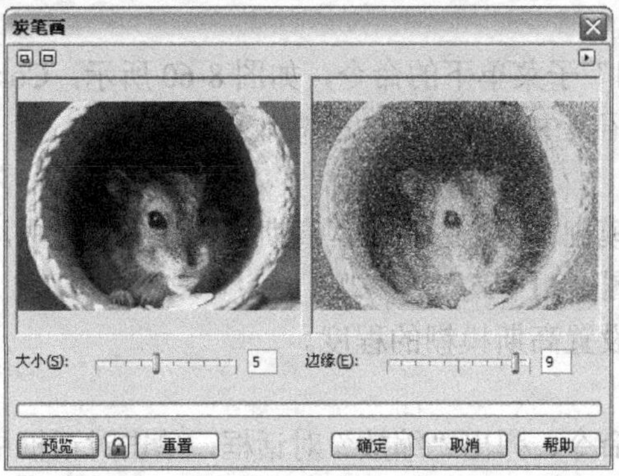

图 8-56

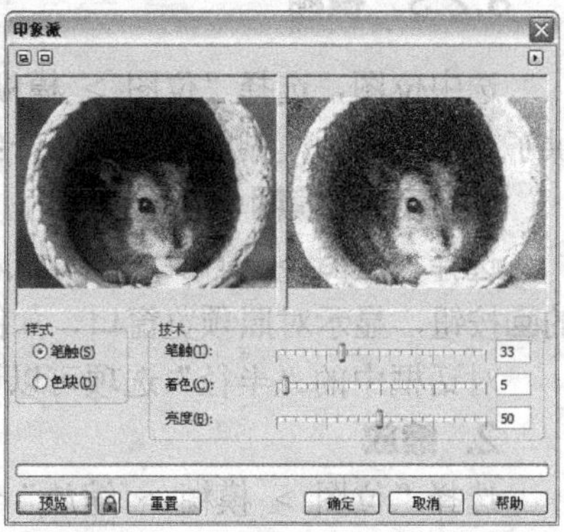

图 8-57

3. 调色刀

选择“位图 > 艺术笔触 > 调色刀”命令，弹出“调色刀”对话框，单击对话框中的按钮，显示对照预览窗口，如图 8-58 所示。

对话框中各选项的含义如下。

刀片尺寸：可以设置笔触的锋利程度，数值越小，笔触越锋利，位图的刻画效果越明显。

柔软边缘：可以设置笔触的坚硬程度，数值越大，位图的刻画效果越平滑。

角度：可以设置笔触的角度。

4. 素描

选择“位图 > 艺术笔触 > 素描”命令，弹出“素描”对话框，单击对话框中的按钮，显示对照预览窗口，如图 8-59 所示。

对话框中各选项的含义如下。

铅笔类型：可以选择“碳色”或“颜色”类型，不同的类型可以产生不同的位图素描效果。

样式：可以设置碳色或彩色素描效果的平滑度。

笔芯：可以设置素描效果的精细和粗糙程度。

轮廓：可以设置素描效果的轮廓线宽度。

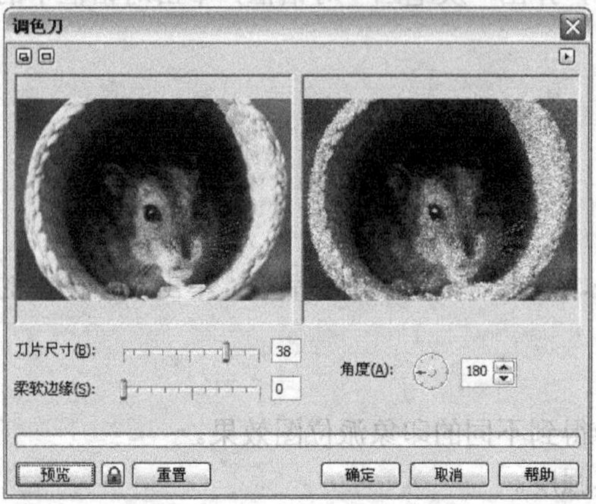

图 8-58

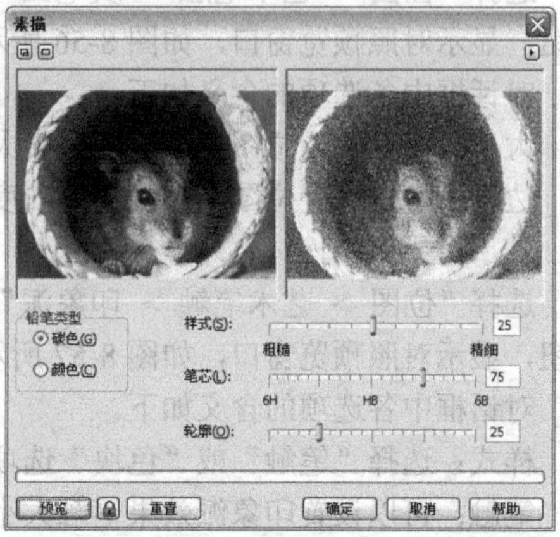

图 8-59

8.2.3 模糊

选中位图，选择“位图 > 模糊”子菜单下的命令，如图 8-60 所示，CorelDRAW X5 提供了 9 种不同的模糊效果。下面介绍其中两种常用的模糊效果。

1. 高斯式模糊

选择“位图 > 模糊 > 高斯式模糊”命令，弹出“高斯式模糊”对话框，单击对话框中的按钮，显示对照预览窗口，如图 8-61 所示。

对话框中的“半径”选项可以设置高斯模糊的程度。

2. 缩放

选择“位图 > 模糊 > 缩放”命令，弹出“缩放”对话框，单击对话框中的按钮，显示对照预览窗口，如图 8-62 所示。

对话框中各选项的含义如下。

：在左边的原始图像预览框中单击鼠标左键，可以确定移动模糊的中心位置。

数量：可以设定图像的模糊程度。

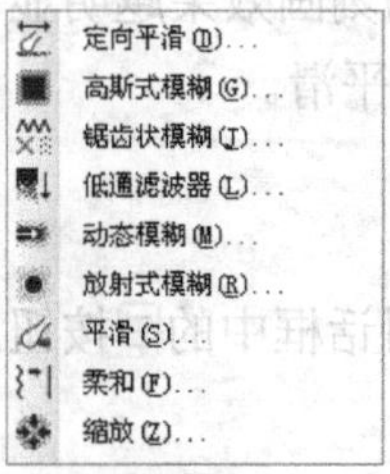

图 8-60

图 8-61

图 8-62

8.2.4 颜色转换

选中位图，选择“位图 > 颜色转换”子菜单下的命令，如图 8-63 所示，CorelDRAW X5 提供了 4 种不同的颜色转换效果。下面介绍其中两种常用的颜色转换效果。

1. 半色调

选择“位图 > 颜色转换 > 半色调”命令，弹出“半色调”对话框，单击对话框中的按钮，显示对照预览窗口，如图 8-64 所示。

对话框中各选项的含义如下。

青、品红、黄、黑：可以设定颜色通道的网角值。

最大点半径：可以设定网点的大小。

2. 曝光

选择“位图 > 颜色转换 > 曝光”命令，弹出“曝光”对话框，单击对话框中的按钮，显示对照预览窗口，如图 8-65 所示。

对话框中的“层次”选项可以设定曝光的强度，数量大，曝光过度，反之，则曝光不足。

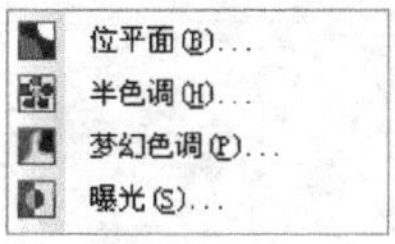

图 8-63

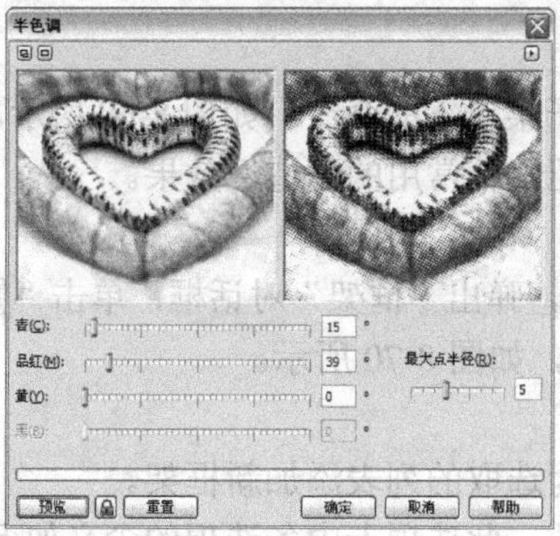

图 8-64

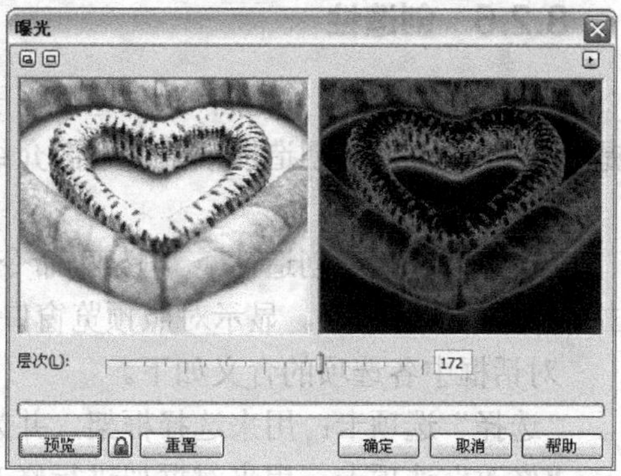

图 8-65

8.2.5 轮廓图

选中位图，选择“位图 > 轮廓图”子菜单下的命令，如图 8-66 所示，CorelDRAW X5 提供了 3 种不同的轮廓图效果。下面介绍其中两种常用的轮廓图效果。

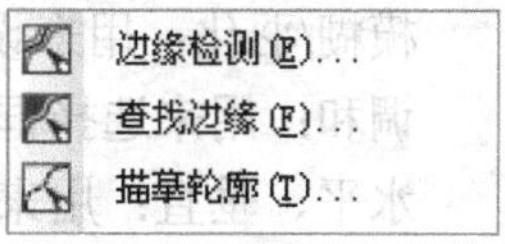

图 8-66

1. 边缘检测

选择“位图 > 轮廓图 > 边缘检测”命令，弹出“边缘检测”对话框，单击对话框中的按钮，显示对照预览窗口，如图 8-67 所示。

对话框中各选项的含义如下。

背景色：用来设定图像的背景颜色为白色、黑色或其他颜色。

：可以在位图中吸取背景色。

灵敏度：用来设定探测边缘的灵敏度。

2. 查找边缘

选择“位图 > 轮廓图 > 查找边缘”命令，弹出“查找边缘”对话框，单击对话框中的按钮，显示对照预览窗口，如图 8-68 所示。

对话框中各选项的含义如下。

边缘类型：有“软”和“纯色”两种类型，选择不同的类型，会得到不同的效果。

层次：可以设定效果的纯度。

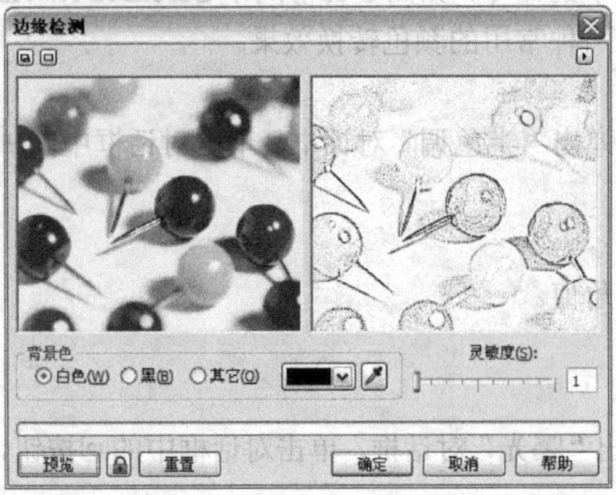

图 8-67

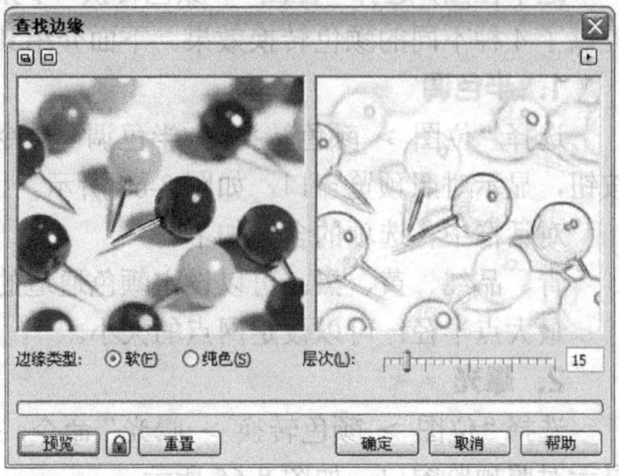

图 8-68

8.2.6 创造性

选中位图，选择“位图 > 创造性”子菜单下的命令，如图 8-69 所示，CorelDRAW X5 提供了 14 种不同的创造性效果。下面介绍几种常用的创造性效果。

1. 框架

选择“位图 > 创造性 > 框架”命令，弹出“框架”对话框，单击“修改”选项卡，单击对话框中的按钮，显示对照预览窗口，如图 8-70 所示。

对话框中各选项的含义如下。

“选择”选项卡：用来选择框架，并为选取的列表添加新框架。

“修改”选项卡：用来对框架进行修改。此选项卡中各选项的含义如下。

颜色、不透明：用来设定框架的颜色和透明度。

模糊/羽化：用来设定框架边缘的模糊及羽化程度。

调和：用来选择框架与图像之间的混合方式。

水平、垂直：用来设定框架的大小比例。

旋转：用来设定框架的旋转角度。

翻转：用来将框架垂直或水平翻转。

对齐：用来在图像窗口中设定框架效果的中心点。

回到中心位置：用来在图像窗口中重新设定中心点。

2. 马赛克

选择“位图 > 创造性 > 马赛克”命令，弹出“马赛克”对话框，单击对话框中的按钮，显示对照预览窗口，如图 8-71 所示。

对话框中各选项的含义如下。

大小：设置马赛克显示的大小。

背景色：设置马赛克的背景颜色。

虚光：为马赛克图像添加模糊的羽化框架。

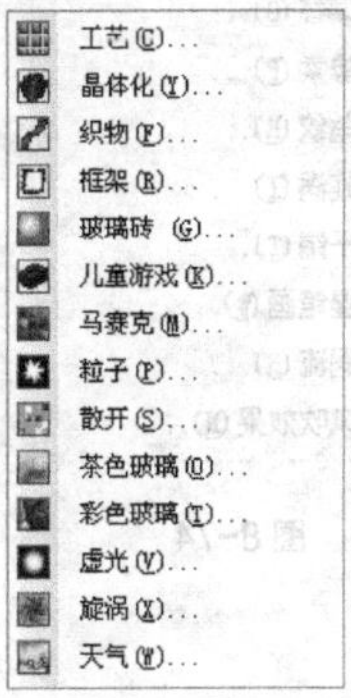

图 8-69

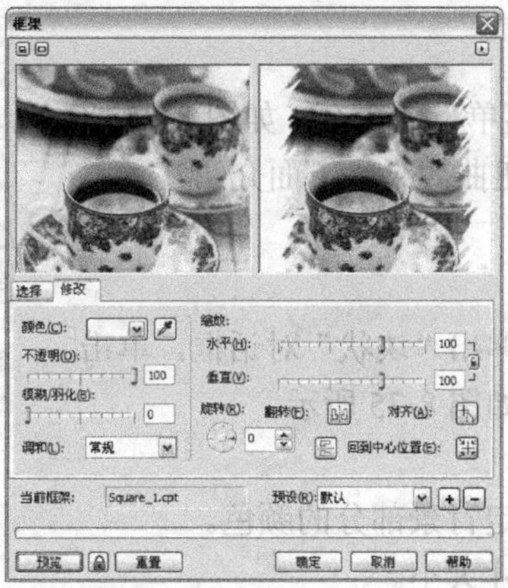

图 8-70

图 8-71

3. 彩色玻璃

选择“位图 > 创造性 > 彩色玻璃”命令，弹出“彩色玻璃”对话框，单击对话框中的▣按钮，显示对照预览窗口，如图 8-72 所示。

对话框中各选项的含义如下。

大小：设定彩色玻璃块的大小。

光源强度：设定彩色玻璃光源的强度。强度越小，显示越暗，强度越大，显示越亮。

焊接宽度：设定玻璃块焊接处的宽度。

焊接颜色：设定玻璃块焊接处的颜色。

三维照明：显示彩色玻璃图像的三维照明效果。

4. 虚光

选择“位图 > 创造性 > 虚光”命令，弹出“虚光”对话框，单击对话框中的▣按钮，显示对照预览窗口，如图 8-73 所示。

对话框中各选项的含义如下。

颜色：设定光照的颜色。

形状：设定光照的形状。

偏移：设定框架的大小。

褪色：设定图像与虚光框架的混合程度。

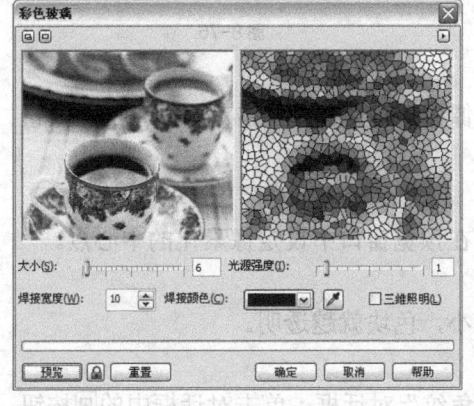

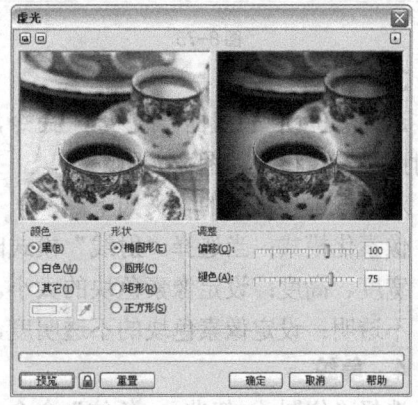

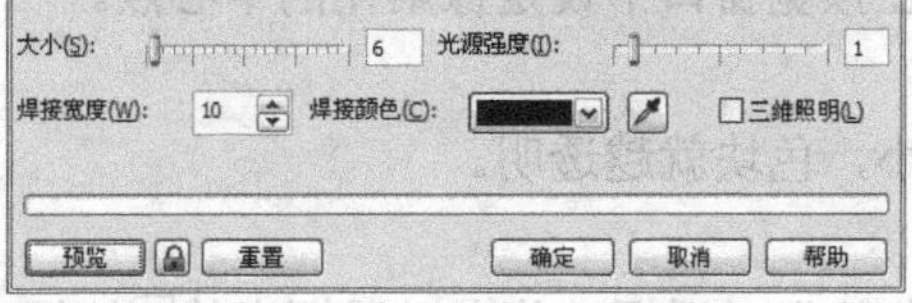

图 8-72

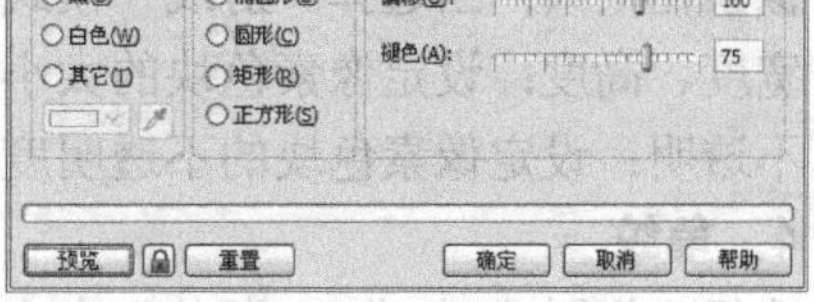

图 8-73

8.2.7 扭曲

选中位图，选择“位图 > 扭曲”子菜单下的命令，如图 8-74 所示，CorelDRAW X5 提供了 10 种不同的扭曲效果。下面介绍几种常用的扭曲效果。

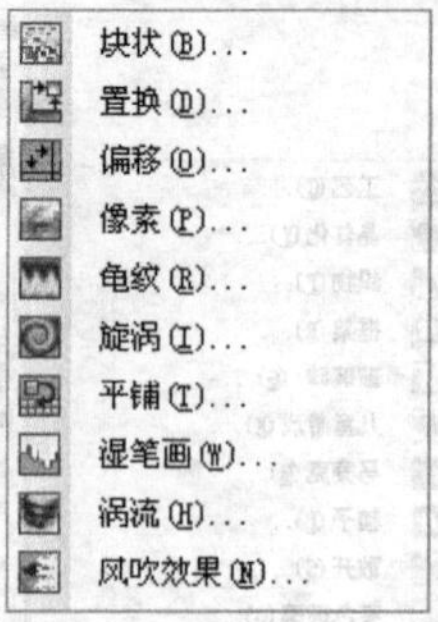

图 8-74

1. 块状

选择“位图 > 扭曲 > 块状”命令，弹出“块状”对话框，单击对话框中的▣按钮，显示对照预览窗口，如图 8-75 所示。

对话框中各选项的含义如下。

未定义区域：在其下拉列表中可以设定背景部分的颜色。

块宽度、块高度：设定块状图像的尺寸大小。

最大偏移：设定块状图像的打散程度。

2. 置换

选择“位图 > 扭曲 > 置换”命令，弹出“置换”对话框，单击对话框中的▣按钮，显示对照预览窗口，如图 8-76 所示。

对话框中各选项的含义如下。

缩放模式：可以选择“平铺”或“伸展适合”两种模式。

▦：可以选择置换的图形。

图 8-75

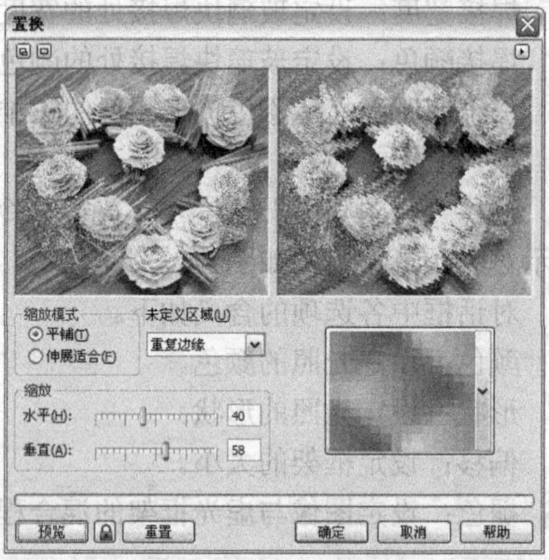

图 8-76

3. 像素

选择“位图 > 扭曲 > 像素”命令，弹出“像素”对话框，单击对话框中的▣按钮，显示对照预览窗口，如图 8-77 所示。

对话框中各选项的含义如下。

像素化模式：当选择“射线”模式时，可以在预览窗口中设定像素化的中心点。

宽度、高度：设定像素色块的大小。

不透明：设定像素色块的不透明度，数值越小，色块就越透明。

4. 龟纹

选择“位图 > 扭曲 > 龟纹”命令，弹出“龟纹”对话框，单击对话框中的▣按钮，显示对照预览窗口，如图 8-78 所示。

对话框中各选项的含义如下。

周期、振幅：默认的波纹是同图像的顶端和底端平行的。拖动此滑块，可以设定波纹的周期和振幅，在右边可以看到波纹的形状。

图 8-77

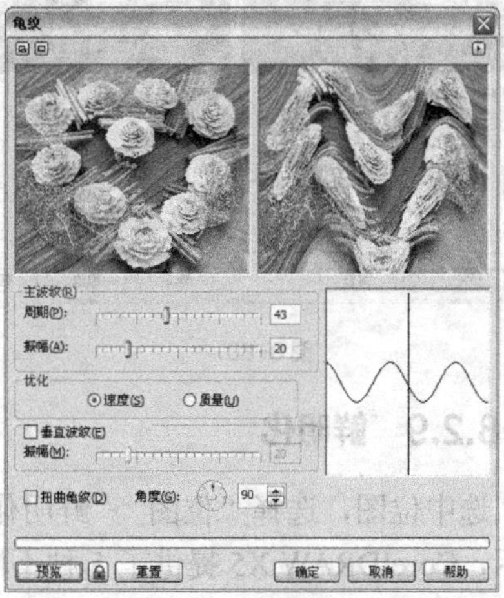

图 8-78

8.2.8　杂点

选中位图，选择“位图 > 杂点”子菜单下的命令，如图 8-79 所示，CorelDRAW X5 提供了 6 种不同的杂点效果。下面介绍其中两种常用的杂点滤镜效果。

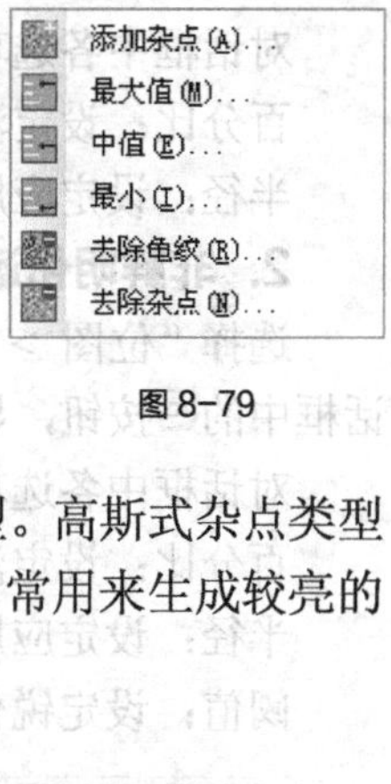

图 8-79

1. 添加杂点

选择“位图 > 杂点 > 添加杂点”命令，弹出“添加杂点”对话框，单击对话框中的回按钮，显示对照预览窗口，如图 8-80 所示。

对话框中各选项的含义如下。

杂点类型：设定要添加的杂点类型，有高斯式、尖突和均匀 3 种类型。高斯式杂点类型沿着高斯曲线添加杂点；尖突杂点类型比高斯式杂点类型添加的杂点少，常用来生成较亮的杂点区域；均匀杂点类型可在图像上相对地添加杂点。

层次、密度：可以设定杂点对颜色及亮度的影响范围及杂点的密度。

颜色模式：用来设定杂点的颜色模式，在颜色下拉列表框中可以选择杂点的颜色。

2. 去除龟纹

选择“位图 > 杂点 > 去除龟纹”命令，弹出“去除龟纹”对话框，单击对话框中的回按钮，显示对照预览窗口，如图 8-81 所示。

对话框中各选项的含义如下。

数量：设定龟纹的数量。

优化：有“速度”和“质量”两个选项。

输出：设定新的图像分辨率。

图 8-80

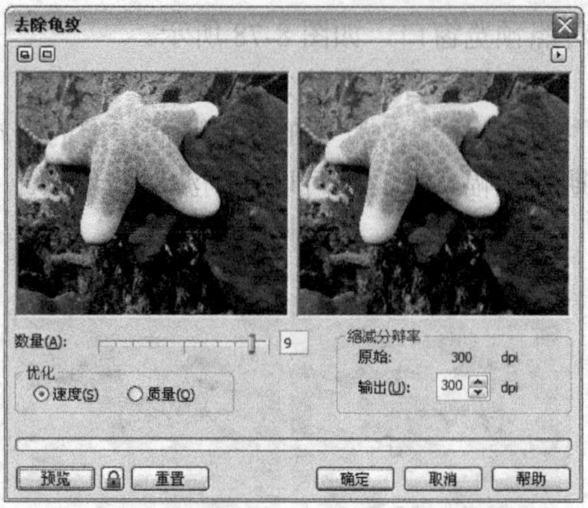

图 8-81

8.2.9 鲜明化

选中位图，选择“位图 > 鲜明化”子菜单下的命令，如图 8-82 所示，CorelDRAW X5 提供了 5 种不同的鲜明化效果。下面介绍其中两种主要的鲜明化滤镜效果。

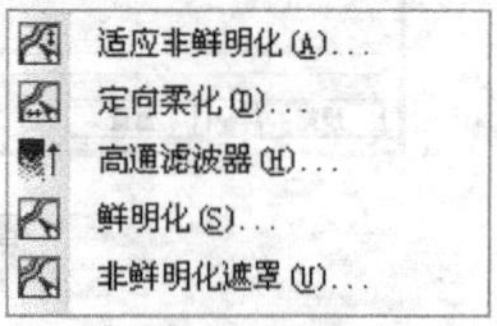

图 8-82

1. 高通滤波器

选择“位图 > 鲜明化 > 高通滤波器”命令，弹出“高通滤波器”对话框，单击对话框中的按钮，显示对照预览窗口，如图 8-83 所示。

对话框中各选项的含义如下。

百分比：设定滤镜效果的程度。

半径：设定应用效果的像素范围。

2. 非鲜明化遮罩

选择“位图 > 鲜明化 > 非鲜明化遮罩”命令，弹出“非鲜明化遮罩”对话框，单击对话框中的按钮，显示对照预览窗口，如图 8-84 所示。

对话框中各选项的含义如下。

百分比：设定滤镜效果的程度。

半径：设定应用效果的像素范围。

阈值：设定锐化效果的强弱，数值越小，效果就越明显。

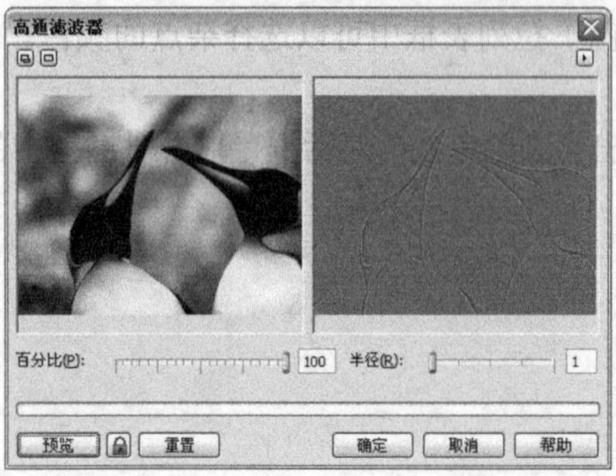

图 8-83

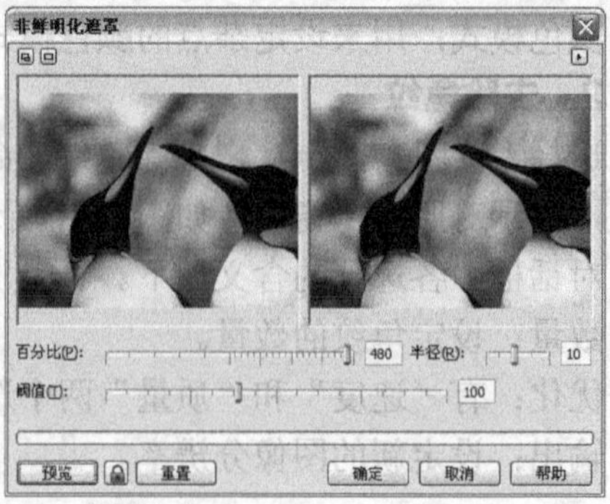

图 8-84

8.2.10 课堂案例——制作饮食宣传单

图 8-85

【案例学习目标】学习使用转换和编辑位图命令制作饮食宣传单。

【案例知识要点】使用导入命令和动态模糊命令添加和编辑图片。使用文本工具、轮廓笔命令和阴影工具制作标题文字。使用转换为位图命令和透视命令制作文字的透视效果。饮食宣传单效果如图 8-85 所示。

【效果所在位置】光盘/Ch08/效果/制作饮食宣传单.cdr。

（1）按 Ctrl+N 组合键，新建一个 A4 页面。单击属性栏中的“横向”按钮，显示为横向页面，如图 8-86 所示。

（2）按 Ctrl+I 组合键，弹出“导入”对话框，选择光盘中的“Ch08 > 素材 > 制作饮食宣传单 > 01”文件，单击“导入”按钮，在页面中单击导入图片。选择“排列 > 对齐和分布 > 在页面居中”命令，将图片置于页面中心，效果如图 8-87 所示。

图 8-86

图 8-87

（3）按 Ctrl+I 组合键，弹出“导入”对话框，选择光盘中的“Ch08 > 素材 > 制作饮食宣传单 > 02”文件，单击“导入”按钮，在页面中单击导入图片，拖曳到适当的位置并调整其大小，如图 8-88 所示。

（4）选择“位图 > 模式 > 双色”命令，弹出“双色调”对话框，在曲线栏中按设计需要调整曲线，如图 8-89 所示。单击“确定”按钮，效果如图 8-90 所示。

图 8-88

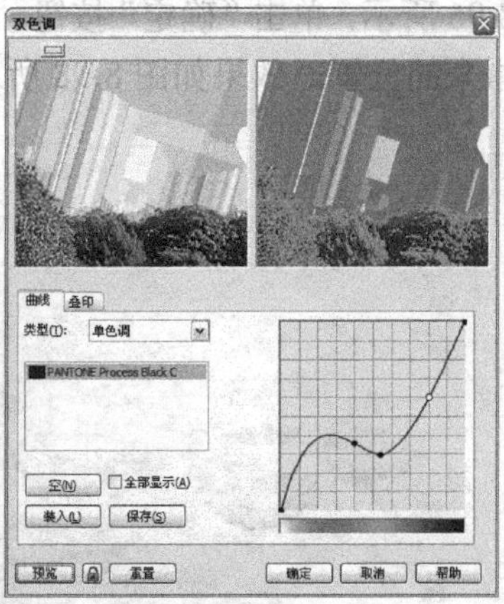

图 8-89

图 8-90

（5）选择“透明度”工具，在图形中从右上角向左下角拖曳光标，为图形添加透明度效果。在属性栏中进行设置，如图 8-91 所示，按 Enter 键，效果如图 8-92 所示。

（6）按 Ctrl+I 组合键，弹出“导入”对话框，选择光盘中的“Ch08 > 素材 > 制作饮食宣传单 > 03”文件，单击“导入”按钮，在页面中单击导入图片，拖曳到适当的位置并调整其大小，如图 8-93 所示。

图 8-91

图 8-92

图 8-93

（7）按 Ctrl+I 组合键，弹出“导入”对话框，选择光盘中的“Ch08 > 素材 > 制作饮食宣传单 > 04”文件，单击“导入”按钮，在页面中单击导入图片，拖曳到适当的位置并调整其大小，如图 8-94 所示。

（8）按 Ctrl+I 组合键，弹出“导入”对话框，选择光盘中的“Ch08 > 素材 > 制作饮食宣传单 > 05”文件，单击“导入”按钮，在页面中单击导入图片，拖曳到适当的位置并调整其大小，如图 8-95 所示。

图 8-94

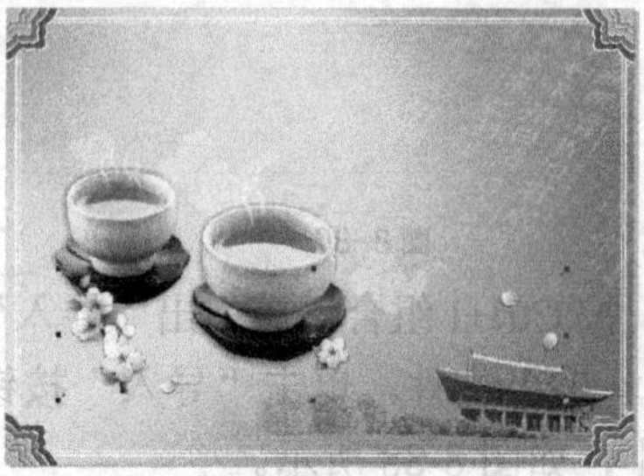
图 8-95

（9）按 Ctrl+C 组合键，复制花朵图形。选择“位图 > 模糊 > 动态模糊”命令，在弹出的对话框中进行设置，如图 8-96 所示，单击“确定”按钮，效果如图 8-97 所示。按 Ctrl+V 组合键，将复制的图形粘贴在原来的位置，效果如图 8-98 所示。

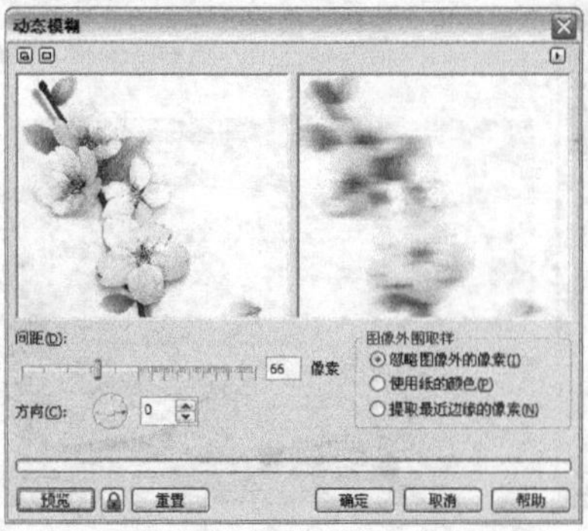

图 8-96

图 8-97

图 8-98

（10）选择“文本”工具字，输入需要的文字。选择“选择”工具，在属性栏中选择合适的字体并设置文字大小。设置文字颜色的 CMYK 值为 0、60、60、40，填充文字，效果如图 8-99 所示。选择“文本 > 段落格式化”命令，在弹出的面板中进行设置，如图 8-100 所示，按 Enter 键，效果如图 8-101 所示。

图 8-99

图 8-100

图 8-101

（11）按 F12 键，弹出“轮廓笔”对话框，在“颜色”选项中设置轮廓线颜色的 CMYK 值为 0、0、20、0，其他选项的设置如图 8-102 所示，单击“确定”按钮，效果如图 8-103 所示。

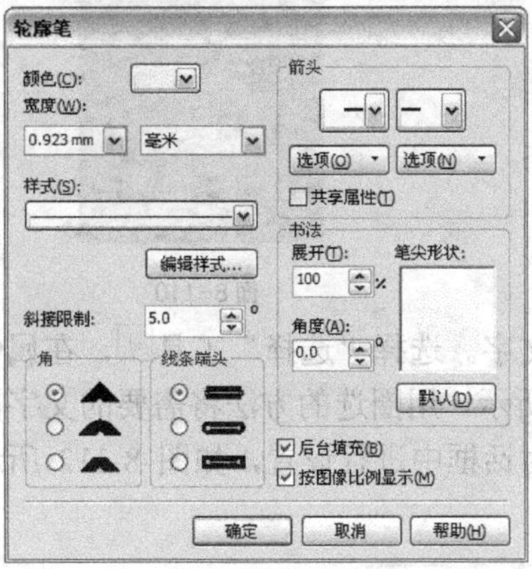

图 8-102

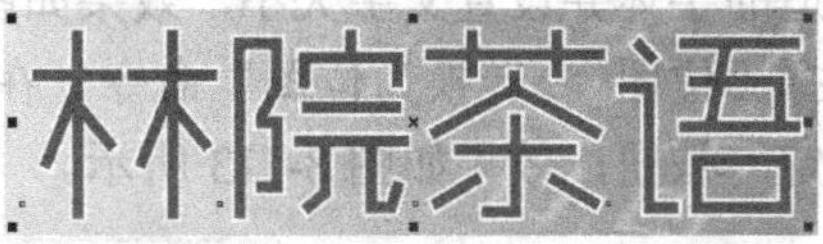

图 8-103

（12）选择“阴影”工具，在文字中从上向下拖曳光标，为文字添加阴影效果。在属性栏中进行设置，如图 8-104 所示。按 Enter 键，效果如图 8-105 所示。

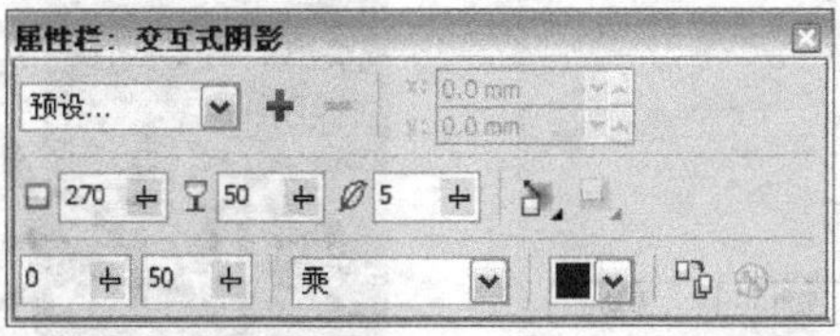

图 8-104

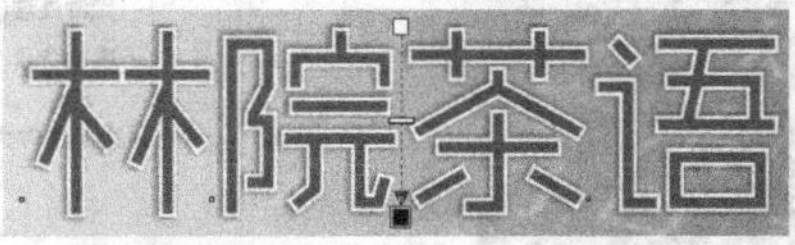

图 8-105

（13）选择“文本”工具，输入需要的文字。选择“选择”工具，在属性栏中选择合适的字体并设置文字大小，单击“将文本更改为垂直方向”按钮，更改文字方向，效果如图 8-106 所示。选择“文本 > 段落格式化”命令，在弹出的面板中进行设置，如图 8-107 所示，按 Enter 键，效果如图 8-108 所示。

图 8-106

图 8-107

图 8-108

（14）选择“矩形”工具，绘制一个矩形。设置图形颜色的 CMYK 值为 0、60、60、40，填充图形，并去除图形的轮廓线，效果如图 8-109 所示。

（15）选择“文本”工具，分别输入需要的文字。选择“选择”工具，在属性栏中选择合适的字体并设置文字大小，效果如图 8-110 所示。

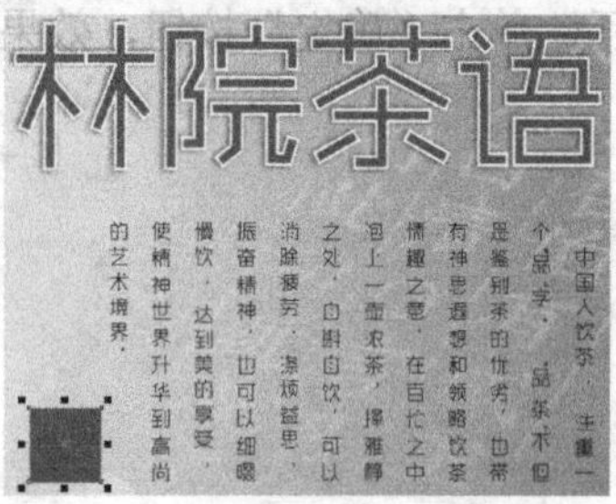

图 8-109

图 8-110

（16）选择“文本”工具，分别输入需要的文字。选择“选择”工具，在属性栏中选择合适的字体并设置文字大小，效果如图 8-111 所示。用圈选的方法将需要的文字同时选取。选择“位图 > 转换为位图”命令，在弹出的对话框中进行设置，如图 8-112 所示，单击“确定”按钮，效果如图 8-113 所示。

图 8-111

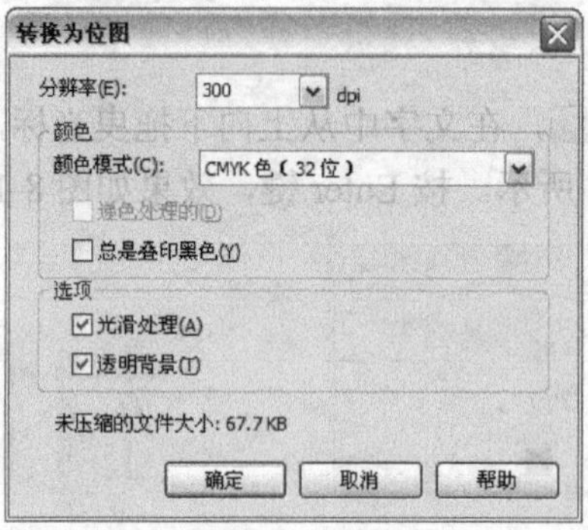

图 8-112

图 8-113

（17）选择“位图 > 三维效果 > 透视”命令，在弹出的对话框中进行设置，如图 8-114 所示，单击“确定”按钮，效果如图 8-115 所示。饮食宣传单制作完成，效果如图 8-116 所示。

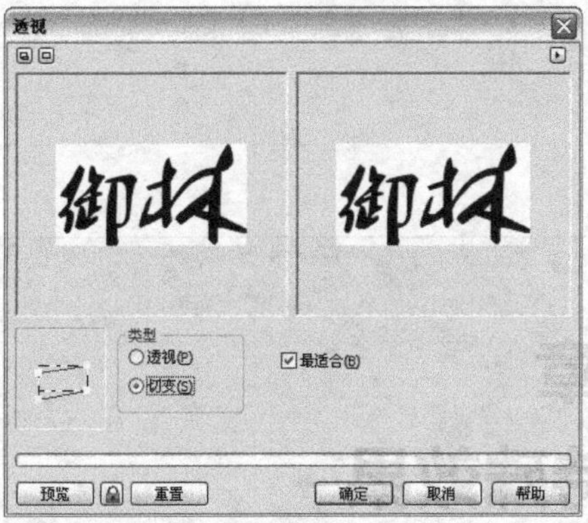

图 8-114

图 8-115

图 8-116

8.3 课堂练习——制作足球门票

【练习知识要点】使用矩形工具、导入命令、快速描摹命令和图框精确剪裁命令制作背景效果。使用文本工具添加文字效果。使用贝塞尔工具和轮廓笔命令绘制虚线效果。使用插入条形码命令制作条形码。足球门票效果如图 8-117 所示。

【效果所在位置】光盘/Ch08/效果/制作足球门票.cdr。

图 8-117

8.4 课后习题——制作夜吧海报

【习题知识要点】使用导入命令和高斯式模糊命令制作人物剪影效果。使用文本工具、渐变填充工具和轮廓图工具制作文字效果。使用矩形工具和轮廓笔命令绘制装饰图形。夜吧海报效果如图 8-118 所示。

【效果所在位置】光盘/Ch08/效果/制作夜吧海报.cdr。

图 8-118

CorelDRAW X5

9 Chapter

第 9 章 应用特殊效果

CorelDRAW X5 提供了多种特殊效果工具和命令，通过应用这些效果和命令，可以制作出丰富的图形特效。通过对本章内容的学习，读者可以了解并掌握如何应用强大的特殊效果功能制作出丰富多彩的图形特效。

课堂学习目标

- 图框精确裁剪和色调的调整
- 特殊效果

9.1 图框精确裁剪和色调的调整

在 CorelDRAW X5 中，使用图框精确剪裁可以将一个对象内置于另外一个容器对象中。内置的对象可以是任意的，但容器对象必须是创建的封闭路径。使用色调调整命令可以调整图形。下面就具体讲解如何置入图形和调整图形的色调。

9.1.1 图框精确剪裁效果

打开一个图形，再绘制一个图形作为容器对象，使用“选择”工具选中要用来内置的图形，如图 9-1 所示。

图 9-1

选择“效果 > 图框精确剪裁 > 放置在容器中”命令，鼠标的光标变为黑色箭头，将箭头放在容器对象内并单击鼠标左键，如图 9-2 所示。完成的图框精确剪裁对象效果如图 9-3 所示。内置图形的中心和容器对象的中心是重合的。

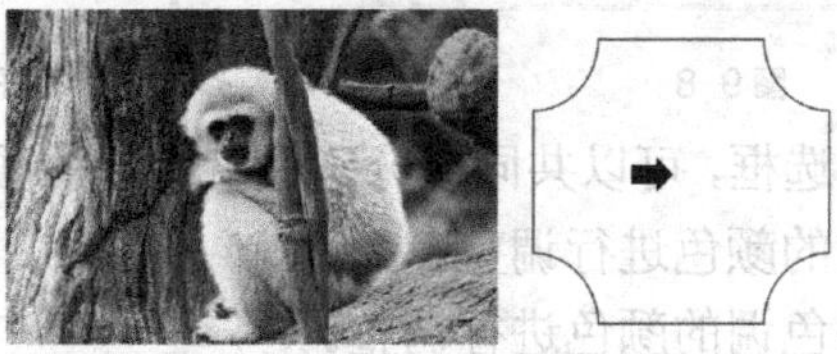

图 9-2

图 9-3

选择“效果 > 图框精确剪裁 > 提取内容”命令，可以将容器对象内的内置位图提取出来。选择“效果 > 图框精确剪裁 > 编辑内容”命令，可以修改内置对象。选择“效果 > 图框精确剪裁 > 结束编辑”命令，完成内置位图的编辑。选择“效果 > 复制效果 > 图框精确剪裁自”命令，鼠标的光标变为黑色箭头，将箭头放在图框精确剪裁对象上并单击鼠标左键，可复制内置对象。

9.1.2 调整亮度、对比度和强度

打开一个图形，如图 9-4 所示。选择“效果 > 调整 > 亮度/对比度/强度”命令，或按 Ctrl+B 组合键，弹出“亮度/对比度/强度”对话框，用光标拖曳滑块可以设置各项的数值，如图 9-5 所示，调整好后，单击“确定”按钮，图形色调的调整效果如图 9-6 所示。

对话框中各选项的含义如下。

“亮度”选项：可以调整图形颜色的深浅变化，也就是增加或减少所有像素值的色调范围。

“对比度”选项：可以调整图形颜色的对比，也就是调整最浅和最深像素值之间的差。

“强度”选项：可以调整图形浅色区域的亮度，同时不降低深色区域的亮度。

“预览”按钮：可以预览色调的调整效果。

“重置”按钮：可以重新调整色调。

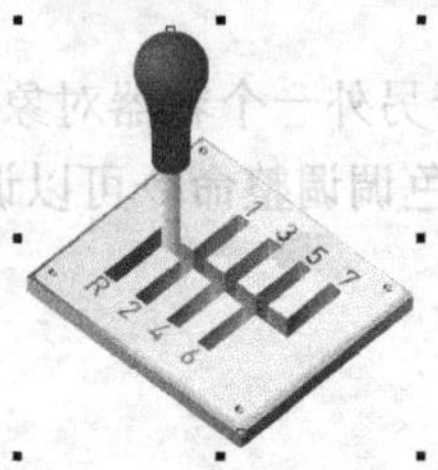

图 9-4

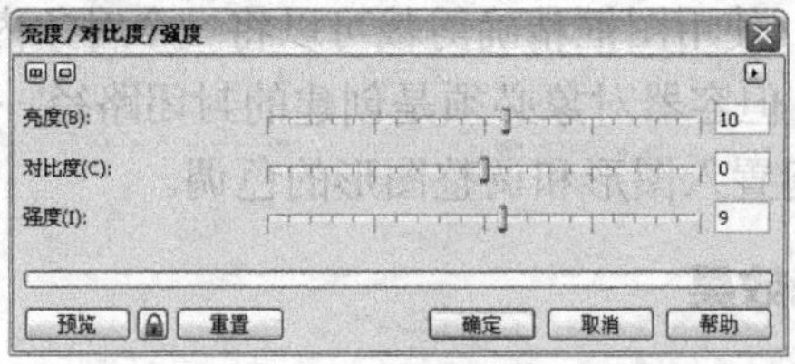

图 9-5

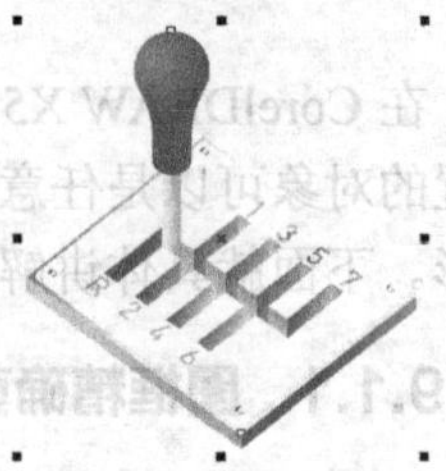

图 9-6

9.1.3 调整颜色通道

打开一个图形，如图 9-7 所示。选择“效果 > 调整 > 颜色平衡”命令，或按 Ctrl+Shift+B 组合键，弹出“颜色平衡”对话框，用光标拖曳滑块可以设置各选项的数值，如图 9-8 所示。调整好后，单击“确定”按钮，图形色调的调整效果如图 9-9 所示。

图 9-7

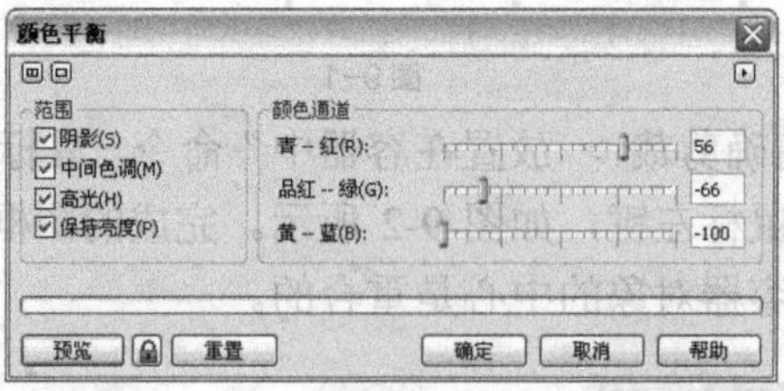

图 9-8

图 9-9

在对话框的“范围”设置区中有 4 个复选框，可以共同或分别设置对象的颜色调整范围。

“阴影”复选框：可以对图形阴影区域的颜色进行调整。

“中间色调”复选框：可以对图形中间色调的颜色进行调整。

“高光”复选框：可以对图形高光区域的颜色进行调整。

“保持亮度”复选框：可以在对图形进行颜色调整的同时保持图形的亮度。

“青－红”选项：可以在图形中添加青色和红色。向右移动滑块将添加红色，向左移动滑块将添加青色。

“品红－绿”选项：可以在图形中添加品红色和绿色。向右移动滑块将添加绿色，向左移动滑块将添加品红色。

“黄－蓝”选项：可以在图形中添加黄色和蓝色。向右移动滑块将添加蓝色，向左移动滑块将添加黄色。

9.1.4 调整色度、饱和度和亮度

打开一个要调整色调的图形，如图 9-10 所示。选择“效果 > 调整 > 色度/饱和度/亮度”命令，或按 Ctrl+Shift+U 组合键，弹出“色度/饱和度/亮度”对话框，用光标拖曳滑块可以设置其数值，如图 9-11 所示。调整好后，单击“确定”按钮，图形色调的调整效果如图 9-12 所示。

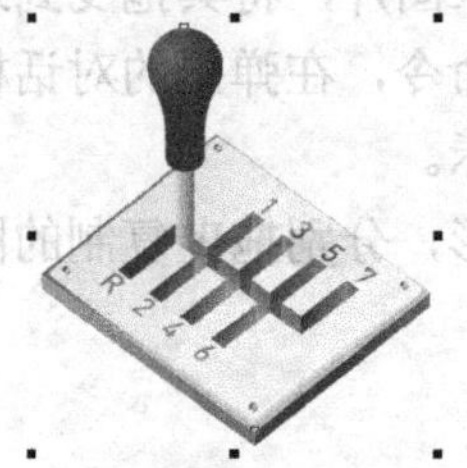

图 9-10

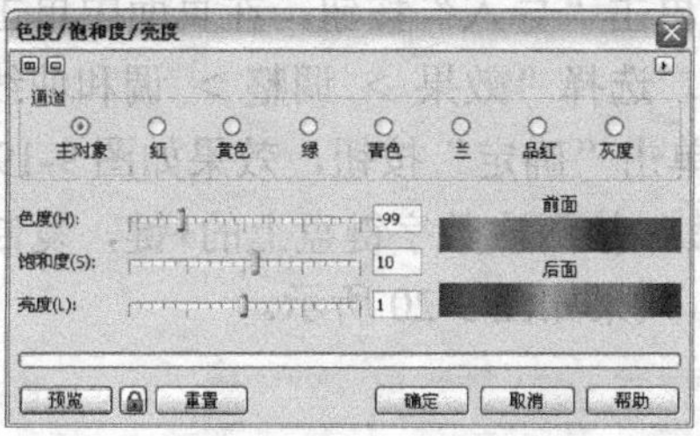

图 9-11

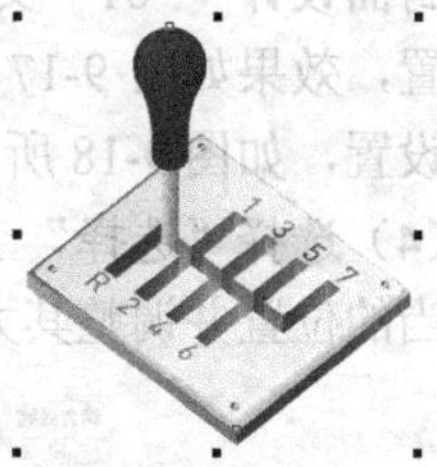

图 9-12

对话框中各选项的含义如下。

“通道”选项组：可以选择要调整的主要颜色。

“色度”选项：可以改变图形的颜色。

“饱和度”选项：可以改变图形颜色的深浅程度。

“亮度”选项：可以改变图形的明暗程度。

9.1.5 课堂案例——传统文字书籍封面设计

【案例学习目标】学习使用色调的调整命令进行传统文字书籍封面设计。

【案例知识要点】使用矩形工具、渐变填充工具、调和曲线命令和图框精确剪裁命令制作背景效果。使用矩形工具、椭圆形工具和文本工具添加标题文字和装饰图形。使用色度/饱和度/亮度命令调整纸鹤的色调。传统文字书籍封面设计效果如图 9-13 所示。

图 9-13

【效果所在位置】光盘/Ch09/效果/传统文字书籍封面设计.cdr。

（1）按 Ctrl+N 组合键，新建一个 A4 页面。双击“矩形”工具，绘制一个与页面大小相等的矩形，如图 9-14 所示。

（2）选择“渐变填充”工具，弹出“渐变填充”对话框，选择“自定义”单选项，在“位置”选项中分别添加并输入 0、28、50、73、100 几个位置点，单击右下角的“其他”按钮，分别设置几个位置点颜色的 CMYK 值为 0（0、0、10、20）、28（0、0、4、7）、50（0、0、0、0）、73（0、0、3、6）、100（0、0、10、20），其他选项的设置如图 9-15 所示，单击“确定”按钮，填充图形，并去除图形的轮廓线，效果如图 9-16 所示。

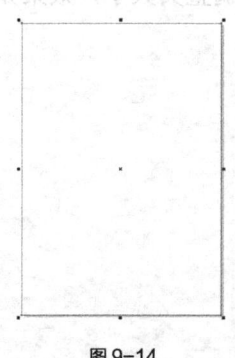

图 9-14

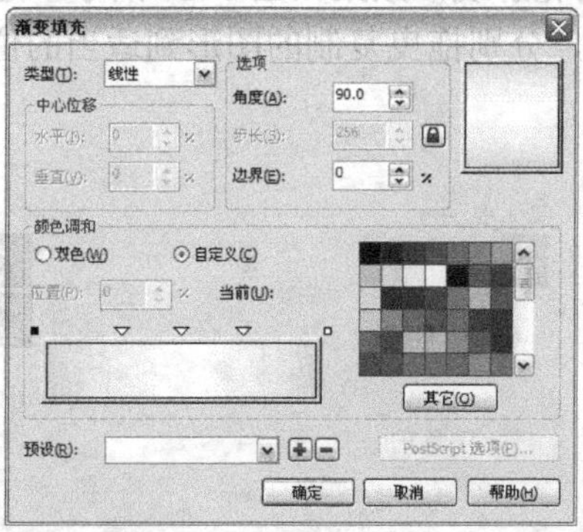

图 9-15

图 9-16

（3）按 Ctrl+I 组合键，弹出“导入”对话框，选择光盘中的“Ch09 > 素材 > 传统文字

书籍封面设计 > 01”文件，单击“导入”按钮，在页面中单击导入图片，将其拖曳到适当的位置，效果如图 9-17 所示。选择“效果 > 调整 > 调和曲线”命令，在弹出的对话框中进行设置，如图 9-18 所示，单击“确定”按钮，效果如图 9-19 所示。

（4）选择“选择”工具，按两次数字键盘上的+键，复制图形，分别拖曳复制的图形到适当的位置并调整其大小，效果如图 9-20 所示。

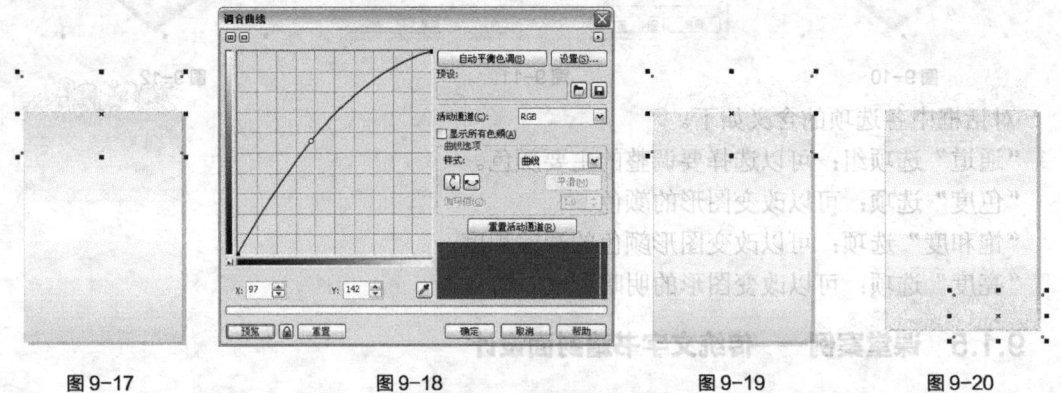

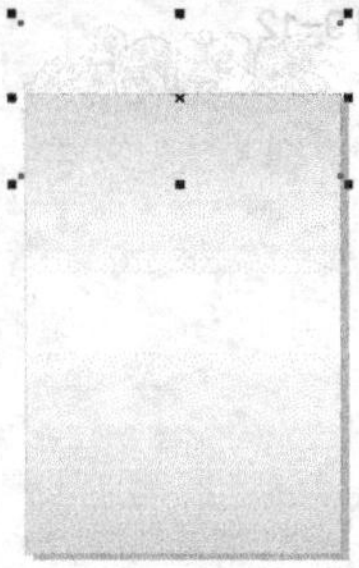
图 9-17

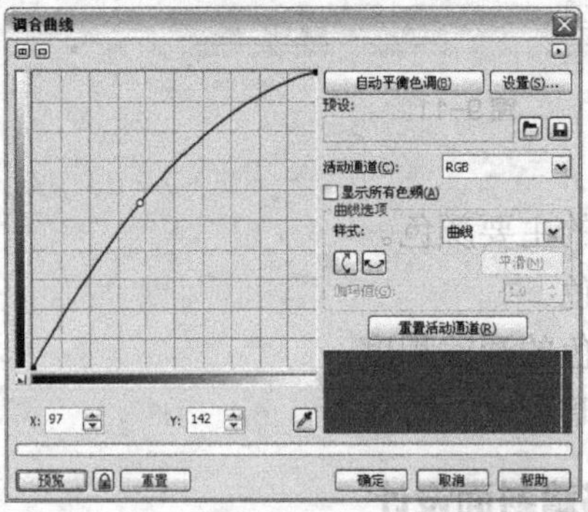

图 9-18

图 9-19

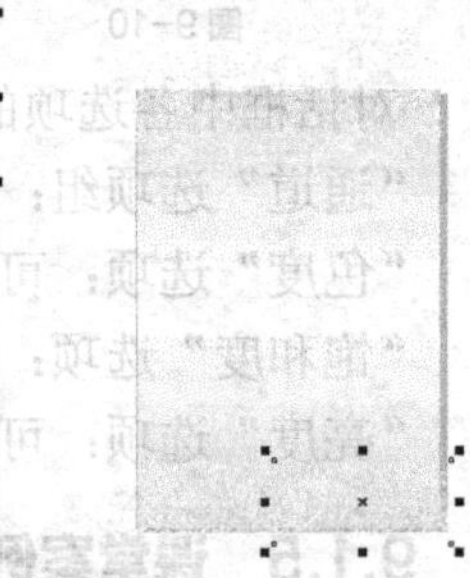
图 9-20

（5）选择“选择”工具，按住 Shift 键的同时，将需要的图形同时选取，如图 9-21 所示。选择“效果 > 图框精确剪裁 > 放置在容器中”命令，鼠标光标变为黑色箭头，在背景图形上单击，如图 9-22 所示，将图片置入背景中，效果如图 9-23 所示。

图 9-21

图 9-22

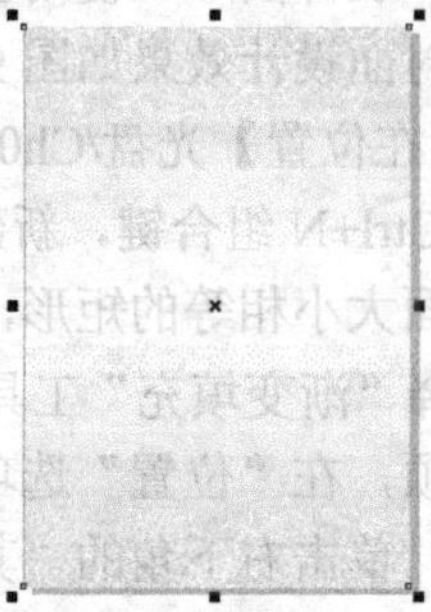
图 9-23

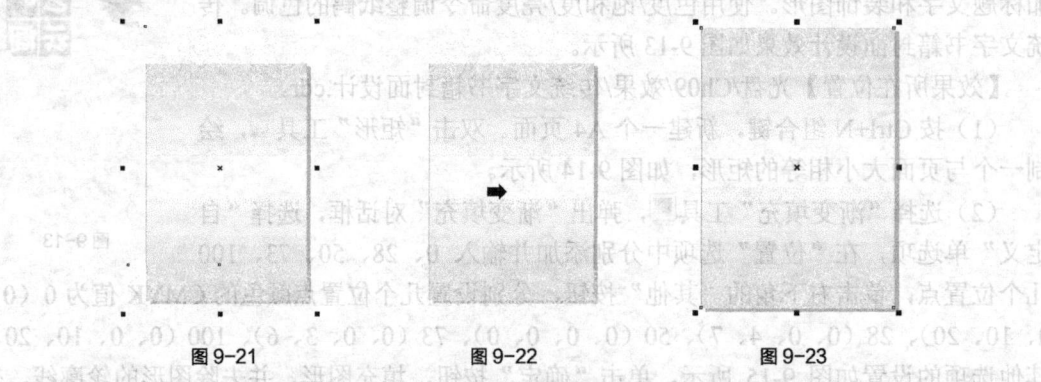

（6）选择“矩形”工具，绘制一个矩形，设置图形颜色的 CMYK 值为 85、78、70、40，填充图形，并去除图形的轮廓线，效果如图 9-24 所示。选择“选择”工具，按三次数字键盘上的+键，复制图形，分别拖曳复制的图形到适当的位置并调整其大小，效果如图 9-25 所示。

图 9-24

图 9-25

（7）选择“选择”工具，选择需要的图形，如图 9-26 所示。单击属性栏中的“倒棱角”按钮，其他选项的设置如图 9-27 所示。按 Enter 键，效果如图 9-28 所示。

图 9-26

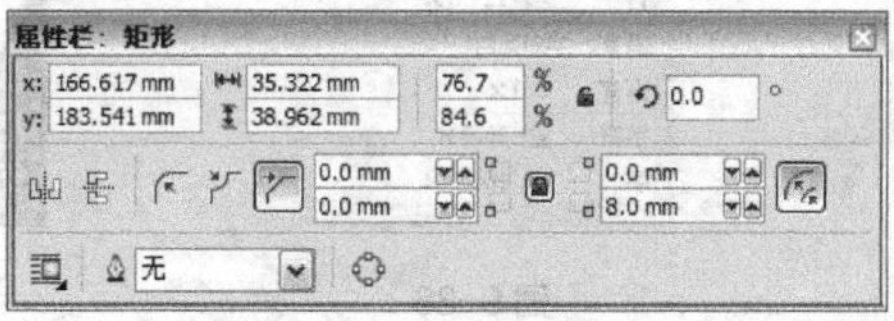

图 9-27

图 9-28

（8）选择“文本”工具，分别输入需要的文字，选择“选择”工具，在属性栏中选取适当的字体并设置文字大小，填充为白色，效果如图 9-29 所示。

（9）选择“文本”工具，输入需要的文字，选择“选择”工具，在属性栏中选取适当的字体并设置文字大小，填充为白色，效果如图 9-30 所示。选择“文本 > 段落格式化”命令，在弹出的面板中进行设置，如图 9-31 所示，按 Enter 键，效果如图 9-32 所示。

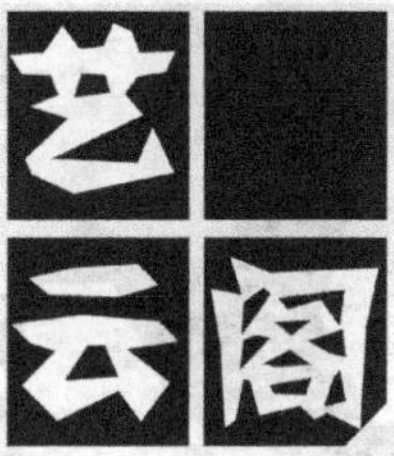

图 9-29

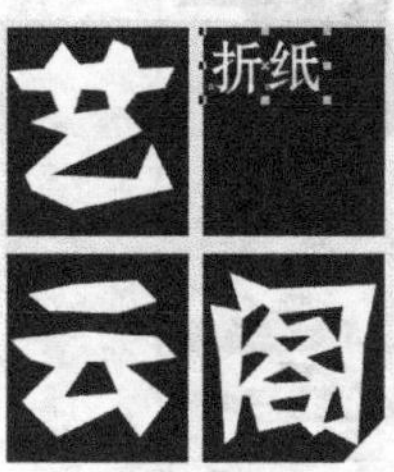

图 9-30

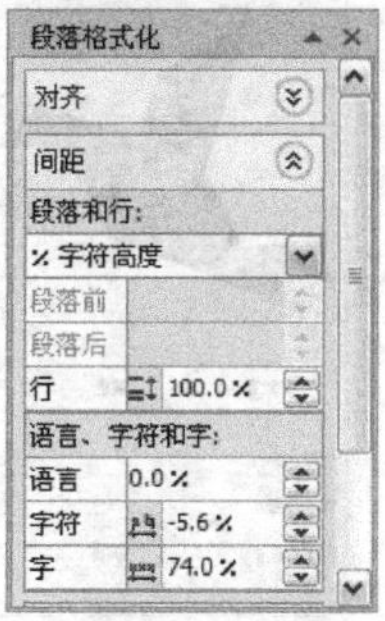

图 9-31

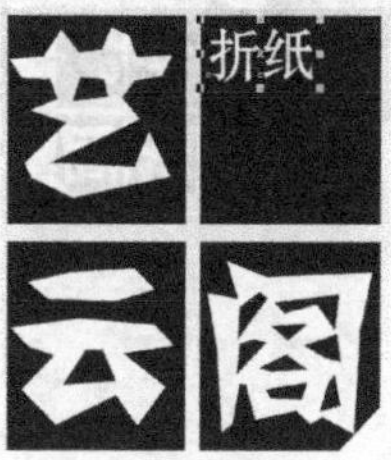

图 9-32

（10）选择“椭圆形”工具，按住 Ctrl 键的同时，绘制一个圆形，填充为白色，并去除图形的轮廓线，效果如图 9-33 所示。选择“文本”工具，输入需要的文字，选择“选择”工具，在属性栏中选取适当的字体并设置文字大小，设置文字颜色的 CMYK 值为 85、78、70、40，填充文字，效果如图 9-34 所示。

图 9-33

图 9-34

（11）选择“文本”工具，输入需要的文字，选择“选择”工具，在属性栏中选取适当的字体并设置文字大小，填充为白色，效果如图 9-35 所示。选择“文本 > 段落格式化”命令，在弹出的面板中进行设置，如图 9-36 所示，按 Enter 键，效果如图 9-37 所示。

图 9-35

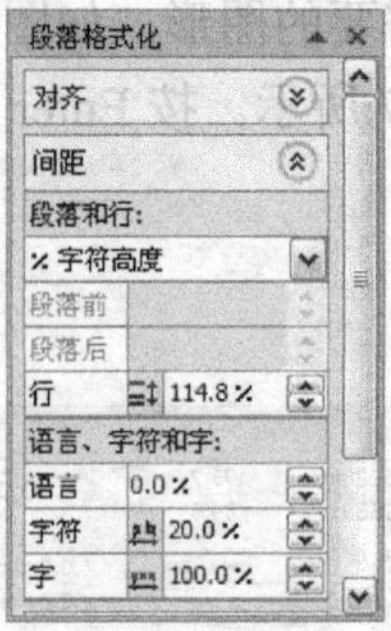

图 9-36

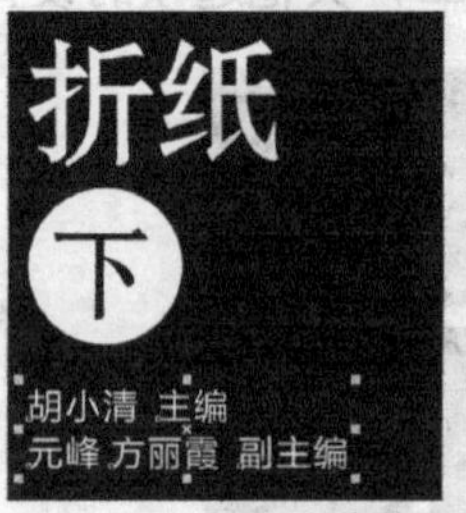

图 9-37

（12）按 Ctrl+I 组合键，弹出“导入”对话框，选择光盘中的“Ch09 > 素材 > 传统文字书籍封面设计 > 02”文件，单击“导入”按钮，在页面中单击导入图片，将其拖曳到适当的位置，效果如图 9-38 所示。

（13）选择“效果 > 调整 > 色度/饱和度/亮度”命令，在弹出的对话框中进行设置，如图 9-39 所示，单击“确定”按钮，效果如图 9-40 所示。

图 9-38

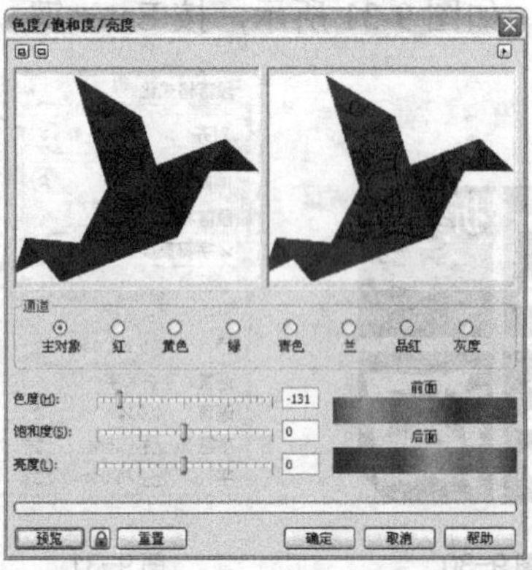

图 9-39

图 9-40

（14）选择“阴影”工具，在图形中从上向下拖曳光标，为图形添加阴影效果。在属性栏中进行设置，如图 9-41 所示，按 Enter 键，效果如图 9-42 所示。

（15）按 Ctrl+I 组合键，弹出“导入”对话框，选择光盘中的“Ch09 > 素材 > 传统文字书籍封面设计 > 02”文件，单击“导入”按钮，在页面中单击导入图片，将其拖曳到适当的位置并调整大小，效果如图 9-43 所示。

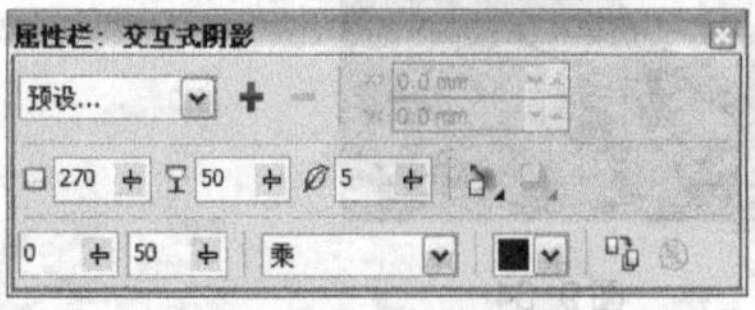

图 9-41

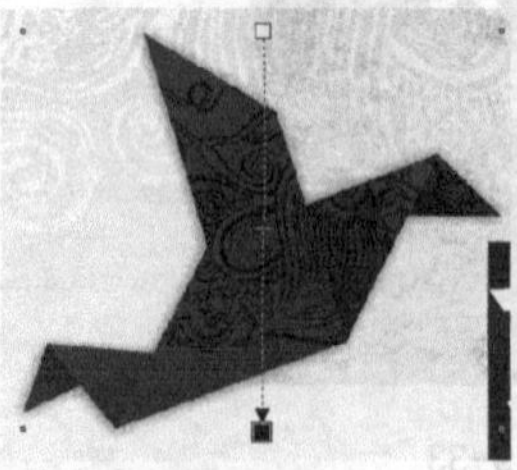

图 9-42

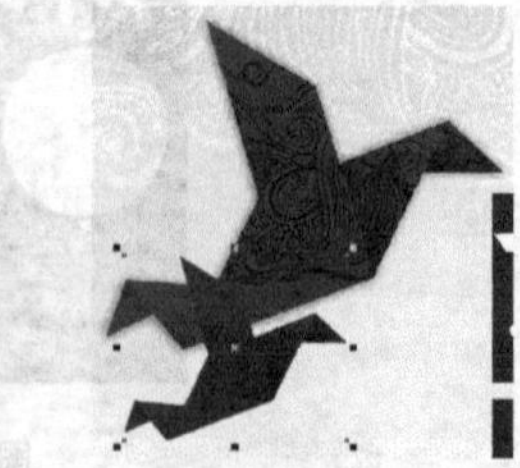

图 9-43

（16）选择“贝塞尔”工具，绘制一条直线，如图 9-44 所示。选择“文本”工具，输入需要的文字，选择“选择”工具，在属性栏中选取适当的字体并设置文字大小，效果如图 9-45 所示。

图 9-44

图 9-45

（17）选择“文本 > 段落格式化”命令，在弹出的面板中进行设置，如图 9-46 所示，按 Enter 键，效果如图 9-47 所示。选择“文本”工具，输入需要的文字，选择“选择”工具，在属性栏中选取适当的字体并设置文字大小，效果如图 9-48 所示。传统文字书籍封面设计制作完成。

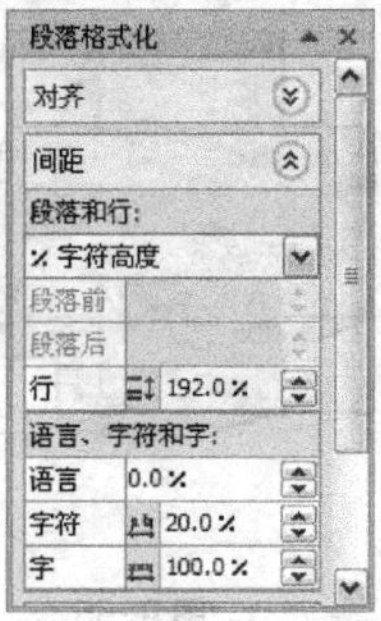

图 9-46

图 9-47

图 9-48

9.2 特殊效果

在 CorelDRAW X5 中应用特殊效果命令可以制作出丰富的图形特效。下面具体介绍几种常用的特殊效果命令。

9.2.1 制作透视效果

在设计和制作图形的过程中，经常会使用到透视效果。下面介绍如何在 CorelDRAW X5 中制作透视效果。

打开要制作透视效果的图形，使用“选择”工具将图形选中，如图 9-49 所示。选择“效果 > 添加透视”命令，在图形的周围出现控制线和控制点，如图 9-50 所示。用光标拖曳控制点，制作需要的透视效果，在拖曳控制点时出现了透视点×，如图 9-51 所示。用光标可以拖曳透视点×，同时可以改变透视效果，如图 9-52 所示。制作好透视效果后，按空格键，确定完成的效果。

要修改已经制作好的透视效果，需双击图形，再对已有的透视效果进行调整即可。选择“效果 > 清除透视点”命令，可以清除透视效果。

图 9-49

图 9-50

图 9-51

图 9-52

9.2.2 制作立体效果

立体效果是利用三维空间的立体旋转和光源照射的功能来完成的。CorelDRAW X5 中的“立体化”工具可以制作和编辑图形的三维效果。

绘制一个需要立体化的图形，如图 9-53 所示。选择“立体化”工具，在图形上按住鼠标左键并向图形右下方拖曳光标，如图 9-54 所示，达到需要的立体效果后，松开鼠标左键，图形的立体化效果如图 9-55 所示。

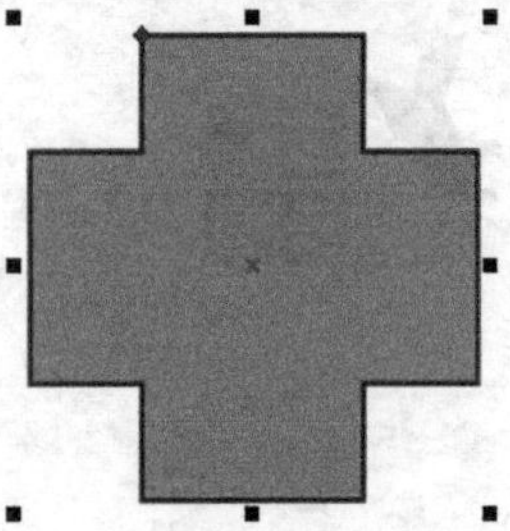

图 9-53

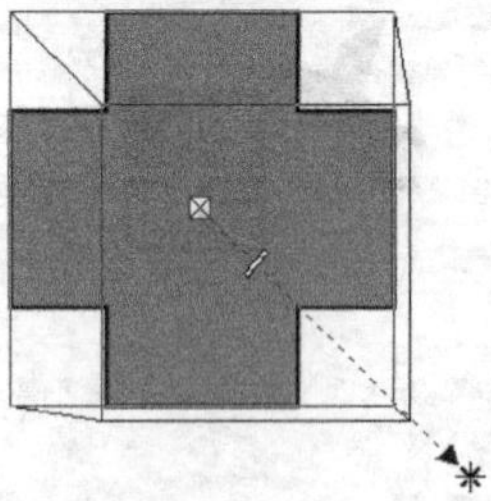

图 9-54

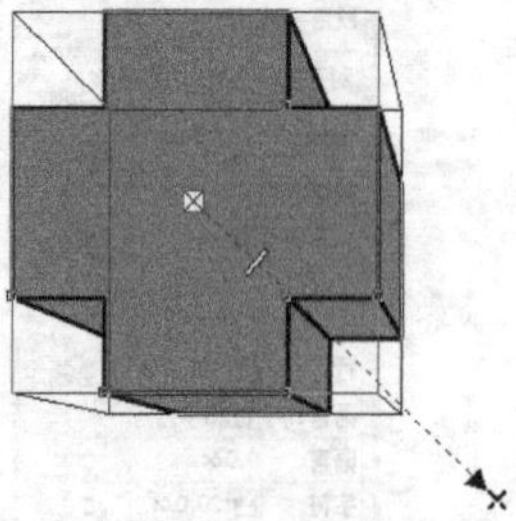

图 9-55

“立体化”工具的属性栏如图 9-56 所示。各选项的含义如下。

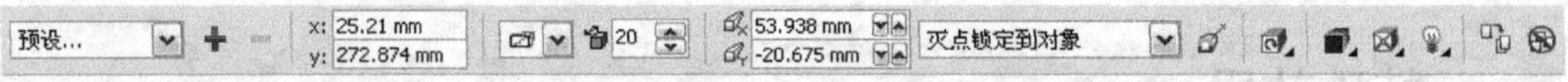

图 9-56

“立体化类型”选项：单击选项后的三角形按钮弹出下拉列表，分别选择可以出现不同的立体化效果。

“深度”选项：可以设置图形立体化的深度。

“灭点属性”选项：可以设置灭点的属性。

“页面或对象灭点”按钮：可以将灭点锁定到页面上，在移动图形时灭点不能移动，且立体化的图形形状会改变。

“立体的方向”按钮：单击此按钮，弹出旋转设置框，光标放在三维旋转设置区内会变为手形，拖曳鼠标可以在三维旋转设置区中旋转图形，页面中的立体化图形会进行相应的旋转。单击按钮，设置区中出现“旋转值”数值框，可以精确地设置立体化图形的旋转数值。单击按钮，恢复到设置区的默认设置。

“立体化颜色”按钮：单击此按钮，弹出立体化图形的“颜色”设置区。在颜色设置区中有三种颜色设置模式，分别是“使用对象填充”模式、“使用纯色”模式和“使用递减的颜色”模式。

“立体化倾斜”按钮：单击此按钮，弹出“斜角修饰”设置区，通过拖动面板中图例的节点来添加斜角效果，也可以在增量框中输入数值来设定斜角。勾选“只显示斜角修饰边”复选框，将只显示立体化图形的斜角修饰边。

“立体化照明”按钮：单击此按钮，弹出照明设置区，在设置区中可以为立体化图形添加光源。

9.2.3　课堂案例——制作包装盒

图 9-57

【案例学习目标】学习使用特殊效果命令制作包装盒。

【案例知识要点】使用矩形工具和立体化工具制作包装结构图。使用透视效果命令制作包装立体效果。包装盒的效果如图 9-57 所示。

【效果所在位置】光盘/Ch09/效果/制作包装盒.cdr。

1. 制作包装结构图

（1）按 Ctrl+N 组合键，新建一个 A4 页面。单击属性栏中的“横向”按钮，页面显示为横向页面。选择“矩形”工具，在页面中绘制一个矩形，如图 9-58 所示。按 Ctrl+Q 组合键，将矩形转化为曲线。

（2）选择“形状”工具，选取需要的节点，如图 9-59 所示，将其拖曳到适当的位置，效果如图 9-60 所示。选取右上方的节点，将其拖曳到适当的位置，效果如图 9-61 所示。

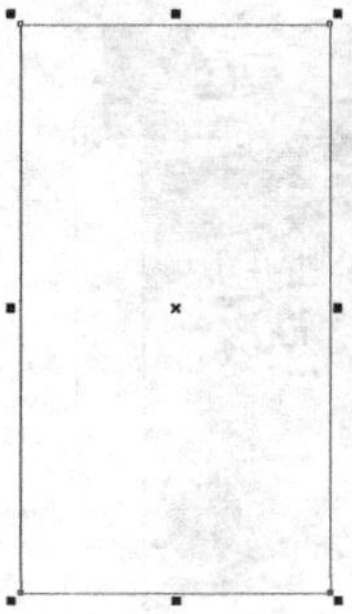

图 9-58

图 9-59

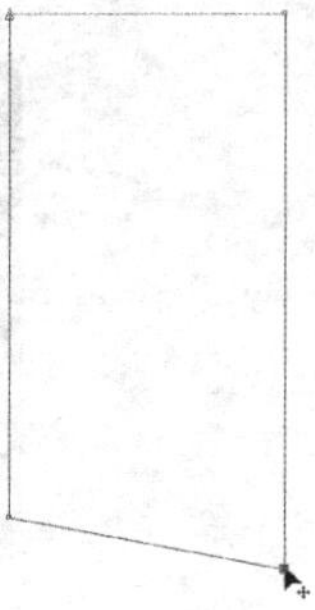

图 9-60

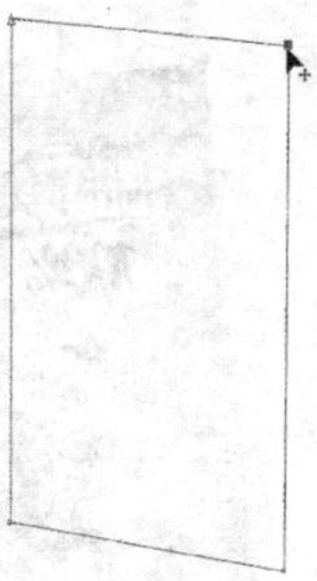

图 9-61

（3）选择“立体化”工具，在图形上由中心向右上方拖曳光标，如图 9-62 所示，松开鼠标，效果如图 9-63 所示。

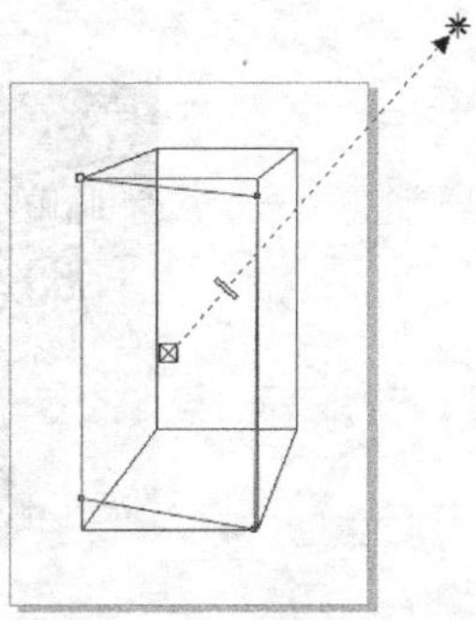

图 9-62

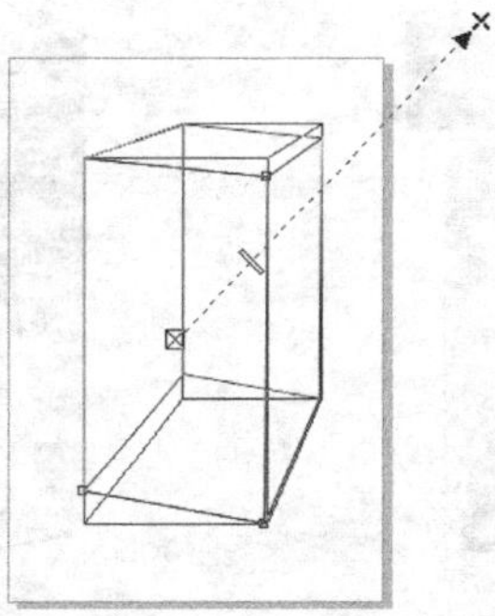

图 9-63

2. 制作包装盒效果

（1）按 Ctrl+I 组合键，弹出“导入”对话框，选择光盘中的“Ch09 > 素材 > 制作包装

盒 > 01”文件，单击“导入”按钮，在页面中单击导入图片，效果如图 9-64 所示。按 Ctrl+U 组合键，取消图形的群组。

（2）选择“选择”工具，选取需要的图形，如图 9-65 所示，将其拖曳到适当的位置，如图 9-66 所示。选择“效果 > 添加透视”命令，为图形添加透视点，如图 9-67 所示。

图 9-64

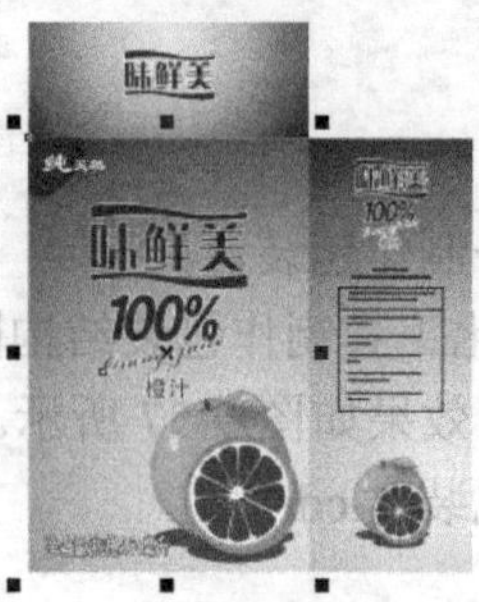

图 9-65

图 9-66

图 9-67

（3）选取左上角的节点，将其拖曳到适当的位置，效果如图 9-68 所示。用相同的方法将其他节点拖曳到适当的位置，效果如图 9-69 所示。

（4）选择“选择”工具，选取需要的图形，将其拖曳到适当的位置，如图 9-70 所示。选择“效果 > 添加透视”命令，为图形添加透视点，如图 9-71 所示。

图 9-68

图 9-69

图 9-70

（5）选取右下角的节点，将其拖曳到适当的位置，效果如图 9-72 所示。用相同的方法将其他节点拖曳到适当的位置，效果如图 9-73 所示。

图 9-71

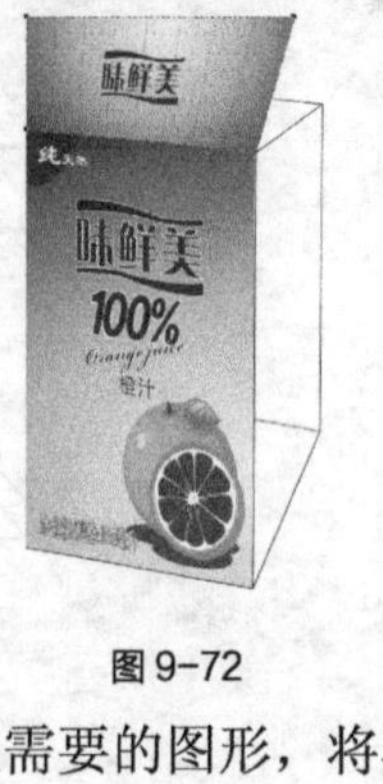

图 9-72

图 9-73

（6）选择“选择”工具，选取需要的图形，将其拖曳到适当的位置，如图 9-74 所示。用相同的方法添加透视点，并将需要的节点拖曳到适当的位置。按 Esc 键，取消选取状态，包装盒制作完成，效果如图 9-75 所示。

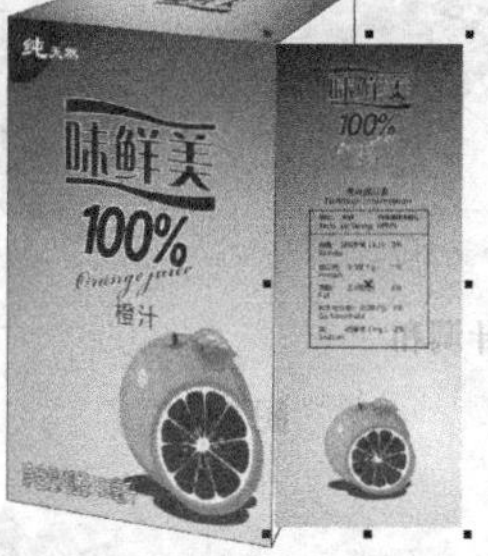

图 9-74

图 9-75

9.2.4　使用调和效果

交互式调和工具是 CorelDRAW X5 中应用最广泛的工具之一。制作出的调和效果可以在绘图对象间产生形状、颜色的平滑变化。

绘制两个需要制作调和效果的图形，如图 9-76 所示。选择“调和”工具，将鼠标的光标放在左边的图形上，鼠标的光标变为，按住鼠标左键并拖曳光标到右边的图形上，如图 9-77 所示，松开鼠标左键，两个图形的调和效果如图 9-78 所示。

“调和”工具的属性栏如图 9-79 所示。各选项的含义如下。

图 9-76

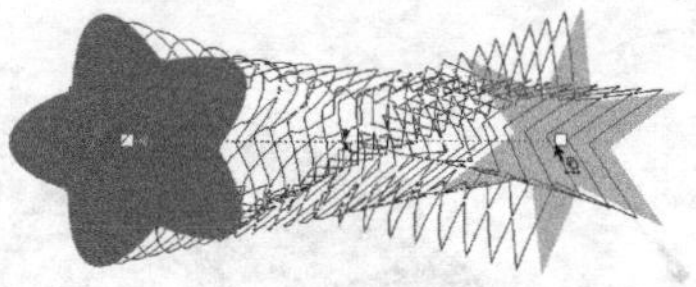

图 9-77

图 9-78

图 9-79

“调和步长”选项：可以设置调和的步数，效果如图 9-80 所示。

“调和方向”选项：可以设置调和的旋转角度，效果如图 9-81 所示。

图 9-80

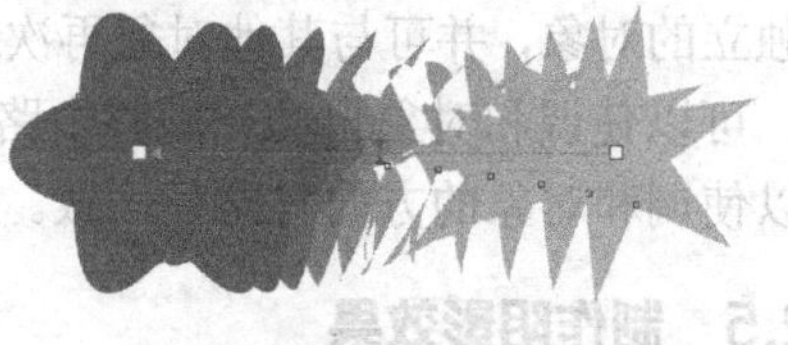

图 9-81

“环绕调和”按钮：调和的图形除了自身旋转外，将同时以起点图形和终点图形的中间位置为旋转中心做旋转分布，如图 9-82 所示。

“直接调和”按钮、“顺时针调和”按钮、“逆时针调和”按钮：设定调和对象之间颜色过渡的方向，效果如图 9-83 所示。

“对象和颜色加速”按钮：调整对象和颜色的加速属性。单击此按钮弹出如图 9-84 所示的对话框，拖曳滑块到需要的位置，对象加速调和效果如图 9-85 所示，颜色加速调和效果如图 9-86 所示。

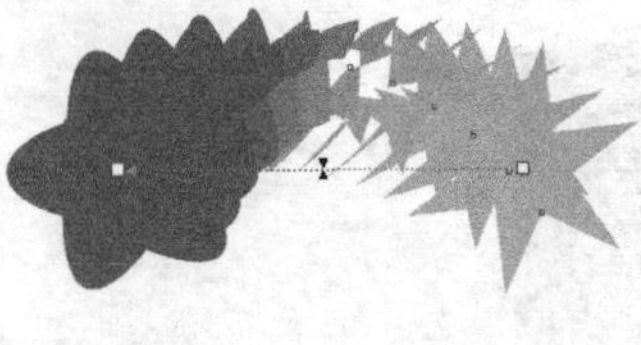

图 9-82

(a) 顺时针调和　　(b) 逆时针调和

图 9-83

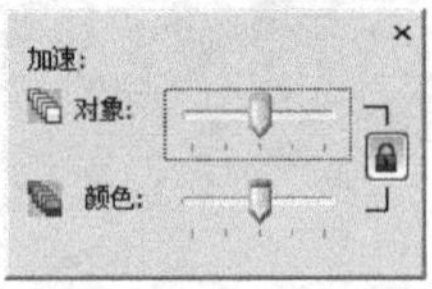

图 9-84

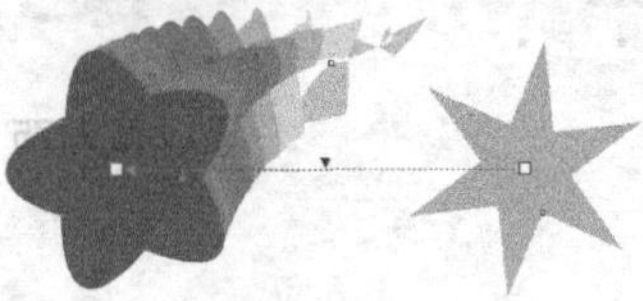

图 9-85

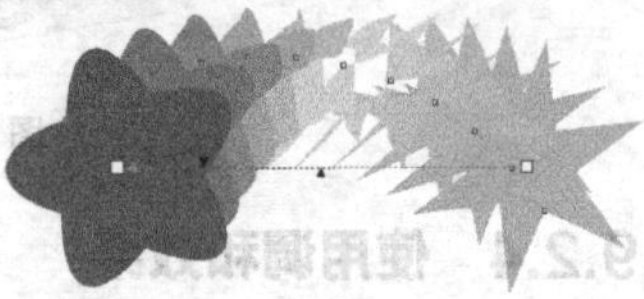

图 9-86

“调整加速大小”按钮：可以控制调和的加速属性。

“起始和结束属性”按钮：可以显示或重新设定调和的起始及终止对象。

“路径属性”按钮：使调和对象沿绘制好的路径分布。单击此按钮弹出如图 9-87 所示的菜单，选择“新路径”选项，鼠标的光标变为。在新绘制的路径上单击鼠标右键，如图 9-88 所示，沿路径进行调和的效果如图 9-89 所示。

图 9-87

图 9-88

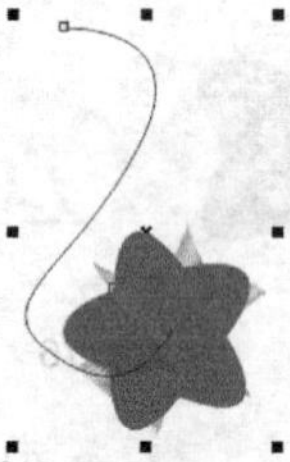

图 9-89

“更多调和选项”按钮：可以进行更多的调和设置。单击此按钮弹出如图 9-90 所示的菜单，“映射节点”按钮可指定起始对象的某一点与终止对象的某一节点对应，以产生特殊的调和效果。“拆分”按钮可将过渡对象分割成独立的对象，并可与其他对象再次进行调和。勾选“沿全路径调和”复选框，可以使调和对象自动充满整个路径。勾选“旋转全部对象”复选框，可以使调和对象的方向与路径一致。

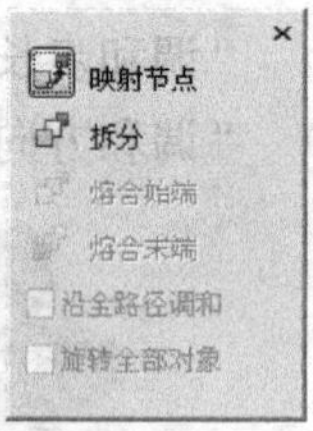

图 9-90

9.2.5 制作阴影效果

阴影效果是经常使用的一种特效，使用“阴影”工具可以快速给图形制作阴影效果，还可以设置阴影的透明度、角度、位置、颜色和羽化程度。下面介绍如何制作阴影效果。

打开一个图形，使用“选择”工具选取图形，如图 9-91 所示。再选择“阴影”工具，将鼠标光标放在图形上，按住鼠标左键并向阴影投射的方向拖曳光标，如图 9-92 所示，到需要的位置后松开鼠标左键，阴影效果如图 9-93 所示。

拖曳阴影控制线上的图标，可以调节阴影的透光程度。拖曳时越靠近图标，透光度越小，阴影越淡，如图 9-94 所示；拖曳时越靠近图标，透光度越大，阴影越浓，如图 9-95 所示。

图 9-91

图 9-92

图 9-93

“阴影”工具的属性栏如图 9-96 所示。各选项的含义如下。

图 9-94

图 9-95

图 9-96

“预设列表”选项：选择需要的预设阴影效果。单击预设框后面的或按钮，可以添加或删除预设框中的阴影效果。

“阴影偏移”选项、阴影角度选项：可以设置阴影的偏移位置和角度。

“阴影的不透明”选项：可以设置阴影的透明度。

“阴影羽化”选项：可以设置阴影的羽化程度。

“羽化方向”按钮：可以设置阴影的羽化方向。单击此按钮可弹出“羽化方向”设置区，如图 9-97 所示。

“羽化边缘”按钮：可以设置阴影的羽化边缘模式。单击此按钮可弹出“羽化边缘”设置区，如图 9-98 所示。

“阴影淡出”、“阴影延展”选项：可以设置阴影的淡化和延展。

“阴影颜色”选项：可以改变阴影的颜色。

图 9-97

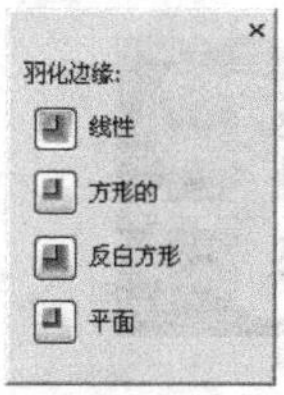

图 9-98

9.2.6 课堂案例——制作演唱会宣传单

【案例学习目标】学习使用立体化工具和表格工具制作演唱会宣传单。

【案例知识要点】使用立体化工具制作标题文字的立体效果。使用轮廓图工具和封套工具制作宣传文字效果。使用表格工具绘制表格图形。使用多边形工具和复制命令绘制星形图形。演唱会宣传单效果如图 9-99 所示。

图 9-99

【效果所在位置】光盘/Ch09/效果/制作演唱会宣传单.cdr。

1. 制作标题文字效果

（1）按 Ctrl+N 组合键，新建一个 A4 页面。按 Ctrl+I 组合键，弹出“导入”对话框，选择光盘中的“Ch09 > 素材 > 制作演唱会宣传单 > 01”文件，单击“导入”按钮，在页面中单击导入图片。选择“排列 > 对齐和分布 > 在页面居中”命令，将图片置于页面中心，效果如图 9-100 所示。

（2）选择“文本”工具，分别输入需要的文字，选择“选择”工具，在属性栏中选取适当的字体并设置文字大小。设置文字颜色的 CMYK 值为 0、20、100、0，填充文字，效果如图 9-101 所示。

图 9-100

图 9-101

（3）选择“选择”工具，选取文字“歌”。选择“立体化”工具，在文字上由中心向右拖曳光标，如图 9-102 所示。在属性栏中单击“立体化颜色”按钮，在弹出的面板中单击“使用递减的颜色”按钮，将“从”选项颜色的 CMYK 值设为 0、100、100、0，“到”选项的颜色设为黑色，如图 9-103 所示，文字效果如图 9-104 所示。

图 9-102

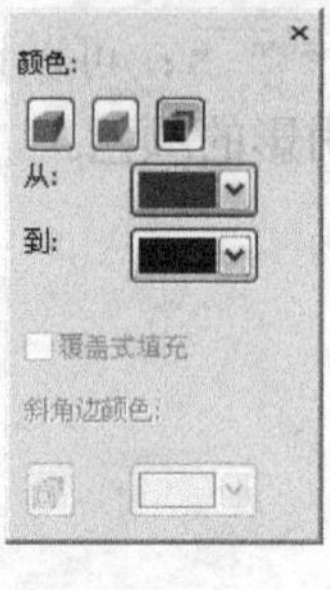

图 9-103

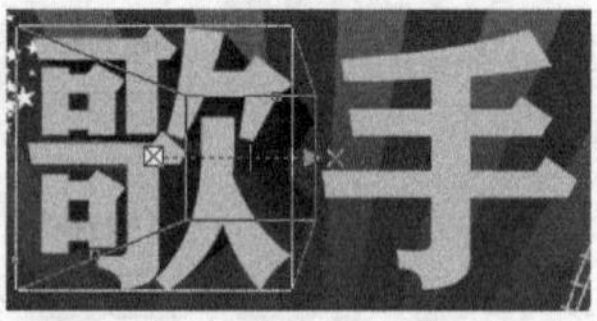

图 9-104

（4）选择“选择”工具，选取需要的文字，选择“立体化”工具，在文字上由中心向左侧拖曳光标，如图 9-105 所示。在属性栏中单击“立体化颜色”按钮，在弹出的面板中单击“使用递减的颜色”按钮，将“从”选项颜色的 CMYK 值设为 0、100、100、0，“到”选项的颜色设为黑色，如图 9-106 所示，文字效果如图 9-107 所示。

图 9-105

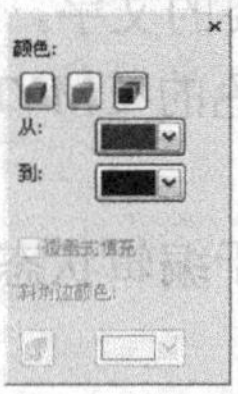

图 9-106

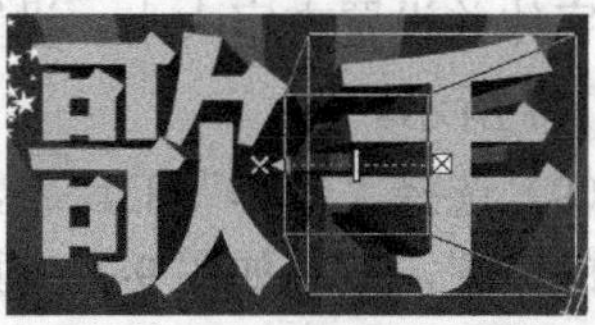

图 9-107

（5）选择“文本”工具，输入需要的文字，选择“选择”工具，在属性栏中选取适当的字体并设置文字大小。设置文字颜色的 CMYK 值为 0、0、20、0，填充文字，效果如图 9-108 所示。选择“文本 > 段落格式化”命令，在弹出的面板中进行设置，如图 9-109 所示，按 Enter 键，效果如图 9-110 所示。

图 9-108

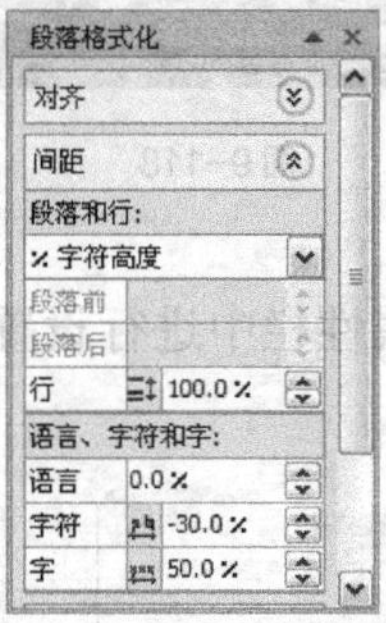

图 9-109

图 9-110

（6）选择“轮廓图”工具，向左侧拖曳光标，为图形添加轮廓化效果。在属性栏中将“轮廓色”选项颜色的 CMYK 值设为 0、20、20、0，“填充色”选项颜色的 CMYK 值设为 0、40、80、0，其他选项的设置如图 9-111 所示，按 Enter 键，效果如图 9-112 所示。

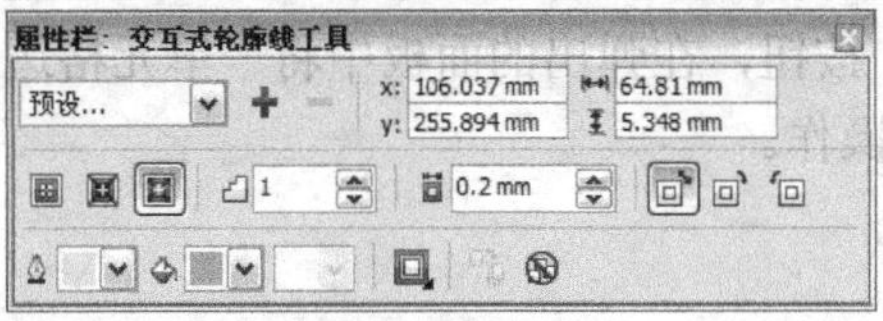

图 9-111

图 9-112

（7）选择“文本”工具，输入需要的文字，选择“选择”工具，在属性栏中选取适当的字体并设置文字大小。设置文字颜色的 CMYK 值为 0、0、20、0，填充文字，效果如图 9-113 所示。选择“文本 > 段落格式化”命令，在弹出的面板中进行设置，如图 9-114 所示，按 Enter 键，效果如图 9-115 所示。用相同的方法制作文字效果，如图 9-116 所示。

图 9-113

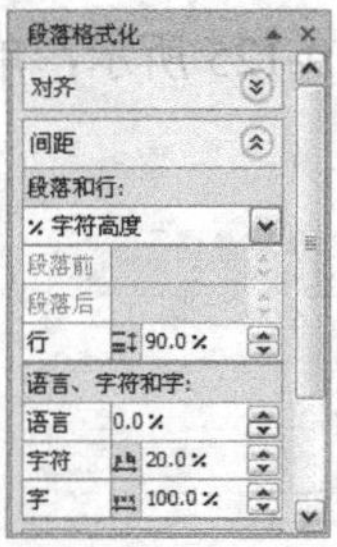

图 9-114

图 9-115

图 9-116

（8）选择“文本”工具，输入需要的文字，选择“选择”工具，在属性栏中选取适当的字体并设置文字大小。设置文字颜色的 CMYK 值为 0、0、0、10，填充文字，效果如图 9-117 所示。

（9）选择“封套”工具，文字处于编辑状态，如图 9-118 所示。分别拖曳控制节点到适当的位置，效果如图 9-119 所示。

图 9-117

图 9-118

图 9-119

2. 制作演唱会票价表

（1）选择“表格”工具，在属性栏中进行设置，如图 9-120 所示，在页面中拖曳光标绘制表格，如图 9-121 所示。

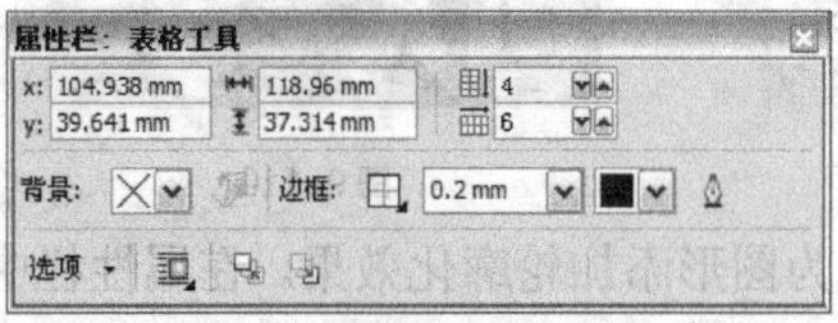

图 9-120

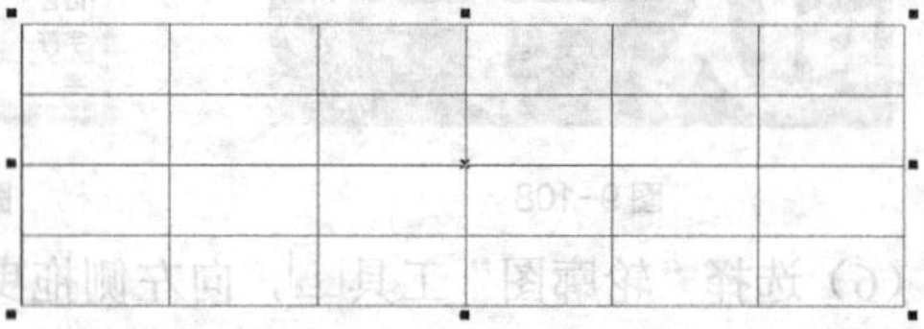

图 9-121

（2）将光标放置在表格的左上角，当光标变为图标时，单击鼠标，选取整个表格，如图 9-122 所示。在属性栏中单击“页边距”按钮，在弹出的面板中将“单元格边距宽度”设为 0，如图 9-123 所示，按 Enter 键，完成操作。

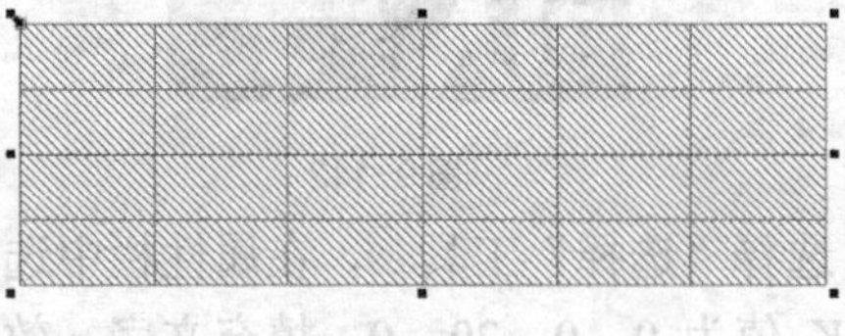

图 9-122

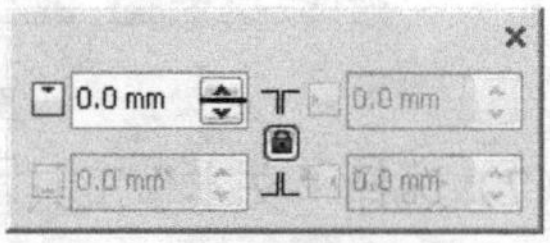

图 9-123

（3）将光标置于第一行第二列，单击插入光标，按住鼠标左键向右拖曳光标，光标变为图标，选取需要的单元格，如图 9-124 所示。单击属性栏中的“水平拆分单元格”按钮，在弹出的“拆分单元格”对话框中进行设置，如图 9-125 所示，单击“确定”按钮，效果如图 9-126 所示。

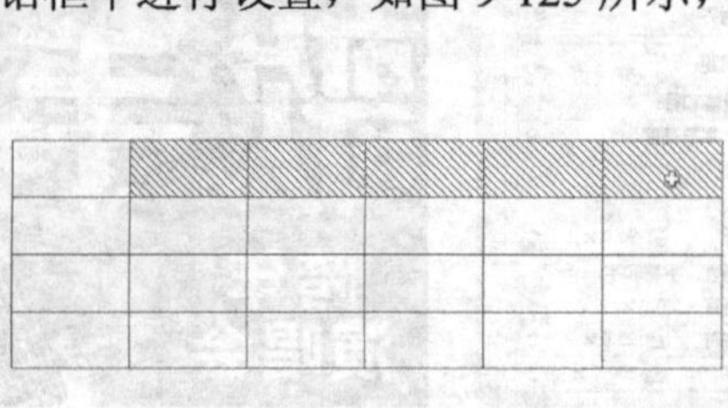

图 9-124

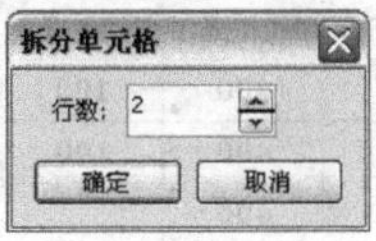

图 9-125

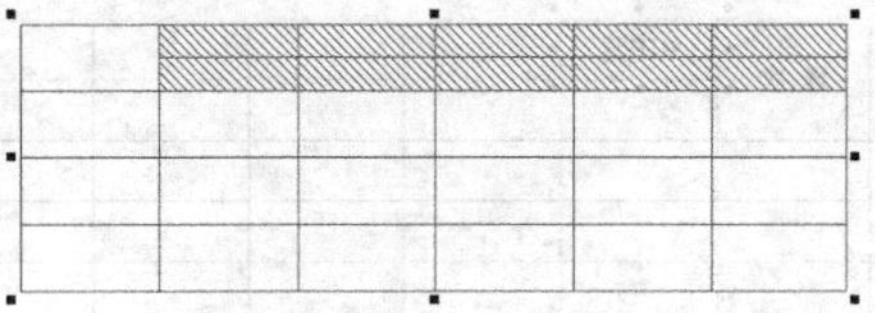

图 9-126

（4）将光标放置在表格的左上角，当光标变为图标时，单击鼠标，选取整个表格，如图 9-127 所示。选择“表格 > 分布 > 行均分”命令，表格的效果如图 9-128 所示。

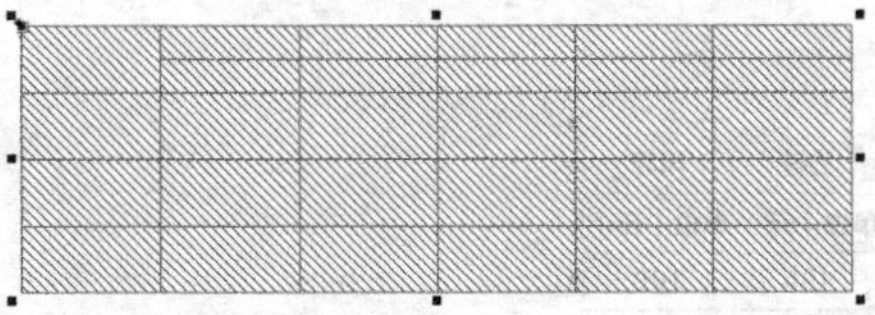

图 9-127

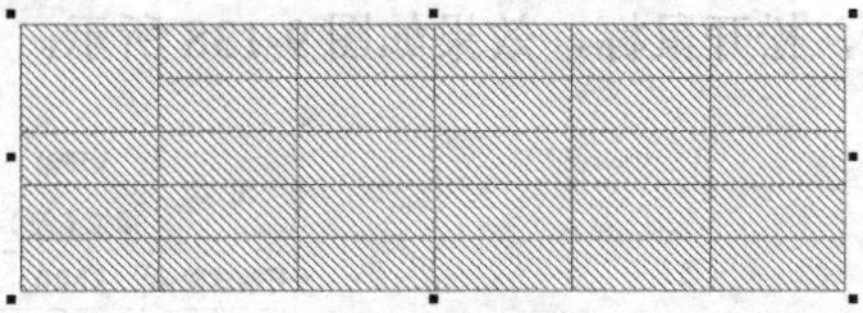

图 9-128

（5）选择“文本”工具，在属性栏中设置适当的字体和文字大小，选择“文本 > 段落格式化”命令，弹出“段落格式化”面板，设置如图 9-129 所示。将文字工具置于表格第一行第一列，出现蓝色线时，如图 9-130 所示，单击插入光标，如图 9-131 所示，输入需要的文字，如图 9-132 所示。

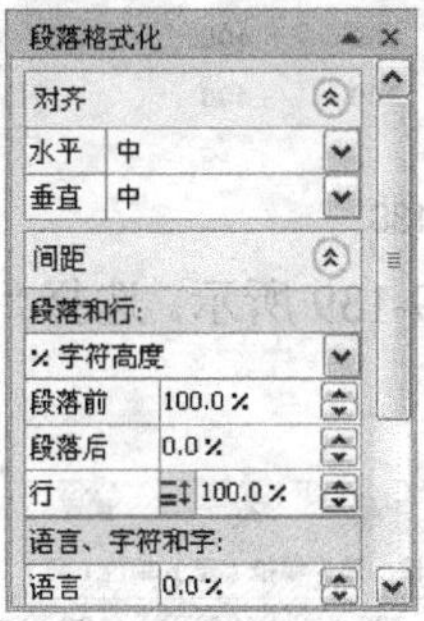

图 9-129

图 9-130

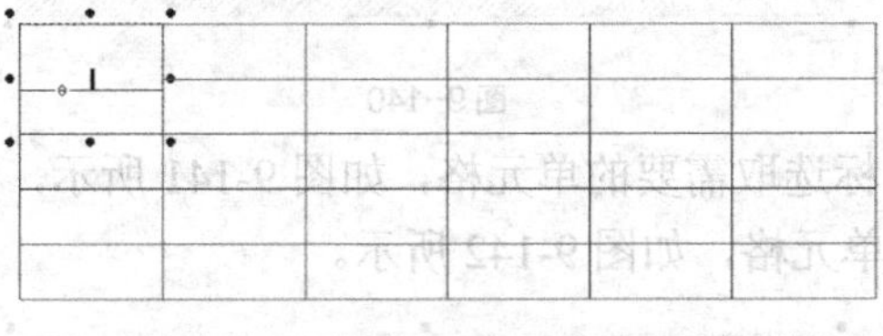

图 9-131

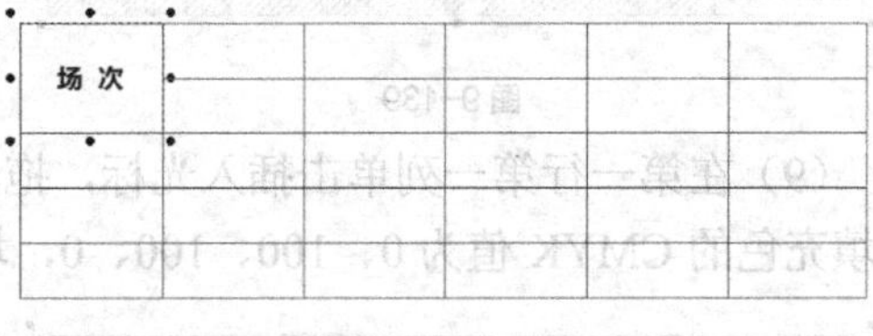

图 9-132

（6）将光标置于第一行第二列单击，插入光标，如图 9-133 所示，输入需要的文字，如图 9-134 所示。用相同的方法在其他单元格单击，输入需要的文字，如图 9-135 所示。

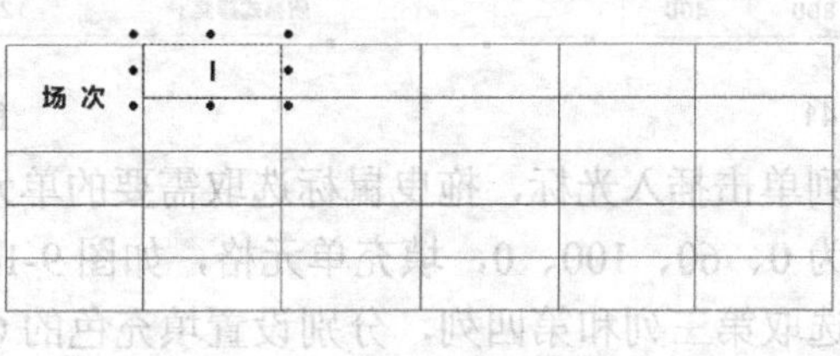

图 9-133

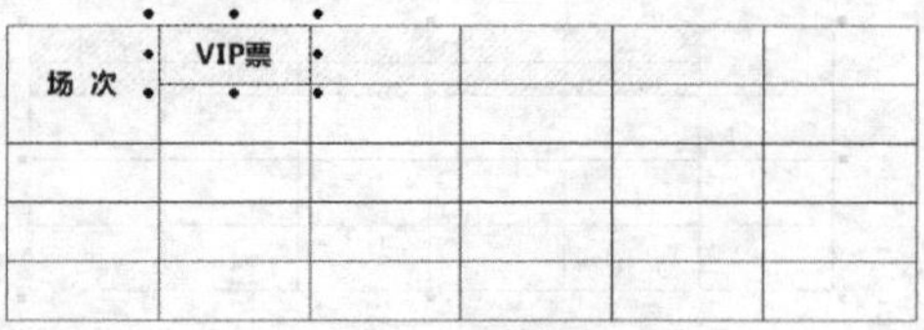

图 9-134

图 9-135

（7）选择“表格”工具，在第一行第一列单击插入光标，将光标置于第一列右侧的边框线上，光标变为↔图标，如图 9-136 所示，向右拖曳边框线到适当的位置，如图 9-137 所示，松开鼠标，效果如图 9-138 所示。

图 9-136

图 9-137

场 次
VIP票 特等票 甲等 乙等 丙等
单位 单位（元） 单位（元） 单位（元） 单位（元）
开幕式晚会 2800 1200 800 400 100
超级演唱会 2800 1200 800 400 100
闭幕式颁奖 1200 800 400

图 9-138

（8）在第一行第二列插入光标，拖曳鼠标选取需要的单元格，如图 9-139 所示。选择“表格 > 分布 > 列均分”命令，效果如图 9-140 所示。

场 次
VIP票 特等票 甲等 乙等 丙等
单位 单位（元） 单位（元） 单位（元） 单位（元）
开幕式晚会 2800 1200 800 400 100
超级演唱会 2800 1200 800 400 100
闭幕式颁奖 1200 800 400

图 9-139

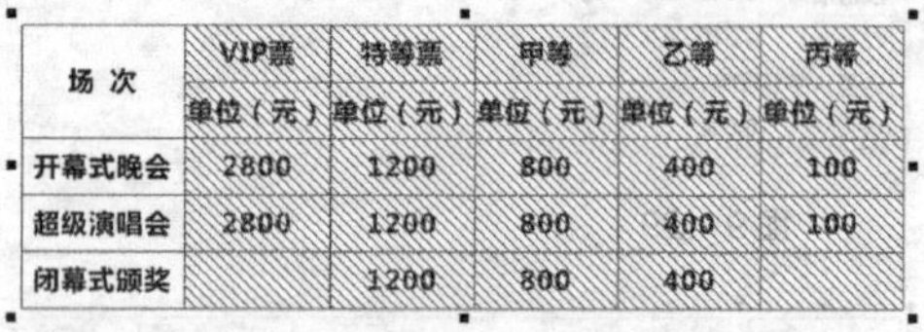

图 9-140

（9）在第一行第一列单击插入光标，拖曳鼠标选取需要的单元格，如图 9-141 所示，设置填充色的 CMYK 值为 0、100、100、0，填充单元格，如图 9-142 所示。

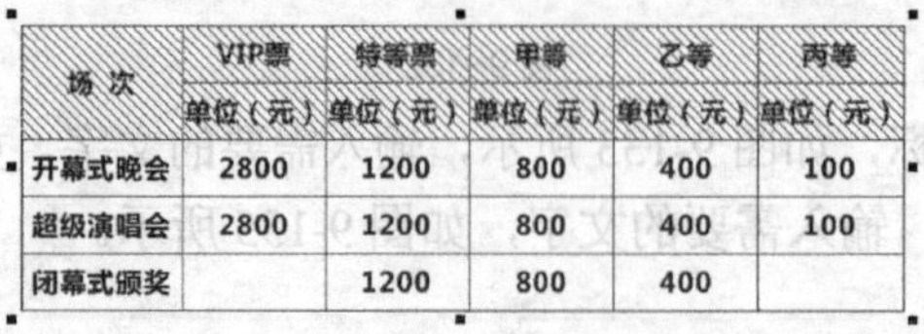

图 9-141

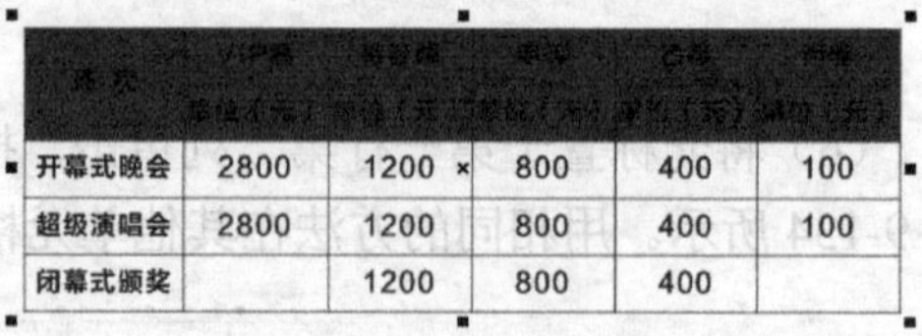

图 9-142

（10）在第二行第一列单击插入光标，拖曳鼠标选取需要的单元格，如图 9-143 所示，设置填充色的 CMYK 值为 0、60、100、0，填充单元格，如图 9-144 所示。

（11）用相同的方法选取第三列和第四列，分别设置填充色的 CMYK 值为 0、20、100、0 和 0、0、60、0，填充单元格，效果如图 9-145 所示。选择“选择”工具，选取表格并将其拖曳到适当的位置，效果如图 9-146 所示。

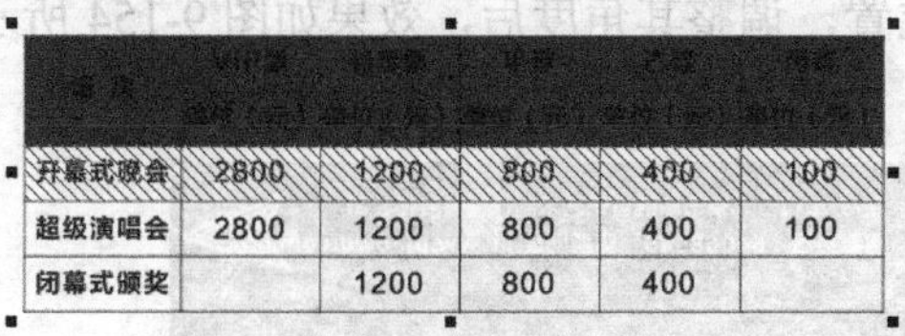

图 9-143

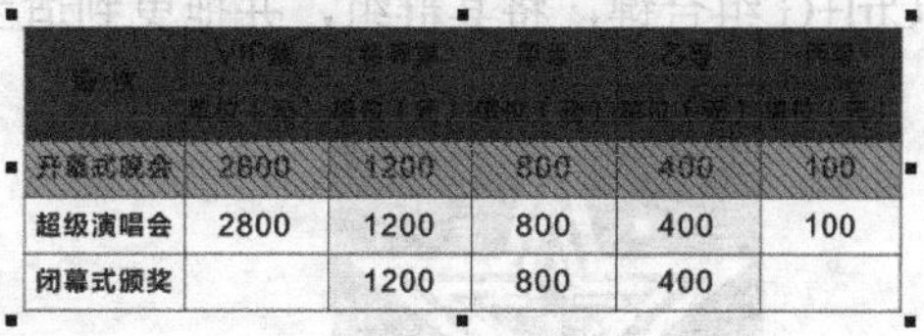

图 9-144

（12）选择“文本”工具，输入需要的文字，选择“选择”工具，在属性栏中选取适当的字体并设置文字大小，填充为白色，效果如图 9-147 所示。

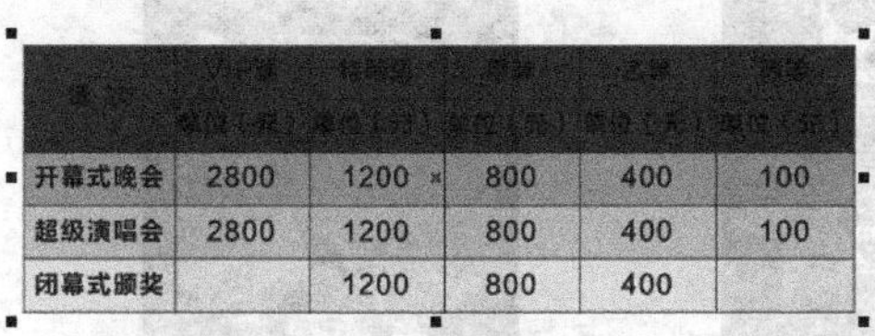

图 9-145

图 9-146

图 9-147

3. 添加星形装饰

（1）选择“星形”工具，属性栏中的设置如图 9-148 所示，在页面中拖曳鼠标绘制星形，设置图形颜色的 CMYK 值为 0、100、100、0，填充图形，效果如图 9-149 所示。

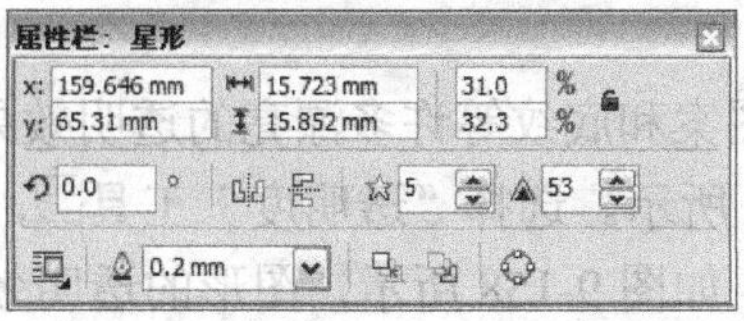

图 9-148

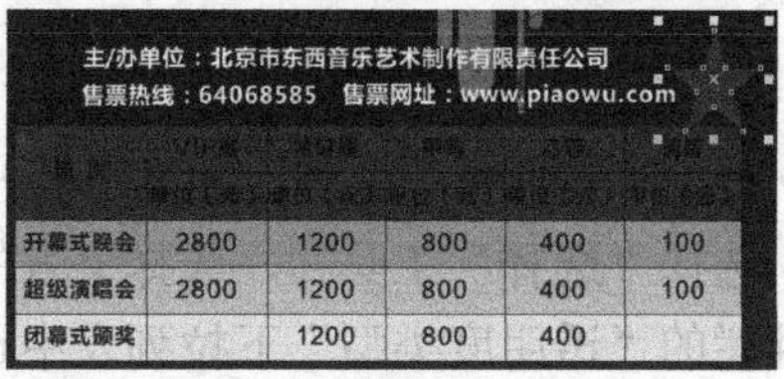

图 9-149

（2）按 F12 键，弹出“轮廓笔”对话框，将轮廓线颜色设为白色，其他选项的设置如图 9-150 所示，单击“确定”按钮，效果如图 9-151 所示。选择“选择”工具，按数字键盘上的+键，复制星形，按住 Shift 键的同时，向内拖曳控制手柄，等比例缩小图形，效果如图 9-152 所示。

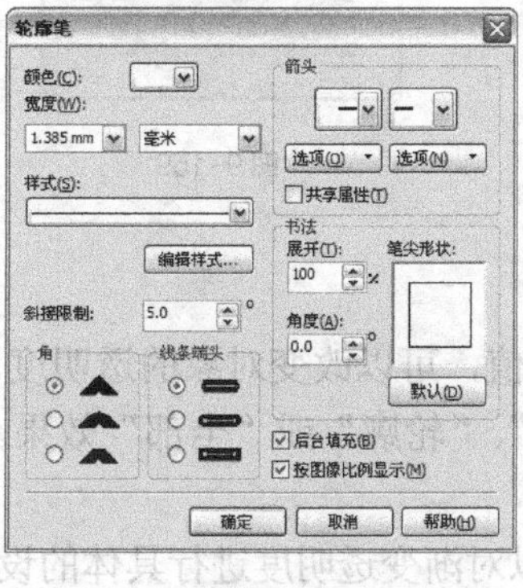

图 9-150

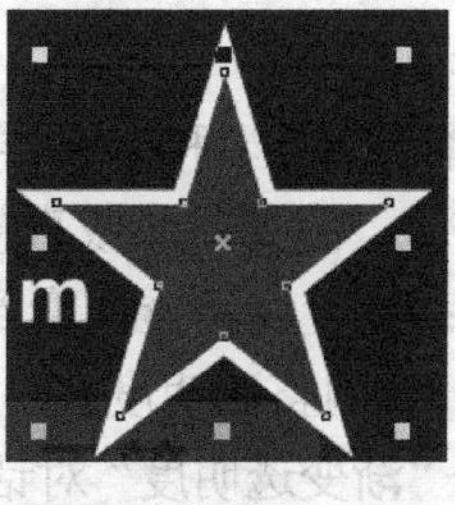

图 9-151

图 9-152

（3）用相同的方法复制并缩小图形，如图 9-153 所示。将原图形和复制的图形同时选取，按 Ctrl+G 组合键，将其群组，并拖曳到适当的位置，调整其角度后，效果如图 9-154 所示。

图 9-153

图 9-154

（4）用相同的方法复制多个群组图形，并调整其大小和角度，效果如图 9-155 所示。演唱会宣传单制作完成，效果如图 9-156 所示。

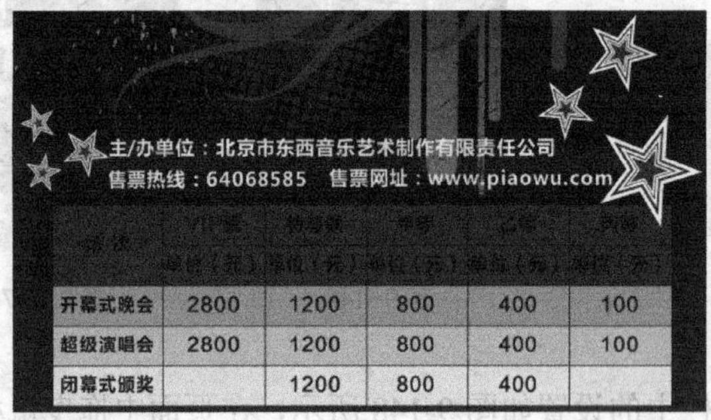

图 9-155

图 9-156

9.2.7 设置透明效果

使用“透明度”工具可以制作出如均匀、渐变、图案和底纹等许多漂亮的透明效果。

选择“选择”工具，选择上方的图形，如图 9-157 所示。选择“透明度”工具，在属性栏的“透明度类型”下拉列表中选择一种透明类型，如图 9-158 所示，图形的透明效果如图 9-159 所示。

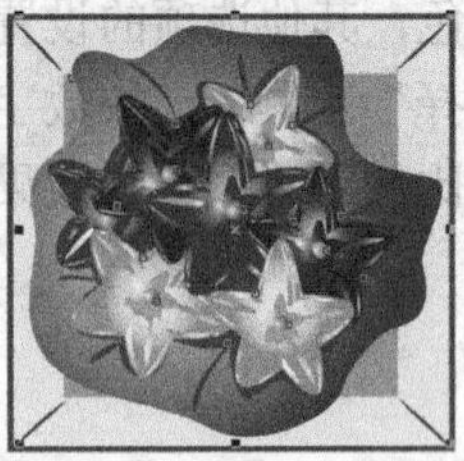

图 9-157

图 9-158

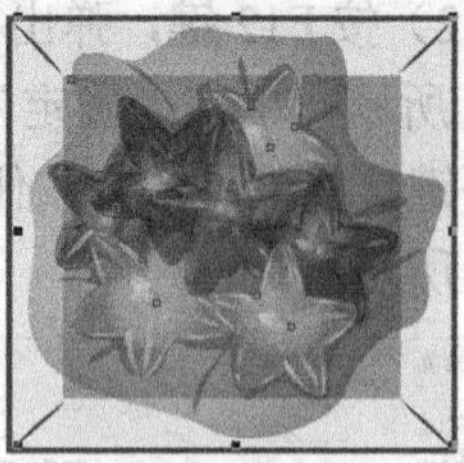

图 9-159

透明度属性栏中各选项的含义如下。

标准、常规：选择透明类型和透明样式。

“开始透明度”选项 70：拖曳滑块或直接输入数值，可以改变对象的透明度。

“透明度目标”选项 全部：设置应用透明度到“填充”、“轮廓”或“全部”效果。

“冻结透明度”按钮：进一步调整透明度。

“编辑透明度”按钮：打开“渐变透明度”对话框，可以对渐变透明度进行具体的设置。

“复制透明度属性”按钮：可以复制对象的透明效果。

“清除透明度”按钮：可以清除对象中的透明效果。

9.2.8　编辑轮廓图效果

轮廓效果是由图形中向内部或者外部放射的层次效果，它由多个同心线圈组成。下面介绍如何制作轮廓效果。

绘制一个图形，如图 9-160 所示。在图形轮廓上方的节点上单击鼠标右键，并向内拖曳光标至需要的位置，松开鼠标，效果如图 9-161 所示。

“轮廓”工具的属性栏如图 9-162 所示，各选项的含义如下。

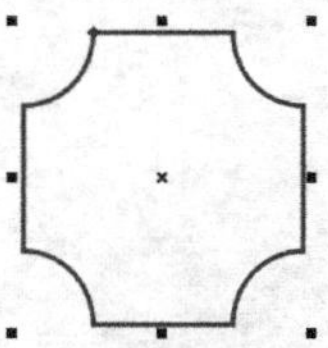

图 9-160

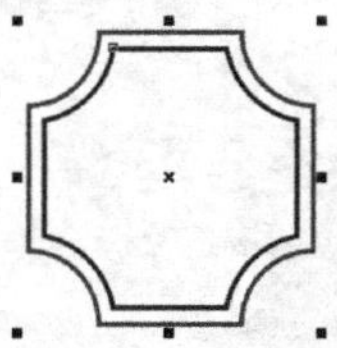

图 9-161

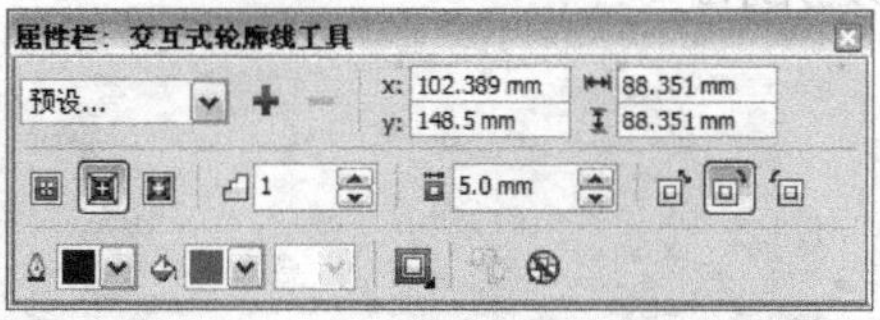

图 9-162

“预设列表”选项：选择系统预设的样式。

“内部轮廓”按钮、“外部轮廓”按钮：使对象产生向内和向外的轮廓图。

“到中心”按钮：根据设置的偏移值一直向内创建轮廓图，效果如图 9-163 所示。

“轮廓图步长”选项和“轮廓图偏移”选项：设置轮廓图的步数和偏移值，如图 9-164 和图 9-165 所示。

“轮廓色”选项：设定最内一圈轮廓线的颜色。

“填充色”选项：设定轮廓图的颜色。

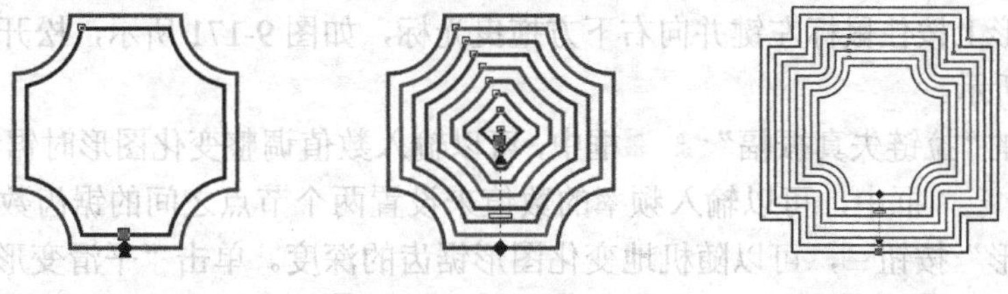

(a) 内部轮廓　(b) 到中心　(c) 外部轮廓

图 9-163

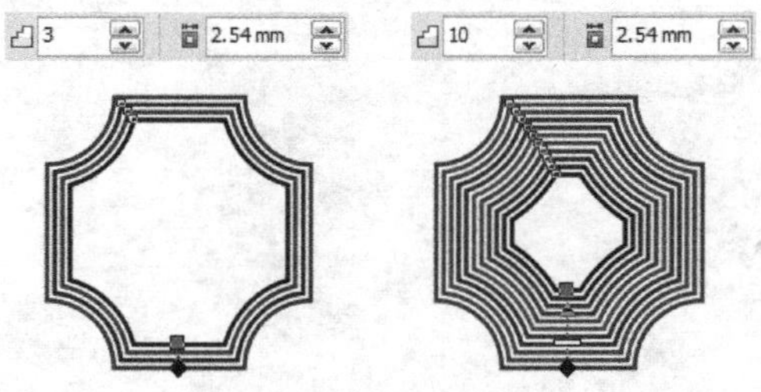

图 9-164

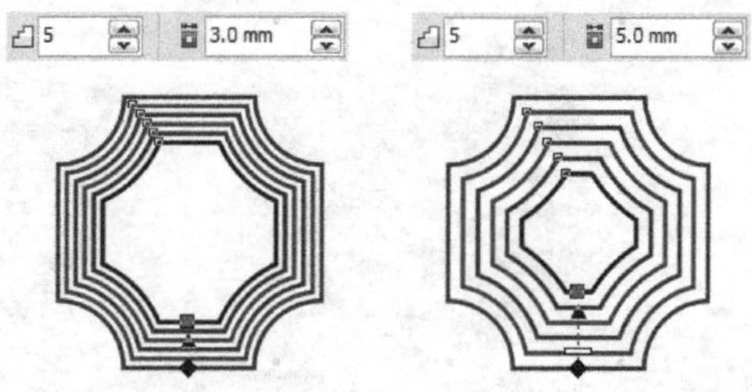

图 9-165

9.2.9　使用变形效果

“变形”工具可以使图形的变形操作更加方便。变形后可以产生不规则的图形外观，变形后的图形效果更具弹性、更加奇特。

选择“变形”工具，弹出如图 9-166 所示的属性栏，在属性栏中提供了 3 种变形方式：“推拉变形”、“拉链变形”和“扭曲变形”。

图 9-166

1. 推拉变形

绘制一个图形，如图 9-167 所示。选择“变形”工具，单击属性栏中的“推拉变形”按钮，在图形上按住鼠标左键并向左拖曳光标，如图 9-168 所示，松开鼠标，变形效果如图 9-169 所示。

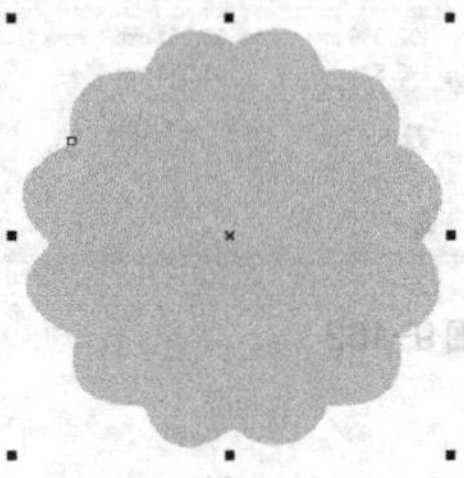

图 9-167

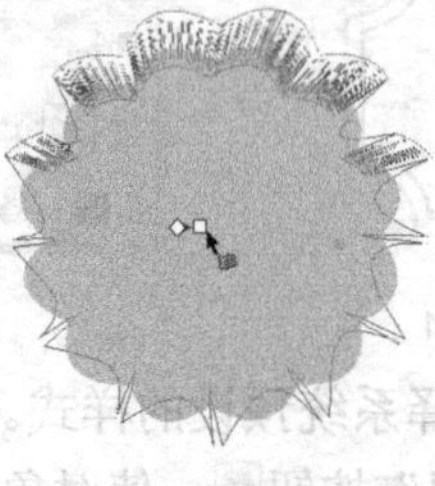

图 9-168

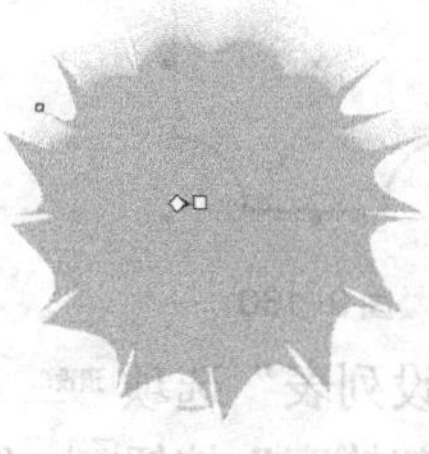

图 9-169

在属性栏中的“推拉振幅”框中，可以输入数值来控制推拉变形的幅度，推拉振幅的设置范围在-200～200。单击“居中变形”按钮，可以将变形的中心移至图形的中心。单击“转换为曲线”按钮，可以将图形转换为曲线。

2. 拉链变形

绘制一个图形，如图 9-170 所示。选择“变形”工具，单击属性栏中的“拉链变形”按钮，在图形上按住鼠标左键并向右下方拖曳光标，如图 9-171 所示，松开鼠标，变形效果如图 9-172 所示。

在属性栏的“拉链失真振幅”框中，可以输入数值调整变化图形时锯齿的深度。“拉链失真频率”框中，可以输入频率的数值来设置两个节点之间的锯齿数。单击属性栏中的“随机变形”按钮，可以随机地变化图形锯齿的深度。单击“平滑变形”按钮，可以将图形锯齿的尖角变成圆弧。单击“局部变形”按钮，在图形中拖曳光标，可以将图形锯齿的局部进行变形。

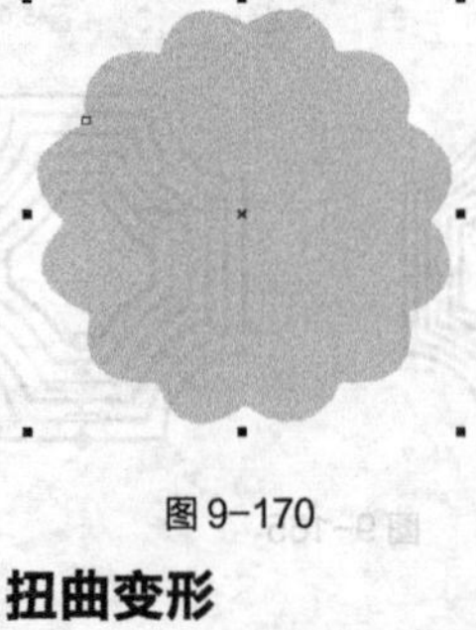

图 9-170

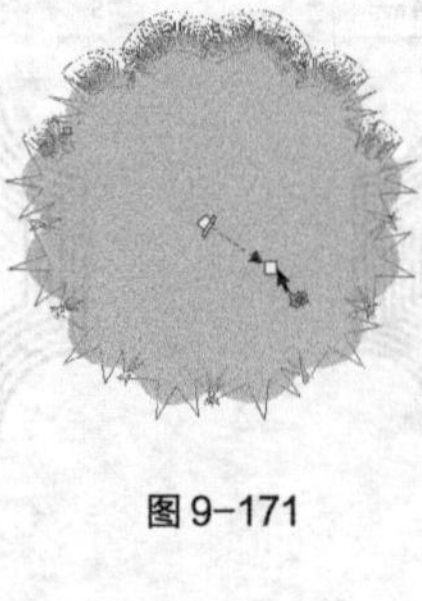

图 9-171

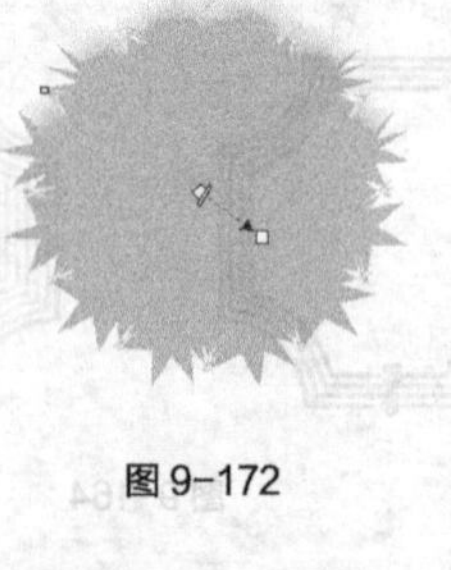

图 9-172

3. 扭曲变形

绘制一个图形，如图 9-173 所示。选择“变形”工具，单击属性栏中的“扭曲变形”按钮，在图形中按住鼠标左键并转动光标，如图 9-174 所示，图形变形的效果如图 9-175 所示。

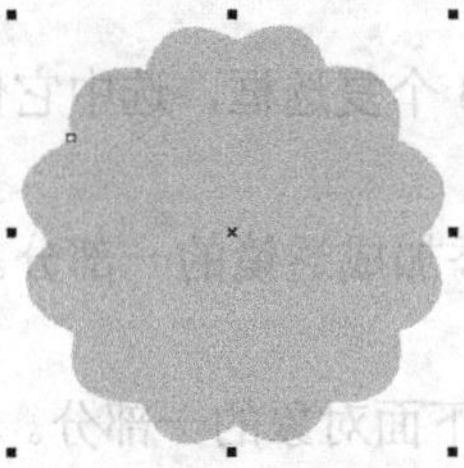
图 9-173

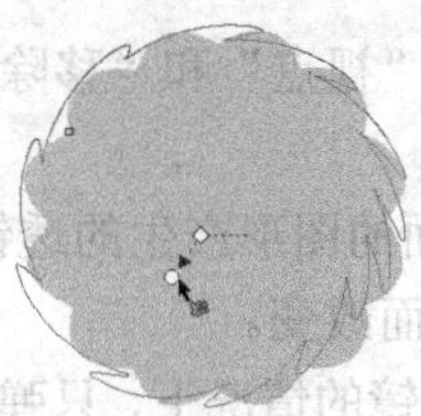
图 9-174

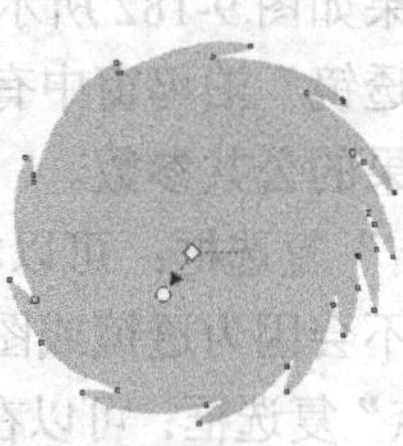
图 9-175

单击属性栏中的“添加新的变形”按钮，可以继续在图形中按住鼠标左键并转动光标，制作新的变形效果。单击“顺时针旋转”按钮或“逆时针旋转”按钮，可以设置旋转的方向。在“完全旋转”文本框中设置完全旋转的圈数。在“附加角度”文本框中设置旋转的角度。

9.2.10 使用封套效果

使用“封套”工具可以快速建立对象的封套效果，使文本、图形和位图都可以产生丰富的变形效果。

打开一个要制作封套效果的图形，如图 9-176 所示。选择“封套”工具，单击图形，图形外围显示封套的控制线和控制点，如图 9-177 所示。用鼠标左键拖曳需要的控制点到适当的位置并松开鼠标，可以改变图形的外形，如图 9-178 所示。选择“选择”工具并按 Esc 键，取消选取，图形的封套效果如图 9-179 所示。

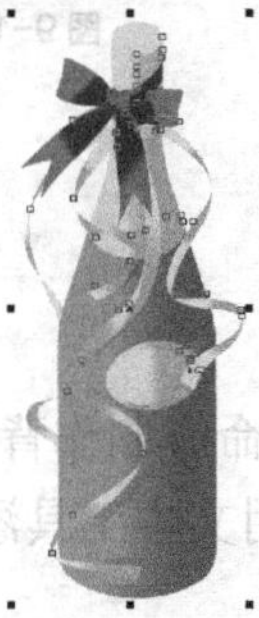
图 9-176

图 9-177

图 9-178

图 9-179

在属性栏的“预设列表”中可以选择需要的预设封套效果。“直线模式”按钮、“单弧模式”按钮、“双弧模式”按钮和“非强制模式”按钮为 4 种不同的封套编辑模式。“映射模式”列表框包含 4 种映射模式，分别是“水平”模式、“原始”模式、“自由变形”模式和“垂直”模式。使用不同的映射模式可以使封套中的对象符合封套的形状，制作出需要的变形效果。

9.2.11 使用透镜效果

在 CorelDRAW X5 中，使用透镜可以制作出多种特殊效果。下面介绍使用透镜的方法和效果。

打开一个图形，使用“选择”工具选取图形，如图 9-180 所示。选择“效果 > 透镜”命令，或按 Alt+F3 组合键，弹出“透镜”泊坞窗，如图 9-181 所示进行设定，单击“应用”

按钮，效果如图 9-182 所示。

在“透镜”泊坞窗中有“冻结”、“视点”和“移除表面”3 个复选框，选中它们可以设置透镜效果的公共参数。

“冻结”复选框：可以将透镜下面的图形产生的透镜效果添加成透镜的一部分。产生的透镜效果不会因为透镜或图形的移动而改变。

“视点”复选框：可以在不移动透镜的情况下，只弹出透镜下面对象的一部分。单击“视点”后面的“编辑”按钮，在对象的中心出现 x 形状，拖动 x 形状可以移动视点。

“移除表面”复选框：透镜将只作用于下面的图形，没有图形的页面区域将保持通透性。

透明度 选项：单击列表框弹出“透镜类型”下拉列表，如图 9-183 所示。在“透镜类型”下拉列表中的透镜上单击鼠标左键，可以选择需要的透镜。选择不同的透镜，再进行参数的设定，可以制作出不同的透镜效果。

图 9-180

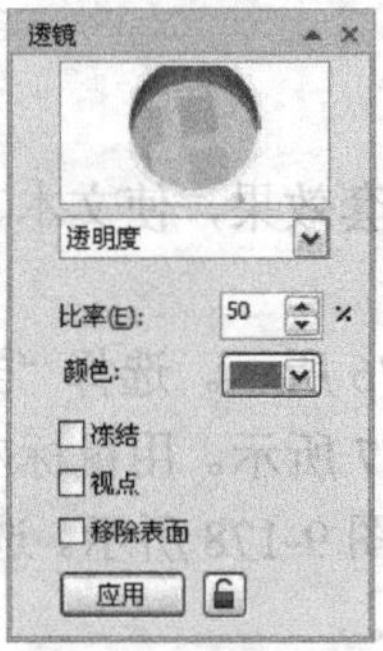

图 9-181

图 9-182

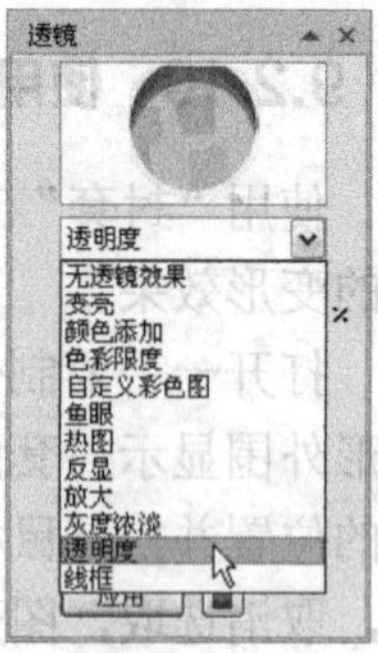

图 9-183

9.3 课堂练习——制作葡萄酒广告

【练习知识要点】使用渐变填充工具、透明度工具和图框精确剪裁命令制作背景效果。使用椭圆形工具、转换为位图命令和高斯式模糊命令制作光影效果。使用文本工具添加文字。葡萄酒广告效果如图 9-184 所示。

【效果所在位置】光盘/Ch09/效果/制作葡萄酒广告.cdr。

图 9-184

9.4 课后习题——制作牛奶包装

【习题知识要点】使用矩形工具和图框精确剪裁命令制作包装正面效果。使用插入条形码命令制作条形码。使用选择工具群组包装各面图形。使用透视特效制作图片的立体效果。使用透明度命令制作包装的倒影。牛奶包装效果如图 9-185 所示。

【效果所在位置】光盘/Ch09/效果/制作牛奶包装.cdr。

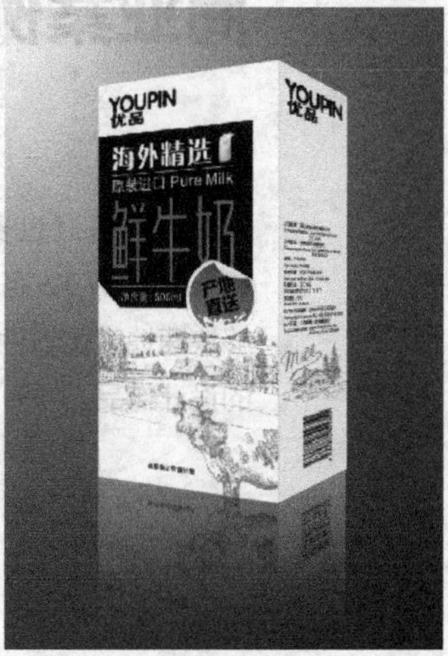

图 9-185

10 Chapter

第10章 商业案例设计

本章将通过多个商业案例的设计，进一步讲解CorelDRAW X5各个功能的特色和使用技巧，使读者能够快速地掌握软件的功能和知识要点，制作出变化丰富的设计作品。

10.1 制作新年贺卡

【案例学习目标】学习使用几何图形工具、交互式工具和文本工具制作新年贺卡。

【案例知识要点】使用渐变工具和透明度工具制作背景效果。使用椭圆形工具、调和工具、高斯式模糊命令和图框精确剪裁命令制作图形阴影效果。使用贝塞尔工具和复制命令制作装饰图形。使用文本工具添加文字。新年贺卡效果如图 10-1 所示。

【效果所在位置】光盘/Ch10/效果/制作新年贺卡.cdr。

图 10-1

1. 制作背景效果

（1）按 Ctrl+N 组合键，新建一个 A4 页面。单击属性栏中的“横向”按钮，显示为横向页面。双击“矩形”工具，绘制一个与页面大小相等的矩形，如图 10-2 所示。

（2）按 F11 键，弹出“渐变填充”对话框，选择“双色”单选项，将“从”选项颜色的 CMYK 值设为 0、100、100、50，“到”选项颜色的 CMYK 值设为 0、100、100、0，其他选项的设置如图 10-3 所示，单击“确定”按钮，填充图形，并去除图形的轮廓线，效果如图 10-4 所示。

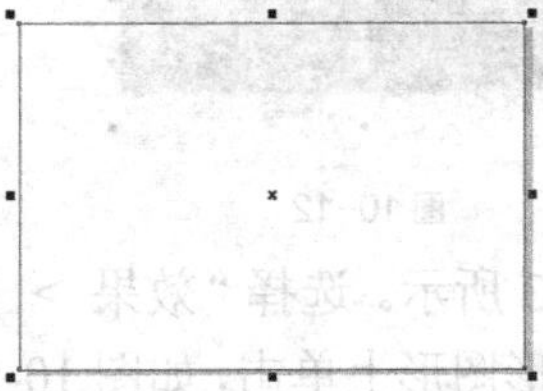

图 10-2

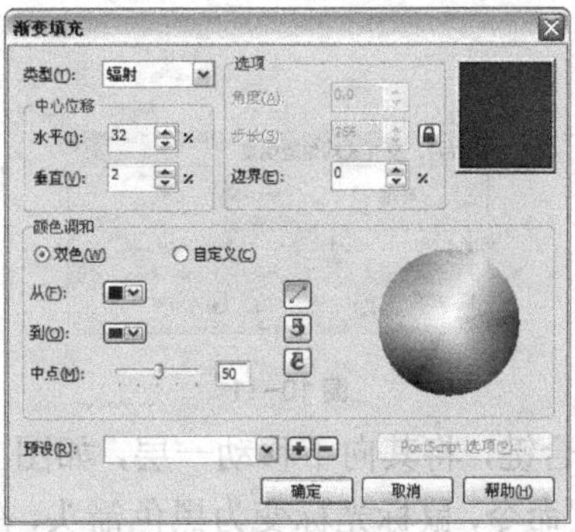

图 10-3

图 10-4

（3）按 Ctrl+I 组合键，弹出“导入”对话框，选择光盘中的“Ch10 > 素材 > 制作新年贺卡 > 01”文件，单击“导入”按钮，在页面中单击导入图片，将其拖曳到适当的位置，效果如图 10-5 所示。

（4）选择“透明度”工具，在属性栏中进行设置，如图 10-6 所示，按 Enter 键，效果如图 10-7 所示。

图 10-5

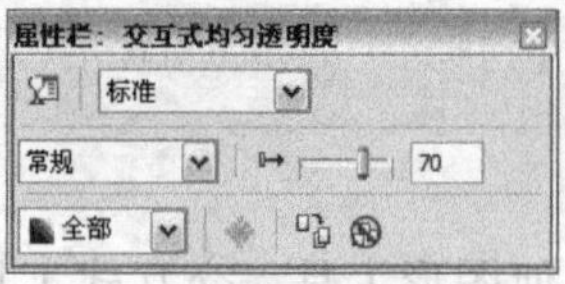

图 10-6

图 10-7

（5）选择“矩形”工具，绘制一个矩形。按 F11 键，弹出“渐变填充”对话框，选择“双色”单选项，将“从”选项颜色的 CMYK 值设为 0、100、100、30，“到”选项颜色的 CMYK 值设为 0、100、100、0，其他选项的设置如图 10-8 所示，单击“确定”按钮，填充图形，并去除图形的轮廓线，效果如图 10-9 所示。

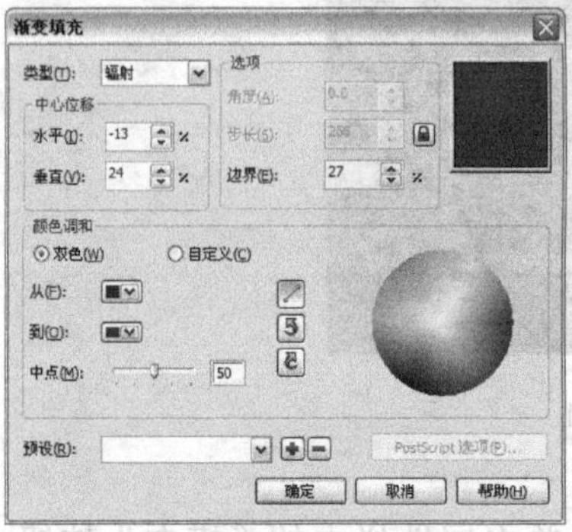

图 10-8

图 10-9

（6）按 Ctrl+I 组合键，弹出“导入”对话框，选择光盘中的“Ch10 > 素材 > 制作新年贺卡 > 02”文件，单击“导入”按钮，在页面中单击导入图片，将其拖曳到适当的位置，效果如图 10-10 所示。

（7）选择“透明度”工具，在属性栏中进行设置，如图 10-11 所示，按 Enter 键，效果如图 10-12 所示。

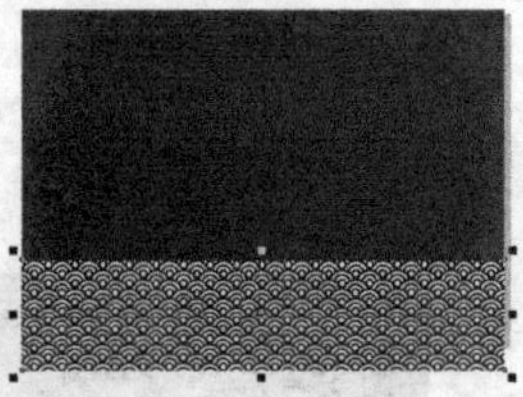

图 10-10

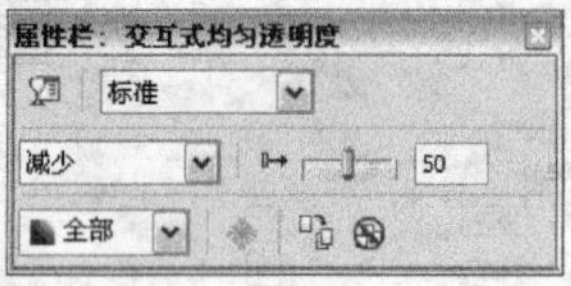

图 10-11

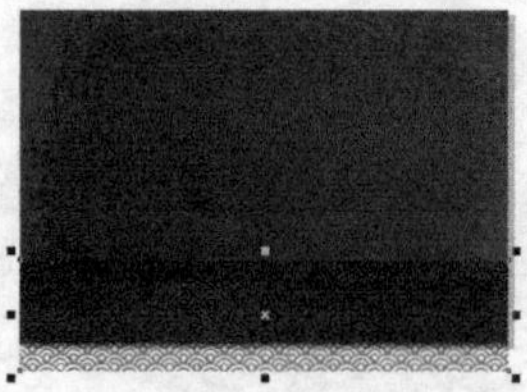

图 10-12

（8）按 Ctrl+PageDown 组合键，将其向下移动一层，如图 10-13 所示。选择“效果 > 图框精确剪裁 > 放置在容器中”命令，鼠标光标变为黑色箭头，在矩形图形上单击，如图 10-14 所示，将图片置入矩形框中，如图 10-15 所示。

图 10-13

图 10-14

图 10-15

（9）选择“矩形”工具，绘制一个矩形。设置图形颜色的 CMYK 值为 0、0、0、90，填充图形，并去除图形的轮廓线，效果如图 10-16 所示。选择“透明度”工具，在属性栏中进行设置，如图 10-17 所示，按 Enter 键，效果如图 10-18 所示。

（10）选择“矩形”工具，绘制一个矩形。设置图形颜色的 CMYK 值为 0、0、0、100，填充图形，并去除图形的轮廓线，效果如图 10-19 所示。

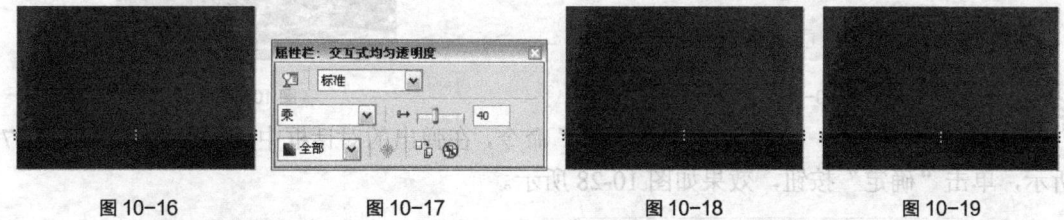

图 10-16

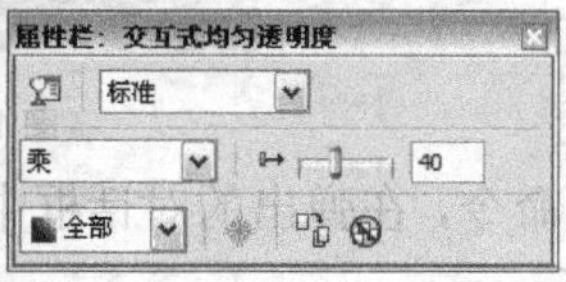

图 10-17

图 10-18

图 10-19

2. 制作图形阴影效果

（1）按 Ctrl+I 组合键，弹出“导入”对话框，选择光盘中的“Ch10 > 素材 > 制作新年贺卡 > 03”文件，单击“导入”按钮，在页面中单击导入图片，将其拖曳到适当的位置，效果如图 10-20 所示。

（2）选择“椭圆形”工具，绘制一个椭圆形。设置图形颜色的 CMYK 值为 0、0、0、40，填充图形，并去除图形的轮廓线，效果如图 10-21 所示。

（3）选择“选择”工具，按数字键盘上的+键，复制图形。按住 Shift 键的同时，向内拖曳图形右上角的控制手柄到适当的位置，将图形等比例缩小。设置图形颜色的 CMYK 值为 0、0、0、100，填充图形，效果如图 10-22 所示。

图 10-20

图 10-21

图 10-22

（4）选择“调和”工具，在两个椭圆形之间拖曳光标，为图形添加调和效果。在属性栏中进行设置，如图 10-23 所示，按 Enter 键，效果如图 10-24 所示。

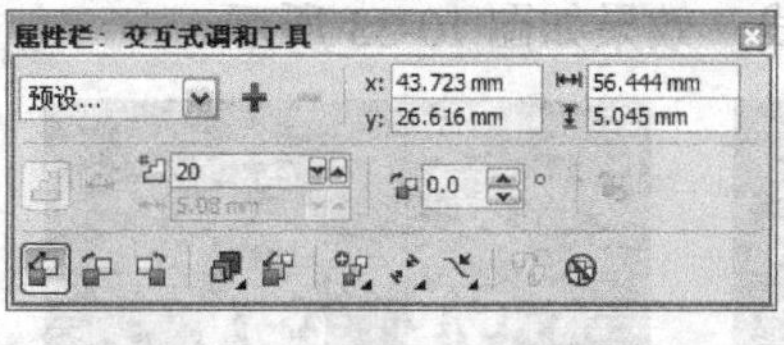

图 10-23

图 10-24

（5）选择“位图 > 转换为位图”命令，在弹出的对话框中进行设置，如图 10-25 所示，单击“确定”按钮，效果如图 10-26 所示。

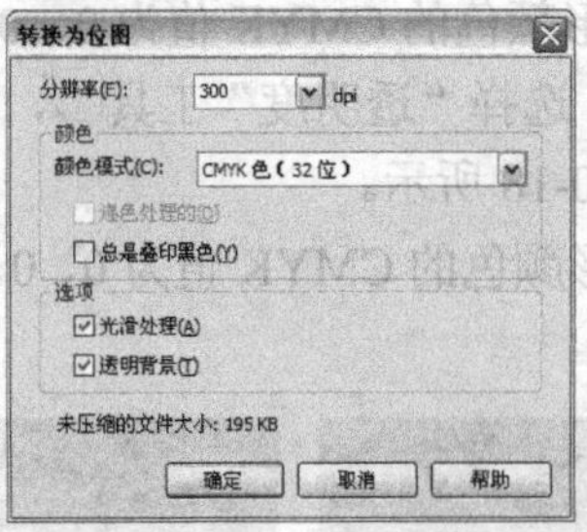

图 10-25

图 10-26

（6）选择“位图 > 模糊 > 高斯式模糊”命令，在弹出的对话框中进行设置，如图 10-27 所示，单击“确定”按钮，效果如图 10-28 所示。

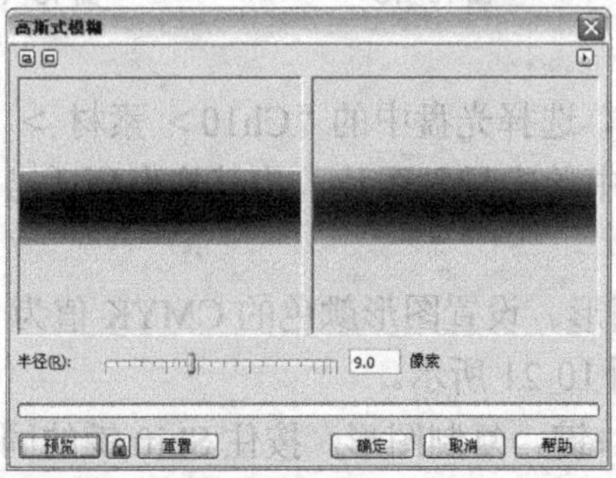

图 10-27

图 10-28

（7）选择“透明度”工具，在属性栏中进行设置，如图 10-29 所示，按 Enter 键，效果如图 10-30 所示。

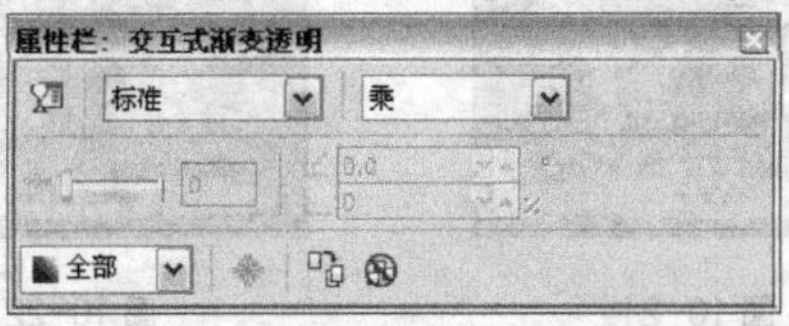

图 10-29

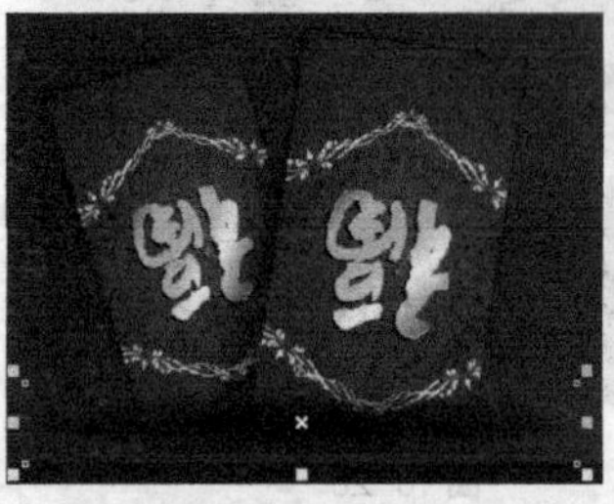

图 10-30

（8）选择“矩形”工具，绘制一个矩形，如图 10-31 所示。选择“选择”工具，选择需要的图形。选择“效果 > 图框精确剪裁 > 放置在容器中”命令，鼠标光标变为黑色箭头，在矩形框上单击，将模糊图形置入矩形框中，如图 10-32 所示。在“CMYK 调色板”中的“无填充”按钮上单击鼠标右键，去除图形的轮廓线，效果如图 10-33 所示。

图 10-31

图 10-32

图 10-33

3. 绘制装饰图形并添加文字

（1）选择“贝塞尔”工具，绘制 3 个不规则图形，设置图形颜色的 CMYK 值为 0、40、80、0，填充图形，并去除图形的轮廓线，效果如图 10-34 所示。

（2）选择“贝塞尔”工具，绘制一条曲线，如图 10-35 所示。按 F12 键，弹出“轮廓笔”对话框，选项的设置如图 10-36 所示，单击“确定”按钮，效果如图 10-37 所示。用相同的方法绘制其他曲线，效果如图 10-38 所示。

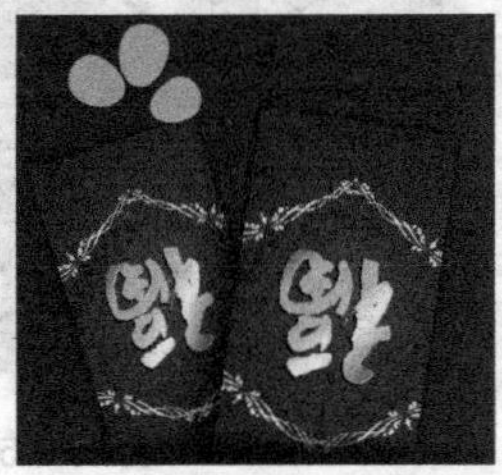

图 10-34

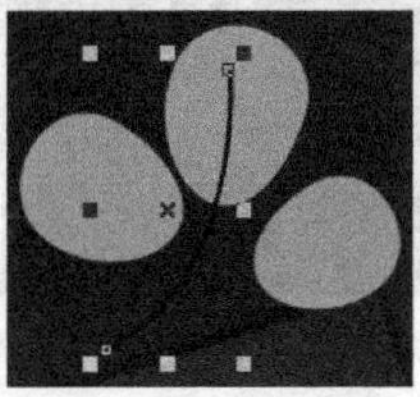

图 10-35

图 10-36

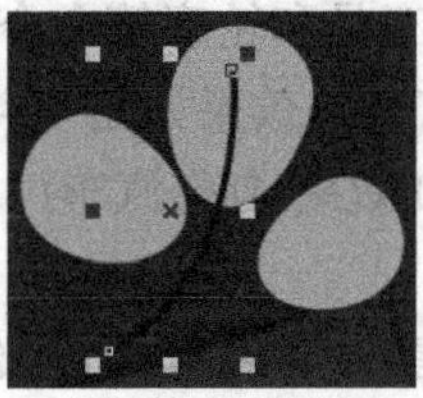

图 10-37

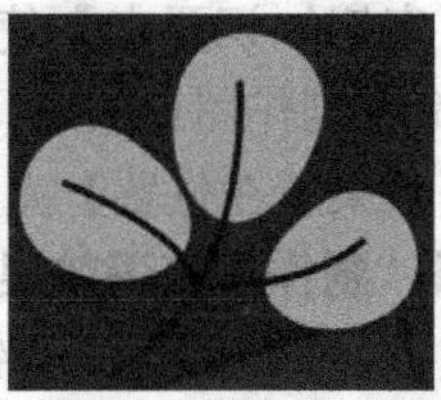

图 10-38

（3）选择“选择”工具，用圈选的方法选取需要的图形，如图 10-39 所示。按 Ctrl+G 组合键，将其群组。在属性栏中的“旋转角度”框中设置数值为 24°，按 Enter 键，效果如图 10-40 所示。多次按数字键盘上的+键，复制图形，分别拖曳到适当的位置并调整其大小和角度，效果如图 10-41 所示。

（4）选择“选择”工具，用圈选的方法选取需要的图形。多次按 Ctrl+PageDown 组合键，将其向后移动，效果如图 10-42 所示。

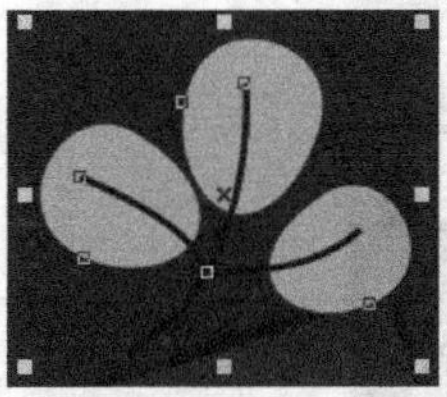

图 10-39

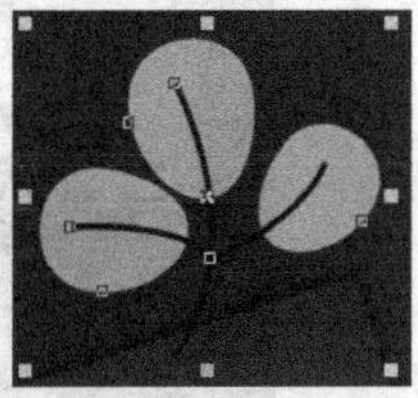

图 10-40

图 10-41

图 10-42

（5）选择“文本”工具，分别输入需要的文字，选择“选择”工具，在属性栏中选取适当的字体并设置文字大小，效果如图 10-43 所示。

（6）选择“选择”工具，选择文字“HAPPY CHINESE NEW YEAR”。选择“文本 > 段落格式化”命令，在弹出的面板中进行设置，如图 10-44 所示，按 Enter 键，效果如图 10-45 所示。新年贺卡制作完成。

图 10-43

图 10-44

图 10-45

10.2 制作汽车广告

【案例学习目标】学习使用文本工具和轮廓笔命令制作汽车广告。

【案例知识要点】使用文本工具和轮廓笔命令制作文字效果。使用矩形工具和图框精确剪裁命令制作图片效果。汽车广告的效果如图 10-46 所示。

【效果所在位置】光盘/Ch10/效果/制作汽车广告.cdr。

图 10-46

1. 制作广告语效果

（1）按 Ctrl+N 组合键，新建一个 A4 页面。选择“文件 > 导入”命令，弹出“导入”对话框。选择光盘中的“Ch10 > 素材 > 制作汽车广告 > 01”文件，单击“导入”按钮，在页面中单击导入图片。选择“排列 > 对齐和分布 > 在页面居中”命令，将图片置于页面中心，效果如图 10-47 所示。

（2）选择“文本”工具，输入需要的文字。选择“选择”工具，在属性栏中选择合适的字体并设置文字大小，效果如图 10-48 所示。

图 10-47

图 10-48

（3）选择“文本”工具，输入需要的文字。选择“选择”工具，在属性栏中选择合适的字体并设置文字大小。设置文字颜色的 CMYK 值为 0、80、100、0，填充文字，效果如图 10-49 所示。

（4）选择“选择”工具，选择文字“畅游”。按 F12 键，弹出“轮廓笔”对话框，将轮廓线颜色设为白色，其他选项的设置如图 10-50 所示，单击“确定”按钮，效果如图 10-51 所示。用相同的方法制作其他文字效果，如图 10-52 所示。

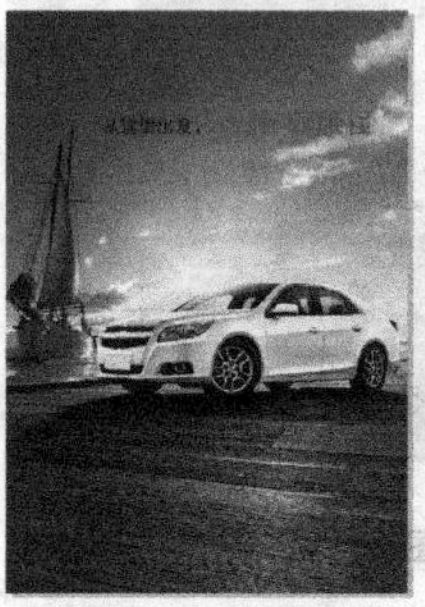

图 10-49

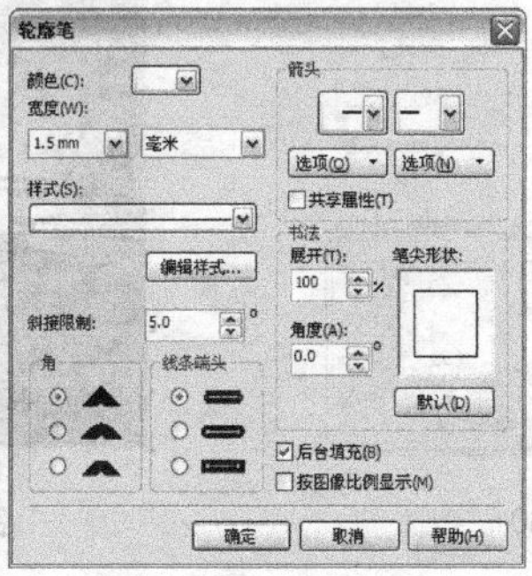

图 10-50

图 10-51

图 10-52

（5）选择“椭圆形”工具，按住 Ctrl 键的同时，绘制一个圆形，设置图形颜色的 CMYK 值为 0、80、100、0，填充图形，并去除图形的轮廓线，效果如图 10-53 所示。

（6）选择“文本”工具，输入需要的文字。选择“选择”工具，在属性栏中选择合适的字体并设置文字大小，效果如图 10-54 所示。

图 10-53

图 10-54

（7）选择“文本 > 段落格式化”命令，在弹出的面板中进行设置，如图 10-55 所示，按 Enter 键，效果如图 10-56 所示。

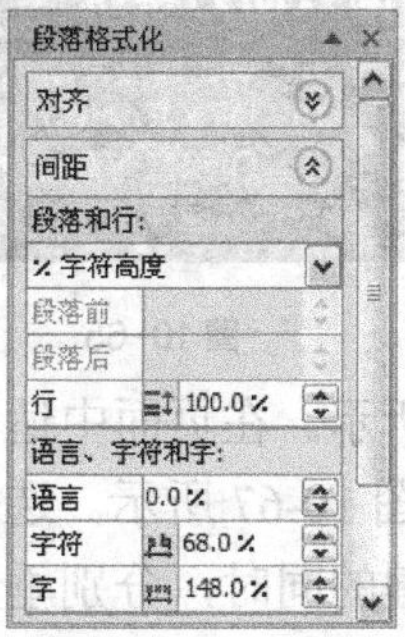

图 10-55

图 10-56

（8）选择“文本”工具，选取文字“BZ”。单击属性栏中的“粗体”按钮和“斜体”按钮，设置文字颜色的 CMYK 值为 0、80、100、0，填充文字，效果如图 10-57 所示。选取文字“588”，单击属性栏中的“粗体”按钮和“斜体”按钮，效果如图 10-58 所示。

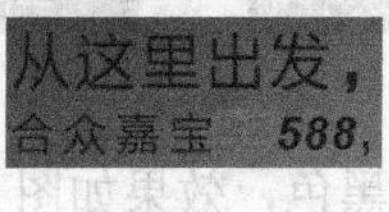

图 10-57

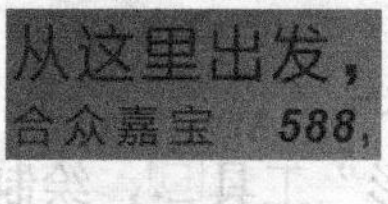

图 10-58

（9）选择“矩形”工具，绘制一个矩形。设置图形颜色的 CMYK 值为 0、0、0、100，填充图形，并去除图形的轮廓线，效果如图 10-59 所示。选择“透明度”工具，在属性栏中进行设置，如图 10-60 所示，按 Enter 键，效果如图 10-61 所示。

图 10-59

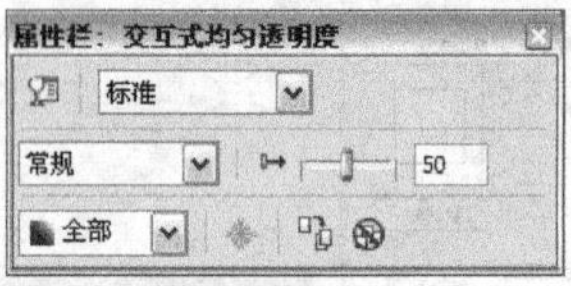

图 10-60

图 10-61

2. 添加内容文字和图片

（1）选择“文本”工具，输入需要的文字。选择“选择”工具，在属性栏中选择合适的字体并设置文字大小，填充为白色，效果如图 10-62 所示。

（2）选择“文本”工具，输入需要的文字。选择“选择”工具，在属性栏中选择合适的字体并设置文字大小，填充为白色，效果如图 10-63 所示。选择“文本 > 段落格式化”命令，在弹出的面板中进行设置，如图 10-64 所示，按 Enter 键，效果如图 10-65 所示。

图 10-62

图 10-63

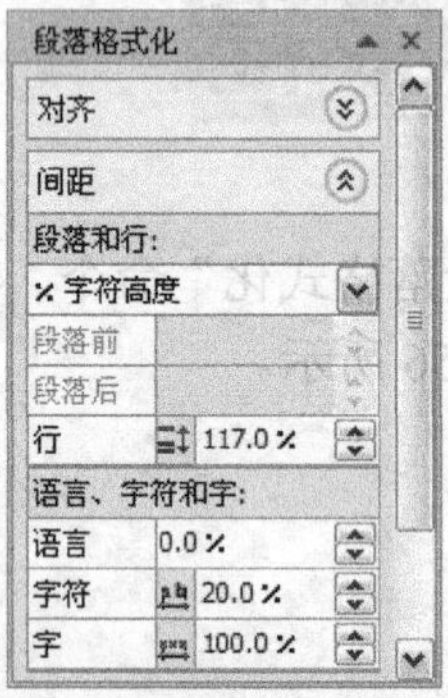

图 10-64

图 10-65

（3）选择“星形”工具，在属性栏中进行设置，如图 10-66 所示。在页面中适当的位置绘制一个星形图形，填充为白色，并去除图形的轮廓线，效果如图 10-67 所示。选择“选择”工具，连续按 3 次数字键盘上的+键，复制图形，按住 Ctrl 键的同时，分别垂直向下拖曳复制图形到适当的位置，效果如图 10-68 所示。

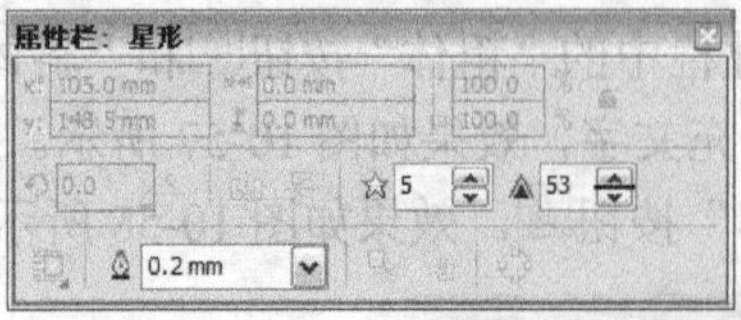

图 10-66

图 10-67

图 10-68

（4）选择“矩形”工具，绘制一个矩形，填充为黑色，效果如图 10-69 所示。按 F12

键，弹出“轮廓笔”对话框，将轮廓线颜色设为白色，其他选项的设置如图 10-70 所示，单击“确定”按钮，效果如图 10-71 所示。

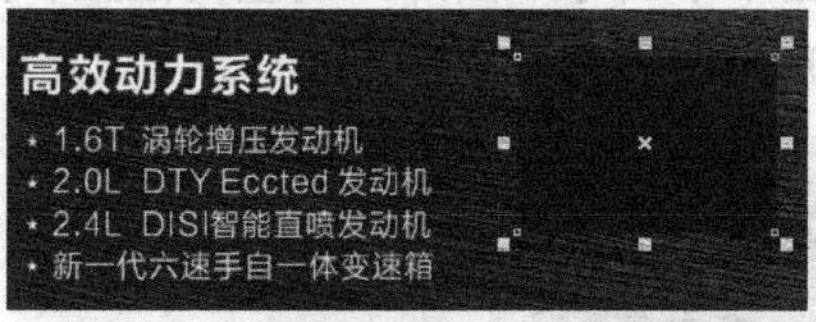

图 10-69

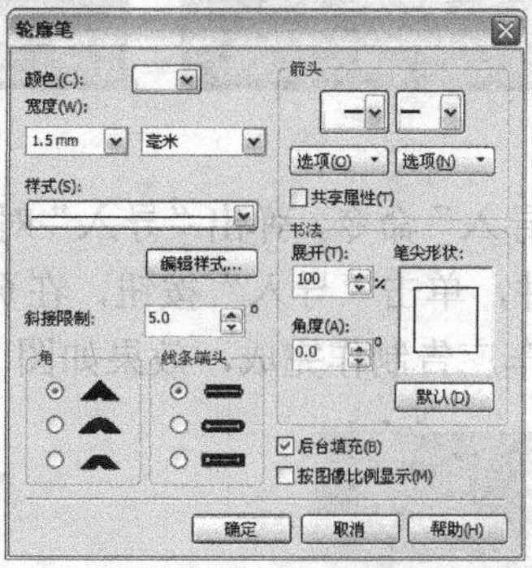

图 10-70

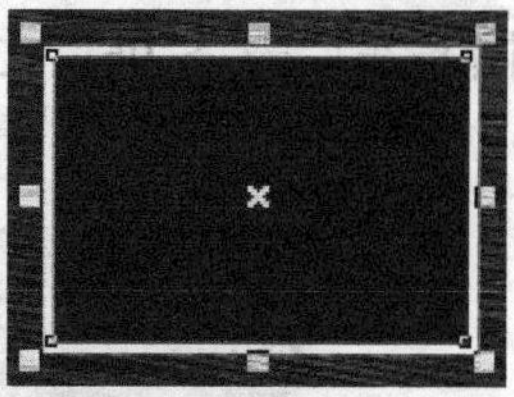

图 10-71

（5）选择“文件 > 导入”命令，弹出“导入”对话框。选择光盘中的“Ch10 > 素材 > 制作汽车广告 > 02”文件，单击“导入”按钮，在页面中单击导入图片，调整其位置和大小，如图 10-72 所示。按 Ctrl+PageDown 组合键，将其向下移动一层，如图 10-73 所示。

（6）选择“效果 > 图框精确剪裁 > 放置在容器中”命令，鼠标光标变为黑色箭头，在矩形框上单击，将图片置入矩形框中，效果如图 10-74 所示。用相同的方法制作其他图片效果，如图 10-75 所示。

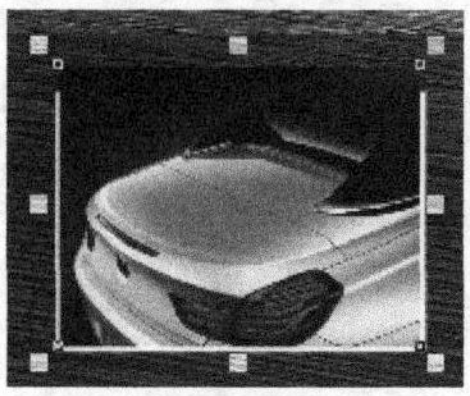

图 10-72

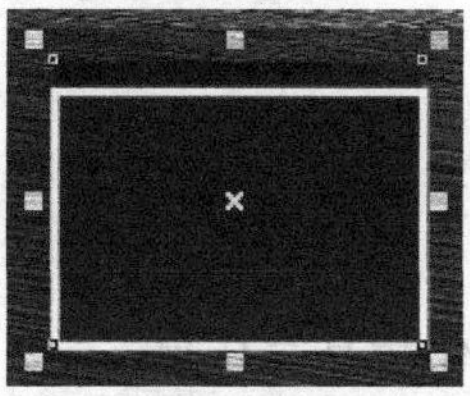

图 10-73

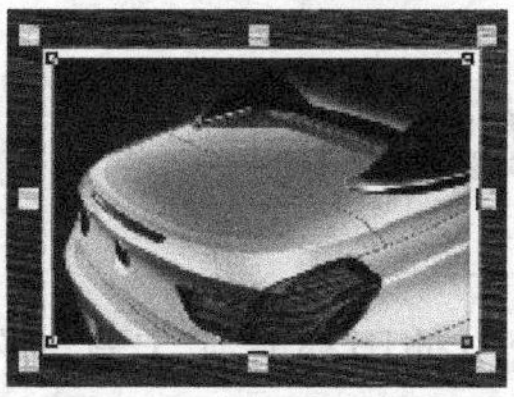

图 10-74

图 10-75

（7）选择“文本”工具，分别输入需要的文字。选择“选择”工具，分别在属性栏中选择合适的字体并设置文字大小，填充为白色，效果如图 10-76 所示。

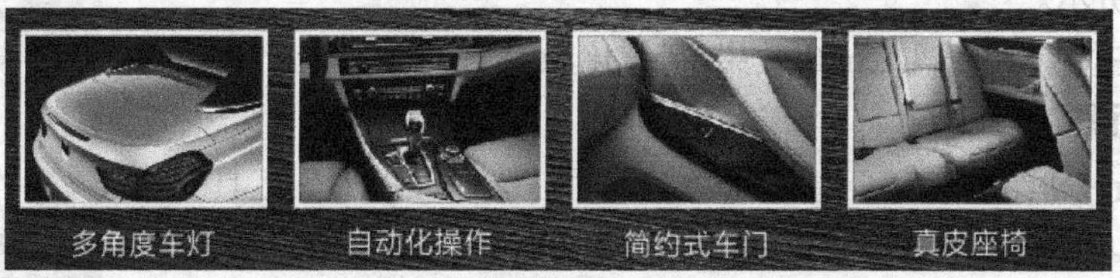

图 10-76

（8）选择“矩形”工具，绘制一个矩形。设置图形颜色的 CMYK 值为 0、80、100、0，填充图形，并去除图形的轮廓线，效果如图 10-77 所示。

（9）选择“文本”工具，分别输入需要的文字。选择“选择”工具，分别在属性栏中选择合适的字体并设置文字大小，填充为白色，效果如图 10-78 所示。

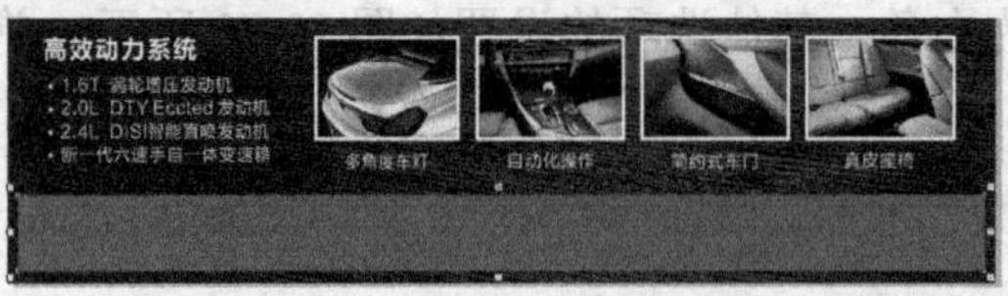

图 10-77

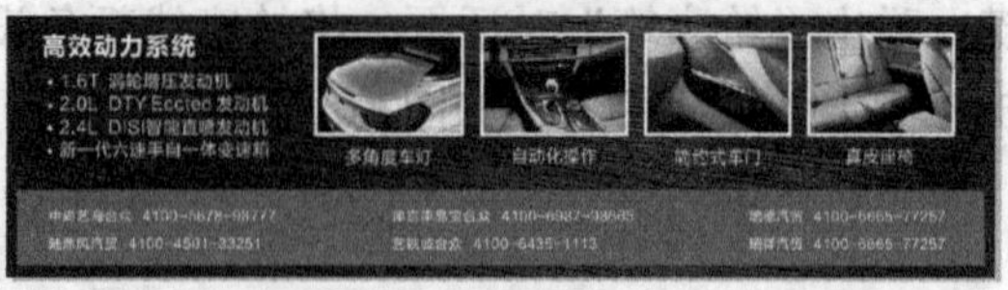

图 10-78

（10）选择“文件 > 导入”命令，弹出“导入”对话框。选择光盘中的“Ch10 > 素材 > 制作汽车广告 > 06”文件，单击“导入”按钮，在页面中单击导入图片，调整其位置和大小，如图 10-79 所示。汽车广告制作完成，效果如图 10-80 所示。

图 10-79

图 10-80

10.3 制作化妆品宣传单

【案例学习目标】学习使用交互式工具制作化妆品宣传单。

【案例知识要点】使用文本工具和立体化工具制作标题文字。使用椭圆形工具、转换为位图命令和高斯式模糊命令制作文字投影。使用椭圆形工具、合并命令和透明度工具绘制云朵图形。化妆品宣传单效果如图 10-81 所示。

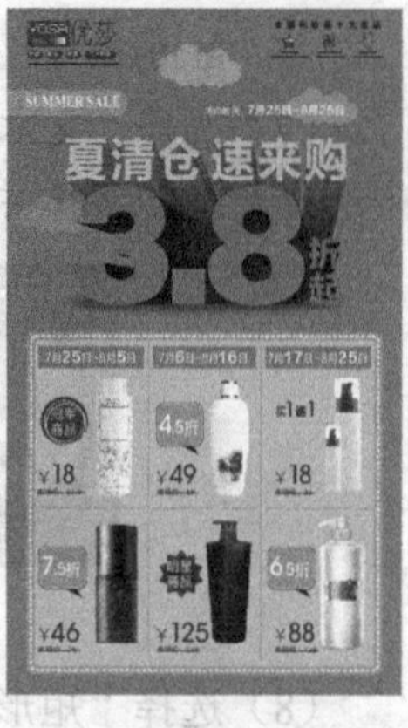

图 10-81

【效果所在位置】光盘/Ch10/效果/制作化妆品宣传单.cdr。

1. 制作标题文字效果

（1）按 Ctrl+N 组合键，新建一个 A4 页面。选择“矩形”工具，绘制一个矩形。设置图形颜色的 CMYK 值为 60、0、40、20，填充图形，并去除图形的轮廓线，效果如图 10-82 所示。

（2）选择“文本”工具，输入需要的文字。选择“选择”工具，在属性栏中选择合适的字体并设置文字大小，设置文字颜色的 CMYK 值为 0、70、100、0，效果如图 10-83 所示。

（3）选择“文本”工具，输入需要的文字。选择“选择”工具，在属性栏中选择合适的字体并设置文字大小，设置文字颜色的 CMYK 值为 0、70、100、0，效果如图 10-84

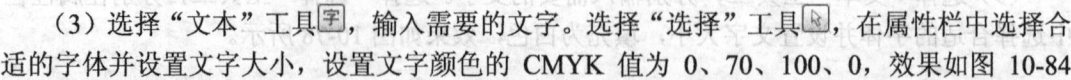

所示。选择“文本 > 段落格式化”命令，在弹出的面板中进行设置，如图 10-85 所示，按 Enter 键，效果如图 10-86 所示。

图 10-82

图 10-83

（4）选择“文本”工具，输入需要的文字。选择“选择”工具，在属性栏中选择合适的字体并设置文字大小，设置文字颜色的 CMYK 值为 40、0、0、0，效果如图 10-87 所示。

图 10-84

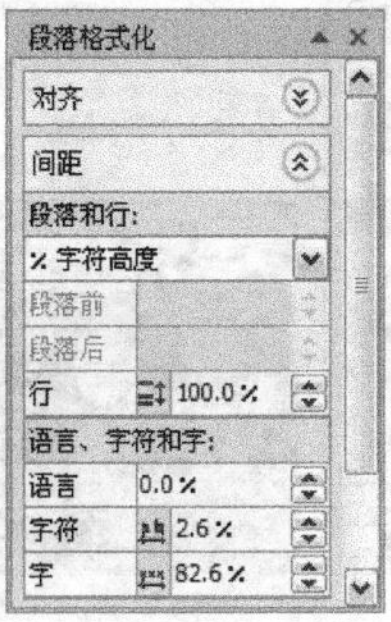

图 10-85

图 10-86

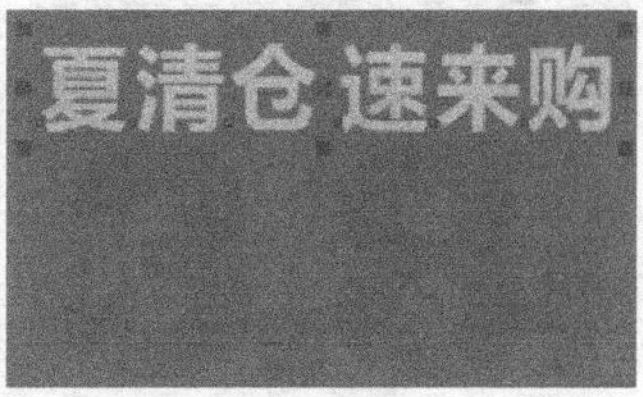

图 10-87

（5）选择“选择”工具，选择文字“3.8”。选择“立体化”工具，在文字上由中心向右下角拖曳光标，为文字添加立体化效果，如图 10-88 所示。在属性栏中单击“立体化颜色”按钮，在弹出的面板中单击“使用递减的颜色”按钮，将“从”选项颜色的 CMYK 值设为 0、100、100、50，“到”选项颜色的 CMYK 值设为 0、100、100、0，如图 10-89 所示，文字效果如图 10-90 所示。用相同的方法制作其他文字效果，并调整其前后顺序，效果如图 10-91 所示。

图 10-88

图 10-89

图 10-90

图 10-91

（6）选择“椭圆形”工具，绘制一个椭圆形。设置图形颜色的 CMYK 值为 60、0、40、60，填充图形，并去除图形的轮廓线，效果如图 10-92 所示。选择“位图 > 转换为位图”命令，在弹出的对话框中进行设置，如图 10-93 所示，单击“确定”按钮，效果如图 10-94 所示。

（7）选择“位图 > 模糊 > 高斯式模糊”命令，在弹出的对话框中进行设置，如图 10-95

所示，单击“确定”按钮。多次按 Ctrl+PageDown 组合键，将其向后移动到适当的位置，效果如图 10-96 所示。

图 10-92

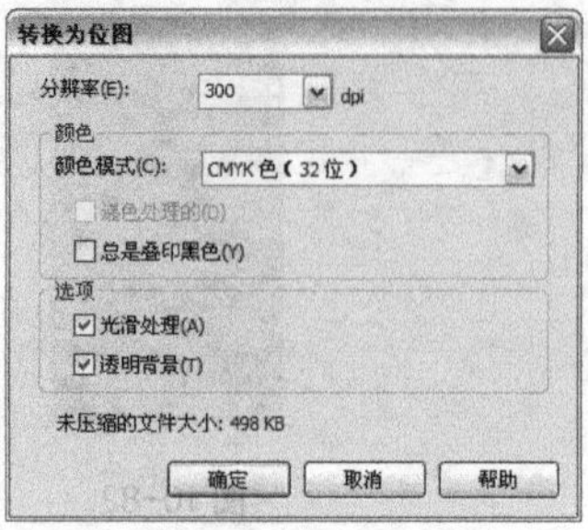

图 10-93

图 10-94

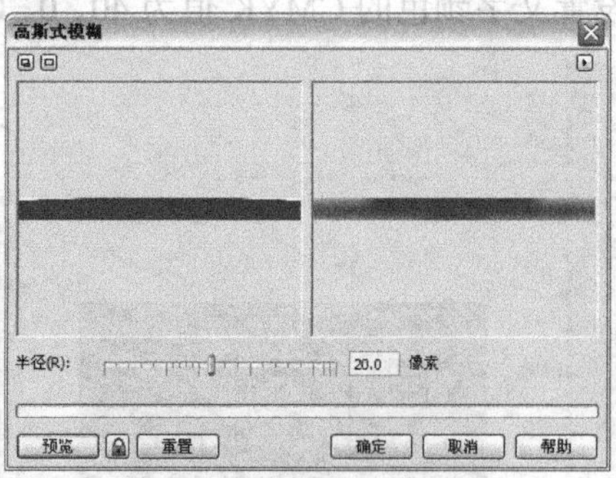

图 10-95

图 10-96

2. 绘制云朵图形

（1）选择“椭圆形”工具，绘制多个椭圆形，如图 10-97 所示。选择“选择”工具，用圈选的方法将椭圆形同时选取，单击属性栏中的“合并”按钮，将图形合并为一个图形，如图 10-98 所示。将图形填充为白色，并去除图形的轮廓线，效果如图 10-99 所示。

图 10-97

图 10-98

图 10-99

（2）选择“透明度”工具，在属性栏中进行设置，如图 10-100 所示，按 Enter 键，效果如图 10-101 所示。用相同的方法制作其他云朵图形，效果如图 10-102 所示。

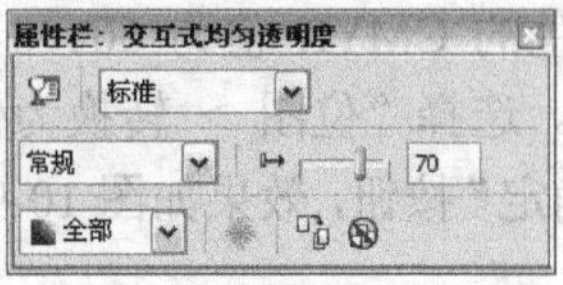

图 10-100

图 10-101

图 10-102

（3）选择“选择”工具，选取需要的图形，如图 10-103 所示。多次按 Ctrl+PageDown 组合键，将其向后移动到适当的位置，效果如图 10-104 所示。

图 10-103

图 10-104

3. 添加产品信息和文字

（1）选择“文件 > 导入”命令，弹出“导入”对话框。选择光盘中的“Ch10 > 素材 > 制作化妆品宣传单 > 01、02”文件，单击“导入”按钮，分别在页面中单击导入图片，调整其位置和大小，效果如图 10-105 所示。

（2）选择“矩形”工具，绘制一个矩形，在属性栏中进行设置，如图 10-106 所示，按 Enter 键。设置图形颜色的 CMYK 值为 60、0、20、0，填充图形，并去除图形的轮廓线，效果如图 10-107 所示。

图 10-105

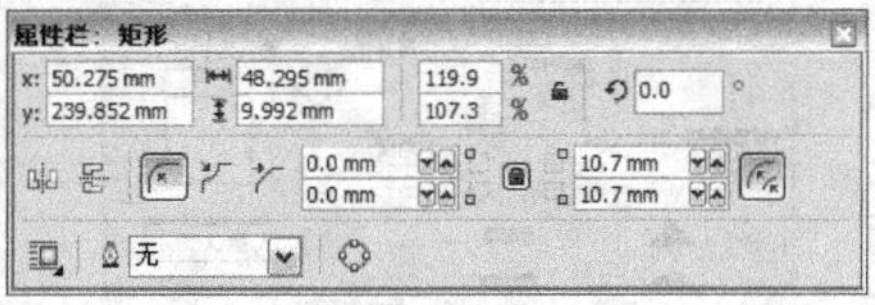

图 10-106

图 10-107

（3）选择“文本”工具，输入需要的文字。选择“选择”工具，在属性栏中选择合适的字体并设置文字大小，填充为白色，效果如图 10-108 所示。选择“文本 > 段落格式化”命令，在弹出的面板中进行设置，如图 10-109 所示，按 Enter 键，效果如图 10-110 所示。

图 10-108

图 10-109

图 10-110

（4）选择“文本”工具，输入需要的文字。选择“选择”工具，在属性栏中选择合适的字体并设置文字大小，填充为白色，效果如图 10-111 所示。

（5）选择“矩形”工具，绘制一个矩形，在属性栏中进行设置，如图 10-112 所示，按 Enter 键。设置图形颜色的 CMYK 值为 60、0、20、0，填充图形，并去除图形的轮廓线，效果如图 10-113 所示。

图 10-111

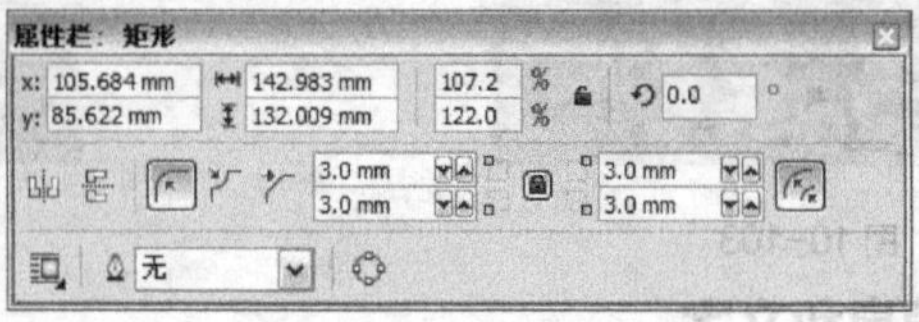

图 10-112

图 10-113

（6）选择“选择”工具，按数字键盘上的+键，复制图形。按住 Shift 键的同时，向内拖曳图形右上角的控制手柄到适当的位置，等比例缩小复制的图形，效果如图 10-114 所示。按 F12 键，弹出“轮廓笔”对话框，将轮廓线颜色设为白色，其他选项的设置如图 10-115 所示，单击“确定”按钮，效果如图 10-116 所示。

图 10-114

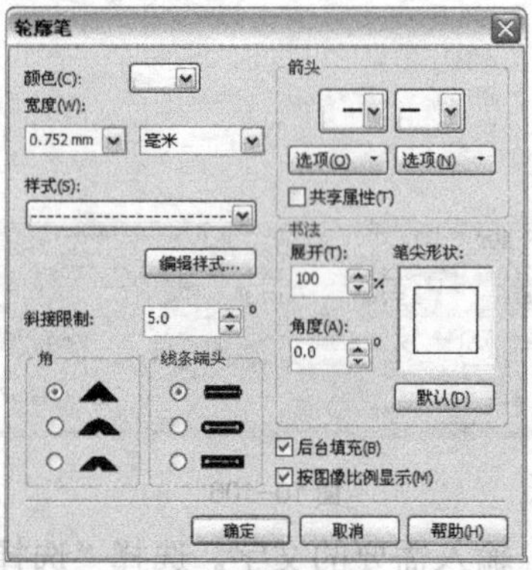

图 10-115

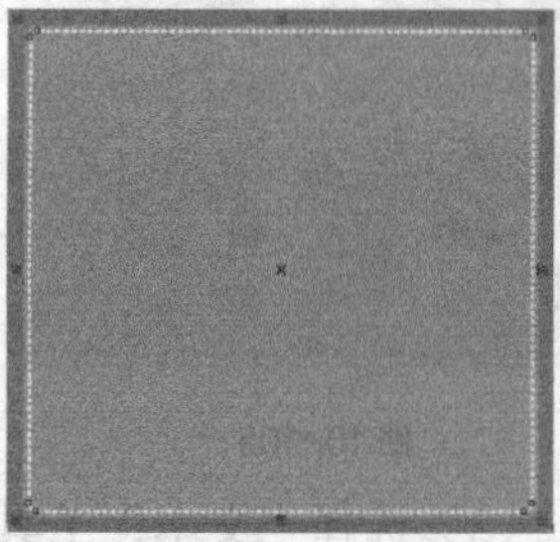

图 10-116

（7）选择“选择”工具，按数字键盘上的+键，复制图形。按住 Shift 键的同时，向内拖曳图形右上角的控制手柄到适当的位置，等比例缩小复制的图形，效果如图 10-117 所示。设置图形颜色的 CMYK 值为 40、0、30、0，填充图形，并去除图形的轮廓线，效果如图 10-118 所示。

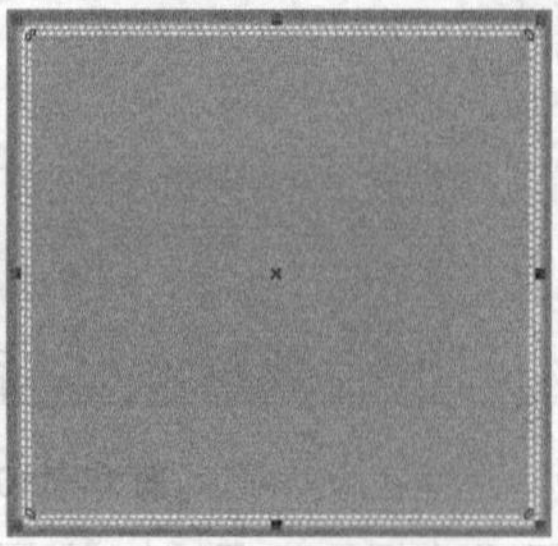

图 10-117

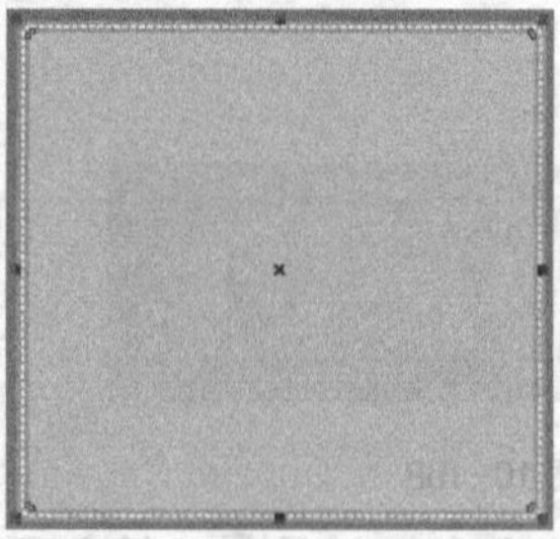

图 10-118

（8）选择“文件 > 导入”命令，弹出“导入”对话框。选择光盘中的“Ch10 > 素材 > 制作化妆品宣传单 > 03”文件，单击“导入”按钮，在页面中单击导入图片，调整其位置和大小，效果如图 10-119 所示。化妆品宣传单制作完成，效果如图 10-120 所示。

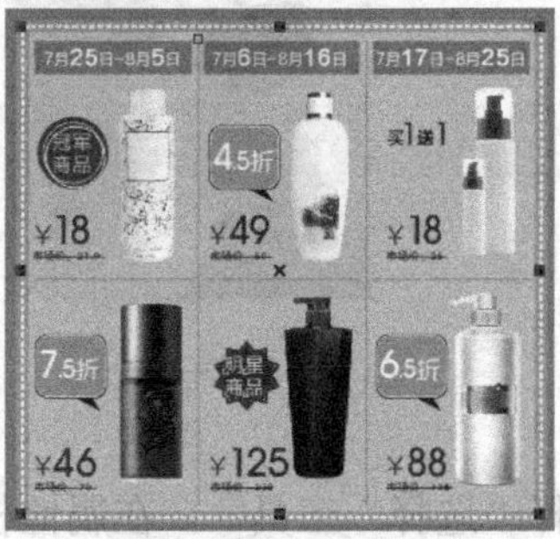

图 10-119

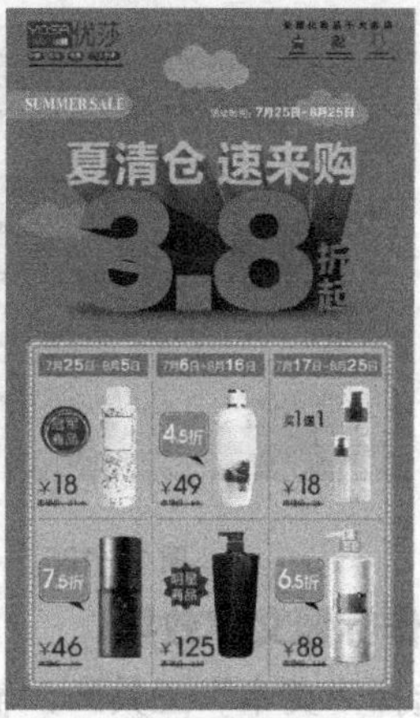

图 10-120

10.4 制作摄影杂志封面

【案例实习目标】学习使用几何图形工具、文本工具和阴影工具制作摄影杂志封面。

【案例知识要点】使用矩形工具和图框精确剪裁命令制作背景图形。使用文本工具和贝塞尔工具添加文字和装饰图形。使用阴影工具制作文字的阴影效果。摄影杂志封面效果如图 10-121 所示。

【效果所在位置】光盘/Ch10/效果/制作摄影杂志封面.cdr。

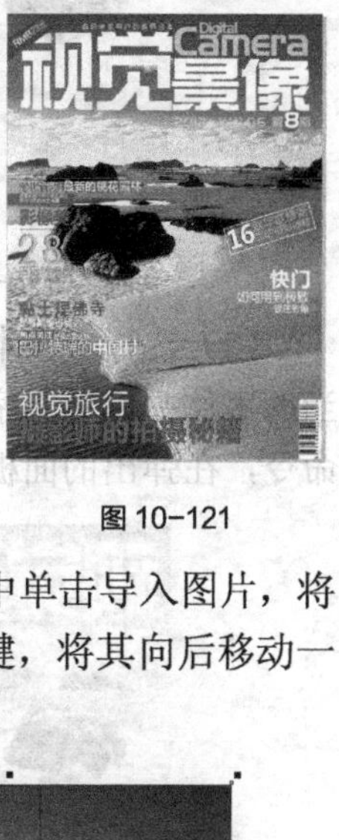

图 10-121

1. 制作背景效果

（1）按 Ctrl+N 组合键，新建一个 A4 页面。双击“矩形”工具，绘制一个与页面大小相等的矩形，如图 10-122 所示。

（2）按 Ctrl+I 组合键，弹出“导入”对话框，选择光盘中的“Ch10 > 素材 > 制作摄影杂志封面 > 01”文件，单击“导入”按钮，在页面中单击导入图片，将其拖曳到适当的位置，效果如图 10-123 所示。按 Ctrl+PageDown 组合键，将其向后移动一层，如图 10-124 所示。

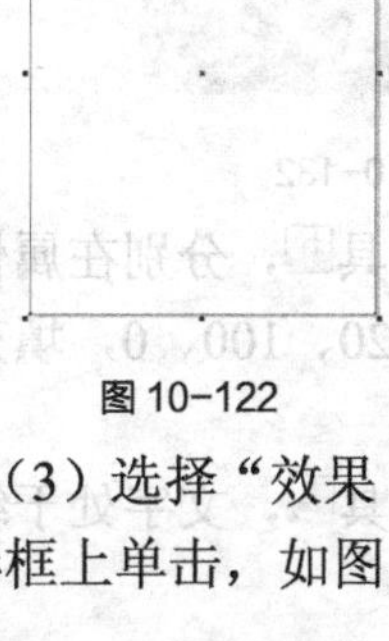

图 10-122

图 10-123

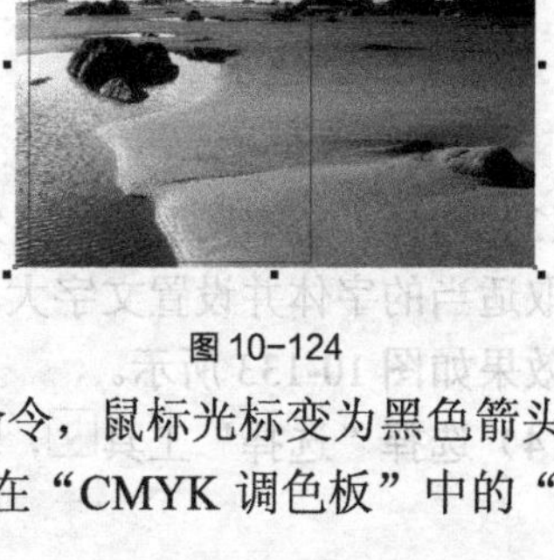

图 10-124

（3）选择“效果 > 图框精确剪裁 > 放置在容器中”命令，鼠标光标变为黑色箭头，在矩形框上单击，如图 10-125 所示，将图片置入矩形框中。在“CMYK 调色板”中的“无填

充”按钮上单击鼠标右键，去除矩形框的轮廓线，效果如图 10-126 所示。

图 10-125

图 10-126

2. 制作标题文字效果

（1）选择“文本”工具，输入需要的文字，选择“选择”工具，在属性栏中选取适当的字体并设置文字大小，填充为白色，效果如图 10-127 所示。选择“文本 > 段落格式化”命令，在弹出的面板中进行设置，如图 10-128 所示，按 Enter 键，效果如图 10-129 所示。

图 10-127

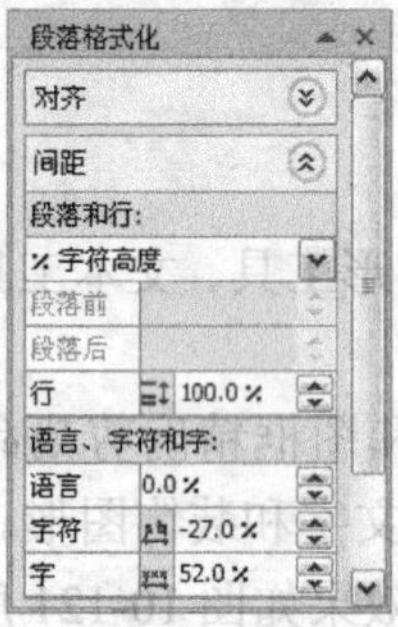

图 10-128

图 10-129

（2）选择“文本”工具，输入需要的文字，选择“选择”工具，在属性栏中选取适当的字体并设置文字大小，填充为白色，效果如图 10-130 所示。选择“文本 > 段落格式化”命令，在弹出的面板中进行设置，如图 10-131 所示，按 Enter 键，效果如图 10-132 所示。

图 10-130

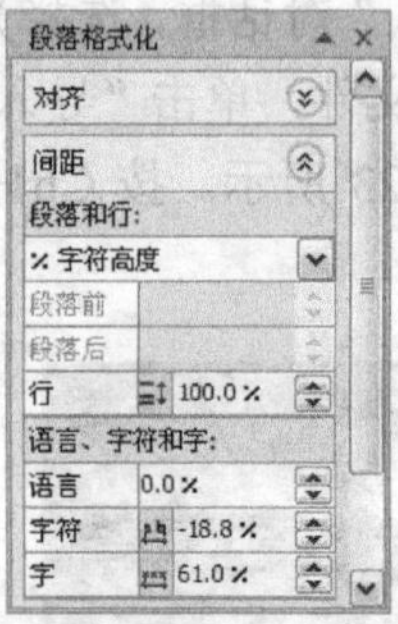

图 10-131

图 10-132

（3）选择“文本”工具，分别输入需要的文字，选择“选择”工具，分别在属性栏中选取适当的字体并设置文字大小，设置文字颜色的 CMYK 值为 0、20、100、0，填充文字，效果如图 10-133 所示。

（4）选择“选择”工具，选择文字“Camera”。选择“形状”工具，文字处于编辑状态，向左拖曳文字下方的图标到适当的位置，调整文字字距，效果如图 10-134 所示。用相同的方法调整其他文字字距，效果如图 10-135 所示。

图 10-133

图 10-134

图 10-135

（5）选择“文本”工具，输入需要的文字，选择“选择”工具，在属性栏中选取适当的字体并设置文字大小，填充为白色，效果如图 10-136 所示。选择“形状”工具，文字处于编辑状态，向右拖曳文字下方的图标到适当的位置，调整文字字距，效果如图 10-137 所示。

图 10-136

图 10-137

（6）选择“文本”工具，分别输入需要的文字，选择“选择”工具，在属性栏中选取适当的字体并设置文字大小，填充适当的颜色，效果如图 10-138 所示。

（7）选择“3 点椭圆形”工具，绘制一个椭圆形，设置图形颜色的 CMYK 值为 100、0、0、0，填充图形，并去除图形的轮廓线，效果如图 10-139 所示。多次按 Ctrl+PageDown 组合键，将其向后移动，效果如图 10-140 所示。

图 10-138

图 10-139

图 10-140

3. 编辑内容文字

（1）选择“文本”工具，输入需要的文字，选择“选择”工具，在属性栏中选取适当的字体并设置文字大小，填充为白色，效果如图 10-141 所示。选取需要的文字，如图 10-142 所示。单击属性栏中的“粗体”按钮，将文字加粗，效果如图 10-143 所示。

图 10-141

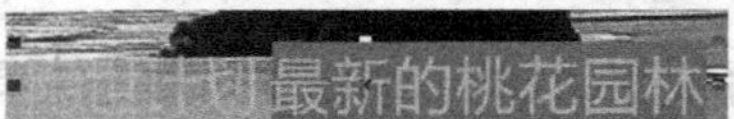

图 10-142

图 10-143

（2）选择“阴影”工具，在文字中从上向下拖曳光标，为文字添加阴影效果。在属性栏中进行设置，如图 10-144 所示，按 Enter 键，效果如图 10-145 所示。

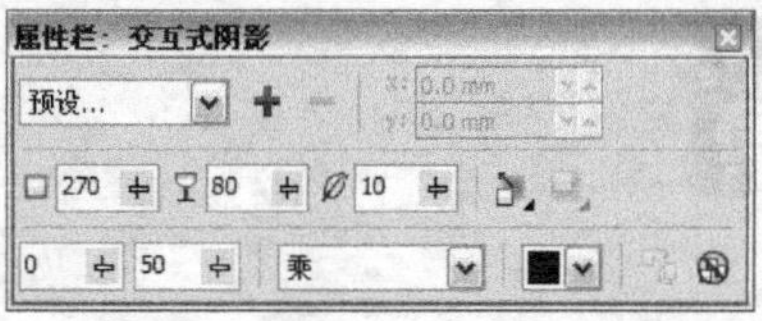

图 10-144

图 10-145

（3）选择“矩形”工具，绘制一个矩形，设置图形颜色的 CMYK 值为 100、0、0、0，填充图形，并去除图形的轮廓线，效果如图 10-146 所示。

（4）选择“文本”工具，拖曳出一个文本框，输入需要的文字。选择“选择”工具，在属性栏中选取适当的字体并设置文字大小，填充为白色，效果如图 10-147 所示。

图 10-146

图 10-147

（5）选择“文本”工具，输入需要的文字。选择“选择”工具，在属性栏中选取适当的字体并设置文字大小，设置文字颜色的 CMYK 值为 100、0、0、0，填充文字，效果如图 10-148 所示。

（6）选择“2 点线”工具，绘制一条直线，设置线段颜色的 CMYK 值为 100、0、0、0，填充直线，效果如图 10-149 所示。在属性栏中单击“终止箭头”右侧的按钮，弹出“终止箭头”下拉列表框，选取需要的图形，如图 10-150 所示，其他选项的设置如图 10-151 所示，按 Enter 键，效果如图 10-152 所示。

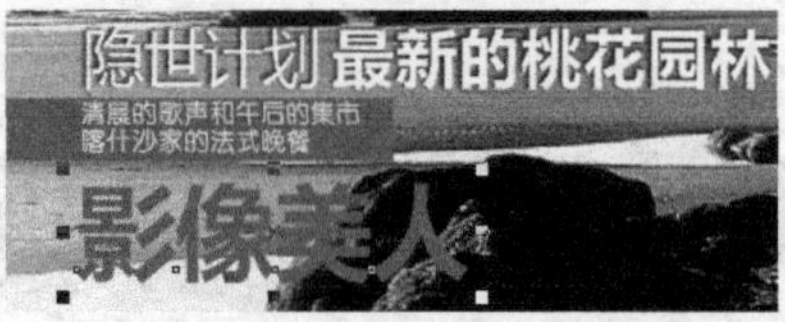

图 10-148

图 10-149

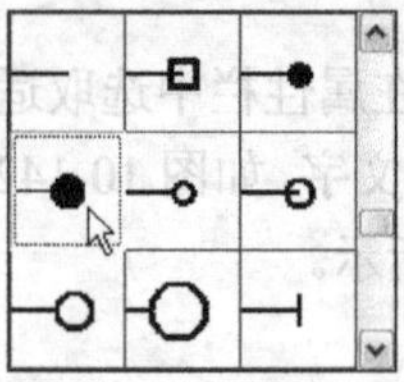
图 10-150

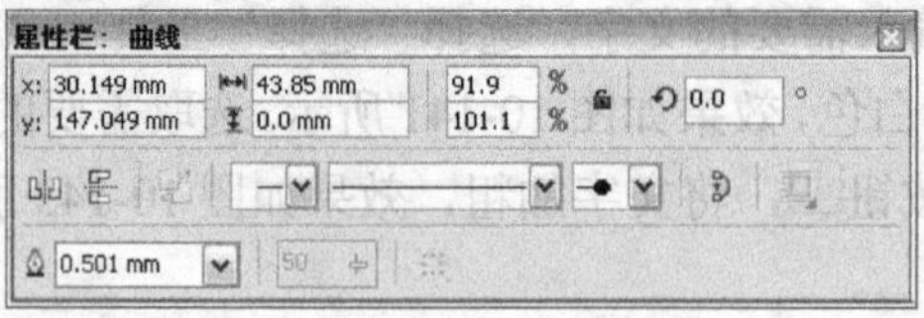

图 10-151

图 10-152

（7）选择“文本”工具，分别输入需要的文字。选择“选择”工具，分别在属性栏中选取适当的字体并设置文字大小，设置文字颜色的 CMYK 值为 0、20、100、0，填充文字，效果如图 10-153 所示。

（8）选择“选择”工具，选择文字“28”。选择“阴影”工具，在文字中从上向下拖曳光标，为文字添加阴影效果。在属性栏中进行设置，如图 10-154 所示，按 Enter 键，效果如图 10-155 所示。用相同的方法制作其他文字效果，如图 10-156 所示。

图 10-153

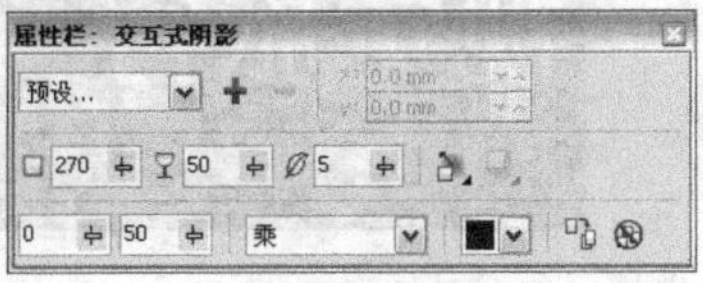

图 10-154

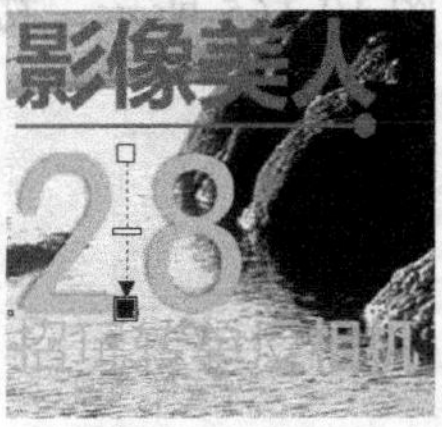

图 10-155

图 10-156

（9）选择“文本”工具字，分别输入需要的文字。选择“选择”工具，分别在属性栏中选取适当的字体并设置文字大小，填充适当的颜色，效果如图 10-157 所示。

（10）选择“矩形”工具，绘制一个矩形。设置图形颜色的 CMYK 值为 100、0、0、0，填充图形，并去除图形的轮廓线，效果如图 10-158 所示。多次按 Ctrl+PageDown 组合键，将其向后移动，效果如图 10-159 所示。

图 10-157

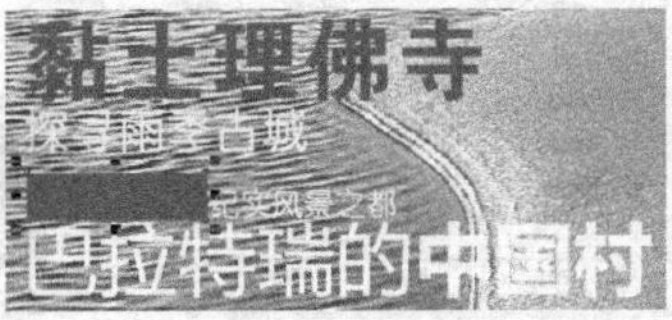

图 10-158

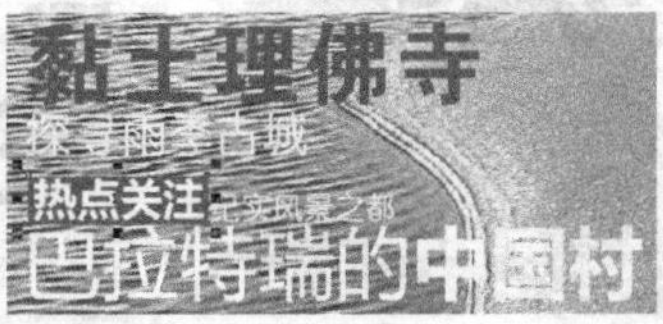

图 10-159

（11）选择“选择”工具，选择文字“巴拉特瑞的中国村”。选择“阴影”工具，在文字中从左向右拖曳光标，为文字添加阴影效果。在属性栏中进行设置，如图 10-160 所示，按 Enter 键，效果如图 10-161 所示。

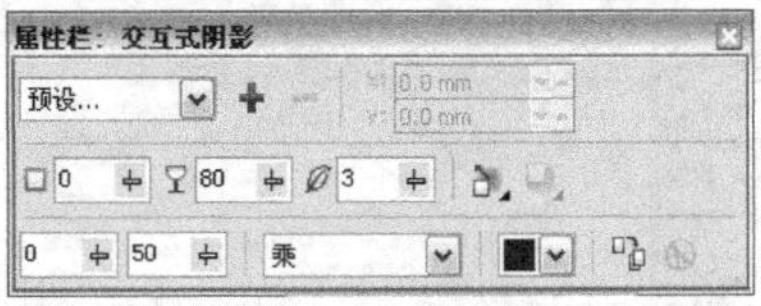

图 10-160

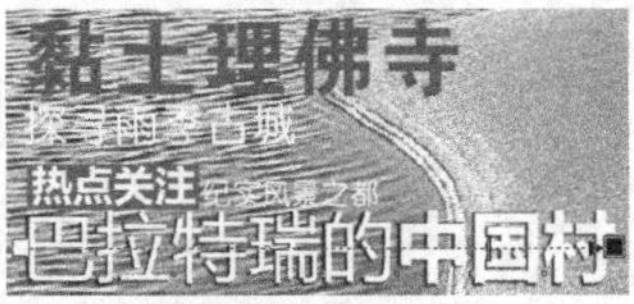

图 10-161

（12）选择“文本”工具字，输入需要的文字。分别选取需要的文字，选择“选择”工具，在属性栏中选取适当的字体并设置文字大小，填充适当的颜色，效果如图 10-162 所示。选择“文本 > 段落格式化”命令，在弹出的面板中进行设置，如图 10-163 所示，按 Enter 键，效果如图 10-164 所示。

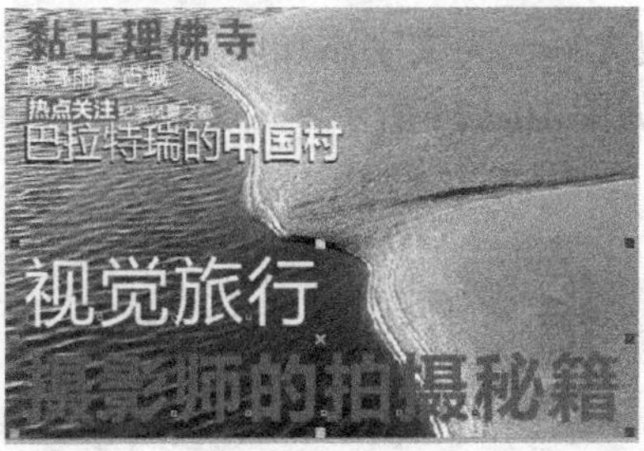

图 10-162

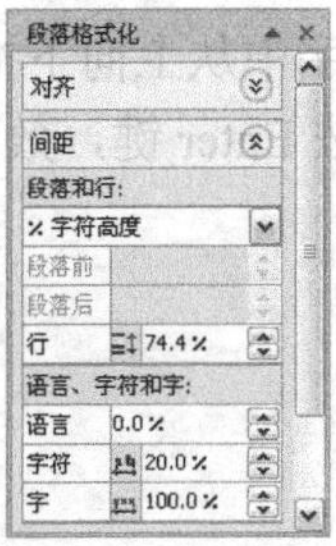

图 10-163

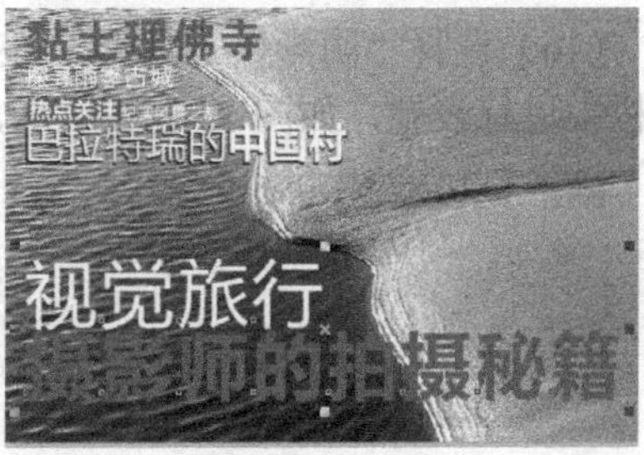

图 10-164

（13）选择“阴影”工具▢，在文字中从上向下拖曳光标，为文字添加阴影效果。在属性栏中进行设置，如图 10-165 所示，按 Enter 键，效果如图 10-166 所示。

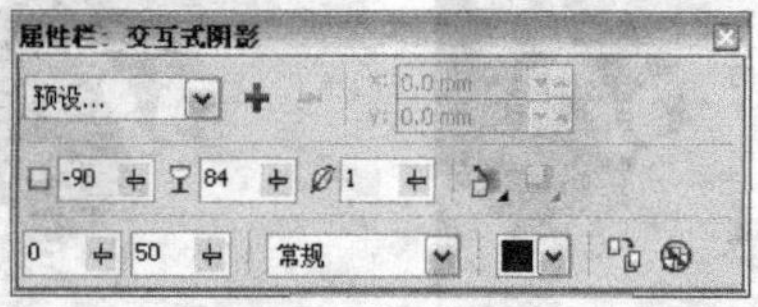

图 10-165

图 10-166

（14）选择“矩形”工具▢，绘制一个矩形，如图 10-167 所示。按 F12 键，弹出“轮廓笔”对话框，选项的设置如图 10-168 所示，单击“确定”按钮，效果如图 10-169 所示。

图 10-167

图 10-168

图 10-169

（15）选择“文本”工具字，输入需要的文字。选择“选择”工具▢，在属性栏中选取适当的字体并设置文字大小，填充为白色，效果如图 10-170 所示。选择“文本 > 段落格式化”命令，在弹出的面板中进行设置，如图 10-171 所示，按 Enter 键，效果如图 10-172 所示。

图 10-170

图 10-171

图 10-172

（16）选择“阴影”工具▢，在文字中从上向下拖曳光标，为文字添加阴影效果。在属性栏中进行设置，如图 10-173 所示，按 Enter 键，效果如图 10-174 所示。

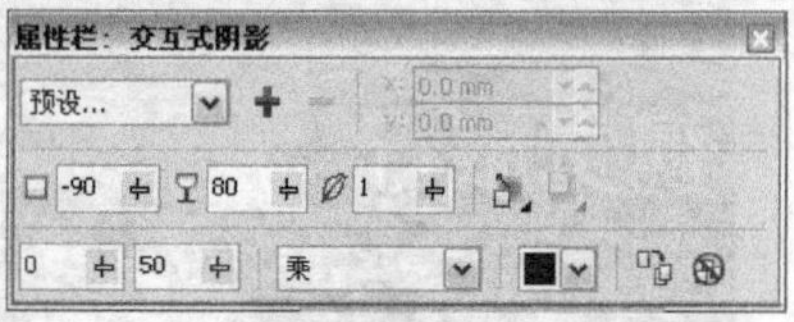

图 10-173

图 10-174

（17）选择“文本”工具，分别输入需要的文字。选择“选择”工具，分别在属性栏中选取适当的字体并设置文字大小，设置文字颜色的 CMYK 值为 0、20、100、0，填充文字，效果如图 10-175 所示。

（18）选择“选择”工具，用全选的方法选取需要的图形和文字，在属性栏中的“旋转角度”框中设置数值为 16.8°，按 Enter 键，效果如图 10-176 所示。

（19）选择“文本”工具，分别输入需要的文字。选择“选择”工具，分别在属性栏中选取适当的字体并设置文字大小，填充为白色，效果如图 10-177 所示。

（20）按 Ctrl+I 组合键，弹出“导入”对话框，选择光盘中的“Ch10 > 素材 > 制作摄影杂志封面 > 02”文件，单击“导入”按钮，在页面中单击导入图片，将其拖曳到适当的位置，效果如图 10-178 所示。

图 10-175

图 10-176

图 10-177

图 10-178

（21）选择“贝塞尔”工具，绘制一个不规则图形。设置图形颜色的 CMYK 值为 100、30、0、0，填充图形，并去除图形的轮廓线，效果如图 10-179 所示。

（22）选择“文本”工具，输入需要的文字。选择“选择”工具，在属性栏中选取适当的字体并设置文字大小，填充为白色，效果如图 10-180 所示。选择“文本 > 段落格式化”命令，在弹出的面板中进行设置，如图 10-181 所示，按 Enter 键，效果如图 10-182 所示。在属性栏中的“旋转角度”框中设置数值为 16.8°，按 Enter 键，效果如图 10-183 所示。摄影杂志封面制作完成。

图 10-179

图 10-180

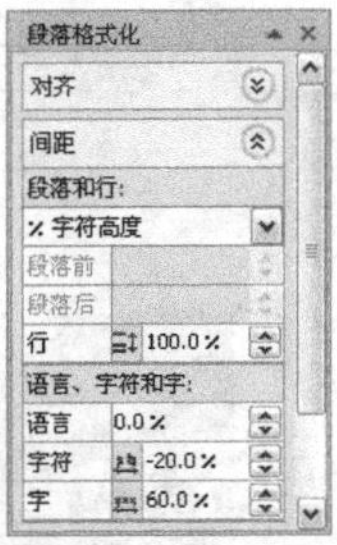

图 10-181

图 10-182

图 10-183

10.5 制作 CD 包装

【案例学习目标】学习使用几何图形工具、文本工具和交互式工具制作 CD 包装。

【案例知识要点】使用矩形工具、椭圆形工具、移除前面对象命令和图框精确剪裁命令制作 CD 盒背景效果。使用贝塞尔工具和透明度工具绘制装饰图形。使用文本工具、渐变填充工具和阴影工具添加文字效果。CD 包装效果如图 10-184 所示。

图 10-184

【效果所在位置】光盘/Ch10/效果/制作 CD 包装.cdr。

1. 制作 CD 盒封面效果

（1）按 Ctrl+N 组合键，新建一个 A4 页面。单击属性栏中的“横向”按钮，显示为横向页面，如图 10-185 所示。

（2）选择“矩形”工具，按住 Ctrl 键的同时，绘制一个正方形，如图 10-186 所示。选择“椭圆形”工具，按住 Ctrl 键的同时，绘制一个圆形，如图 10-187 所示。

（3）选择“选择”工具，用全选的方法将所有图形同时选取。单击属性栏中的“移除前面对象”按钮，将图形剪切为一个图形，设置图形颜色的 CMYK 值为 0、30、100、0，填充图形，效果如图 10-188 所示。

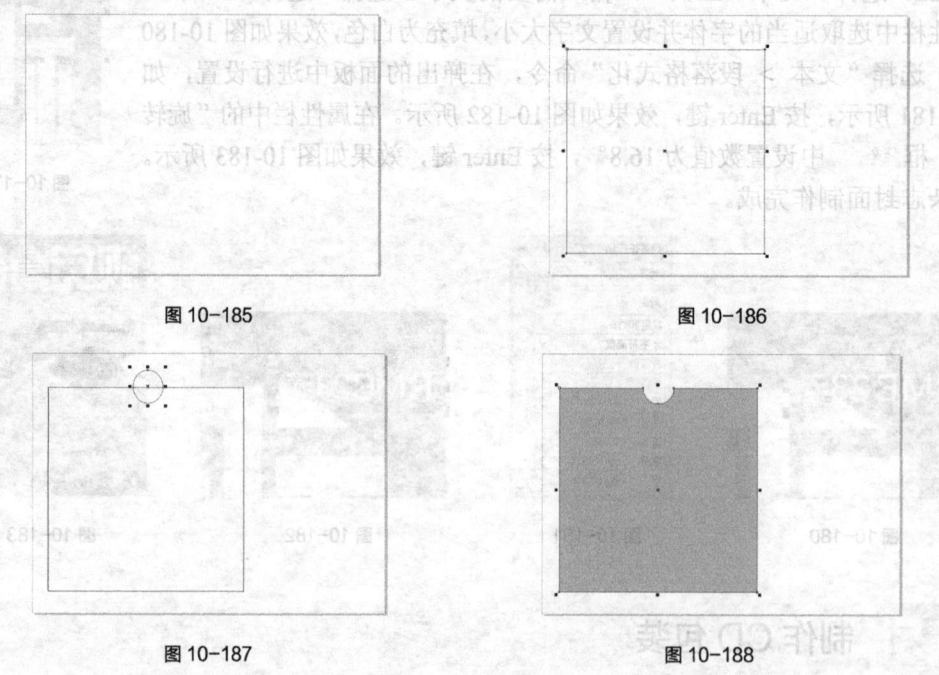

图 10-185

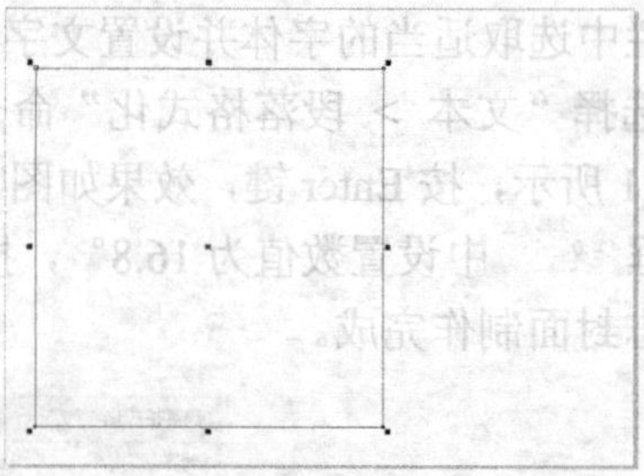

图 10-186

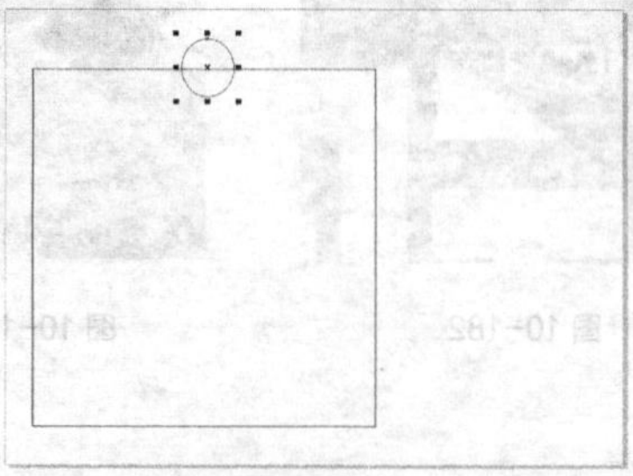

图 10-187

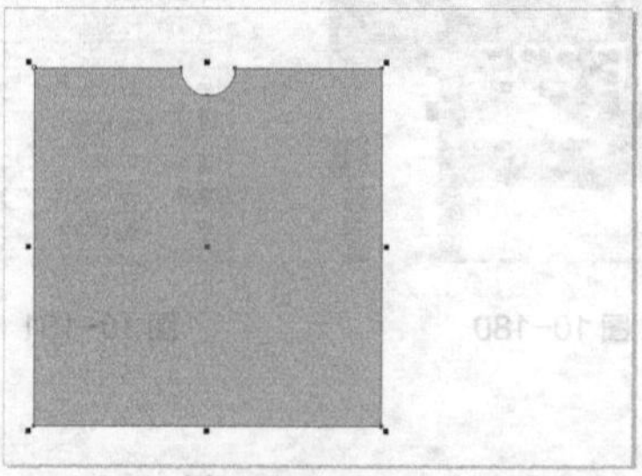

图 10-188

（4）选择“选择”工具，按数字键盘上的+键，复制图形。按住 Shift 键的同时，向内拖曳图形右上角的控制手柄到适当的位置，等比例缩小图形，效果如图 10-189 所示。填充为白色，并去除图形的轮廓线，效果如图 10-190 所示。

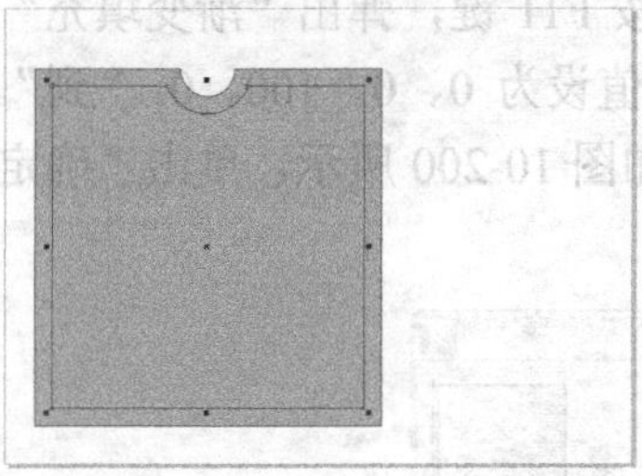

图 10-189

图 10-190

（5）按 Ctrl+I 组合键，弹出“导入”对话框，选择光盘中的“Ch10 > 素材 > 制作 CD 包装 > 01”文件，单击“导入”按钮，在页面中单击导入图片，将其拖曳到适当的位置，效果如图 10-191 所示。按 Ctrl+PageDown 组合键，将其向后移动一层，如图 10-192 所示。

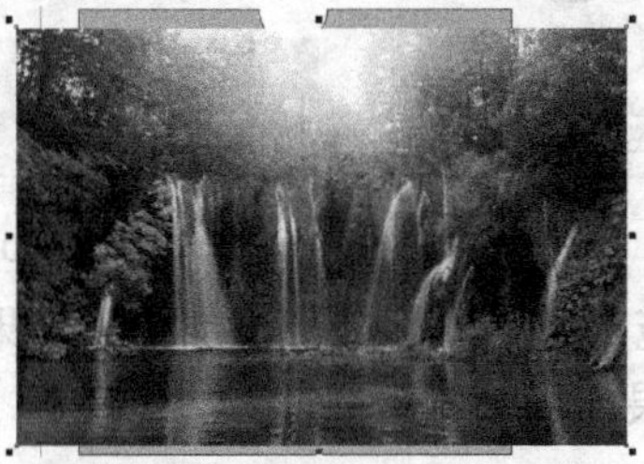

图 10-191

图 10-192

（6）选择“效果 > 图框精确剪裁 > 放置在容器中”命令，鼠标光标变为黑色箭头，在白色图形上单击，如图 10-193 所示，将图片置入白色图形中，效果如图 10-194 所示。

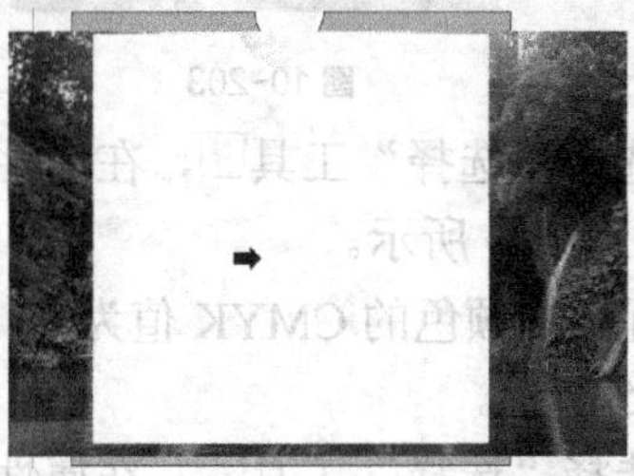

图 10-193

图 10-194

（7）选择“贝塞尔”工具，绘制一个心形图形，设置图形颜色的 CMYK 值为 0、0、100、0，填充图形，并去除图形的轮廓线，效果如图 10-195 所示。选择“透明度”工具，在属性栏中将“透明度类型”选项设为“标准”，其他选项的设置如图 10-196 所示，按 Enter 键，效果如图 10-197 所示。用相同的方法制作其他图形效果，并调整其角度，效果如图 10-198 所示。

图 10-195

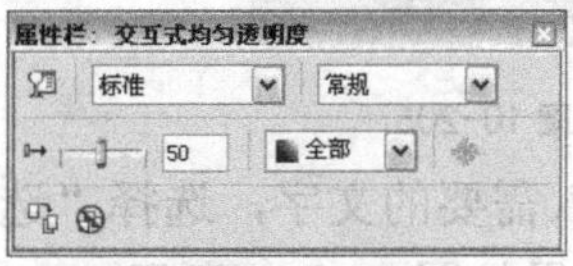

图 10-196

图 10-197

图 10-198

（8）选择“文本”工具，输入需要的文字，选择“选择”工具，在属性栏中选取适当的字体并设置文字大小，效果如图 10-199 所示。按 F11 键，弹出“渐变填充”对话框，选择“双色”单选项，将“从”选项颜色的 CMYK 值设为 0、0、100、0，“到”选项颜色的 CMYK 值设为 0、60、100、0，其他选项的设置如图 10-200 所示，单击“确定”按钮，填充文字，效果如图 10-201 所示。

图 10-199

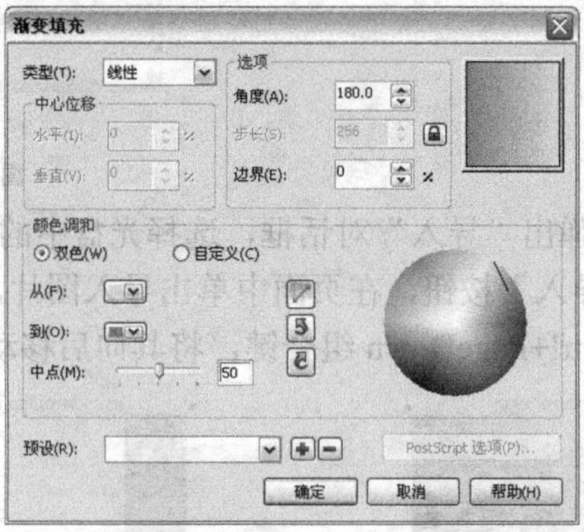

图 10-200

图 10-201

（9）选择“阴影”工具，在文字中从上向下拖曳光标，为文字添加阴影效果。在属性栏中进行设置，如图 10-202 所示，按 Enter 键，效果如图 10-203 所示。

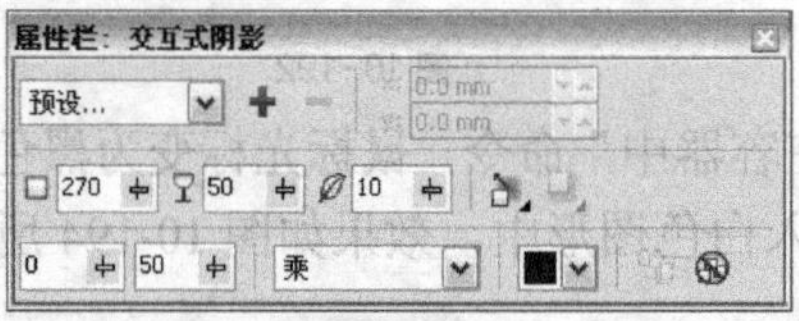

图 10-202

图 10-203

（10）选择“文本”工具，输入需要的文字，选择“选择”工具，在属性栏中选取适当的字体并设置文字大小，填充为白色，效果如图 10-204 所示。

（11）选择“矩形”工具，绘制一个矩形，设置图形颜色的 CMYK 值为 0、30、100、0，填充图形，并去除图形的轮廓线，效果如图 10-205 所示。

（12）选择“文本”工具，输入需要的文字，选择“选择”工具，在属性栏中选取适当的字体并设置文字大小，填充为白色，效果如图 10-206 所示。

图 10-204

图 10-205

图 10-206

（13）选择“文本”工具，分别输入需要的文字，选择“选择”工具，分别在属性栏中选取适当的字体并设置文字大小，效果如图 10-207 所示。

（14）选择“选择”工具，选择文字“世界上最清澈的声音”。选择“形状”工具，文字处于编辑状态，向右拖曳文字下方的图标到适当的位置，调整文字字距，效果如图 10-208 所示。用相同的方法调整其他文字字距，效果如图 10-209 所示。

（15）选择“文本”工具，分别输入需要的文字，选择“选择”工具，分别在属性栏中选取适当的字体并设置文字大小，填充为白色，效果如图 10-210 所示。

图 10-207

图 10-208

图 10-209

图 10-210

（16）选择“文本”工具，输入需要的文字，选择“选择”工具，在属性栏中选取适当的字体并设置文字大小，填充为白色，效果如图 10-211 所示。选择“文本 > 段落格式化”命令，在弹出的面板中进行设置，如图 10-212 所示，按 Enter 键，效果如图 10-213 所示。

图 10-211

图 10-212

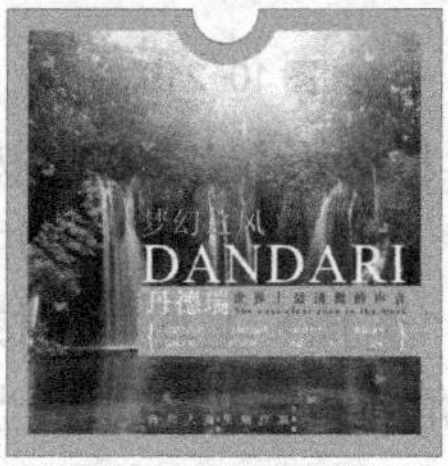

图 10-213

2. 制作 CD 盘面效果

（1）选择“椭圆形”工具，按住 Ctrl 键的同时，绘制一个圆形。设置图形颜色的 CMYK 值为 0、30、100、0，填充图形，效果如图 10-214 所示。

（2）选择“选择”工具，按数字键盘上的+键，复制图形。按住 Shift 键的同时，向内拖曳图形右上角的控制手柄到适当的位置，等比例缩小图形，效果如图 10-215 所示。将图形填充为白色，并去除图形的轮廓线，效果如图 10-216 所示。

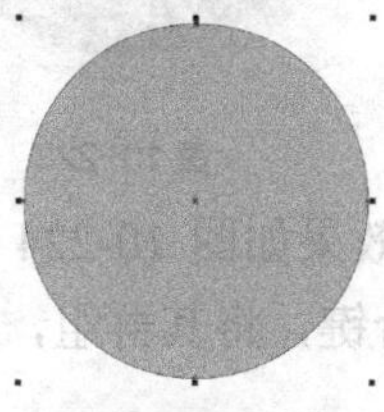

图 10-214

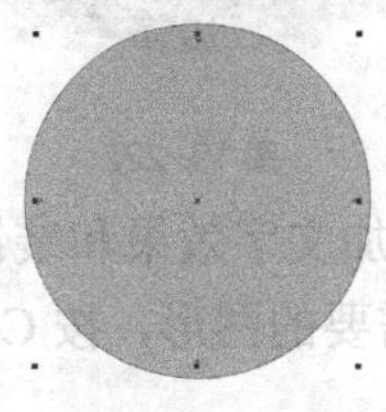

图 10-215

图 10-216

（3）按 Ctrl+I 组合键，弹出“导入”对话框，选择光盘中的“Ch10 > 素材 > 制作CD 包装 > 01”文件，单击“导入”按钮，在页面中单击导入图片，将其拖曳到适当的位置，效果如图 10-217 所示。按 Ctrl+PageDown 组合键，将其向后移动一层，如图 10-218 所示。

图 10-217

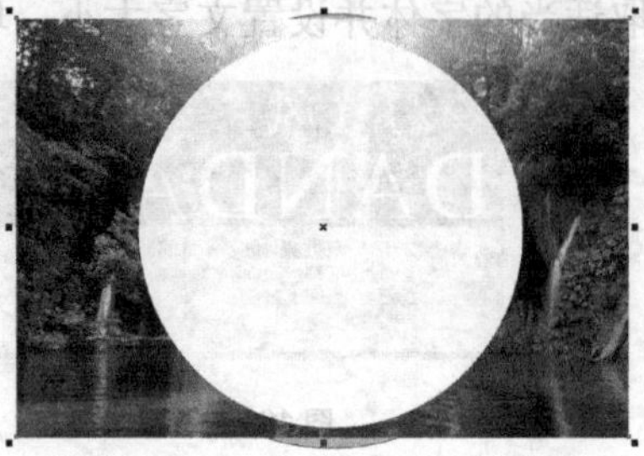

图 10-218

（4）选择“效果 > 图框精确剪裁 > 放置在容器中”命令，鼠标光标变为黑色箭头，在白色图形上单击，如图 10-219 所示，将图片置入白色图形中，效果如图 10-220 所示。

图 10-219

图 10-220

（5）选择“椭圆形”工具，按住 Ctrl 键的同时，绘制一个圆形。设置图形颜色的 CMYK 值为 0、0、0、50，填充图形，并去除图形的轮廓线，效果如图 10-221 所示。

（6）选择“选择”工具，按数字键盘上的+键，复制图形。按住 Shift 键的同时，向内拖曳图形右上角的控制手柄到适当的位置，等比例缩小图形。设置图形颜色的 CMYK 值为 12、8、9、0，填充图形，效果如图 10-222 所示。用相同的方法再复制两个圆形，等比例缩小，并分别填充适当的颜色，效果如图 10-223 所示。

图 10-221

图 10-222

图 10-223

（7）用上述的方法为 CD 盘面添加文字效果和装饰图形，效果如图 10-224 所示。选择“选择”工具，用圈选的方法选取需要的图形，按 Ctrl+G 组合键，将其群组，如图 10-225 所示。

图 10-224

图 10-225

（8）选择“选择”工具，将群组图形拖曳到编辑页面中适当的位置，如图 10-226 所示。多次按 Ctrl+PageDown 组合键，将其后移，效果如图 10-227 所示。CD 包装制作完成。

图 10-226

图 10-227